"十三五"国家重点出版物出版规划项目

现代机械工程系列精品教材

普通高等教育 3D 版机械类系列教材

# 机械设计（3D版）

张继忠　赵彦峻　徐　楠
张艳平　邢　进　陈清奎　编著

王继荣　主审

机械工业出版社

全书共 15 章，主要内容包括：与机械设计普遍相关的内容（第 1~4 章），螺纹连接和键连接的主要类型、特点及强度计算（第 5、6 章），常用传动零件的类型、特点、失效形式、设计准则、受力分析、设计计算及参数选择等（第 7~10 章），轴系零部件的类型、特点、设计计算及选用方法等（第 11~14 章），弹簧的主要类型及设计方法（第 15 章）。

本书的编写力求贯彻少而精、理论与实践相结合的原则，并紧密结合机械设计相关技术的最新成果。另外，本书配有利用虚拟现实（VR）、增强现实（AR）等技术开发的 3D 虚拟仿真教学资源。

本书适用于普通高等工科院校机械类各专业的本科生，也适用于各类成人教育、自学考试等机械类专业学生，还可供从事机械设计工作的工程技术人员参考。

## 图书在版编目（CIP）数据

机械设计：3D 版/张继忠等编著. —北京：机械工业出版社，2017.7
（2023.6 重印）

"十三五"国家重点出版物出版规划项目　现代机械工程系列精品教材　普通高等教育 3D 版机械类系列教材

ISBN 978-7-111-57230-5

Ⅰ.①机…　Ⅱ.①张…　Ⅲ.①机械设计-高等学校-教材　Ⅳ.①TH122

中国版本图书馆 CIP 数据核字（2017）第 146846 号

机械工业出版社（北京市百万庄大街 22 号　邮政编码 100037）
策划编辑：蔡开颖　责任编辑：蔡开颖　段晓雅　李　超
责任校对：肖　琳　责任印制：张　博
保定市中画美凯印刷有限公司印刷
2023 年 6 月第 1 版第 7 次印刷
184mm×260mm · 19.5 印张 · 476 千字
标准书号：ISBN 978-7-111-57230-5
定价：47.00 元

电话服务　　　　　　　　　网络服务
客服电话：010-88361066　　机 工 官 网：www.cmpbook.com
　　　　　010-88379833　　机 工 官 博：weibo.com/cmp1952
　　　　　010-68326294　　金 书 网：www.golden-book.com
**封底无防伪标均为盗版**　机工教育服务网：www.cmpedu.com

# 普通高等教育 3D 版机械类系列教材
## 编审委员会

# 序

虚拟现实（VR）技术是计算机图形学和人机交互技术的发展成果，具有沉浸感（Immersion）、交互性（Interaction）、构想性（Imagination）等特征，能够使用户在虚拟环境中感受并融入真实、人机和谐的场景，便捷地实现人机交互操作，并能从虚拟环境中得到丰富、自然的反馈信息。在特定应用领域中，VR技术不仅可解决用户应用的需要，若赋予丰富的想象力，还能够使人们获取新的知识，促进感性和理性认识的升华，从而深化概念、萌发新的创意。

机械工程教育与VR技术的结合，为机械工程学科的教与学带来显著变革：通过虚拟仿真的知识传达方式实现更有效的知识认知与理解。基于VR的教学方法，以三维可视化的方式传达知识，表达方式更富有感染力和表现力。VR技术使抽象、模糊成为具体、直观，将单调乏味变成丰富多变、极富趣味，令常规不可观察变为近在眼前、触手可及，通过虚拟仿真的实践方式实现知识的呈现与应用。虚拟实验与实践让学习者在创设的虚拟环境中，通过与虚拟对象的主动交互，亲身经历与感受机器拆解、装配、驱动与操控等，获得现实般的实践体验，增加学习者的直接经验，辅助将知识转化为能力。

教育部编制的《教育信息化十年发展规划（2011—2020年）》（以下简称《规划》），提出了建设数字化技能教室、仿真实训室、虚拟仿真实训教学软件、数字教育教学资源库和20000门优质网络课程及其资源，遴选和开发1500套虚拟仿真实训实验系统，建立数字教育资源共建共享机制。按照《规划》的指导思想，教育部启动了包括国家级虚拟仿真实验教学中心在内的若干建设工程，力推虚拟仿真教学资源的规划、建设与应用。近年来，很多学校陆续采用虚拟现实技术建设了各种学科专业的数字化虚拟仿真教学资源，并投入应用，取得了很好的教学效果。

"普通高等教育3D版机械类系列教材"是由山东高校机械工程教学协作组组织驻鲁高等学校教师编写的，充分体现了"三维可视化及互动学习"的特点，将难于学习的知识点以3D教学资源的形式进行介绍，其配套的虚拟仿真教学资源由济南科明数码技术股份有限公司开发完成，并建设了"科明365"在线教育云平台（www.keming365.com），提供了适合课堂教学的"单机版"、适合集中上机学习的"局域网络版"、适合学生自主学习的"手机版"，构建了"没有围墙的大学""不限时间、不限地点、自主学习"的学习资源。

古人云，天下之事，闻者不如见者知之为详，见者不如居者知之为尽。

本系列教材的陆续出版，为机械工程教育创造了理论与实践有机结合的条件，很好地解决了普遍存在的实践教学条件难以满足卓越工程师教育需要的问题。这将有利于培养制造强国战略需要的卓越工程师，助推中国制造2025战略的实施。

张进生

于济南

# 前　言

本书是由山东高校机械工程教学协作组组织编写的"普通高等教育 3D 版机械类系列教材"之一。

党的二十大报告提出，要"推进教育数字化，建设全民终身学习的学习型社会、学习型大国"。我们要高度重视教育数字化，以数字化推动育人方式、办学模式、管理体制以及保障机制的创新，推动教育流程再造、结构重组和文化重构，促进教育研究和实践范式变革，为促进人的全面发展、实现中国式教育现代化，进而为全面建成社会主义现代化强国、实现第二个百年奋斗目标奠定坚实基础。

本书编写按照教育部高等学校机械基础课程教学指导分委员会机械基础系列课程教学基本要求，充分利用虚拟现实（VR）、增强现实（AR）等技术开发的虚拟仿真教学资源，体现"三维可视化及互动学习"的特点，将难于学习的知识点以 3D 教学资源的形式进行介绍，力图达到"教师易教、学生易学"的目的。本书配有手机版的 3D 虚拟仿真教学资源，扫描封底上方的二维码下载 APP，即可使用。书中标有 图标的表示免费使用，标有 图标的表示收费使用。本书提供免费的教学课件，欢迎选用本书的教师登录机工教育服务网（www.cmpedu.com）下载。济南科明数码技术股份有限公司还提供有互联网版、局域网版、单机版的 3D 虚拟仿真教学资源，可供师生在线（www.keming365.com）使用。

本书适用于普通工科院校机械类各专业的本科生，也适用于各类成人教育、自学考试等机械类专业学生，还可供从事机械设计工作的工程技术人员参考。

本书第 5、9、12 章由青岛大学张继忠编写，第 1、2、4、6 及 11 章由山东理工大学赵彦峻编写，第 3、10、15 章由山东建筑大学徐楠编写，第 7、14 章由青岛大学张艳平、张继忠编写，第 8 章由滨州学院邢进编写，第 13 章由邢进、赵彦峻编写。本书配套的 3D 虚拟仿真教学资源由济南科明数码技术股份有限公司开发完成，并负责网上在线教学资源的维护、运营等工作，主要开发人员包括陈清奎、刘海、何强、孙宏翔、栾飞、周鹏、李晓东、张旭彬、雷文等。本书承蒙青岛大学王继荣教授审阅并提出了许多宝贵意见和建议；本书的编写得到了很多老师、同学及设计人员的大力支持与帮助，编者在此一并表示衷心感谢。

由于编者水平有限，书中难免存在缺点和错误，敬请广大读者批评指正。

编者

于青岛

# 目 录

# 第1章

# 绪　　论

## 1.1　本课程在现代化建设中的作用

制造业是国民经济的主体，当前正在实施的《中国制造2025》是我国实施制造强国战略的第一个十年行动纲领，机械工业是整个国民经济的基础工业，是工业的心脏，是科学技术物化的基础，是高新技术产业化的载体，它为工业、农业、交通运输业、国防工业等提供技术装备，机械工业的生产水平是一个国家现代化建设水平的主要标志之一。

机械设计是机械工业中最为关键的环节，是机械生产的第一步，是决定机械性能的最主要的因素和机械制造工业发展的关键因素。机械设计就是按照具体的使用要求，分析、设计、计算、构思机构的结构、原理、运动方式，能量和力的传递方式，零件的材料、形状、大小、润滑等不同的方面，并将其转化为具体的描述作为制造依据的工作过程。在机械设计过程中，要确保设计出的机械系统产品可满足其预设的效果，以及使其在保证质量的前提下尽量降低成本。

机械设计技术与各行各业都有着非常密切的联系，涉及较多的学科领域，为此，机械设计应与最先进的科学技术和理念相结合，根据现代机械设计技术的特点，不断创新和完善现代机械设计技术。大量设计制造和广泛使用各种各样先进的机器，特别是高端智能机械设备，才有可能在现代科学技术发展迅速的机械行业内立有一席之地，实现我国由机械制造大国向强国的迈进，促进国民经济发展的力度，加速我国社会主义现代化建设的步伐。机械工程师和教育工作者正在努力地工作，将机械设计的共性技术与理性化的设计方法学汇集成为一门独立的、综合性的机械设计学科，使现代机械设计技术有更好的发展前景。

## 1.2　本课程的内容、性质与任务

本课程在虚拟现实技术的基础上，运用虚拟仿真教学资源，在简要介绍关于整台机器设计基础知识的基础上，重点讨论一般尺寸和参数的通用零件，包括它们的设计理论和方法、相关技术资料及标准的应用等。

本书讨论的具体内容是：

1）机械设计总论。机器的组成、设计机器的一般程序、对机器的主要要求、机械零件的主要失效形式、设计机械零件时应满足的基本要求、机械零件的设计准则、机械零件设计的一般步骤、机械零件的材料及其选用、机械设计的新发展。

2）机械零件的疲劳强度。疲劳断裂特征、应力寿命曲线和极限应力线图、影响机械零件疲劳强度的主要因素、稳定变应力时安全系数的计算、规律性非稳定变应力时机械零件的疲劳强度。

3）摩擦、磨损及润滑概述。摩擦的种类及其基本性质、磨损、流体摩擦润滑、膜厚比与润滑状态、润滑剂、添加剂、润滑油黏度、工业用润滑油和润滑脂简介。

4）螺纹连接和螺旋传动。螺纹、螺纹连接的类型和标准连接件、螺纹连接的预紧、螺纹连接的防松、螺栓组连接的设计、螺纹连接的强度计算、螺纹连接件的材料及许用应力、提高螺纹连接强度的措施、螺旋传动简介。

5）键、花键、无键连接和销连接。

6）带传动。带传动工作情况的分析、普通 V 带传动的设计计算、V 带轮的设计、V 带传动的张紧、安装与防护、其他带传动简介。

7）链传动。链传动的特点、类型及应用，滚子链与链轮，链传动的运动特性，链传动的失效形式及功率曲线图，滚子链传动的设计计算，链传动的布置、张紧与润滑，其他链传动简介。

8）齿轮传动。齿轮传动的失效形式、材料和热处理、圆柱齿轮的计算载荷、直齿轮受力分析和强度计算、直齿轮的参数选择和许用应力、斜齿轮受力分析和强度计算、直齿锥齿轮受力分析和强度计算、圆弧齿轮传动简介。

9）蜗杆传动。蜗杆传动的类型、特点及应用，圆柱蜗杆传动的主要参数及几何尺寸计算，蜗杆传动的失效形式、计算准则及常用材料，圆柱蜗杆传动的受力分析和计算载荷，圆柱蜗杆传动的承载能力计算，蜗杆传动的效率、润滑及热平衡计算，蜗杆传动的结构设计。

10）滑动轴承。滑动轴承的类型、特点和应用，滑动轴承的结构与材料、不完全液体润滑滑动轴承的计算，液体动压润滑润滑原理，液体动力润滑径向滑动轴承设计计算。

11）滚动轴承。常用滚动轴承的类型、代号及选择，滚动轴承内部载荷分布及失效分析，滚动轴承寿命计算，滚动轴承的静强度计算，滚动轴承的组合设计。

12）联轴器、离合器。

13）轴。轴的材料、轴的结构设计、轴的强度计算、轴的刚度计算等。

14）弹簧。弹簧的材料和制造、圆柱螺旋压缩和拉伸弹簧的设计计算、圆柱螺旋扭转弹簧、其他类型弹簧简介。

由上可知，本课程是以一般尺寸通用零件的设计为核心的设计性课程，是理论性、实践性很强的一门技术基础课程，与大学中已经学习过的许多课程有显著的不同，它具有工程性、系统性、综合性、典型性的特点。在这门课程中，将综合运用已经学过的高等数学、机械制图、材料成形基础、工程材料及热处理、互换性与技术测量、理论力学、材料力学、机械原理等多方面的知识来解决通用化的机械零部件的设计问题。本课程在教学内容方面应着重基本知识、基本理论、基本方法和创新思维，在培养实践能力方面应着重创新能力、设计构思和设计技能的基本训练。

本课程的主要任务是培养学生达到以下目标：

1）知识目标——掌握机械设计基本原则和一般方法；机械零件的工作原理、受力分析、应力分析、失效分析；机械零件工作能力的计算；机械零件的主要类型、性能、结构特点、应用、材料及标准；了解国家当前的有关技术经济政策，并对机械设计的新发展有所了解等。

2）能力目标——掌握典型机械零件的试验方法；具有运用标准、规范、手册、图册和查阅有关技术资料的能力；掌握通用零件的设计原理、方法和机械设计的一般规律，进而具有综合运用所学的知识，研究改进或开发新的零部件及设计简单机械装置的能力等。

3）素质目标——有正确的设计思想、创新思维和创新能力；具备团队合作精神；具有良好的质量、安全和环保意识等。

希望同学们在学习过程中，要根据本课程的特点，充分利用本课程提供的虚拟仿真教学资源，理论联系实际，把主要精力集中在钻研零件的结构、选材、制法、标准、规范、适用场合、工作情况、受力及应力分析、失效形式及其机理、设计准则、设计方法及步骤，以及可能出现的问题与相应的措施上。只有认真完成本课程的习题、作业和课程设计，重视实践性环节内容的学习，才能取得好的学习效果。另外，机械零件的种类很多，本书只学习其中的一些典型零、部件，但绝不是仅为了学会这些典型零、部件的设计理论和方法，而是通过学习这些基本内容去掌握有关的设计规律、技术措施及设计方法，从而具有设计一切通用零、部件和某些专用零、部件（包括书中没有提到的乃至目前尚未出现的零、部件）的能力。逐步提高自己的理论水平，培养创新意识和能力，特别是提高分析问题及解决问题的能力，为专业课程学习和从事机械产品设计工作打下坚实的基础。

 习　　题

1-1 什么是通用零件？什么是专用零件？试各举3个实例。

1-2 机械设计课程研究的内容是什么？

# 第 2 章

# 机械设计总论

## 2.1 机器的组成

使用机器进行生产的水平是衡量一个国家的技术水平和现代化程度的重要标志之一。人类为了满足生产和生活的需要、提高劳动生产率和减轻体力劳动,设计和制造了类型繁多、功能各异的机器。

图 2-1 概括地说明了一部完整机器的组成,图中双线框表示一部机器的基本组成部分,单线框表示附加组成部分。

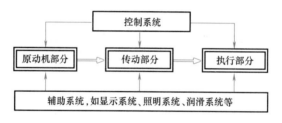

图 2-1 机器的组成

原动机部分是驱动整部机器完成预定功能的动力源。通常一部机器只用一个原动机,复杂的机器也可能有多个动力源。一般来说,它们都是把其他形式的能量转换为可以利用的机械能。原动机的动力输出绝大多数呈旋转运动的状态,输出一定的转矩。在少数情况下也有以直线运动的形式输出一定的推力或拉力。

执行部分是用来完成机器预定功能的组成部分。一部机器可以只有一个执行部分,也可以把机器的功能分解成好几个执行部分。

由于机器的功能是各式各样的,所以要求的运动形式也是各式各样的。但是原动机的运动形式、运动及动力参数却是有限的,而且是确定的。传动部分将原动机的运动形式、运动及动力参数转变为执行部分所需的运动形式、运动及动力参数。也就是说,机器之所以必须有传动部分,就是为了解决运动形式、运动及动力参数的转变。例如:把旋转运动变为直线运动,高转速变为低转速,小转矩变为大转矩等。机器的传动部分多数使用机械传动系统。有时也可使用液压或电力传动系统。机械传动是大多数机器不可或缺的重要组成部分。

简单的机器只由上述三个基本部分组成。随着机器的功能越来越复杂,对机器的精度要求也就越来越高,机器还会不同程度地增加其他部分,如控制系统和辅助系统等。

以汽车为例，其组成如图2-2所示，发动机是汽车的原动机；离合器、变速器、传动轴和差速器组成传动部分；车轮、悬挂系统及底盘（包括车身）是执行部分；转向盘和转向系统、排档杆、制动及其踏板、离合器踏板及油门组成控制系统；油量表、速度表、里程表、水温度表等组成显示系统；后视镜、车门锁、刮水器及安全装置等为其他辅助装置；前后灯及仪表盘灯组成照明系统；转向信号灯及车尾红灯组成信号系统等。

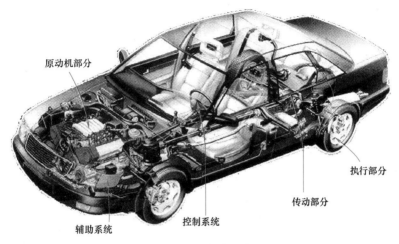

原动机部分

执行部分

传动部分

辅助系统　　控制系统

图2-2　汽车的组成

## 2.2　设计机器的一般程序

机器设计过程是一个创造性的工作过程，同时也是一个尽可能多地利用已有成功经验的工作。要很好地把继承与创新结合起来，才能设计出高质量的机器。要提高设计质量，必须有一个科学的设计程序。作为一部完整的机器，它是一个复杂的系统，设计机器的过程也是一个复杂的过程，根据人们设计机器的长期经验，一部机器的设计程序基本上可以见表2-1。

以下对各阶段分别加以说明。

1. 调研决策阶段

在根据需要提出所要设计的新机器后，进入设计的预备阶段。此时，对所要设计的机器仅有一个模糊的概念。

在明确设计任务的基础上，对所设计机器的需求情况做充分的调查研究和分析。其内容主要包括：用户对机器的功能、技术性能、价位、可维修性及外观等具体意见和要求，国内外同类机器的技术情报及专利，现有机器的销售情况及对该机器的预测，原材料及配件供应情况，有关机器可持续发展的政策、法规等。

通过调研分析，进一步明确机器所应具有的功能，并为以后的决策提出由环境、经济、加工以及时限等各方面所确定的约束条件。在此基础上，写出设计任务书，作为本阶段的总结。设计任务书大体上应包括：机器的功能、经济性及环保性的估计、制造要求方面的大致估计、基本使用要求以及完成设计任务的预计期限等。此时，对这些要求及条件一般也只能给出一个合理的范围，而不是准确的数字，如可以用必须达到的要求、最低要求、希望达到的要求等方式予以确定。

表 2-1　设计机器的一般程序

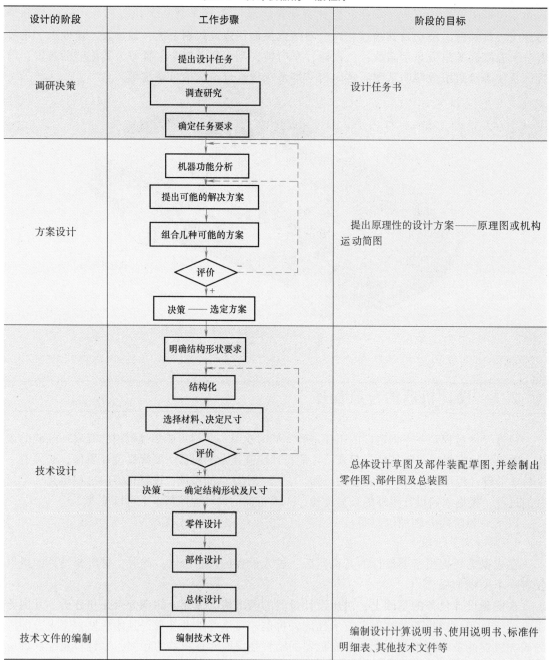

| 设计的阶段 | 工作步骤 | 阶段的目标 |
| --- | --- | --- |
| 调研决策 | 提出设计任务 → 调查研究 → 确定任务要求 | 设计任务书 |
| 方案设计 | 机器功能分析 → 提出可能的解决方案 → 组合几种可能的方案 → 评价 → 决策——选定方案 | 提出原理性的设计方案——原理图或机构运动简图 |
| 技术设计 | 明确结构形状要求 → 结构化 → 选择材料、决定尺寸 → 评价 → 决策——确定结构形状及尺寸 → 零件设计 → 部件设计 → 总体设计 | 总体设计草图及部件装配草图，并绘制出零件图、部件图及总装图 |
| 技术文件的编制 | 编制技术文件 | 编制设计计算说明书、使用说明书、标准件明细表、其他技术文件等 |

### 2. 方案设计阶段

方案设计阶段对设计的成败起着至关重要的作用。在这一阶段中，也充分地表现出设计工作有多个解（方案）的特点。

市场需求的满足是以机器功能来体现的。实现机器的功能是机器设计的核心。此阶段，对设计任务书提出的机器功能中必须达到的要求、最低要求及希望达到的要求进行综合分析，即分析这些功能能否实现、多项功能间有无矛盾、相互间能否替代等。在此基础上最终确定出功能参数，并作为进一步设计的依据。在这一步骤中，要恰当处理需要与可能、理想与现实、发展目标与当前目标等之间可能产生的矛盾问题。

确定出功能参数后，即可提出可能的解决办法。同一功能的原理方案可以是多种多样的，亦即提出可能采用的多种方案。通过对功能分析、优化筛选，取得较理想的功能原理方案。机器功能原理方案的好坏，决定了机器的性能和成本，关系到机器的技术、经济水平和竞争力，它是方案设计阶段的关键。寻求方案时，可按原动机部分、传动部分及执行部分分别进行讨论。较为常用的办法是从执行部分开始讨论。特别需要提出的是，必须不断地研究和发展新的工作原理，这是设计技术发展的重要途径。

根据不同的工作原理，可以拟订多种不同的执行机构的具体方案。即使同一种工作原理，也可能有几种不同的结构方案，经过对多种结构方案的优选，确定执行机构。原动机部分的方案也有多种选择，根据实际情况进行选择，目前绝大多数的固定机械都优先选择电动机作为原动机。传动部分的方案就更为复杂多样了。对于同一传动任务，可以由多种机构及不同机构的组合来完成。

确定了机器的三大主要部分之后，还须考虑配置辅助系统。

对于确定可行的多个技术方案，从技术和经济及环保等方面进行综合评价。评价的方法很多，如经济性评价。在根据经济性进行评价时，既要考虑到设计及制造时的经济性，也要考虑到使用时的经济性。如图 2-3 所示的机器复杂性-费用曲线，把设计制造费用和使用费用加起来得到总费用，总费用最低处所对应的机器复杂程度就是最优的复杂程度，相应于这一复杂程度的机器结构方案就应是经济最佳方案。

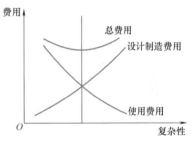

图 2-3  机器复杂性-费用曲线

可靠性是评价的一个重要指标。进行机器评价时，需要对机器的可靠性进行分析。一般来讲，系统越复杂，则系统的可靠性会越低，为了提高复杂系统的可靠性，就必须增加并联备用系统，而这不可避免地会提高机器的成本。因此，在设计结构时，不能盲目地追求结构的复杂性。

环境保护也是设计中必须认真考虑的重要方面。对环境造成不良影响的技术方案，必须详细地进行分析，以便提出技术上成熟的解决办法。

通过方案评价，确定较优方案。在方案设计阶段，要借鉴原有机器成功的先例并加以利用，在此基础上要积极地进行创新设计。反对保守直接照搬原有设计，但要注意，也不要一味求新而把合理的原有经验弃置不用。

**3. 技术设计阶段**

技术设计阶段是工作量最大的一个阶段，其目标是产生总装配草图及各部件装配草图。通过草图设计确定出各部件及其零件的外形及基本尺寸，包括各部件之间的连接，零、部件的外形及基本尺寸。最后绘制零件的工作图、部件装配图和总装图。

为了确定主要零件的基本尺寸，需要完成机器的运动学设计、机器的动力学计算、零件的工作能力设计、部件装配草图及总装配草图的设计、主要零件的校核等工作。

随着技术的进步，一些新的设计方法和概念不断诞生，在设计过程中，应不断地学习新的技术和设计方法，并加以利用，以提高设计效率，提高设计的可靠性。比如：优化设计技术的出现，使得结构参数的选择达到最佳的能力；有限元方法，使以前难以定量计算的问题获得极好的近似定量计算的结果，使得复杂结构的计算变得简单可靠。机械可靠性理论用于技术设计阶段，提出改进设计的建议，从而进一步提高机器的设计质量。

草图设计完成以后，即可根据草图已确定的零件形状和基本尺寸，设计零件的工作图。此时，仍有大量的零件结构细节要加以推敲和确定。设计零件工作图时，要充分考虑到零件的加工和装配工艺性、零件在加工过程中和加工完成后的检验要求和实施方法等。有些零件结构细节安排如果对零件的强度、刚度等工作能力有值得考虑的影响时，还须返回去重新校核该零件的工作能力。最后绘制出除标准件以外的全部零件的工作图。

按最后定型的零件工作图上的结构及尺寸，重新绘制部件装配图及总装配图。通过这一工作，可以检查出零件工作图中可能隐藏的尺寸和结构上的错误。人们把这一工作通俗地称为纸上装配。必要时可利用三维软件建立零件的三维模型和机器的三维装配体模型，一方面可以方便地检查出零件的结构和尺寸上的错误、零件之间是否干涉等，另一方面也可以通过运动仿真检验机器是否满足预期功能。

**4. 技术文件编制阶段**

技术文件的种类较多，常用的有机器的设计计算说明书、使用说明书、标准件明细表等。编制设计计算说明书时，应包括方案选择及技术设计的全部结论性的内容。编制供用户使用的机器使用说明书时，应向用户介绍机器的性能参数范围、使用操作方法、日常保养及简单的维修方法等。其他技术文件如检验合格单、外购件明细表、验收条件等，视需要与否另行编制。

随着计算机技术的发展，计算机在机械设计中得到了日益广泛的使用，并出现了许多高效率的设计和分析软件。利用这些软件可以在设计阶段进行多方案的对比，可以对不同的包括大型的和很复杂的方案的结构强度、刚度和动力学特性进行精确地分析。同时，还可以在计算机上构建虚拟样机，利用虚拟样机仿真对设计进行验证，从而实现在设计阶段充分地评估设计的可行性。可以说，计算机技术在机械设计中的推广使用已经并正在改变机械设计的进程，它在提高设计质量和效率方面的优势是难以预估的。

在机器的制造过程中，随时都有可能出现由于工艺原因而修改设计的情况。如需修改，则应遵循一定的审批程序。任何机器在使用过程中，都可能由于使用不当、工作环境恶劣、未按时维修等原因发生故障。应该有计划地开展售后服务工作，进行质量跟踪调查，设计部门根据这些信息，经过分析，也有可能对原设计进行修改，甚至改型。

作为设计工作者，应当有强烈的社会责任感，要把自己工作的视野延伸到制造、使用乃至报废利用的全过程中去，反复不断地改进设计，才能使机器的质量继续不断地提高，更好地满足生产及生活的需要；要有法律和道德观念，遵守国家标准、设计规范、专利法等法律和法规条文及合同、协议等文件，对机器功能要实事求是，不夸大其性能指标；要有不断创新和改革的意愿和气质，要有善于学习和不断进取的精神，虚心征求用户、制造人员、管理人员、销售人员和同行技术专家的各种意见，从而制订适合实际情况的设计方案；要不断地学习新的知识，为改进和提高设计水平而努力。

## 2.3　对机器的主要要求

**1. 使用功能要求**

机器应具有预定的使用功能。实现预定的使用功能需要正确地选择机器的工作原理，正确地选择原动机，正确地设计出能够实现功能要求的执行机构、传动机构，合理地配置必要的辅助系统。

**2. 经济性要求**

机器的经济性体现在设计、制造和使用的全过程中，设计机器时需要全面综合地进行考虑。经济性表现为较低的机器成本和能源消耗、低的管理和维护费用以及高的生产率和工作效率。

提高经济性可从设计和制造经济性、使用经济性两方面考虑。提高设计和制造经济性的途径有：采用先进的现代设计方法，使设计参数最优化，达到尽可能精确的设计计算结果，保证机器足够的可靠性；应用 CAD 技术，加快设计进度，降低设计成本；采用标准化、系列化及通用化的零部件，降低制造成本；尽可能采用新技术、新工艺、新结构和新材料；合理地组织设计和制造过程；改善零件的结构工艺性，使其用料少、易加工、易装配。

提高使用经济性指标的途径有：合理地提高机器的机械化和自动化水平，以提高机器的生产率和产品的质量；选用高效率的传动系统，减少传动的中间环节，以期降低能耗；适当地采用防护（如闭式传动、表面防护等）及润滑，以延长机器的使用寿命；采用可靠的密封，减少或消除渗漏现象等。

**3. 劳动保护和环境保护要求**

为了满足劳动保护和环境保护要求，设计机器时应使所设计的机器符合劳动保护法规的要求。设计时要按照人机工程学（ergonomics）的观点，尽可能减少操作手柄的数量，操作手柄及按钮等应放置在便于操作的位置，合理地规定操作时的驱动力，操作方式要符合人们的心理和习惯。同时，设置完善的安全防护及保安装置、报警装置、显示装置等，并根据工程美学的原则美化机器的外形及外部色彩，使操作者有一个安全、舒适的工作环境，不易产生疲劳。这也是提高劳动生产率和产品质量的一个重要途径。此外，要把环境保护提高到一个重要的位置。改善机器及操作者周围的环境条件，如降低机器运转时的噪声水平等，以满足环境保护法规对生产环境提出的要求。

**4. 寿命与可靠性的要求**

机器应该满足预定寿命，在其预定寿命内能够可靠地工作。随着机器的功能越来越多，结构越来越复杂，发生故障的可能环节也相应增多。机器工作的可靠性受到了越来越大的挑战。因此，除了对机器的预定寿命提出要求外，还要保证机器的可靠性。机器可靠性的高低是用可靠度来衡量的。机器的可靠度是指在规定的使用时间（寿命）内和规定的环境条件下，机器能够正常地完成其规定功能的概率。机器不能正常工作，即机器由于某种故障而不能完成其预定的功能称为失效。目前，机器设计和生产部门，特别是那些因机器失效将造成巨大损失的部门，如航空、航天部门，规定了在设计时必须对产品，包括零部件进行可靠性分析与评估。

提高机器可靠性可从以下方面进行考虑：设计上力求结构简单、传动链短、零件数少、调整环节少、连接可靠等，选用可靠度高的标准件，结构布置要能直接检查和修改，合理规定维修期，必要时增加备用系统，设置监测系统及时报警故障，增加过载保护装置、自动停机装置等。

### 5. 其他专用要求

对不同的机器，还有一些为该机器所特有的要求。设计机器时，在满足前述共同的基本要求的前提下，还应着重地满足这些特殊要求，以提高机器的使用性能。

零件是组成机器的基本要素，零件和机器是局部和整体的关系。因此，机器的各项要求的满足，是以组成机器的机械零件的正确设计和制造为前提的。亦即零件设计的好坏，将对机器使用性能的优劣起着决定性的作用。

## 2.4　机械零件的主要失效形式

机械零件丧失工作能力或达不到设计要求的性能时，称为失效。失效并不单纯意味着机械零件的破坏。机械零件的失效形式主要有：

（1）整体断裂　零件在受拉、压、弯、剪和扭等外载荷作用时，由于某一危险截面上的应力超过零件的强度极限而发生的断裂，或者零件在受变应力作用时，危险截面上发生的疲劳断裂，如齿轮轮齿根部的折断、螺栓的断裂、轴的断裂等。整体断裂是一种非常严重的失效形式，它不但会使零件失效，有时还会造成人身及设备事故。

（2）过大的残余变形　如果作用于零件上的应力超过了材料的屈服强度，则零件将产生残余变形。残余变形会影响机器的精度，对高速机械有时还会造成较大的振动，并进一步引起零件的变形。

（3）零件的表面破坏　零件的表面破坏主要是腐蚀、磨损和接触疲劳。腐蚀、磨损和接触疲劳都是随工作时间的延续而逐渐发生的失效形式，处于潮湿空气中或与水及其他腐蚀性介质相接触的金属零件，均有可能产生腐蚀现象；所有做相对运动的零件接触表面都有可能发生磨损；在接触变应力条件下工作的零件表面也有可能发生接触疲劳。

零件表面破坏发生后，通常会改变零件的形状和尺寸，降低表面精度，增大接触表面间的间隙，破坏正常配合关系，增大摩擦和能量消耗，引起振动和噪声，最终导致零件报废。

（4）破坏正常工作条件引起的失效　有些零件只有在一定的工作条件下才能正常地工作，如果工作过程中这些必备条件遭到了破坏，则将发生不同类型的失效。例如：对于液体摩擦的滑动轴承，当润滑油膜被破坏时，将发生胶合失效；对于带传动和摩擦轮传动，当传递的有效圆周力大于临界摩擦力时，将发生打滑失效。

零件发生哪种形式的失效，与很多因素有关，并且在不同行业和不同的机器上也不尽相同。大约80%左右的零件失效是由腐蚀、磨损和各种疲劳破坏所引起的，所以可以说，腐蚀、磨损和疲劳是引起零件失效的主要原因。

## 2.5　设计机械零件时应满足的基本要求

设计机械零件时应满足的要求是从设计机器的要求中引申出来的。一般来讲，大致有以下基本要求。

**1. 避免在预定寿命期内失效的要求**

（1）强度 零件在工作中，应该具有足够的强度，不应在预定寿命期内，由于零件强度不足发生断裂或出现不允许的残余变形等失效形式（除了用于安全装置中预定适时破坏的零件外）。零件具有适当的强度是设计零件时必须满足的最基本要求。

（2）刚度 零件在工作时应满足刚度要求，即不应发生超过规定要求的弹性变形，如机床主轴、导轨等此类零件当弹性变形过大时会影响机器的工作性能，因此，设计时除了要做强度计算外，还必须做刚度计算。

零件的刚度分为整体变形刚度和表面接触刚度两种。整体变形刚度是指零件整体在载荷作用下发生的伸长、缩短、挠曲、扭转等弹性变形的程度；表面接触刚度是指因两个零件接触表面上的微观凸峰，在外载荷作用下发生变形所导致的两零件相对位置变化的程度。

（3）寿命 零件在规定条件下完成规定功能的延续时间称为零件的寿命。零件应在其预定寿命期内不发生失效。影响零件寿命的主要因素有：材料的疲劳、材料的腐蚀以及相对运动零件接触表面的磨损三个方面。根据零件工作条件和环境、发生失效的形式，对零件进行必要的处理，提高零件的强度，防止失效。

**2. 结构工艺性要求**

在设计机械零件时保证零件具有良好的结构工艺性。零件具有良好的结构工艺性，是指在既定的生产条件下，零件能够方便而经济地生产出来，并便于装配成机器这一特性。设计机械零件时通常应从以下几个方面考虑零件的结构工艺性。

1）保证所设计的零件形状简单合理。

2）适应零件当前的生产条件和生产规模。

3）根据零件结构的复杂程度合理地选用毛坯类型。

4）零件形状应便于切削加工。

5）便于装配和拆配。

6）便于维护和修理。

**3. 经济性要求**

零件的设计需要考虑经济性要求。零件的经济性首先表现在零件本身的生产成本上。设计零件时，应力求设计出耗费最少的零件。耗费包括材料的耗费及加工制造时的人工消耗。

要降低零件成本，可采用轻型的零件结构，以降低材料消耗；采用加工余量小的毛坯或简化零件结构，以减少加工工时。这些对降低零件成本均有显著的作用。工艺性良好的结构意味着加工及装配费用低，所以结构工艺性对经济性有着直接的影响。采用廉价而供应充足的材料以代替贵重材料，对于大型零件采用组合结构以代替整体结构，都可以在降低材料费用方面起到积极的作用。

尽可能采用标准化的零部件以取代特殊加工的零部件，也可在经济性方面取得很大的效益。

**4. 质量小的要求**

对绝大多数机械零件来说，都应在满足零件强度和刚度要求的前提下力求减小其质量。减小质量可节约材料，可减小运动零件的惯性，改善机器的动力性能，减小作用于构件上的惯性载荷。此外，对于运输机械的零件，由于减小了本身的质量，就可以增加运载量，从而提高机器的经济效能。

**5. 可靠性要求**

在设计零件时需要考虑保证零件的可靠性。因为，机器的可靠性是依靠组成它的零部件的可靠性及系统构成来保证的。零件可靠度的定义和机器可靠度的定义是相同的，即在规定的使用时间（寿命）内和给定环境条件下，零件能够正常地完成其功能的概率。

## 2.6 机械零件的设计准则

为了保证所设计的机械零件能安全、可靠地工作，在进行设计工作之前，应确定相应的设计准则。设计准则的确定应该与零件的失效形式紧密地联系起来。常用的设计准则主要有强度准则、刚度准则、寿命准则、振动稳定性准则和可靠性准则。

**1. 强度准则**

强度准则就是指零件中的应力 $\sigma$ 不得超过允许的限度 $\sigma_{\lim}$。例如：对拉杆断裂来讲，应力不超过材料的抗拉强度；对疲劳破坏来讲，应力不超过零件的疲劳极限；对残余变形来讲，应力不超过材料的屈服强度。其代表性的表达式为

$$\sigma \leq \sigma_{\lim} \tag{2-1}$$

考虑到各种偶然性或难以精确分析的影响，式（2-1）右边要除以设计安全系数（简称安全系数）$S$，即

$$\sigma \leq \frac{\sigma_{\lim}}{S} \tag{2-2}$$

**2. 刚度准则**

零件在载荷作用下产生的弹性变形量 $y$（它广义地代表任何形式的弹性变形量），小于或等于机器的工作性能所允许的弹性变形极限值 $[y]$（即许用变形量），就称为满足了刚度要求，或称为符合了刚度设计准则。其表达式为

$$y \leq [y] \tag{2-3}$$

零件受载后产生的弹性变形量 $y$ 可按各种求变形量的理论或实验方法来确定，而许用变形量 $[y]$ 则应随不同的使用场合，根据理论或经验来确定其合理的数值。

**3. 寿命准则**

由于影响寿命的主要因素腐蚀、磨损和疲劳是三个不同范畴的问题，它们各自发展过程的规律也不同。迄今为止，还没有提出使用有效的腐蚀寿命计算方法，因而也无法列出腐蚀的计算准则。关于磨损的计算方法，由于其类型众多，产生的机理还未完全搞清，影响因素也很复杂，所以尚无可供工程实际使用的能够进行定量计算的方法。关于疲劳寿命，通常是求出使用寿命时的疲劳极限或额定载荷作为计算的依据，此内容将在后续章节中介绍。

**4. 振动稳定性准则**

机器在工作中存在着很多周期性变化的激振源，如齿轮的啮合、滚动轴承中的振动、滑动轴承中的油膜振荡、弹性轴的偏心运动等。如果某一零件本身的固有频率与上述激振源的频率重合或成倍数关系，这些零件就会发生共振，以致零件破坏或机器工作失常等。所谓振动稳定性是指在设计机器零件时要使机器中受激振作用的各零件的固有频率与激振源的频率错开。例如：令 $f$ 代表零件的固有频率，$f_p$ 代表激振源的频率，则通常应保证如下的条件：

$$0.85f > f_p \quad \text{或} \quad 1.5f < f_p \tag{2-4}$$

如果上述条件不能满足，则可用改变零件及系统的刚性、改变支承位置、增加或减少辅助支承等办法来改变 $f$ 值，使其满足上述条件。

把激振源与零件隔离，使激振的周期性改变的能量不传递到零件上去，或者采用阻尼以减小受激振动零件的振幅，都会改善零件的振动稳定性。

**5. 可靠性准则**

如有一大批某种零件，其件数为 $N_0$，在一定的工作条件下进行试验。如在 $t$ 时间后仍有 $N$ 件在正常的工作，则此零件在该工作环境条件下工作 $t$ 时间的可靠度 $R$ 可表示为

$$R = \frac{N}{N_0} \tag{2-5}$$

随着试验时间的不断延长，$N$ 将不断地减小，故可靠度也将改变。这就是说，零件的可靠度本身就是一个时间的函数。

表征零件可靠性的另一指标是零件的平均寿命。对于不可修复的零件，平均寿命是指其失效前的平均工作时间（MFTF，mean time to failures）；对于可修复的零件，则是指其平均故障间隔时间（MTBF，mean time between failures）。

## 2.7 机械零件设计的一般步骤

机械零件的设计大体要经过以下几个步骤：

1）根据零件的使用要求，选择零件的类型和结构。为此，必须对各种不同类型零件的优缺点、工作特性与适用场合等进行深入了解，通过综合对比来正确选用最合适的零件。

2）根据机器的工作要求，计算作用在零件上的载荷。

3）根据零件的类型、结构和所受载荷，分析零件可能的失效形式，从而确定零件相应的设计准则。

4）根据零件的工作条件及特殊要求（如高温或在腐蚀性介质中工作等），选择适当的材料。

5）根据设计准则进行相关的计算，确定出零件的基本尺寸。

6）根据工艺性及标准化等原则进行零件的结构设计。

7）细节设计完成后，必要时进行详细的校核计算（如轴的结构设计完成后，可进行轴的疲劳强度精确校核），以判定零件结构的合理性。

8）画出零件的工作图，并写出设计说明书。

结构设计是机械零件的重要设计内容之一，在有些情况下，它占了设计工作量中一个较大的比例，一定要给予足够的重视。

作为重要设计资料的设计说明书要条理清晰、语言简明、数字正确、格式统一，并附有必要的结构草图和计算草图。重要的引用数据，一般要注明出处。对于重要的计算结果，要写出简短的结论。

## 2.8 机械零件的材料及其选用

材料的选择是机械零件设计中非常重要的内容。随着工程实际对机械及零件工作性能要

求的不断提高，以及材料科学的不断发展，材料的合理选择越来越为提高零件质量、降低成本的重要手段。

### 2.8.1　机械零件常用的材料

#### 1. 金属材料

在各类工程材料中，以金属材料（尤其是钢铁）使用最广。钢铁材料主要是指铁、锰、铬及其合金。由于钢铁具有较好的力学性能（如强度、塑性、韧性等）、价格相对便宜和容易获得，而且能够满足多种性能和用途的要求，因此，在机械制造产品中，钢铁材料占90%以上。在各类钢铁材料中，由于合金钢的性能优良，因而常用来制造重要的零件。

除钢铁外的金属材料均称有色金属。在有色金属中，铝、铜及其合金的应用最多。在机械工业中，有色金属主要用作减摩、耐磨、耐蚀、高强度密度比或装饰材料。例如：铜合金是良好的减摩和耐磨材料，它还具有良好的导电性、导热性、耐蚀性和延展性。铝合金有高的强度极限与密度之比，用它制成的零件，在同样的强度下比其他金属材料的质量小，铝锡合金材料也可用作滑动轴承衬的材料，具有良好的减摩和抗黏着性能。

#### 2. 高分子材料

高分子材料通常包括三大类型，即塑料、橡胶及合成纤维。高分子材料具有原材料丰富，可以从石油、天然气和煤中提取，获取时所需的能耗低；密度小，平均只有钢的1/6；在适当的温度范围内有很好的弹性；耐蚀性好等诸多优点。例如：有"塑料王"之称的聚四氟乙烯有很强的耐蚀性，其化学稳定性也很好，在极低的温度下不会变脆，在沸水中也不会变软。因此，聚四氟乙烯在化工设备和冷冻设备中有广泛应用。

但是，高分子材料也有明显的缺点如容易老化，其中不少材料阻燃性差，总体上讲，耐热性能不好。

#### 3. 陶瓷材料

陶瓷一般分为结构陶瓷和功能陶瓷两大类。工程结构陶瓷一般具有耐高温、耐磨、耐蚀、抗氧化、难加工等特性，是机械制造近年来才采用的新材料，用来制造轴承、模具、活塞环、气阀座、密封件、滚动轴承和切削刀具等。功能陶瓷一般都是为实现某一特殊功能要求而采用的材料，如电功能陶瓷、磁功能陶瓷、光功能陶瓷等。

陶瓷材料常被形容为"像钢一样强、像金刚石一样硬、像铝一样轻"的材料。但是陶瓷材料的主要缺点是比较脆、断裂韧度低、价格昂贵、加工工艺性能差等。

#### 4. 复合材料

复合材料是由两种或两种以上具有明显不同物理和力学性能的材料复合而成的，可以获得单一材料难以达到的优良性能。

复合材料的主要特点是具有较高的强度和弹性模量，而质量又特别小，抗疲劳性能和减振性能好，但也有耐热性差、导热性和导电性较差的缺点。此外，复合材料价格比较贵。所以目前复合材料主要用于航空、航天等高科技领域，如在战斗机、直升机和人造卫星中有不少的应用。在民用产品中，复合材料也有一些应用，如在体育娱乐业中的高尔夫球杆、网球拍、赛艇、划船桨等。

### 2.8.2　机械零件材料的选择原则

材料选择是机械设计中的一个重要环节。从各种各样的材料中选择出合适的材料，是一项受多方面因素制约的工作。同一零件如采用不同材料制造，则零件尺寸、结构、加工方法、工艺要求等都会有所不同。由于钢铁仍是机械设计中应用得最多和最广的材料，所以仅对金属材料（主要是钢铁）的一般选用原则做简要介绍。

**1. 载荷、应力的大小和性质**

脆性材料原则上只适用于制造在静载荷下工作的零件。在多少有些冲击的情况下，应以塑性材料作为主要的使用材料。承受拉伸载荷为主的零件，宜用钢而不宜用铸铁。对于承受压缩载荷为主的零件，可考虑选择铸铁，以充分发挥其抗压强度比抗拉强度高得多和价廉的特点。对于工作表面产生较大接触应力的零件，应选择有利于表面硬化处理的材料。

金属材料的性能一般可通过热处理加以提高和改善，因此，要充分利用热处理的手段来发挥材料的潜力。

**2. 零件的工作情况**

零件的工作情况是指零件所处的环境特点、工作温度、摩擦磨损的程度等。

在湿热环境条件下工作的零件，其材料应有良好的防锈和耐蚀的能力，选用不锈钢、铜合金等更为合适。对于做相对运动的零件，其材料应有良好的减摩性、耐磨性，应优先选择适于进行表面处理的淬火钢、渗碳钢等。

对于工作温度变化较大的零件，一方面要考虑互相配合的两零件的材料线膨胀系数不能相差过大，以免在温度变化时产生过大的热应力，或者是配合松动；另一方面也要考虑材料的力学性能随温度而改变的情况。

**3. 零件的尺寸及质量**

零件尺寸及质量的大小与材料的品种与毛坯制取方法有关。用铸造材料制造毛坯时，一般可以不受尺寸及质量大小的限制；而用锻造材料制造毛坯时，则须注意锻压机械及设备的生产能力。

**4. 零件结构的复杂程度及材料加工可能性**

结构复杂的零件宜选用铸造毛坯，或用板材冲压出元件后再经焊接而成。对于结构简单的零件可用锻造法制取毛坯。

为了更好地判断材料的加工可能性，需要了解材料的工艺性。铸造材料的工艺性是指材料的液态流动性、收缩率、偏析程度及产生缩孔的倾向性等。锻造材料的工艺性是指材料的延展性、热脆性及冷态和热态塑性变形的能力等。焊接材料的工艺性是指材料的焊接性及焊缝产生裂纹的倾向性等。材料的热处理工艺性是指材料的淬透性、淬火变形倾向性及热处理介质对它的渗透能力等。冷加工工艺性是指材料的硬度、易切削性、冷作硬化程度及切削后可能达到的表面粗糙度值等。

**5. 材料的经济性**

材料的经济性主要是指材料的价格、加工费用及其利用率等。

1）材料本身的相对价格。在机械的生产成本中，材料成本占很大的比例，低者占30%，如中型机床，高者占到70%~80%，如汽车、起重机等。因此，当用价格低廉的材料能满足使用要求时，就不应该选择价格高的材料。这对于大批量制造的零件尤为重要。

2）材料的加工费用。例如在小批量制造某些箱体类零件时，虽然铸铁比钢板价廉，但在批量小时，选用钢板焊接反而有利，因为采用钢板焊接可以省掉铸模的生产费用。

3）材料的利用率。例如：采用无切屑或少切屑毛坯（如精铸、模锻、冷拉毛坯等），既省料省工，又使金属流线连续、强度提高。此外，在结构设计时也应设法提高材料的利用率。

4）采用组合结构。例如：火车车轮是在一般材料的轮芯外部热套上一个硬度较高且耐磨损的轮箍，这种选材方法常称为局部品质原则。又例如：组合蜗轮是在钢铁材料的轮毂外部套上一个减摩性、耐磨性均较好的铸锡青铜齿圈，这样既可节省价格昂贵的青铜材料，又可以满足轮毂价廉和强度的要求，这种选材方法称为任务分配原则。

5）节约稀有材料。例如，用铝青铜代替锡青铜制作轴瓦等。

**6. 材料的供应状况**

选择机器零件材料时还应考虑到当地材料的供应情况。为了简化供应和储存的材料品种，对于小批量制造的零件，应尽可能地减少同一部机器上使用的材料品种和规格数量。

 ## 2.9 现代机械设计方法简介

现代机械设计方法通常是相对传统的设计方法而言的。从特征和发展动向来看，它运用现代应用数学、应用力学、微电子学及信息科学等方面的最新成果与手段，实现了从静态设计到动态设计、从定性分析到定量分析、从常规设计到可靠性设计、从一般性设计到优化设计、从串行设计到并行设计、从宏观分析到微观分析、从离散性分析到系统性分析以及从人工设计到自动化设计的转化。设计工作本质上是一种创造性的活动，是对知识与信息等进行创造性的运作与处理。

现代机械设计方法发展很快，目前常见或较易见到的有：计算机辅助设计（CAD，computer aided design）、优化设计（OD，optimization design）、可靠性设计（RD，reliability design）、虚拟产品设计（VPD，virtual product design）、有限元法（FEM，finite element method），以及并行设计（concurrent design）、参数化设计（parameterization design）、智能设计（intelligent design）、分形设计（fractal design）、网上设计（on-net design）等。下面简要介绍几种现代设计方法。

**1. 计算机辅助设计**

计算机辅助设计是一种采用计算机技术辅助设计者对产品或工程进行设计和信息处理的一种技术。一个较完善的机械 CAD 系统是由产品设计的数值计算和数据处理模块，图形信息交换、处理和显示模块，存储和管理设计信息的工程数据库三大部分组成的。随着 CAD 技术的普及应用越来越广泛、越来越深入，CAD 技术正向着开放、集成、智能和标准化的方向发展，并与计算机辅助分析（CAE）、计算机辅助工艺设计（CAPP）、计算机辅助制造（CAM）等技术一起构成了系列技术。计算机辅助设计将计算机高速而精确的运算功能、大容量存储和处理数据的能力、丰富而灵活的图形文字处理功能与设计者创造性思维能力、综合分析及逻辑判断能力结合起来，形成一个人与计算机既各发挥所长，又紧密配合的系统，从而极大地加快了设计进程，缩短了研制周期，提高了设计质量。这种人机结合的交互式设计过程，构成了计算机辅助设计的工作过程。

**2. 优化设计**

一般工程设计问题都存在着许多种可能的设计方案。人们在进行设计工作时，总是力求从各种可能方案中选择较好的方案，即优化的方案。优化设计是在所有可行方案中寻求最佳设计方案的一种现代设计方法。优化设计方法是根据最优化原理和方法并综合各方面的因素，以人机配合的方式或用"自动搜索"的方式，借助计算机进行半自动或自动设计，寻求在现有工程条件下最优设计方案的一种现代设计方法。优化设计方法建立在最优化数学理论和现代计算技术的基础之上，进行机械结构的优化设计一般包括三方面的内容：一是将工程实际问题抽象成为最优化的数学模型，即建立优化方程；二是选择和应用优化数值方法求解这个数学模型，即优化问题的求解；三是对求解结果进行分析评价并做出决策，即设计方案的评价和决策。

最优化设计是保证产品具有优良的性能（如减轻自重或减小体积）、降低工程造价的一种有效设计方法。同时也可使设计者从大量烦琐和重复的计算工作中解脱出来，使之有更多的精力从事创造性的设计，并大大提高设计效率。

### 3. 可靠性设计

机械的可靠性设计又称概率设计，机械可靠性是指机械产品在规定的条件下和规定的时间内完成规定功能的能力，它是衡量机械产品质量的一个重要指标。机械可靠性设计是将概率统计理论、失效物理和机械学等相结合起来的综合性工程技术。机械可靠性设计方法的主要特征就是将常规设计方法中所涉及的设计变量，如材料强度、疲劳寿命、载荷、几何尺寸及应力等所具有的多值现象都看成是服从某种分布的随机变量，根据机械产品的可靠性指标要求，用概率统计方法设计出零部件的主要参数和结构尺寸。可靠性设计解决了传统的机械设计方法已很难说明所设计的机械零件究竟在多大程度上是安全的问题。

### 4. 虚拟产品设计

虚拟产品设计技术是以虚拟现实技术为基础，以三维产品模型为核心，以实现产品设计高度数字化和高度人机交互为标志，以快速、准确、直观的产品设计评价优化为目标的计算机辅助设计技术。虚拟产品设计技术允许设计人员在设计阶段便对产品进行虚拟加工、虚拟装配以及虚拟样机的运行仿真和分析，从而实现在早期设计阶段对产品全面的分析和评价，及时发现和修正设计缺陷，保证产品的质量，缩短因不断返工而人为延长的产品设计和开发周期。

虚拟现实技术（virtual reality technology）是一种三维计算机图形技术与计算机硬件技术发展而实现的高级人机交互技术，允许用户通过视觉、听觉、触觉等多种知觉实时地与计算机所建造的仿真环境发生相互作用，使用户体验虚拟世界丰富的感受。虚拟现实技术摆脱了传统计算机系统的人机交互手段，提供了具有独特输入输出装置的特殊人机界面，如头盔式显示器（HMD）、跟踪器、数据手套等。借助这些虚拟外设，比之传统 CAD 技术，用户可沉浸在仿真环境之中，有"身临其境"的感觉，从而完成在现实世界中难以或不可能完成的工作。虚拟现实系统的主要特征是沉浸感（immersion）、交互性（interaction）以及想象力（imagination）。

虚拟产品设计技术为改进传统设计手段、提高设计效率和激发设计人员创造能力提供了新的方法。

### 5. 有限元法

有限元通俗地讲就是对一个真实的系统用有限的单元来描述。有限元法是把求解区域看作由许多小的、在节点处相互连接的单元所构成，其模型给出基本方程分片近似解，由于单元可以分割成各种形状和大小不同的尺寸，所以，它能很好地适应复杂的几何形状、材料特性和边界条件。有限元法以计算机为工具，可以用于工程中复杂的非线性问题和非稳态问题的求解，以及工程设计中复杂结构的静态和动力分析，能准确地计算形状复杂零件的应力分布和变形，成为复杂零件强度和刚度计算的有力分析工具，如对形状复杂的机器箱体和汽车车架进行有限元分析等。

 习　　题

2-1　一部完整的机器由哪些部分所组成？各部分的作用是什么？

2-2　机器设计应满足哪些基本要求？机械零件设计应满足哪些基本设计要求？

2-3　机械零件设计的一般步骤如何？

2-4　什么是机械零件的失效？机械零件可能的失效形式主要有哪些？

2-5　设计机械零件时选择材料的原则是什么？

2-6　机械零件的设计准则与失效形式有什么关系？常用的有哪些设计准则？它们是针对什么失效形式建立的？

# 第 3 章

# 机械零件的疲劳强度

机械零件在变应力下工作时，疲劳失效是主要的失效形式之一。在变应力作用下，零件的应力即使明显低于其屈服强度，也会在经受一定应力循环周期后突然断裂。这种疲劳断裂与静应力作用下的断裂在失效机理上有本质差别，计算方法也有明显不同。本章主要介绍疲劳强度的基本理论和常用计算方法。

## 📌 3.1 疲劳断裂特征

零件在疲劳失效时所承受的应力值远低于材料的抗拉强度，甚至远低于材料的屈服强度。失效过程从直观感受上具有突然性，实际上，疲劳断裂的过程一般要经历裂纹萌生、裂纹扩展和突然断裂三个阶段。材料在变应力作用下，零件的圆角、凹槽、缺口等造成的应力集中，零件表面的加工痕迹、划伤、腐蚀以及材料内部的夹杂物、微孔、晶界等都会促使零件表面或内部萌生初始裂纹，这些萌生裂纹的地方称为裂纹源。随着应力循环次数的增加，初始裂纹尖端逐渐扩展。当裂纹扩展到一定阶段，零件截面面积小到某临界值时，零件就会发生突然的脆性断裂。

疲劳断裂的断口由光滑的疲劳扩展区和粗糙的脆性断裂区组成。图 3-1 是表面应力集中较大且在旋转弯曲条件下零件疲劳断口截面形貌示意图。截面上可见三处裂纹源，由于零件在变应力下反复变形，裂纹在扩展过程中周期性地压紧和分开，使疲劳发展区呈光滑状态，以疲劳源为中心出现波纹状的同心疲劳纹，每一疲劳纹表示每次应力循环使裂纹扩展的结果。此外，自裂纹源向外呈放射性的条纹称为垄沟纹。粗糙的脆性断裂区是突然产生的，它是由于剩余截面静应力强度不足造成的，形貌更接近于静应力引起的断口形貌。

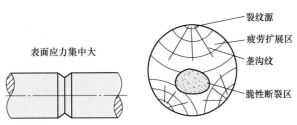

图 3-1 旋转弯曲的疲劳断口截面形貌示意图

##  3.2 应力寿命曲线和极限应力线图

### 3.2.1 应力的分类和特征参数

#### 1. 应力的分类

应力分为静应力和变应力两大类，其中变应力又分为稳定循环变应力和非稳定循环变应力两类。工程中常见的几种稳定循环变应力有对称循环变应力、脉动循环变应力、非对称循环变应力。常见的非稳定循环变应力有规律性非稳定变应力和随机性非稳定变应力。应力分类、图例及特点见表 3-1。

表 3-1 应力分类、图例及特点

| 类型 | 图例 | 应力特点和应用 |
|---|---|---|
| 静应力 | | 应力值保持不变或变化非常缓慢 |
| 对称循环变应力 | | 最大应力 $\sigma_{max}$ 和最小应力 $\sigma_{min}$ 的绝对值相等而符号相反，即 $\sigma_{max} = -\sigma_{min}$。例如：转动的轴上作用一方向不变的径向力，则轴上各点的弯曲应力都属于对称循环变应力 |
| 脉动循环变应力 | | 最小应力 $\sigma_{min} = 0$。例如：齿轮轮齿单侧工作时的齿根弯曲应力属于脉动循环变应力 |
| 非对称循环变应力 | | 最大应力 $\sigma_{max}$ 和最小应力 $\sigma_{min}$ 的绝对值不相等，这种应力在一次循环中 $\sigma_{max}$ 和 $\sigma_{min}$ 可以具有相同的符号（正或负）或不同的符号 |
| 规律性非稳定变应力 | | 应力按一定规律周期性变化，且变化幅度也是按一定规律周期性变化。例如：专用机床的主轴 |

续表

| 类型 | 图例 | 应力特点和应用 |
|---|---|---|
| 随机性非稳定变应力 | | 应力的变化不呈周期性，而带有偶然性。例如：作用在汽车行驶系统零件上的应力。计算时应根据大量实验得出载荷及应力的统计分布规律，然后应用统计疲劳强度方法来处理 |

**2. 变应力的特征参数**

变应力的特征参数及其关系为

$$\left.\begin{array}{l} \sigma_{max} = \sigma_m + \sigma_a \\ \sigma_{min} = \sigma_m - \sigma_a \end{array}\right\} \tag{3-1}$$

$$\left.\begin{array}{l} \sigma_m = \dfrac{\sigma_{max} + \sigma_{min}}{2} \\ \sigma_a = \dfrac{\sigma_{max} - \sigma_{min}}{2} \end{array}\right\} \tag{3-2}$$

$$R = \frac{\sigma_{min}}{\sigma_{max}} \tag{3-3}$$

式中，$\sigma_m$ 为平均应力；$\sigma_a$ 为应力幅；$R$ 为应力比（循环特性）。

已知以上五个参数中的任意两个就可以确定出变应力类型和特征。几种典型的变应力的应力比和应力特点见表3-2。

表3-2 几种典型的变应力的应力比和应力特点

| 循环应力名称 | 应力比 | 应力特点 |
|---|---|---|
| 静应力 | $R = 1$ | $\sigma_a = 0, \sigma_m = \sigma_{max} = \sigma_{min}$ |
| 对称循环 | $R = -1$ | $\sigma_a = \sigma_{max} = -\sigma_{min}, \sigma_m = 0$ |
| 脉动循环 | $R = 0$ | $\sigma_a = \sigma_m = \dfrac{\sigma_{max}}{2}, \sigma_{min} = 0$ |
| 非对称循环 | $-1 < R < 1$ | $\sigma_a = \dfrac{\sigma_{max} - \sigma_{min}}{2}, \sigma_m = \dfrac{\sigma_{max} + \sigma_{min}}{2}$ |

当零件受变化的切应力作用时，以上概念仍然适用，只需将公式中的 $\sigma$ 改成 $\tau$ 即可。

材料的疲劳特性可用最大应力 $\sigma_{max}$、循环次数 $N$、应力比 $R$ 来描述，机械零件疲劳强度的计算常借助应力寿命曲线或极限应力线图。

## 3.2.2 应力寿命曲线

应力寿命曲线是在一定应力比 $R$ 下，由材料疲劳试验得到的疲劳极限（通常以最大应力 $\sigma_{max}$ 表征）与循环次数 $N$ 的关系曲线。其中应力比通常取 $R = -1$ 或 $R = 0$。典型的应力寿命曲线如图 3-2 所示。

在循环次数约为 $10^3$ 以前，使材料试件发生破坏的最大应力值基本不变，或者说下降得很小，因此，循环次数 $N \leq 10^3$ 时的强度计算可按照静应力强度计算方法。在循环次数为 $10^3 \sim 10^4$ 区间，使材料发生疲劳破坏的最大应力有所下降，但应力值依然较大（甚至接近屈服强度），材料断口出现局部的塑性变形。由于这一阶段的应力循环次数相对很少，称为低周疲劳。例如：飞机起落架、炮筒、压力容器、压力管道等领域的疲劳问题通常属于低周疲劳。但对绝大多数通用零件来说，其承受变应力不够大，因此，应力循环

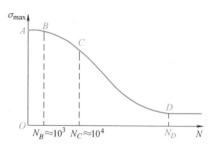

图 3-2　典型的应力寿命曲线

次数总是大于 $10^4$ 的，称为高周疲劳。高周疲劳在图中为 $10^4 \sim N_D$ 区间（由于 $N_D$ 很大，所以在做疲劳试验时，规定一个循环次数 $N_0$ 来近似代表 $N_D$，$N_0$ 称为循环基数，对于多数工程材料来说，$N_0$ 在 $10^6 \sim 25 \times 10^7$ 之间）。循环次数低于 $N_D$ 的统称为有限寿命区，高于 $N_D$ 的称为无限寿命区。

　　由于绝大多数通用零件处于高周疲劳范畴，本章重点讨论疲劳曲线处于高周疲劳的计算方法。高周疲劳曲线方程为

$$\sigma_{RN}^m N = \sigma_R^m N_0 = C \tag{3-4}$$

式中，$\sigma_{RN}$ 为有限寿命疲劳极限，角标 $R$ 代表该变应力的应力比，$N$ 代表相应的应力循环次数；$\sigma_R$ 为循环基数 $N_0$ 对应的疲劳极限；$C$ 为材料常数；$m$ 为随材料和应力状态而定的指数。

　　对于钢材，在弯曲疲劳和拉压疲劳时，$m = 6 \sim 20$、$N_0 = (1 \sim 10) \times 10^6$。在初步计算中，钢制零件受弯曲疲劳时，中等尺寸零件取 $m = 9$、$N_0 = 5 \times 10^6$，大尺寸零件取 $m = 9$、$N_0 = 10^7$。

　　根据式（3-4），得到了根据 $\sigma_R$ 及 $N_0$ 求有限寿命区间内 $N$ 时的 $\sigma_{RN}$ 的表达式为

$$\sigma_{RN} = \sigma_R \sqrt[m]{\frac{N_0}{N}} = K_N \sigma_R \tag{3-5}$$

式中，$K_N$ 为寿命系数，等于 $\sigma_{RN}$ 与 $\sigma_R$ 的比值。

　　当 $N > N_0$ 时，通常取 $N = N_0$。

### 3.2.3　极限应力线图

　　应力寿命曲线反映了某一应力比 $R$ 下的材料或零件的疲劳极限与疲劳寿命间的关系，但对于不同应力比 $R$ 对疲劳极限的影响，通常用极限应力线图表示更为方便。

　　极限应力线图以 $\sigma_m$、$\sigma_a$ 为横、纵坐标，反映了在特定寿命条件下，最大应力 $\sigma_{max} = \sigma_a + \sigma_m$ 与应力比 $R = \dfrac{\sigma_m - \sigma_a}{\sigma_m + \sigma_a}$ 的关系，故常称其为极限应力线图或等寿命曲线（图 3-3）。极限应力线图近似呈图 3-3a 所示的抛物线形，但工程上为计算方便，常用图 3-3b 所示的双直线形极限应力线图替代抛物线形极限应力线图。

　　材料的疲劳试验通常需要求出对称循环疲劳极限 $\sigma_{-1}$ 及脉动循环疲劳极限 $\sigma_0$。由于对称循环变应力的平均应力 $\sigma_m = 0$，所以对称循环疲劳极限在图 3-3b 中以纵坐标轴上的 $A'$ 点来表示。脉动循环变应力的平均应力及应力幅均为 $\sigma_m = \sigma_a = \dfrac{\sigma_0}{2}$，所以脉动循环疲劳极限以

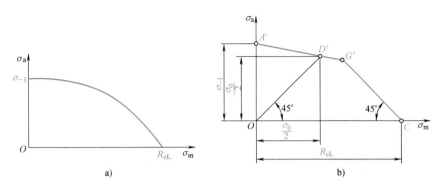

图 3-3 材料的极限应力线图

a）抛物线形极限应力线图 b）双直线形极限应力线图

由原点 $O$ 所作 45°射线上的 $D'$ 点来表示。连接点 $A'$、$D'$ 得直线 $A'D'$，为简化分析，以直线 $A'D'$代替图 3-3a 中的部分曲线，所以直线 $A'D'$上任何一点都代表了不同应力比时的疲劳极限。横轴上任何一点都代表应力幅等于零的应力，即静应力。取点 $C$ 的坐标值等于材料的屈服强度 $R_{eL}$，并自点 $C$ 作一直线与直线 $CO$ 成 45°的夹角，交 $A'D'$的延长线于 $G'$，则 $CG'$上任何一点均代表 $\sigma_{max} = \sigma_a + \sigma_m = R_{eL}$ 的变应力状况。于是，材料试件的极限应力线图即为折线 $A'G'C$。材料中发生的应力若处于 $OA'G'C$ 区域以内，则表示不发生破坏，即为安全区；若在此区域以外，则表示一定要发生破坏；若正好处于折线上，则表示工作应力状况正好达到极限状态。

图 3-3b 中直线 $A'G'$的方程可由已知两点坐标 $A'(0,\ \sigma_{-1})$ 及 $D'\left(\dfrac{\sigma_0}{2},\ \dfrac{\sigma_0}{2}\right)$ 求得，即

$$\sigma_{-1} = \sigma'_a + \varphi_\sigma \sigma'_m \tag{3-6}$$

直线 $CG'$的方程为

$$\sigma'_m + \sigma'_a = R_{eL} \tag{3-7}$$

式中，$\sigma'_m$、$\sigma'_a$ 分别为试件受循环变应力时疲劳极限的平均应力与应力幅；$\varphi_\sigma$ 为试件受循环应力时的材料常数。

$\varphi_\sigma$ 值计算式为

$$\varphi_\sigma = \frac{2\sigma_{-1} - \sigma_0}{\sigma_0} \tag{3-8}$$

根据试验，对碳钢，$\varphi_\sigma \approx 0.1 \sim 0.2$；对合金钢，$\varphi_\sigma \approx 0.2 \sim 0.3$。

## 3.3 影响机械零件疲劳强度的主要因素

### 3.3.1 应力集中的影响

若把零件看作理想的弹性体，当零件受载时，在几何形状突然变化处（如圆角、孔、凹槽等）会产生应力集中，这些引起应力集中的几何形状突变处称为应力集中源。常用有效应力集中系数 $k_\sigma$ 表示应力集中对疲劳强度的影响。

$$k_\sigma = 1 + q_\sigma(\alpha_\sigma - 1) \tag{3-9}$$

式中，$\alpha_\sigma$ 为考虑零件几何形状的理论应力集中系数，轴肩圆角处的理论应力集中系数 $\alpha_\sigma$ 见表 3-3；$q_\sigma$ 为材料的敏感系数，钢材的敏感系数 $q_\sigma$ 如图 3-4 所示。

表 3-3  轴肩圆角处的理论应力集中系数 $\alpha_\sigma$

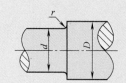

| 应力 | 公称应力公式 | $\alpha_\sigma$（拉伸、弯曲）或 $\alpha_\tau$（扭转剪切） | | | | | | | | | |
|---|---|---|---|---|---|---|---|---|---|---|---|
| | | $r/d$ | $D/d$ | | | | | | | | |
| | | | 2.00 | 1.50 | 1.30 | 1.20 | 1.15 | 1.10 | 1.07 | 1.05 | 1.02 | 1.01 |
| 拉伸 | $\sigma = \dfrac{4F}{\pi d^2}$ | 0.04 | 2.80 | 2.57 | 2.39 | 2.28 | 2.14 | 1.99 | 1.92 | 1.82 | 1.56 | 1.42 |
| | | 0.10 | 1.99 | 1.89 | 1.79 | 1.69 | 1.63 | 1.56 | 1.52 | 1.46 | 1.33 | 1.23 |
| | | 0.15 | 1.77 | 1.68 | 1.59 | 1.53 | 1.48 | 1.44 | 1.40 | 1.36 | 1.26 | 1.18 |
| | | 0.20 | 1.63 | 1.56 | 1.49 | 1.44 | 1.40 | 1.37 | 1.33 | 1.31 | 1.22 | 1.15 |
| | | 0.25 | 1.54 | 1.49 | 1.43 | 1.37 | 1.34 | 1.31 | 1.29 | 1.27 | 1.20 | 1.13 |
| | | 0.30 | 1.47 | 1.43 | 1.39 | 1.33 | 1.30 | 1.28 | 1.26 | 1.24 | 1.19 | 1.12 |
| | | $r/d$ | $D/d$ | | | | | | | | |
| | | | 6.0 | 3.0 | 2.0 | 1.50 | 1.20 | 1.10 | 1.05 | 1.03 | 1.02 | 1.01 |
| 弯曲 | $\sigma_b = \dfrac{32M}{\pi d^3}$ | 0.04 | 2.59 | 2.40 | 2.33 | 2.21 | 2.09 | 2.00 | 1.88 | 1.80 | 1.72 | 1.61 |
| | | 0.10 | 1.88 | 1.80 | 1.73 | 1.68 | 1.62 | 1.59 | 1.53 | 1.49 | 1.44 | 1.36 |
| | | 0.15 | 1.64 | 1.59 | 1.55 | 1.52 | 1.48 | 1.46 | 1.42 | 1.38 | 1.34 | 1.26 |
| | | 0.20 | 1.49 | 1.46 | 1.44 | 1.42 | 1.39 | 1.38 | 1.34 | 1.31 | 1.27 | 1.20 |
| | | 0.25 | 1.39 | 1.37 | 1.35 | 1.34 | 1.33 | 1.31 | 1.29 | 1.27 | 1.22 | 1.17 |
| | | 0.30 | 1.32 | 1.31 | 1.30 | 1.29 | 1.27 | 1.26 | 1.25 | 1.23 | 1.20 | 1.14 |
| | | $r/d$ | $D/d$ | | | | | | | | |
| | | | 2.0 | 1.33 | 1.20 | 1.09 | | | | | | |
| 扭转剪切 | $\tau_T = \dfrac{16T}{\pi d^3}$ | 0.04 | 1.84 | 1.79 | 1.66 | 1.32 | | | | | | |
| | | 0.10 | 1.46 | 1.41 | 1.33 | 1.17 | | | | | | |
| | | 0.15 | 1.34 | 1.29 | 1.23 | 1.13 | | | | | | |
| | | 0.20 | 1.26 | 1.23 | 1.17 | 1.11 | | | | | | |
| | | 0.25 | 1.21 | 1.18 | 1.14 | 1.09 | | | | | | |
| | | 0.30 | 1.18 | 1.16 | 1.12 | 1.09 | | | | | | |

公称直径为 12mm 的普通螺纹的拉压有效应力集中系数 $k_\sigma$ 见表 3-4。

表 3-4  公称直径为 12mm 的普通螺纹的拉压有效应力集中系数 $k_\sigma$

| 材料的抗拉强度 $R_m$/MPa | 400 | 600 | 800 | 1000 |
|---|---|---|---|---|
| $k_\sigma$ | 3.0 | 3.9 | 4.8 | 5.2 |

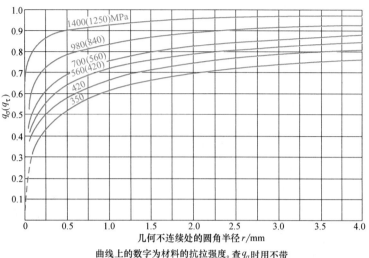

曲线上的数字为材料的抗拉强度。查$q_\sigma$时用不带
括号的数字，查$q_\tau$时用括号内的数字

图 3-4　钢材的敏感系数 $q$

降低应力集中可提高零件的疲劳强度。具体措施包括：减缓零件几何尺寸的突然变化、增大过渡圆角半径、增加卸载结构等。强度极限越高的钢敏感系数 $q$ 值越大，说明对应力集中越敏感。铸铁零件由外形引起的应力集中远低于内部组织引起的应力集中，可取 $q = 0$。

### 3.3.2　零件尺寸的影响

零件尺寸的大小及截面形状对疲劳极限的影响可以用尺寸系数 $\varepsilon_\sigma$ 来表示。当其他条件相同时，尺寸越大，对零件疲劳极限的不良影响越显著。原因是材料晶粒较粗，出现缺陷的概率大，此外机械加工后表面冷作硬化层相对较薄。应当注意，冷作硬化对疲劳极限是有利的。

钢材的尺寸系数 $\varepsilon_\sigma$ 和 $\varepsilon_\tau$ 如图 3-5 所示。

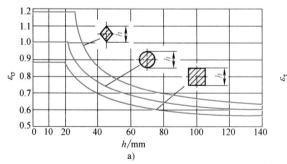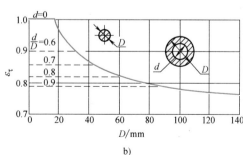

图 3-5　钢材的尺寸系数

a）钢材的尺寸系数 $\varepsilon_\sigma$　b）圆截面钢材的扭转尺寸系数 $\varepsilon_\tau$

螺纹连接件的尺寸系数 $\varepsilon_\sigma$ 见表 3-5。

表 3-5　螺纹连接件的尺寸系数 $\varepsilon_\sigma$

| 直径 $d$/mm | ≤16 | 20 | 24 | 28 | 32 | 40 | 48 | 56 | 64 | 72 | 80 |
|---|---|---|---|---|---|---|---|---|---|---|---|
| $\varepsilon_\sigma$ | 1 | 0.81 | 0.76 | 0.71 | 0.68 | 0.63 | 0.60 | 0.57 | 0.54 | 0.52 | 0.50 |

对于轮毂或滚动轴承与轴以过盈配合连接时，可按表 3-6 求出有效应力集中系数与尺寸系数的比值 $\dfrac{k_\sigma}{\varepsilon_\sigma}$。

表 3-6　轮毂或滚动轴承与轴过盈配合处的 $\dfrac{k_\sigma}{\varepsilon_\sigma}$ 值

| 直径 $d$/mm | 配合 | $R_m$/MPa | | | | | | | |
|---|---|---|---|---|---|---|---|---|---|
| | | 400 | 500 | 600 | 700 | 800 | 900 | 1000 | 1200 |
| 30 | H7/r6 | 2.25 | 2.50 | 2.75 | 3.00 | 3.25 | 3.50 | 3.75 | 4.25 |
| | H7/k6 | 1.69 | 1.88 | 2.06 | 2.25 | 2.44 | 2.63 | 2.82 | 3.19 |
| | H7/h6 | 1.46 | 1.63 | 1.79 | 1.95 | 2.11 | 2.28 | 2.44 | 2.76 |
| 50 | H7/r6 | 2.75 | 3.05 | 3.36 | 3.66 | 3.96 | 4.28 | 4.60 | 5.20 |
| | H7/k6 | 2.06 | 2.28 | 2.52 | 2.76 | 2.97 | 3.20 | 3.45 | 3.90 |
| | H7/h6 | 1.80 | 1.98 | 2.18 | 2.38 | 2.57 | 2.78 | 3.00 | 3.40 |
| >100 | H7/r6 | 2.95 | 3.28 | 3.60 | 3.94 | 4.25 | 4.60 | 4.90 | 5.60 |
| | H7/k6 | 2.22 | 2.46 | 2.70 | 2.96 | 3.20 | 3.46 | 3.98 | 4.20 |
| | H7/h6 | 1.92 | 2.13 | 2.34 | 2.56 | 2.76 | 3.00 | 3.18 | 3.64 |

### 3.3.3　表面状态的影响

零件加工表面质量（主要是指表面粗糙度）对疲劳强度的影响可以用表面状态系数 $\beta_\sigma$ 来表示。材料为钢时，$\beta_\sigma$ 值可查图 3-6。钢的抗拉强度越高，表面越粗糙，表面状态系数越低，所以用高强度合金钢制造的零件，为使疲劳强度有所提高，其表面应有较高的加工质量。铸铁对于加工后的表面状态很不敏感，故可取 $\beta_\sigma = 1$。扭转剪切疲劳的表面质量系数 $\beta_\tau$ 可取近似地等于 $\beta_\sigma$。

此外，还可采取下列改善表面状态的措施，如淬火、渗氮、渗碳等热处理工艺，以及抛光、喷丸、滚压等冷作硬化。这些措施有利于提高表面强度和产生残余压应力，以降低拉应力和减少初始裂纹的

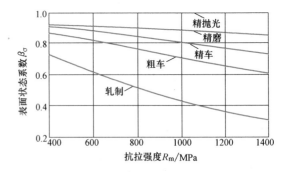

图 3-6　钢的表面状态系数 $\beta_\sigma$

萌生和扩展。改善后的表面状态系数可能大于 1，一般计算时仍取 1。冷拉加工产生的残余拉应力，会降低疲劳强度。受到腐蚀的金属表面会产生腐蚀坑，形成应力集中源，因此腐蚀也会降低疲劳强度。

### 3.3.4　综合影响系数

试验证明：应力集中、零件尺寸和表面状态都只对应力幅有影响，对平均应力没有明显影响。为此，可将这三个系数合并为综合影响系数 $K_\sigma$，其计算式为

$$K_\sigma = \frac{k_\sigma}{\varepsilon_\sigma \beta_\sigma} \tag{3-10}$$

仿照式（3-10）得

$$K_\tau = \frac{k_\tau}{\varepsilon_\tau \beta_\tau} \tag{3-11}$$

式中，角标 $\tau$ 表示在切应力条件下的参数。

由于零件的疲劳极限小于材料试件的疲劳极限，根据材料的极限应力线图可得零件的极限应力线图。例如：对称循环时，若已知综合影响系数 $K_\sigma$ 及材料的对称循环疲劳极限 $\sigma_{-1}$，则估算的零件对称循环疲劳极限 $\sigma_{-1e}$ 为

$$\sigma_{-1e} = \frac{\sigma_{-1}}{K_\sigma} \tag{3-12}$$

不对称循环时也做类似的处理。零件的极限应力线图中（图 3-3b）的直线 $A'D'G'$ 按比例向下移，成为图 3-7 所示的直线 $ADG$，而极限应力线图（图 3-3b）的 $CG'$ 部分，由于是按照静应力的要求来考虑的，故不需进行修正。因此，零件的极限应力线图可由折线 $AGC$ 表示。

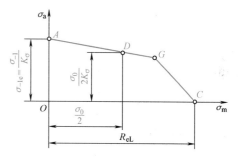

图 3-7　零件的极限应力线图

## 3.4　稳定变应力时安全系数的计算

疲劳强度计算是采用安全系数法判断零件危险截面处的安全程度，其条件是

$$S_{ca} \geq S$$

式中，$S_{ca}$ 为计算安全系数；$S$ 为疲劳强度计算的设计安全系数。

这类计算是在零件的材料、结构和尺寸已经初步确定之后进行的，所以具有核验的性质。

### 3.4.1　单向稳定变应力时的安全系数计算

在进行零件的疲劳强度计算时，首先应求出零件危险截面上的最大应力 $\sigma_{max}$ 及最小工作应力 $\sigma_{min}$，据此计算出平均应力 $\sigma_m$ 及应力幅 $\sigma_a$，然后在极限应力线图的坐标上标出相应的工作应力点 $M$（或者点 $N$），如图 3-8 所示。

在计算工作应力点的安全系数时，所用的极限应力应是零件的极限应力曲线（$AGC$）上的某一

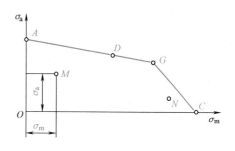

图 3-8　极限应力线图上的零件工作应力

个点所代表的应力。这个极限应力点要根据零件中由于结构的约束而使应力增长的变化规律来决定。常见的应力变化规律通常有下述三种：第一，变应力的应力比为常数 $C$，即 $R = C$（如绝大多数转轴中的弯曲应力状态）；第二，变应力的平均应力为常数，即 $\sigma_m = C$（如振动着的受载弹簧中的应力状态）；第三，变应力的最小应力为常数，即 $\sigma_{min} = C$（如紧螺栓连接中螺栓受预紧力作用时轴向变载荷的应力状态）。

### 1. $R = C$ 的情况

变应力的应力比为

$$R = \frac{\sigma_{min}}{\sigma_{max}} = \frac{\sigma_m - \sigma_a}{\sigma_m + \sigma_a} = \frac{1 - \dfrac{\sigma_a}{\sigma_m}}{1 + \dfrac{\sigma_a}{\sigma_m}} = C$$

为使 $R = C$，$\dfrac{\sigma_a}{\sigma_m}$ 必须也为常数，显然 $\sigma_a =$ 常数 $\times \sigma_m$ 是一条过坐标原点的直线（图 3-9）。直线上的 $M$、$N$ 点代表零件的工作应力，而工作应力对应的疲劳极限是直线 $OM$ 和 $ON$ 与极限应力曲线的交点 $M_1'$ 和 $N_1'$ 所代表的极限应力。

联解 $OM$ 及 $AG$ 两直线的方程式，可求出点 $M_1'$ 的坐标值 $\sigma_{me}'$ 及 $\sigma_{ae}'$，于是工作应力点 $M$ 对应的疲劳极限为

$$\sigma_{max}' = \sigma_{ae}' + \sigma_{me}' = \frac{\sigma_{-1}(\sigma_m + \sigma_a)}{K_\sigma \sigma_a + \varphi_\sigma \sigma_m} = \frac{\sigma_{-1}\sigma_{max}}{K_\sigma \sigma_a + \varphi_\sigma \sigma_m}$$

(3-13)

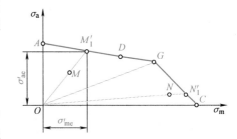

图 3-9 $R = C$ 时的极限应力

式中，$\sigma_{max}'$ 为疲劳极限（MPa）；$\sigma_{ae}'$ 为疲劳极限应力幅（MPa）；$\sigma_{me}'$ 为疲劳极限平均应力（MPa）。

计算安全系数 $S_{ca}$ 及强度条件式为

$$S_{ca} = \frac{\sigma_{lim}}{\sigma} = \frac{\sigma_{max}'}{\sigma_{max}} = \frac{\sigma_{-1}}{K_\sigma \sigma_a + \varphi_\sigma \sigma_m} \geqslant S$$

(3-14)

对应于点 $N$ 的极限应力点 $N_1'$ 位于直线 $CG$ 上。此时的极限应力即为屈服强度 $R_{eL}$。因此工作应力为 $N$ 点可能发生的是屈服失效，此时计算安全系数 $S_{ca}$ 及强度条件式为

$$S_{ca} = \frac{\sigma_{lim}}{\sigma} = \frac{R_{eL}}{\sigma_{max}} = \frac{R_{eL}}{\sigma_a + \sigma_m} \geqslant S_S$$

(3-15)

式中，$S_S$ 为静强度计算的设计安全系数。

图 3-9 中凡是工作应力点位于 $OGC$ 区域时，均按式（3-15）进行静强度计算。

工作应力对应的极限应力也可直接在图 3-9 上量取得到，对应于 $M$ 点的疲劳强度条件式为

$$S_{ca} = \frac{\sigma_{lim}}{\sigma} = \frac{\sigma_{max}'}{\sigma_{max}} = \frac{\sigma_{me}' + \sigma_{ae}'}{\sigma_m + \sigma_a} \geqslant S$$

类似的，对应于 $N$ 点的疲劳强度条件式为

$$S_{ca} = \frac{\sigma_{lim}}{\sigma} = \frac{R_{eL}}{\sigma_{max}} = \frac{R_{eL}}{\sigma_m + \sigma_a} \geqslant S_S$$

当设计的零件难于确定应力可能的变化规律时，往往也采用 $R = C$ 时的各公式进行强度计算。

2. $\sigma_m = C$ 的情况

当 $\sigma_m = C$ 时，需找到一个其平均应力与零件工作应力点 $M$（或 $N$）的平均值相同的极限应力。在图 3-10 中，通过对点 $M$（或 $N$）作纵轴的平行线 $MM_2'$（或 $NN_2'$），则此线上任何一个点所代表的循环应力都具有相同的平均应力值，而点 $M_2'$（或 $N_2'$）为极限应力曲线上的点，其应力值就是计算时所用的极限应力。

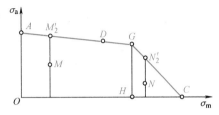

图 3-10　$\sigma_m = C$ 时的极限应力

$MM_2'$ 的方程为 $\sigma'_{me} = \sigma_m$。联立求解 $MM_2'$ 及 $AG$ 两直线的方程式，可求出工作应力点 $M$ 的疲劳极限 $\sigma'_{max}$ 和疲劳极限应力幅 $\sigma'_{ae}$，即

$$\sigma'_{max} = \sigma'_{ae} + \sigma'_{me} = \sigma_{-1e} + \sigma_m\left(1 - \frac{\varphi_\sigma}{K_\sigma}\right) = \frac{\sigma_{-1} + (K_\sigma - \varphi_\sigma)\sigma_m}{K_\sigma} \qquad (3\text{-}16)$$

$$\sigma'_{ae} = \frac{\sigma_{-1} - \varphi_\sigma \sigma_m}{K_\sigma} \qquad (3\text{-}17)$$

计算安全系数 $S_{ca}$ 及强度条件式为

$$S_{ca} = \frac{\sigma_{lim}}{\sigma} = \frac{\sigma'_{max}}{\sigma_{max}} = \frac{\sigma_{-1} + (K_\sigma - \varphi_\sigma)\sigma_m}{K_\sigma(\sigma_m + \sigma_a)} \geqslant S \qquad (3\text{-}18)$$

对应于点 $N$ 的极限应力由点 $N_2'$ 表示，它位于直线 $CG$ 上，故仍只按式（3-15）进行静强度计算。图 3-10 中，凡是工作应力点位于 $CGH$ 区域时，极限应力均为屈服强度 $R_{eL}$，按式（3-15）进行静强度计算。

3. $\sigma_{min} = C$ 的情况

当 $\sigma_{min} = C$ 时，需找到一个其最小应力与零件工作应力的最小值相同的极限应力。因为

$$\sigma_{min} = \sigma_m - \sigma_a = C$$

所以在图 3-11 中，通过点 $M$（或 $N$）作与横坐标轴夹角为 $45°$ 的直线，则此直线上任何一个点所代表的应力均具有相同的最小应力。该直线与 $AG$（或 $CG$）线的交点 $M_3'$（或 $N_3'$）在极限应力曲线上，所以它所代表的应力就是计算时所采用的极限应力。

通过点 $O$ 及点 $G$ 作与横坐标轴夹角为 $45°$ 的直线，$OJ$ 及 $IG$ 把安全工作区域分成三个部分：当工作应力点位于 $AOJ$ 区域时，最小应力均为负值，这在实际的机械结构中极为罕见，所以不需要讨论这种情况；当工作应力点位于 $GIC$ 区域内时，极限应力均为屈服强度，故只需按式（3-15）进行静强度计算；当工作应力点位于 $OJGI$ 区域时，极限应力在疲劳强度应

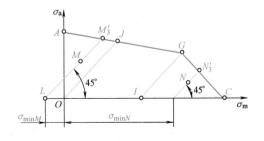

图 3-11　$\sigma_{min} = C$ 时的极限应力

力曲线 $AG$ 上，分析方法和前述两种情况类似，计算安全系数 $S_{ca}$ 及强度条件式为

$$S_{ca} = \frac{\sigma'_{max}}{\sigma_{max}} = \frac{2\sigma_{-1} + (K_\sigma - \varphi_\sigma)\sigma_{min}}{(K_\sigma + \varphi_\sigma)(2\sigma_a + \sigma_{min})} \geqslant S \tag{3-19}$$

### 3.4.2 双向稳定变应力时的安全系数计算

在很多零件（如转轴）上同时作用有同相位的法向及切向对称循环稳定变应力 $\sigma_a$ 及 $\tau_a$ 时，根据实验，塑性材料在对称循环的弯扭复合作用下的疲劳极限应力图在 $\frac{\sigma_a}{\sigma_{-1e}}$-$\frac{\tau_a}{\tau_{-1e}}$ 坐标系上是一个单位圆（图 3-12），疲劳极限应力关系式为

$$\left(\frac{\tau'_a}{\tau_{-1e}}\right)^2 + \left(\frac{\sigma'_a}{\sigma_{-1e}}\right)^2 = 1 \tag{3-20}$$

式中，$\tau'_a$ 及 $\sigma'_a$ 分别为对称循环时同时作用的切向应力幅和法向应力幅的极限值。

如图 3-12 所示，圆弧 $AM'B$ 上的一个点即代表一对应力幅的极限值 $\tau'_a$ 及 $\sigma'_a$。零件上的工作应力幅 $\sigma_a$ 及 $\tau_a$ 用 $M$ 表示，若此工作应力点在极限圆以内，则表示是安全的。引直线 $OM$ 与圆弧 $AB$ 交于点 $M'$，则点 $M'$ 为发生疲劳破坏时的极限应力。所以，计算安全系数 $S_{ca}$ 为

$$S_{ca} = \frac{\overline{OM'}}{\overline{OM}} = \frac{\overline{OC'}}{\overline{OC}} = \frac{\overline{OD'}}{\overline{OD}} \tag{3-21}$$

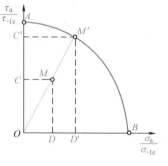

图 3-12 双向应力时的
极限应力线图

式中，各线段的长度分别为 $\overline{OC'} = \dfrac{\tau'_a}{\tau_{-1e}}$、$\overline{OC} = \dfrac{\tau_a}{\tau_{-1e}}$、$\overline{OD'} = \dfrac{\sigma'_a}{\sigma_{-1e}}$、$\overline{OD} = \dfrac{\sigma_a}{\sigma_{-1e}}$，代入式（3-21）后得

$$\left.\begin{array}{l} \dfrac{\tau'_a}{\tau_{-1e}} = S_{ca}\dfrac{\tau_a}{\tau_{-1e}}, \quad \text{即 } \tau'_a = S_{ca}\tau_a \\[3mm] \dfrac{\sigma'_a}{\sigma_{-1e}} = S_{ca}\dfrac{\sigma_a}{\sigma_{-1e}}, \quad \text{即 } \sigma'_a = S_{ca}\sigma_a \end{array}\right\}$$

将上式代入式（3-20），得

$$\left(\frac{S_{ca}\tau_a}{\tau_{-1e}}\right)^2 + \left(\frac{S_{ca}\sigma_a}{\sigma_{-1e}}\right)^2 = 1 \tag{3-22}$$

实际上，对称循环单向应力时有以下关系式，即

$$\left.\begin{array}{l} S_\tau = \dfrac{\tau_{-1e}}{\tau_a} \\[3mm] S_\sigma = \dfrac{\sigma_{-1e}}{\sigma_a} \end{array}\right\} \tag{3-23}$$

式中，$S_\tau$ 为零件上只承受切应力时的计算安全系数；$S_\sigma$ 为零件上只承受法向应力时的计算安全系数。

将式（3-23）代入式（3-22），得

$$\left(\frac{S_{ca}}{S_\tau}\right)^2+\left(\frac{S_{ca}}{S_\sigma}\right)^2=1$$

即

$$S_{ca}=\frac{S_\sigma S_\tau}{\sqrt{S_\sigma^2+S_\tau^2}} \tag{3-24}$$

当零件上所承受的两个变应力均为不对称循环的变应力时，$S_\sigma$ 和 $S_\tau$ 先按式（3-14）分别求出

$$S_\sigma=\frac{\sigma_{-1}}{K_\sigma\sigma_a+\varphi_\sigma\sigma_m} \quad 及 \quad S_\tau=\frac{\tau_{-1}}{K_\tau\tau_a+\varphi_\tau\tau_{me}}$$

然后按式（3-24）求出零件的计算安全系数 $S_{ca}$。

## 3.5 单向规律性非稳定变应力时机械零件的疲劳强度

单向非稳定变应力分为非规律性的和规律性两大类。单向非规律性的非稳定变应力疲劳强度分析应首先求得载荷及应力的统计分布规律，然后借助概率论知识用统计疲劳强度方法进行处理。本书讨论单向规律性非稳定变应力时的疲劳强度，这一问题常采用疲劳损伤累积假说（Miner 法则）进行计算。

### 3.5.1 疲劳损伤累积假说

疲劳损伤累积假说理论认为：在每一次应力作用下，材料内部就要受到微量的疲劳损伤，当疲劳损伤累积到一定程度达到疲劳寿命时便发生疲劳断裂。

图 3-13 为一规律性非稳定变应力的直方图。图中 $\sigma_1$、$\sigma_2$、$\cdots$、$\sigma_n$ 是应力比 $R$ 时各个循环作用下对应的最大应力值，即变应力 $\sigma_1$ 作用了 $n_1$ 次，$\sigma_2$ 作用了 $n_2$ 次，依此类推。把图 3-13 所示的应力图放在应力寿命曲线上（图 3-14），根据应力寿命曲线或式（3-4），可以找出仅有 $\sigma_1$ 作用时使材料发生疲劳破坏的应力循环次数 $N_1$。根据疲劳损伤累积假说，则应力 $\sigma_1$ 每循环一次对材料的损伤率即为 $\frac{1}{N_1}$，而循环了 $n_1$ 次的 $\sigma_1$ 对材料的损伤率即为 $\frac{n_1}{N_1}$。依此类推，经 $n_1$、$n_2$、$\cdots$、$n_n$ 次循环后，材料损失率分别为 $\frac{n_1}{N_1}$、$\frac{n_2}{N_2}$、$\cdots$、$\frac{n_n}{N_n}$。应当注意，如应力 $\sigma_i$ 小于材料的持久疲劳极限 $\sigma_{r\infty}$，可认为它作用无限多次循环而不引起疲劳破坏。因此，小于持久疲劳极限的工作应力对疲劳损伤不起作用，在计算疲劳损伤时可不予考虑。

理论上，当损伤率达到 100% 时材料发生疲劳破坏，即

$$\sum_{i=1}^{n}\frac{n_i}{N_i}=\frac{n_1}{N_1}+\frac{n_2}{N_2}+\cdots+\frac{n_n}{N_n}=1 \tag{3-25}$$

式（3-25）为疲劳损伤累积假说的数学表达式。

试验结果表明，当各个作用的应力幅无很大差别以及无短时的强烈过载时，这个规律是

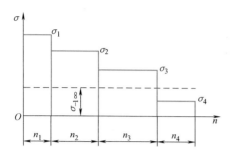

图 3-13　规律性非稳定变应力直方图

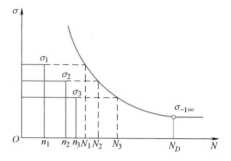

图 3-14　非稳定变应力在应力寿命曲线上的表示

正确的；当加载时先作用最大的应力，然后依次作用较小的应力时，式（3-25）中的等号右边将不等于 1 而小于 1，即理论上的损伤率未到 100% 但材料已经发生疲劳破坏；当加载时先作用最小的应力，再依次作用较大的应力时，则式中等号右边将大于 1，即理论上的损伤率超过 100% 但材料还未发生疲劳破坏。通过大量的试验，损伤率在 0.7~2.2，

即 $\sum\limits_{i=1}^{n} \dfrac{n_i}{N_i} = 0.7 \sim 2.2$。但多数情况下，为计算方便，损伤率通常仍取 1。

### 3.5.2　单向规律性非稳定变应力时的疲劳强度计算

单向规律性非稳定变应力的疲劳强度计算是利用疲劳损伤累积等效的概念，先将零件所受的各非稳定变应力 $\sigma_i$（$i=1, 2, \cdots, n$）分别转化成材料的非稳定等效对称循环变应力 $\sigma_{\mathrm{ad}i}$（$i=1, 2, \cdots, n$），再将 $\sigma_{\mathrm{ad}i}$（$i=1, 2, \cdots, n$）转化成一稳定等效对称循环变应力 $\sigma_{\mathrm{adv}}$，最后按稳定变应力进行疲劳强度计算。

当零件所受的非稳定变应力 $\sigma_i$（$i=1, 2, \cdots, n$）不为对称循环变应力（$R \neq -1$）时，可参照式（3-14）将其转化，即利用下式求得

$$\sigma_{\mathrm{ad}i} = K_\sigma \sigma_{\mathrm{a}i} + \varphi_\sigma \sigma_{\mathrm{m}i} \qquad (i=1, 2, \cdots, n) \tag{3-26}$$

当非稳定变应力 $\sigma_i$（$i=1, 2, \cdots, n$）为对称循环变应力（$R=-1$）时，平均应力 $\sigma_{\mathrm{m}}=0$，于是

$$\sigma_{\mathrm{ad}i} = K_\sigma \sigma_{\mathrm{a}i} \qquad (i=1, 2, \cdots, n) \tag{3-27}$$

式中，$\sigma_{\mathrm{ad}i}$ 为转化后的材料的非稳定等效对称循环变应力（MPa）。

经过式（3-26）或式（3-27）的转化，零件的非稳定变应力 $\sigma_i$ 转化为材料的非稳定等效对称循环变应力 $\sigma_{\mathrm{ad}i}$。

将上述各非稳定等效对称循环变应力 $\sigma_{\mathrm{ad}i}$ 转化成一稳定等效对称循环变应力 $\sigma_{\mathrm{adv}}$，通常令其等于非稳定等效对称循环变应力中最大应力或作用时间最长的应力（即起主要作用的应力），$\sigma_{\mathrm{adv}}$ 对应的是等效循环次数 $n_{\mathrm{v}}$；当寿命达到极限状态（材料发生疲劳破坏）时，$\sigma_{\mathrm{adv}}$ 对应的极限循环次数 $N_{\mathrm{v}}$。

根据 $\sigma_{RN}^m N = \sigma_R^m N_0 = C$，可得

$$N_{\mathrm{v}} = N_0 \left( \frac{\sigma_R}{\sigma_{\mathrm{adv}}} \right)^m \tag{3-28}$$

类似的，对于各非稳定等效对称循环变应力 $\sigma_{\mathrm{ad}i}$（$i=1, 2, \cdots, n$），有

$$N_1 = N_0 \left( \frac{\sigma_R}{\sigma_{\text{ad}1}} \right)^m, \quad N_2 = N_0 \left( \frac{\sigma_R}{\sigma_{\text{ad}2}} \right)^m, \quad \cdots, \quad N_n = N_0 \left( \frac{\sigma_R}{\sigma_{\text{ad}n}} \right)^m \qquad (3\text{-}29)$$

根据总寿命的损失率应相等的条件，可知

$$\sum_{i=1}^{n} \frac{n_i}{N_i} = \frac{n_1}{N_1} + \frac{n_2}{N_2} + \cdots + \frac{n_n}{N_n} = \frac{n_v}{N_v}$$

将式（3-28）和式（3-29）代入上式，得到

$$n_1 \sigma_{\text{ad}1}^m + n_2 \sigma_{\text{ad}2}^m + \cdots + n_n \sigma_{\text{ad}n}^m = n_v \sigma_{\text{adv}}^m$$

$$n_v = \sum_{i=1}^{n} \left( \frac{\sigma_{\text{ad}i}}{\sigma_{\text{adv}}} \right)^m n_i \qquad (3\text{-}30)$$

设 $\sigma_{-1v}$ 为等效循环次数 $n_v$ 对应的材料的对称等效疲劳极限，可得

$$N_0 \sigma_{-1}^m = n_v \sigma_{-1v}^m$$

$$\sigma_{-1v} = \sqrt[m]{\frac{N_0}{n_v}} \sigma_{-1} = K_N \sigma_{-1} \qquad (3\text{-}31)$$

式中，$K_N$ 为等效循环次数 $n_v$ 时的寿命系数。

于是，参照式（3-14），零件的计算安全系数 $S_{\text{ca}}$ 及强度条件式为

$$S_{\text{ca}} = \frac{\sigma_{\lim}}{\sigma_{\max}} = \frac{\sigma_{-1v}}{\sigma_{\text{adv}}} = \frac{K_N \sigma_{-1}}{\sigma_{\text{adv}}} \geqslant S \qquad (3\text{-}32)$$

对于剪切变应力，只需将本章中各公式的正应力 $\sigma$ 换成切应力 $\tau$ 即可。

单向规律性非稳定变应力时疲劳强度的计算步骤是：

1）求材料的非稳定等效对称循环变应力 $\sigma_{\text{ad}i}$。

2）取等效稳定变应力 $\sigma_v$ 等于非稳定变应力中的最大应力或作用时间最长的应力，求等效循环次数 $n_v$、等效循环次数时的寿命系数 $K_N$ 和材料的对称等效疲劳极限 $\sigma_{-1v}$。

3）按等效应力求零件的安全系数 $S_{\text{ca}}$ 并校核疲劳强度。

##  3.6 典型例题

例 3-1 一机械零件力学性能为：$R_{\text{eL}} = 560\text{MPa}$，$\sigma_{-1} = 300\text{MPa}$，$\varphi_\sigma = 0.2$。已知零件上的最大工作应力 $\sigma_{\max} = 200\text{MPa}$，最小工作应力 $\sigma_{\min} = 100\text{MPa}$，弯曲疲劳极限的综合影响系数 $K_\sigma = 2.3$。

1）当应力变化规律为 $\sigma_m = (C$ 为常数$)$ 时，分别用图解法和计算法确定该零件的计算安全系数。

2）若应力变化规律为 $R = C$，该零件可能会发生什么形式的破坏？

解 根据式（3-8）求 $\sigma_0$，有

$$\sigma_0 = \frac{2\sigma_{-1}}{\varphi_\sigma + 1} = \frac{2 \times 300}{0.2 + 1}\text{MPa} = 500\text{MPa}$$

求 $\sigma_m$ 和 $\sigma_a$

$$\sigma_m = \frac{\sigma_{max}+\sigma_{min}}{2} = \frac{200+100}{2}MPa = 150MPa$$

$$\sigma_a = \frac{\sigma_{max}-\sigma_{min}}{2} = \frac{200-100}{2}MPa = 50MPa$$

1）当 $\sigma_m = C$ 时，用计算法求计算安全系数，有

$$S_{ca} = \frac{\sigma_{-1}+(K_\sigma - \varphi_\sigma)\sigma_m}{K_\sigma(\sigma_m+\sigma_a)} = \frac{300+(2.3-0.2)\times150}{2.3\times(150+50)} = 1.34$$

用图解法求计算安全系数时，首先求出极限应力线图（图 3-7）上 $A\left(0, \frac{\sigma_{-1}}{K_\sigma}\right)$、$D\left(\frac{\sigma_0}{2}, \frac{\sigma_0}{2K_\sigma}\right)$、$C(R_{eL}, 0)$ 三点的坐标值。

$$\frac{\sigma_{-1}}{K_\sigma} = \frac{300MPa}{2.3} = 130.4MPa$$

$$\frac{\sigma_0}{2} = \frac{500MPa}{2} = 250MPa$$

$$\frac{\sigma_0}{2K_\sigma} = \frac{500MPa}{2\times2.3} = 108.7MPa$$

在图 3-15 上根据 $A$、$D$、$C$ 三点绘出极限应力线图，标出工作应力 $M$ 点，因 $\sigma_m = C$，通过点 $M$ 作纵轴的平行线 $M_1M_2$，量 $M_1M_2$ 和 $M_1M$ 的长度，则

$$S_{ca} = \frac{\sigma'_{me}+\sigma'_{ae}}{\sigma_m+\sigma_a} = \frac{150+117.4}{150+50} = 1.34$$

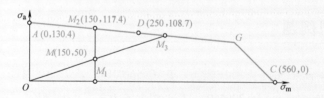

图 3-15 例 3-1 图

2）当 $R = C$ 时，在极限应力线图上自原点 $O$ 作过点 $M$ 的射线，因射线交 $AG$ 于 $M_3$ 点，可知该零件可能会发生疲劳破坏。

例 3-2 转轴受非稳定脉动循环变应力如下：$\sigma_1 = 190MPa$，工作时间 $t_{h1} = 80h$；$\sigma_2 = 160MPa$，工作时间 $t_{h2} = 130h$；$\sigma_3 = 100MPa$，工作时间 $t_{h3} = 90h$，轴转速 $n = 120r/min$，轴材料疲劳极限 $\sigma_{-1} = 260MPa$，$\sigma_0 = 450MPa$，$m = 9$，$N_0 = 10^7$，综合影响系数 $K_\sigma = 2.4$，设计安全系数 $S = 1.4$，求等效循环次数时的寿命系数和疲劳极限，并核验安全系数是否足够。

解　1) 求 $\varphi_\sigma$ 值，有

$$\varphi_\sigma = \frac{2\sigma_{-1}-\sigma_0}{\sigma_0} = \frac{2\times260-450}{450} = 0.16$$

由于是脉动循环，即 $R=0$，各循环变应力的应力幅和平均应力为

$$\sigma_{a1} = \sigma_{m1} = 95\mathrm{MPa}，\sigma_{a2} = \sigma_{m2} = 80\mathrm{MPa}，\sigma_{a3} = \sigma_{m3} = 50\mathrm{MPa}$$

根据式（3-26），得材料的非稳定等效对称循环变应力为

$$\sigma_{ad1} = K_\sigma\sigma_{a1}+\varphi_\sigma\sigma_{m1} = (2.4\times95+0.16\times95)\mathrm{MPa} = 243.2\mathrm{MPa}$$

$$\sigma_{ad2} = K_\sigma\sigma_{a2}+\varphi_\sigma\sigma_{m2} = (2.4\times80+0.16\times80)\mathrm{MPa} = 204.8\mathrm{MPa}$$

$$\sigma_{ad3} = K_\sigma\sigma_{a3}+\varphi_\sigma\sigma_{m3} = (2.4\times50+0.16\times50)\mathrm{MPa} = 128\mathrm{MPa} < \frac{\sigma_{-1}}{S} = \frac{260}{1.4}\mathrm{MPa} = 188.6\mathrm{MPa}$$

由于小于疲劳极限的应力对疲劳破坏没有影响，故对考虑了综合影响系数和设计安全系数后小于疲劳极限的变应力 $\sigma_3$，计算时不予计入。

2) 选定等效稳定变应力 $\sigma_{adv} = \sigma_{ad1} = 243.2\mathrm{MPa}$，求各变应力的循环次数，有

$$n_1 = 60nt_{h1} = 60\times120\times80 = 576000$$

$$n_2 = 60nt_{h2} = 60\times120\times130 = 936000$$

等效循环次数为

$$n_v = \sum_{i=1}^{n}\left(\frac{\sigma_{adi}}{\sigma_{adv}}\right)^m n_i = \left(\frac{243.2}{243.2}\right)^9\times576000 + \left(\frac{204.8}{243.2}\right)^9\times936000 = 775330 < N_0$$

等效循环次数时的寿命系数为

$$K_N = \sqrt[m]{\frac{N_0}{n_v}} = \sqrt[9]{\frac{10^7}{775330}} = 1.33$$

材料的对称等效疲劳极限为

$$\sigma_{-1v} = K_N\sigma_{-1} = 1.33\times260\mathrm{MPa} = 345.8\mathrm{MPa}$$

3) 求零件的安全系数，有

$$S_{ca} = \frac{K_N\sigma_{-1}}{\sigma_{adv}} = \frac{345.8}{243.2} = 1.42 > S = 1.4$$

故强度安全。

## 习　题

3-1　某材料的对称循环弯曲疲劳极限 $\sigma_{-1} = 350\mathrm{MPa}$，屈服强度 $R_{eL} = 550\mathrm{MPa}$，抗拉强度 $R_m = 750\mathrm{MPa}$，循环基数 $N_0 = 5\times10^6$，$m = 9$，试求对称循环次数 $N$ 分别为 $5\times10^4$、$5\times10^5$、$5\times10^7$ 次时的极限应力。

3-2　已知某材料的力学性能为 $R_m = 600\mathrm{MPa}$，$R_{eL} = 360\mathrm{MPa}$，$\sigma_0 = 340\mathrm{MPa}$，$\sigma_{-1} = $

200MPa，用该材料制成的零件的综合影响系数为 $K_\sigma = 2$。

1）试绘制该零件的简化极限应力线图。

2）用该材料制成的零件受稳定循环变应力，其 $\sigma_{max} = 150$MPa， $\sigma_{min} = 30$MPa，在极限应力线图中标出其工作应力点 $M$。

3）若其应力比 $R = C$，试用计算法和图解法分别求其安全系数。

3-3  一阶梯轴轴肩处的尺寸为： $D = 60$mm， $d = 50$mm， $r = 4$mm；如材料的力学性能为： $R_m = 650$MPa， $R_{eL} = 360$MPa， $\sigma_{-1} = 200$MPa， $\sigma_0 = 320$MPa。试绘制此零件的简化极限应力线图。

3-4  一零件用合金钢制成，其危险截面上的最大工作应力 $\sigma_{max} = 250$MPa，最小工作应力 $\sigma_{min} = 50$MPa，该截面处的有效应力集中系数 $k_\sigma = 1.32$，尺寸系数 $\varepsilon_\sigma = 0.85$，表面状态系数 $\beta_\sigma = 0.9$。该合金钢的力学性能为： $R_m = 900$MPa， $R_{eL} = 800$MPa， $\sigma_{-1} = 440$MPa， $\sigma_0 = 720$MPa。

1）按比例绘制零件的简化极限应力线图。

2）按 $\sigma_m = C$ 校核此零件危险截面上的安全系数。

3-5  某材料受弯曲变应力作用，其力学性能为： $\sigma_{-1} = 350$MPa， $m = 9$， $N_0 = 5 \times 10^6$。现用此材料的试件进行试验，以对称循环变应力 $\sigma_1 = 500$MPa 作用 $10^4$ 次， $\sigma_2 = 400$MPa 作用 $10^5$ 次， $\sigma_3 = 300$MPa 作用 $10^6$ 次。试确定：

1）该试件在此条件下的计算安全系数。

2）如果试件再作用 $\sigma = 450$MPa 的应力，还能循环多少次试件才被破坏？

# 第4章

# 摩擦、磨损及润滑概述

相互接触的两物体当一个相对于另一个切向相对运动或有相对运动趋势时，在接触表面上发生的阻碍该两物体相对运动的切向力叫摩擦力。抵抗两物体接触表面在外力作用下发生切向相对运动的现象叫作摩擦。摩擦是一种不可逆过程，其结果必然有能量损耗、效率降低、温度升高和表面磨损。过度磨损会使机器丧失应有的精度，产生振动和噪声，降低使用寿命。据估计，目前世界上的能源有 1/3～1/2 消耗在各种形式的摩擦上。在一般机械中，因磨损而报废的零件约占全部失效零件的 80%。不过，人们为了控制摩擦、磨损，提高机器效率，减小能量损失，降低材料消耗，保证机器工作的可靠性，已经找到了一个有效的手段——润滑。

当然，摩擦在机械中也并非总是有害的，如带传动、汽车及拖拉机的制动器等正是靠摩擦来工作的，这时还要进行增摩技术的研究。

现在把研究有关摩擦、磨损与润滑的科学与技术统称为摩擦学。把在机械设计中利用摩擦学知识和已知数据，系统分析所有元素，从而对零件的选材、结构尺寸、加工工艺、润滑条件、工况监控等进行优化设计，使摩擦学系统达到最小能耗、最低维护费用和最长使用寿命的设计方法称为摩擦学设计。本章将概略介绍机械设计中有关摩擦学方面的一些基本知识。

## 4.1 摩擦的种类及其基本性质

摩擦有静摩擦和动摩擦之分。两物体接触面受切向外力作用产生预位移但尚未发生宏观相对运动时的摩擦称为静摩擦；相对运动两表面之间的摩擦称为动摩擦。

根据摩擦副运动形式的不同，动摩擦又分为滑动摩擦、滚动摩擦、滑滚摩擦和自旋摩擦。两物体接触面滑动或有滑动趋势时的摩擦称为滑动摩擦，如导向键、滑键与轮毂键槽；轴颈与轴瓦接触面间的摩擦均为滑动摩擦。两物体接触面滚动或有滚动趋势时的摩擦称为滚动摩擦，如火车车轮与钢轨、滚动轴承中滚动体与内、外圈之间产生的摩擦均为滚动摩擦。两物体接触面同时具有滑动和滚动时的摩擦称为滑滚摩擦。两接触物体环绕其接触面的法线相对旋转时的摩擦称为自旋摩擦。本节将只着重讨论金属表面间的滑动摩擦。

根据摩擦面间存在润滑剂的情况，滑动摩擦又分为干摩擦、边界摩擦（边界润滑）、流体摩擦（流体润滑）及混合摩擦（混合润滑），如图4-1所示。

### 4.1.1 干摩擦

干摩擦是指在完全不存在其他介质的清洁表面间的摩擦。在工程实际中，并不存在真正

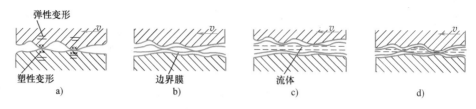

图 4-1　摩擦状态

a）干摩擦　b）边界摩擦　c）流体摩擦　d）混合摩擦

的干摩擦。即使在很洁净的表面上，零件的表面不仅会因氧化而形成氧化膜，而且多少也会被含有润滑剂分子的气体所湿润或受到"油污"形成脏污膜，它们的摩擦因数要比在真空下测定的纯净表面的摩擦因数小得多。工程设计中，通常把这种未经人为润滑的摩擦状态当作干摩擦处理（图 4-1a）。

　　为了能揭示滑动摩擦的本质，人们经过长期试验研究，逐渐形成现今被广泛接受的分子-机械理论、黏附理论等。对于金属材料，特别是钢，目前较多采用修正后的黏附理论。

　　当金属表面承受垂直载荷以后，金属表面凸峰尖端开始接触。由于实际接触面积很小，因此，在凸峰尖端接触处产生塑性变形。产生塑性变形后，又使接触面积增加，直至实际接触面积足够支持外载荷为止。此时实际的接触面积并不是两金属接触表面之间由接触边界确定的名义接触面积（或叫表观接触面积）$A_n$，而是由接触表面微凸体顶部被压平部分所形成的微面积的总和叫真实接触面积 $A_r$（图 4-2）。由于真实接触面积很小，因此，轮廓峰接触区所承受的压力很高。修正黏附理论认为，当两表面有相对滑动时，实际上有一切向力存在，这时金属材料的塑性变形取决于压应力和切应力所组成的复合应力作用。图 4-3a 所示为压应力 $\sigma_y$ 及切应力 $\tau$ 联合作用下，单个轮廓峰的接触模型，并且假定材料的塑性变形产生于最大切应力

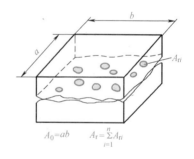

图 4-2　摩擦副接触面积示意图

达到某一极限值的情况。若将作用在轮廓峰接触区的切向力逐渐增大到 $F_f$ 值，结点将进一步发生塑性流动，这种流动导致接触面积增大，即接触区出现了结点增长的现象。结点增长模型如图 4-3b 所示，其中 $\tau_b$ 为较软金属的抗剪强度。

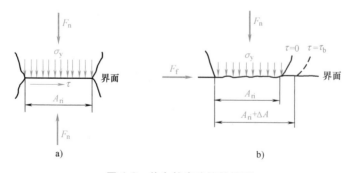

图 4-3　单个轮廓峰接触模型

a）在复合应力作用下　b）在复合应力作用下节点增长

在空气中，界面上往往存在氧化膜及污染膜，而这种表面薄膜通常抗切能力很弱，黏结点不会出现明显的增长，因此，摩擦因数较小。在真空中，没有氧化膜及污染膜的纯净表面的黏结点增长是很大的，因此，摩擦因数高。

修正后的黏附理论认为金属表面间的摩擦因数为

$$f = \frac{界面抗剪强度}{两种金属基体中的较软的压缩屈服强度} \tag{4-1}$$

在界面上只要有表面膜存在，界面抗剪强度就取决于表面膜的抗剪强度，当表面膜的抗剪强度较低时，摩擦因数会显著减小。修正黏附理论与实际情况比较接近，可以在相当大的范围内解释摩擦现象。在工程中，常用金属材料副的摩擦因数是指在常规的压力与速度条件下，通过实验测定的值，并可认为是一个常数，其值可参见参考文献[25]。

### 4.1.2　边界摩擦（边界润滑）

边界摩擦是指具有无体积特性的流体层隔开的两固体相对运动时的摩擦，即边界润滑状态的摩擦（图4-1b）。

按边界膜形成机理，边界膜有物理吸附膜、化学吸附膜和化学反应膜。润滑油中的脂肪酸极性分子与金属表面相互吸引而形成的吸附膜称为物理吸附膜；润滑油中的分子受化学键力作用而贴附在金属表面所形成的吸附膜称为化学吸附膜。当润滑剂中加入含硫、氯、磷等元素的化合物（即添加剂）时，在较高的温度（通常在 $150 \sim 200 ℃$）下，这些元素与金属起化学反应而生成硫、氯、磷的化合物（如硫化铁）在油与金属界面处形成的薄膜，称为化学反应膜。

润滑油中的脂肪酸是一种极性化合物，它的极性分子能牢固地吸附在金属表面上。单分子层吸附在金属表面的符号如图4-4a所示，图中〇为极性原子团。这些单分子层整齐地呈横向排列，很像一把刷子。边界摩擦类似两把刷子间的摩擦，其模型如图4-4b所示。吸附在金属表面上的多分子层边界膜的摩擦模型如图4-5所示。分子层距金属表面越远，吸附能力越弱，抗剪强度越低，远到若干层后，就不再受约束。因此，摩擦因数将随着层数的增加而下降，三层时要比一层时降低约一半。比较牢固地吸附在金属表面上的分子膜，称为边界

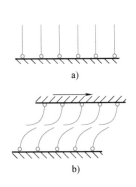

图 4-4　单分子层的摩擦模型

a）单分子层吸附模型　b）单分子层边界膜模型

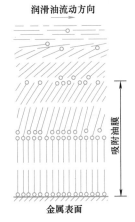

图 4-5　多分子层边界膜的摩擦模型

膜。一般来说，边界层的分子有 3～4 层，如果分子超过 4 层，分子便开始随润滑油流动，不能定向排列，因此，边界膜极薄。两摩擦表面的表面粗糙度值之和一般都超过边界膜的厚度，所以边界摩擦时，不能完全避免金属的直接接触，这时仍有微小的摩擦力产生，其摩擦因数通常在 0.1 左右。

吸附膜的吸附强度随温度升高而下降，达到一定温度后，吸附膜产生软化、失向和脱吸现象，从而使润滑作用降低，磨损率和摩擦因数都将迅速增加。化学吸附膜的吸附强度比物理吸附膜高，且稳定性好，受热后的熔化温度也较高。物理吸附膜适宜于在常温、轻载、低速下工作。化学吸附膜适宜于在中等的载荷、速度、温度下工作。化学反应膜厚度较厚，具有低的抗剪强度和高熔点，它比前两种吸附膜都更稳定，故化学反应膜适用于重载、高速和高温下工作的摩擦副。

合理选择摩擦副材料和润滑剂，降低表面粗糙度值，在润滑剂中加入适量的油性添加剂和极压添加剂，都能提高边界膜强度和降低摩擦因数。

### 4.1.3　流体摩擦（流体润滑）

流体摩擦是指运动副的摩擦表面被流体膜隔开，摩擦性质取决于流体内部分子间黏性阻力的摩擦（图 4-1c）。当摩擦面间的润滑膜厚度大到足以将两个表面的轮廓峰完全隔开时，即形成了完全的流体摩擦。这时润滑剂中的分子已大都不受金属表面吸附作用的支配而自由移动，摩擦是在流体内部的分子之间进行的，所以摩擦因数极小（油润滑时为 0.001～0.008），属内摩擦。由于摩擦副的表面不直接接触，故理论上没有磨损，使用寿命长，是一种理想的摩擦状态。

### 4.1.4　混合摩擦（混合润滑）

实际上摩擦副多数处于干摩擦、边界摩擦及流体摩擦的混合状态（图 4-1d）。摩擦面间仍有少量凸峰直接接触，大部分处于边界和流体润滑，润滑膜厚度大于 $0.01\mu m$ 而小于 $1\mu m$。混合摩擦时，如流体润滑膜的厚度增大，表面轮廓峰直接接触的数量就要减小，润滑膜的承载比例也随之增加。所以在一定条件下，混合摩擦能有效地降低摩擦阻力，其摩擦因数要比边界摩擦时小得多。但因表面间仍有轮廓峰的直接接触，所以不可避免地仍有磨损存在。

边界摩擦、流体摩擦及混合摩擦都必须具备一定的润滑条件，所以，相应的润滑状态也常分别称为边界润滑、流体润滑及混合润滑。

从上述情况看，由干摩擦到流体摩擦，已有的摩擦学理论体系仍是不完善的，近些年来提出了介于流体润滑和边界润滑之间的薄膜润滑，填补了摩擦学的一个空白区。随着科学技术的发展，摩擦学研究也逐渐深入到微观研究领域，形成了纳米摩擦学理论。

## 4.2　膜厚比与摩擦（润滑）状态

膜厚比是大致估计两滑动表面所处的摩擦（润滑）状态的简单判据，它是最小油膜厚度与表面粗糙度值之比，常用 λ 表示。

$$\lambda = \frac{h_{min}}{\left(R_{q1}^2 + R_{q2}^2\right)^{\frac{1}{2}}} \qquad (4\text{-}2)$$

式中，$h_{min}$ 为两滑动粗糙表面间的最小公称油膜厚度（$\mu m$）；$R_{q1}$、$R_{q2}$ 分别为两表面形貌轮廓的均方根偏差（为平均偏差的 $1.20 \sim 1.25$ 倍）（$\mu m$）。

通常认为：$\lambda \leqslant 1$ 时，呈边界润滑状态；$\lambda > 3$ 时，呈完全弹性流体动力润滑或流体润滑状态；$1 \leqslant \lambda \leqslant 3$ 时，呈混合润滑状态。必须指出，润滑状态的转变是个过程，所以 1、3 都是大致值，参看图4-6。

膜厚比 $\lambda$ 与相对寿命 $L$ 的关系曲线如图4-6所示。由图可见，$\lambda < 1$ 时相对寿命很短，$\lambda > 3$ 时相对

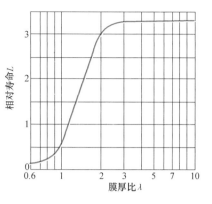

图4-6　膜厚比与相对寿命的关系曲线

寿命很长，$\lambda = 1.5$ 时相对寿命约为 $\lambda = 1$ 时的 4 倍，从使用寿命的观点考虑，$\lambda$ 的设计值宜大于 1.5。

## 4.3　磨损

运动副之间的摩擦将导致零件表面材料的逐渐丧失或迁移，即形成磨损。磨损会影响机器的效率，降低工作的可靠性，甚至促使机器提前报废。除非采取特殊措施（如静压润滑，电、磁悬浮等），否则磨损很难避免。因此，在设计时预先考虑如何避免或减轻磨损，以保证机器达到设计寿命，就具有很大的现实意义。磨损并非都有害，工程上也有不少利用磨损作用的场合，如机器的"磨合"以及机械加工中的磨削、抛光等都是磨损的有用方面。在规定年限内，只要磨损量不超过允许值，就认为是正常磨损。

### 4.3.1　磨损的过程

一个零件的磨损过程大致可分为三个阶段，即磨合阶段、稳定磨损阶段及剧烈磨损阶段（图4-7）。磨合阶段包括摩擦表面轮廓峰的形状变化和表面材料被加工硬化两个过程。由于零件加工后的表面具有一定的表面粗糙度，在磨合初期，只有很少的轮廓峰接触，因此，接触面上正应力很大，使接触轮廓峰压碎和塑性变形，同时薄的表层被冷作硬化。磨合后，尖峰高度降低，峰顶半径增大（图4-8），有利于增大接触面积，降低磨损速度。试验证明，磨合后，运动副间形成稳定的表面粗糙度，是给定摩擦条件（材料、压力、温度、润滑剂与润滑条件）下的最佳表面粗糙度，在以后的摩擦过程中，此表面粗糙度不会继续改变。磨合是磨损的不稳定阶段，在整个工作时间内所占比率很小。磨合时，应注意由轻至重、缓慢加载，并注意油的清洁，防止磨屑进入摩擦面而造成剧烈磨损和发热。磨合阶段结束，润滑油应进行过滤后再用。

在稳定磨损阶段，零件的磨损比较平稳而且缓慢，它标志着摩擦条件保持相对恒定。这个阶段的长短代表了零件使用寿命的长短。

经过稳定磨损阶段后，零件的表面遭到破坏，运动副中的间隙增大，引起额外的动载荷，出现噪声和振动。随着润滑状态的不断恶化，摩擦副的温升急剧增大，磨损速度也急剧

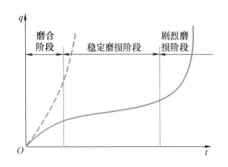

图 4-7 零件的磨损量 $q$ 与工作时
间 $t$ 的关系（磨损曲线）

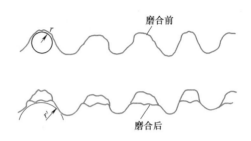

图 4-8 磨合作用

增大。这时就必须停机，更换零件。

在正常情况下，零件经短期磨合后即进入稳定磨损阶段，但若压力过大、速度过高、润滑不良，则磨合期很短，并立即转入剧烈磨损阶段，使零件很快报废，如图 4-7 中的虚线所示。

在设计或使用机器时，应该力求缩短磨合期，延长稳定磨损期，推迟剧烈磨损期的到来。为此就必须对形成磨损的机理有所了解。

### 4.3.2 磨损的类型

磨损按破坏机理来分有：黏着磨损、磨粒磨损、疲劳磨损、流体磨粒磨损、流体侵蚀磨损、机械化学磨损及微动磨损等。

#### 1. 黏着磨损

当摩擦表面的轮廓峰在相互作用的各点处发生"焊接"现象，并产生相对滑动时，由于黏着作用使材料由一个表面转移到另一表面所引起的磨损，称为黏着磨损（图 4-9）。黏着磨损按破坏程度不同（由轻至重）可分为：轻微磨损、涂抹、擦伤、撕脱、咬死。涂抹、擦伤和撕脱通常也称为胶合。该种磨损是金属摩擦副之间最普遍的一种磨损形式。

图 4-9 滑动轴承轴瓦严重
的黏着磨损

#### 2. 磨粒磨损

从外部进入摩擦表面间的游离硬质颗粒或摩擦表面上的硬质突出物，在摩擦过程中引起材料损失的现象称为磨粒磨损（图 4-10）。磨粒磨损和摩擦材料的硬度、磨粒的硬度有关，为保证摩擦表面有一定的使用寿命，金属材料的硬度应至少比磨粒硬度大 30%。正确选择摩擦材料可延长机器寿命。长期在低应力下工作的零件应选用硬度较高的钢；在高应力和冲击下工作的零件应选用韧性好、冷作硬化的钢；在凿削下工作的零件应选用具有一定硬度和高韧性的钢。设计时，有时选用便宜的材料，定期更换易磨损零件，更符合经济原则。

#### 3. 疲劳磨损

疲劳磨损是指由于摩擦表面材料微体积在重复变形时因疲劳破坏而引起的机械磨损

图 4-10 磨粒磨损

（图4-11）。例如：当做滚动或滚-滑运动的高副零件受到反复作用的接触应力（如滚动轴承运转或齿轮传动）时，如果该应力超过材料相应的接触疲劳极限，就会在零件工作表面或表面下一定深度处形成疲劳裂纹，随着应力循环次数的不断增加，裂纹逐渐扩展甚至相互连接，造成许多微粒从零件工作表面上脱落下来，致使表面上出现许多月牙形浅坑，形成疲劳磨损或疲劳点蚀。

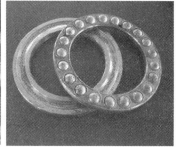

图 4-11 疲劳磨损（疲劳点蚀）

### 4. 流体侵蚀磨损（冲蚀磨损）

流体侵蚀磨损是指由液流或气流的冲蚀作用引起的机械磨损。近年来，由于燃气轮机的叶片、火箭发动机的尾喷管这样一些部件的破坏，已引起人们对这种磨损形式的注意。

### 5. 机械化学磨损（腐蚀磨损）

机械化学磨损是指摩擦副表面材料在摩擦过程中，与周围介质发生化学作用或电化学反应的磨损（图4-12）。在机械化学磨损过程中，机械因素和化学因素都起主导作用，通常两因素互相促进。例如，摩擦副受到空气中的酸或润滑油、燃油中残存的少量无机酸（如硫酸）及水分的化学作用或电化学作用，在相对运动中造成表面材料的损失所形成的磨损。在高温或潮湿的环境中，由于有腐蚀作用，可以产生很严重的后果。氧化磨损是最常见的机械化学磨损之一。

图 4-12 曲轴腐蚀磨损

### 6. 微动磨损（微动损伤）

两个表面间由于振幅很小的振动式的相对运动而产生的磨损现象称为微动磨损。它是一种非常隐蔽的，由黏着磨损、磨粒磨损、机械化学磨损和疲劳磨损共同形成的复合磨损形式，但起主要作用的是表面间黏结点处因外界微动而引起的氧化过程。它发生在名义上相对静止、实际上存在循环的微幅相对滑动的两个紧密接触的表面（如轴与孔的过盈配合面、滚动轴承套圈的配合面、旋合螺纹的工作面、铆钉的工作面等）上。这种微幅相对滑动是在循环变应力或振动条件下，由于两接触面上产生的弹性变形的差异引起的，并且相对滑动的幅度非常小，一般仅为微米的量级。微动磨损不仅损坏配合表面的品质，而且会导致疲劳裂纹的萌生，从而急剧地降低零件的疲劳强度。通常所说的微动损伤除包含微动磨损外，还包含微动腐蚀和微动疲劳。

## 4.4 润滑剂、添加剂和润滑方法

### 4.4.1 润滑剂

润滑剂能减小摩擦和磨损，保护零件不受锈蚀。采用循环润滑时还能起到散热降温的作用。润滑油膜还具有缓冲、吸振的能力。膏状润滑脂，既可防止内部的润滑剂外泄，又可阻止外部杂质的侵入，避免加剧零件的磨损，起到密封作用。

润滑剂可分为气体（如空气或其他气态工作介质）、液体（如润滑油、水及液态金属）、半固体（如润滑脂）和固体（如石墨、二硫化钼、聚四氟乙烯）四种基本类型。气体及固体润滑剂多用在高速、高温、有核辐射或要防止污染产品等特殊场合。对于橡胶或塑料轴承则宜用水做润滑剂。液态金属（如锂、钠、汞等）已在高温、高真空的核反应堆及宇航条件下获得了成功的应用。

下面仅对润滑油及润滑脂做些介绍。

#### 1. 润滑油

在液体润滑剂中应用最广泛的是润滑油，主要可概括为三类：一是有机油，通常是动植物油；二是矿物油，主要是石油产品；三是化学合成油。其中，因矿物油来源充足、成本低廉、适用范围广，而且稳定性好，故应用最多；动植物油中因含有较多的硬脂酸，在边界润滑时有很好的润滑性能，但因其稳定性差而且来源有限，所以使用不多；化学合成油是通过化学合成方法制成的新型润滑油，它能满足矿物油所不能满足的某些特性要求，如高温、低温、高速、重载和其他条件。由于它多为针对某种特定需要而制，适用面较窄，成本又很高，故一般机器应用较少。近年来，由于环境保护的需要，一种具有生物可降解特性的润滑油——绿色润滑油也在一些特殊行业和场合中得到使用。

无论哪类润滑油，若从润滑观点考虑，主要是从以下几个指标评判它们的优劣。

（1）黏度　黏度是指润滑油抵抗剪切变形的能力，它标志着油液内部产生相对运动时内部摩擦阻力的大小。它是润滑油的主要性能指标，黏度越大，润滑油内部摩擦阻力也越大，流动性也就越差。

（2）油性　油性是指润滑油中极性分子湿润或吸附于摩擦表面形成边界油膜，以减小摩擦和磨损的性能。油性越好，油膜与金属表面的吸附能力越强。对于那些低速、重载或润滑不充分的场合，油性具有特别重要的意义。

（3）极压性　极压性是指润滑油中加入含硫、氯、磷的有机极性化合物后，油中极性分子在金属表面生成抗磨、耐高压的化学反应边界膜的能力。它在重载、高速、高温条件下，可改善边界润滑性。

（4）闪点　油在标准仪器中加热所蒸发出的油气一遇火焰即能发出闪光时的最低温度，称为油的闪点。闪点是衡量油的易燃性的一种尺度，对于在高温下工作的机器，是一个十分重要的指标。通常应使工作温度比油的闪点低 30~40℃。

（5）凝点　凝点是指润滑油在规定条件下，不能再自由流动时所达到的最高温度。它是润滑油在低温下工作的一个重要指标，直接影响到机器在低温下的起动性能和磨损情况。

（6）氧化稳定性　从化学意义上讲，矿物油是很不活泼的，但当它们暴露在高温气体中时，也会发生氧化并生成硫、氯、磷的酸性化合物。这是一些胶状沉积物，不但腐蚀金属，而且会加剧零件的磨损。

**2. 润滑脂**

润滑脂是润滑油与稠化剂（如钙、锂、钠的金属皂）的膏状混合物。它是除润滑油以外应用最多的一类润滑剂。根据调制润滑脂所用皂基的不同，润滑脂主要分为钙基润滑脂、钠基润滑脂、锂基润滑脂和铝基润滑脂等几类。

润滑脂的主要质量指标有：

（1）锥入度　在 25℃恒温下，将一定质量的标准锥体，从润滑脂表面自由下沉，经 5s 后刺入的深度（以 0.1mm 计）即为锥入度。它标志着润滑脂内阻力的大小和流动性的强弱。锥入度越小，表面润滑脂越稠。锥入度是润滑脂的一项主要指标，润滑脂的牌号就是该润滑脂锥入度的等级。

（2）滴点　在规定的加热条件下，润滑脂从标准测量杯的孔口滴下第一滴时的温度称为润滑脂的滴点。润滑脂的滴点决定了它的工作温度。润滑脂的工作温度至少应低于滴点 20℃。

一般机械中最常用的润滑油、润滑脂的牌号、性能及适用场合等将在以后各有关章节中进行介绍，详细资料可参看润滑剂及添加剂的相关参考文献。

### 4.4.2　添加剂

普通润滑油、润滑脂在一些十分恶劣的工作条件下（如高温、低温、重载、真空等）会很快劣化变质，失去润滑能力。为了提高普通润滑油、润滑脂的品质和使用性能，常加入某些分量虽少（从百分之几到百万分之几）但对润滑剂性能改善起巨大作用的物质，这些物质称为添加剂。

添加剂的作用有：

1）提高润滑剂的润滑性、极压性和在极端工作条件下更有效工作的能力。

2）推迟润滑剂的老化变质，延长其正常使用寿命。

3）改善润滑剂的物理性能，如降低凝点、消除泡沫、提高黏度、改进其黏-温特性等。

添加剂的种类很多，有油性添加剂、极压添加剂、分散净化剂、消泡添加剂、抗氧化添加剂、降凝剂、增黏剂等。为了有效地提高润滑油边界膜的强度，简单而行之有效的方法是在润滑油中添加一定量的油性添加剂或极压添加剂。如图 4-13 所示，非极性润滑油（如纯矿物油）的摩擦因数最大；含有脂肪酸（油性添加剂）的润滑油，温度低时摩擦因数小，当温度超过脂肪酸金属皂膜的软化温度后，摩擦因数将迅速上升；含有极压添加剂的润滑油，在软化温度附近，摩擦因数迅速下降；若在润滑油中同时加入脂肪酸和极压添加剂，则低温时可以靠油性添加剂的油性来获得减摩性，高温时则靠极压添加剂的化学反应膜来得到良好的减摩性，润滑效果得到显著提升。

### 4.4.3 润滑方法

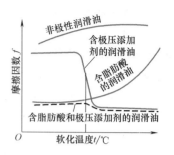

图 4-13 添加剂的作用

选用合理的润滑油或润滑脂的供应方法具有很重要的意义，尤其是油润滑时的供应方法与零件在工作时所处润滑状态有着密切的关系。

#### 1. 油润滑

向摩擦表面施加润滑油的方法可分为间歇式和连续式两种。手工用油壶或油枪向注油杯内注油，属于间歇式润滑。图 4-14 所示为压配式注油杯，图 4-15 所示为旋套式注油杯。这些润滑装置只可用于小型、低速或间歇运动的轴承。对于重要的轴承，必须采用连续供油的方法。

图 4-14 压配式注油杯

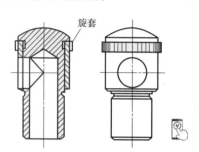

图 4-15 旋套式注油杯

（1）滴油润滑 图 4-16 及图 4-17 所示的针阀油杯和油芯油杯都可做到连续滴油润滑。针阀油杯可通过调节螺母而调节针阀开启的大小，以控制滴油速度来改变供油量，并且停车时可扳动油杯上端的手柄以关闭针阀而停止供油。油芯油杯是利用油芯的毛细管作用和虹吸作用，将油从容器中吸到摩擦副上，可连续不断地供油，但该种装置供油量不便调节，在停车时仍继续滴油，会引起无用的消耗。

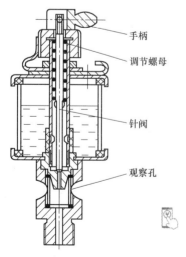

图 4-16 针阀油杯

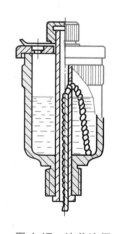

图 4-17 油芯油杯

（2）油环润滑　如图 4-18 所示，油环套在轴颈上，下部浸在油中。当轴颈转动时通过摩擦力带动油环转动，并将润滑油带到轴颈表面进行润滑。轴颈速度过高或者过低时，油环带的油量都会不足。油环润滑通常用于转速不低于 $50\sim60\text{r}/\text{min}$ 的场合。采用油环润滑的轴承，其轴线应水平布置。

（3）飞溅润滑　利用转动件（如浸入润滑油中的齿轮）或曲轴的曲柄等将润滑油溅成油星以润滑轴承。

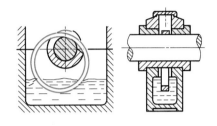

（4）压力循环润滑　利用油泵进行压力供油，对需要润滑的部位进行润滑，用过的油又流回油池，经冷却和过滤后可循环使用。压力循环润滑可保证供油充分，能带走摩擦热以冷却轴承，供油压力和流量都可以调整，工作过程中润滑油的损耗极小，对环境的污染也较少。这种润滑方法多用于高速、重载轴承或齿轮传动上。

图 4-18　油环润滑

**2. 脂润滑**

脂润滑只能采用间歇供应方式供应润滑脂。常用的脂润滑装置是旋盖式油脂杯（图 4-19）。杯中装满润滑脂后，旋动上盖即可将润滑脂挤入轴承中。有的也使用油枪向轴承补充润滑脂。

图 4-19　旋盖式油脂杯

## 4.5　润滑油黏度

黏度是表示润滑油最重要的物理性能之一。黏度越大，内摩擦力也越大，流动性越小。黏度是选择液体润滑油的主要依据。润滑油的黏度分为动力黏度和运动黏度。

**1. 动力黏度**

牛顿在 1687 年提出了黏性液体的摩擦定律（简称黏性定律）：如图 4-20 所示，被润滑油分开的两平行平板，当力 $F$ 拖动上平板且润滑油做层流流动时，油层间的切应力与其速度梯度成正比。若用数学形式表示这一定律，即为

$$\tau = \frac{F}{A} = -\eta\,\frac{\partial u}{\partial y}$$ 　　　　　　（4-3）

式中，$A$ 为移动板的面积；$\tau$ 为流体单位面积上的剪切阻力，即切应力；$u$ 为流体的流动速度；$\dfrac{\partial u}{\partial y}$ 为流体沿垂直于运动方向（即流体膜厚度方向）的速度梯度，式中的"－"号表示 $u$ 随 $y$（流体膜厚度方向的坐标）的增大而减小；$\eta$ 为比例常数，即流体的动力黏度。

摩擦学中把凡是服从这个黏性定律的流体都称为牛顿液体。

国际单位制（SI）下的动力黏度单位为 Pa·s（帕秒）。长、宽、高各为 1m 的液体，当上、下平面产生相对速度为 1m/s 移动需要的切向力为 1N 时，该液体的黏度为 1Pa·s（即 $1N\cdot s/m^2$）。

在 CGS 单位制中，把动力黏度的单位定为 P（泊），$1P = dyn\cdot s/cm^2$。

P 和 cP 与 Pa·s 的换算关系可取为：$1\ P = 0.1Pa\cdot s$，$1cP = 0.001Pa\cdot s$。

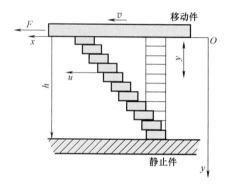

图 4-20  平行板间液体的层流流动

**2. 运动黏度**

工程中常用动力黏度 $\eta$ 与同温度下该液体的密度 $\rho$（单位为 $kg/m^3$）的比值表示黏度，称为运动黏度 $\nu$（单位为 $m^2/s$），即

$$\nu = \frac{\eta}{\rho} \tag{4-4}$$

对于矿物油，密度 $\rho = 850\sim900kg/m^3$。

运动黏度没有明显的物理意义，但在流体润滑理论分析和计算中常遇到动力黏度 $\eta$ 与同温度下该液体的密度 $\rho$ 的比值，因此，用运动黏度 $\nu$ 来代替 $\eta/\rho$ 比较方便，运动黏度的常用单位是 $mm^2/s$。

GB/T 3141—1994 规定每个黏度等级是用最接近于在 40℃ 时中心点运动黏度的正数值来表示。每个黏度等级的运动黏度范围允许为中间点运动黏度的 ±10%。常用工业润滑油的黏度分类及相应的运动黏度值见表 4-1。例如，黏度等级为 32 的润滑油在 40℃ 时的中心点运动黏度为 $32mm^2/s$，实际运动黏度范围为 $28.8\sim35.2mm^2/s$。

表 4-1  常用工业润滑油的黏度等级及相应的运动黏度值

| 黏度等级 | 运动黏度范围<br>（40℃）/($mm^2/s$) | 中间点运动黏度<br>（40℃）/($mm^2/s$) | 黏度等级 | 运动黏度范围<br>（40℃）/($mm^2/s$) | 中间点运动黏度<br>（40℃）/($mm^2/s$) |
|---|---|---|---|---|---|
| 2 | 1.98~2.42 | 2.2 | 100 | 90.0~110 | 100 |
| 3 | 2.88~3.52 | 3.2 | 150 | 135~165 | 150 |
| 5 | 4.14~5.06 | 4.6 | 220 | 198~242 | 220 |
| 7 | 6.12~7.48 | 6.8 | 320 | 288~352 | 320 |
| 10 | 9.00~11.0 | 10 | 460 | 414~506 | 460 |
| 15 | 13.5~16.5 | 15 | 680 | 612~748 | 680 |
| 22 | 19.8~24.2 | 22 | 1000 | 900~1100 | 1000 |
| 32 | 28.8~35.2 | 32 | 1500 | 1350~1650 | 1500 |
| 46 | 41.4~50.6 | 46 | 2200 | 1980~2420 | 2200 |
| 68 | 61.2~74.8 | 68 | 3200 | 2880~3520 | 3200 |

润滑油的黏度随温度而变化的情况十分明显，温度升高时黏度明显降低。由于润滑油的成分及纯净程度的不同，很难用一个解析式来表达各种润滑油的黏-温关系。图 4-21 所示

为几种常用润滑油的黏-温曲线。润滑油黏度受温度影响的程度可用黏度指数表示。黏度指数值越大，表明黏度随温度的变化越小，即黏-温性能越好。

压力对流体黏度有一定的影响，不过只有在压力超过 20MPa 时，黏度才随压力的增高而加大，高压时则更为显著。因此，在一般的润滑条件下不予考虑。但在高副接触零件的润滑中，这种影响就变得十分重要。对于一般矿物油的黏-压关系，可用下列经验公式表示

$$\eta_p = \eta_0 e^{\alpha p} \qquad (4-5)$$

式中，$\eta_p$ 为润滑油在压力 $p$ 时的动力黏度（Pa·s）；$\eta_0$ 为润滑油在 $10^5$Pa 的压力下的动力黏度（Pa·s）；e 为自然对数的底，e≈2.718；$\alpha$ 为润滑油的黏-压系数，当压力 $p$ 的单位为 Pa 时，$\alpha$ 的单位即为 $m^2/N$，对于一般的矿物油，$\alpha = (1\sim3)\times10^{-8} m^2/N$。

润滑油黏度的大小不仅直接影响摩擦副的运动阻力，而且对润滑油膜的形成及承载能力的高低起着决定性作用，是流体润滑中一个极为重要的因素。

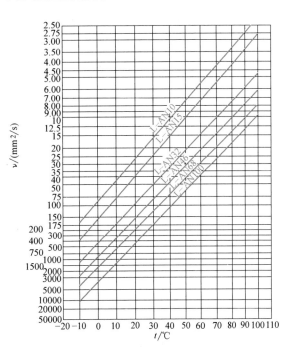

图 4-21 润滑油的黏-温曲线

## 4.6 工业用润滑油和润滑脂简介

### 4.6.1 润滑油

按照 GB/T 7631.1—2008 的规定，润滑剂、工业用油和有关产品（L 类）的分类见表 4-2。

表 4-2 工业用润滑剂及有关产品分组

| 组别 | 应用场合 | 组别 | 应用场合 |
|---|---|---|---|
| A | 全损耗系统 | N | 电器绝缘 |
| B | 脱模 | P | 气动工具 |
| C | 齿轮 | Q | 热传导 |
| D | 压缩机（包括冷冻机、真空泵） | R | 暂时保护防腐蚀 |
| E | 内燃机 | T | 汽轮机 |
| F | 主轴、轴承和离合器 | U | 热处理 |
| G | 导轨 | X | 用润滑脂的场合 |
| H | 液压系统 | Y | 其他应用场合 |
| M | 金属加工 | Z | 蒸汽气缸 |

选用润滑油时，可先根据润滑对象（零件或设备）选择润滑油品种，例如齿轮传动选用齿轮油、滑动轴承选用轴承油等。然后根据运动速度、载荷、温度等工作情况来选择润滑油的黏度等级。选用原则如下：

在高速运动或载荷较轻的摩擦部位，宜选用黏度低一些的润滑油，否则会增加摩擦阻力，温升过高反而对润滑不利。

在低速运动或载荷较大的摩擦部位，宜选用黏度较高、油性较好的润滑油，以利于油膜形成和良好润滑；在低速而载荷又大的摩擦部位，应选用含有极压添加剂和油性添加剂的润滑油；受冲击、振动载荷的以及做间歇和往复运动的部位，都应选用黏度高、吸附性好的润滑油。

在较高温度下工作的摩擦部位，应选用黏度较大、闪点较高和抗氧化性较好的润滑油。若工作温度变化较大，还应选用黏度指数高的润滑油。在低温下工作的部位，应选用黏度较小、凝点较低、不含水分的润滑油。

## 4.6.2 润滑脂

常用润滑脂的牌号、性能指标和主要用途见表 4-3。选用时应注意以下几点：

1）在潮湿环境或与水、水汽相接触的工作部位，宜选用耐水性好的润滑脂。钠基润滑脂耐水性差，易于乳化，不能选用。

2）在低温或高温下工作的部位，所选用的润滑脂应满足其允许使用温度范围的要求。最高工作温度至少应比滴点低 20℃。温度较高的宜选用锥入度小、安定性好的润滑脂。

受载较大（压力 $p > 5$ MPa）的部位，宜选用锥入度较小的润滑脂。低速而又受重载的部位，最好选用含有极压添加剂的润滑脂。

在相对滑动速度较高的部位，宜选用锥入度大、机械安定性好的润滑脂，否则阻力增大、热量过多，对润滑不利。

表 4-3　常用润滑脂的牌号、性能指标和主要用途

| 名　　称 | 牌号 | 锥入度/0.1mm | 滴点(≥)/℃ | 使用温度/℃ | 主要用途 |
|---|---|---|---|---|---|
| 钙基润滑脂<br>（GB/T 491—2008） | 1 号 | 310~340 | 80 | −10~60 | 用于轻载和有自动给脂系统的轴承及小型机械 |
|  | 2 号 | 265~295 | 85 |  | 用于轻载、中小型滚动轴承和轻载、高速机械的摩擦面润滑 |
|  | 3 号 | 220~250 | 90 |  | 用于中型电动机的滚动轴承、发电机及其他中载、中速摩擦面润滑 |
|  | 4 号 | 175~205 | 95 |  | 用于重载、低速的机械与轴承 |
| 钠基润滑脂<br>（GB/T 492—1989） | 2 号 | 265~295 | 160 | −10~120 | 耐高温但不能用于与潮湿空气或水接触的润滑部位，适用于各种类型的电动机、发电机、汽车、拖拉机和其他机械设备的高温轴承 |
|  | 3 号 | 220~250 | 160 |  | |
| 通用锂基润滑脂<br>（GB/T 7324—2010） | 1 号 | 310~340 | 170 | −20~120 | 适用于 −20~120℃ 范围内的各种机械设备的滚动轴承和滑动轴承 |
|  | 2 号 | 265~295 | 175 |  | |
|  | 3 号 | 220~250 | 180 |  | |

## 4.7 流体润滑简介

根据摩擦面间油膜形成的原理，可把流体润滑分为流体动力润滑及流体静力润滑。当两个曲面体做相对滚动或滚-滑运动时，若条件合适，也能在接触处形成承载油膜。这时不但接触处的弹性变形和油膜厚度都同样不容忽视，而且它们还彼此影响，互为因果。因而把这种润滑称为弹性流体动力润滑（简称弹流润滑）。

### 4.7.1 流体动力润滑

流体动力润滑是指依靠摩擦表面间形成的收敛的楔形间隙和相对运动，并借助于黏性流体动力学作用，由流体膜产生的压力来平衡外载荷的润滑。所用的黏性流体可以是液体（如润滑油），也可以是气体（如空气等），相应地称为液体动力润滑和气体动力润滑。流体动力润滑具有摩擦力小、磨损小，并可以缓和振动与冲击等优点。

获得流体动力润滑（即形成动压油膜）的基本条件是：①相对滑动的两表面间必须形成收敛的楔形间隙（图 4-22）通常称为"油楔"；②被油膜分开的两表面必须有足够的相对滑动速度（即滑动表面带油时要有足够的油层最大速度）；③润滑油必须有一定的黏度，供油要充分。雷诺方程是流体动力润滑的基础方程，见第 11.4 节。对于无限宽的平板，假设润滑油沿 $Z$ 轴方向没有流动，根据雷诺方程，可求得板面沿运动方向的压力分布及板面上各点的压力，从而计算油楔的承载能力。

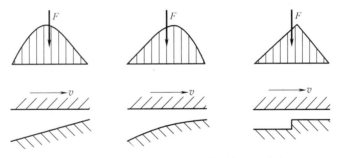

图 4-22　油楔与流体动力润滑轴承的压力分布

### 4.7.2 弹性流体动力润滑

流体动力润滑通常研究的是低副接触的零件之间的润滑问题，把零件摩擦表面视作刚体，并认为润滑剂的黏度不随压力而改变。可是在齿轮传动、蜗杆传动、滚动轴承、凸轮机构等高副接触中，两零件摩擦表面之间接触压力很大，致使摩擦表面出现了不能忽略的局部弹性变形。同时，在很大的接触压力作用下，润滑剂的黏度也将随压力的增大而增大。

弹性流体动力润滑理论是研究在相互滚动或伴有滑动的滚动条件下，两弹性物体间的流体动力润滑膜的力学性质，把计算在油膜压力作用下零件摩擦表面变形的弹性方程、表述润滑剂黏度与压力间关系的黏压方程与流体动力润滑的主要方程结合起来，以求解油膜压力分布、润滑膜厚度分布等问题。

图 4-23 是两个平行圆柱体在弹性流体动力润滑条件下，接触面的弹性变形、油膜厚度

及油膜压力分布的示意图。依靠润滑油与摩擦表面的黏附作用，两圆柱体相互滚动时将润滑油带入间隙。由于接触压力较高使接触面发生局部弹性变形，接触面积扩大，在接触面间形成了一个平行的缝隙，在出油口处的接触面边缘出现了间隙变小的现象（即出口区油膜形状有一缩颈），其收缩量约为中心膜厚的 25%，否则流出量会大于流入量，表面的变形恰好限制了这种超出量，并在出口端附近形成了第二个压力峰。

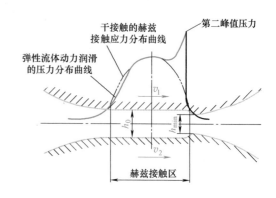

图 4-23　弹性流体动力润滑时，接触区弹性变形、油膜厚度及压力分布

　　由于任何零件表面都有一定的粗糙度，当弹性流体动力润滑的油膜很薄时，接触表面的粗糙度对润滑性能具有决定性的影响。

## 习　　题

4-1　何谓摩擦、磨损和润滑？它们之间的相互关联如何？

4-2　按摩擦面间的润滑状况，滑动摩擦可分哪几种？

4-3　按照摩擦机理分，磨损有哪几种基本类型？它们各有什么主要特点？

4-4　机械零件的磨损过程分为哪三个阶段？怎样磨合可以延长零件的寿命？

4-5　润滑剂的作用是什么？常用润滑剂有哪几种？

4-6　流体动力润滑及弹性流体动力润滑，两者之间的最根本差别是什么？

4-7　润滑油的主要性能指标有哪些？润滑脂的主要性能指标有哪些？

4-8　润滑油中为什么要加入添加剂？常用的添加剂有哪几种？

# 第5章

# 螺纹连接和螺旋传动

为了便于机器的制造、装配、维修及运输等，广泛地使用各种连接。机械中的连接分为机械静连接和机械动连接两大类。机械动连接是指机器工作时被连接的零（部）件间可以有相对运动的连接，如机械原理课程中讨论的各种运动副；机械静连接是指在机器工作时被连接的零部件间不允许产生相对运动的连接。本书中除了指明为机械动连接外，所用到的"连接"专指机械静连接。

连接又可分为可拆连接和不可拆连接。可拆连接是指拆开连接时，不破坏连接中的零件，重新安装后可继续使用的连接，如螺纹连接、键连接和销连接等；不可拆连接是指拆开连接时，要破坏连接中的零件，因而不能继续使用的连接，如焊接、铆接等。

螺纹连接是一种工程上广泛使用的可拆连接，具有结构简单、形式多样、互换性好、连接可靠、装拆方便等优点。

螺纹连接和螺旋传动都是利用螺纹零件工作的，前者作为紧固件用，要求保证连接强度（有时还要求紧密性）；后者则作为传动件用，要求保证螺旋副的传动精度、效率和磨损寿命等。本章将重点讨论螺纹连接的类型、结构以及设计计算等问题，并对螺旋传动的主要类型、特点等进行简要介绍。

## 5.1 螺纹

### 5.1.1 螺纹的分类

螺纹的分类方法有很多，根据螺纹分布的位置，可以分为外螺纹和内螺纹，它们共同组成螺旋副；根据螺纹的工作性质可分为连接用螺纹和传动用螺纹；根据螺旋绕行方向，可分为右旋螺纹和左旋螺纹；根据螺纹母体形状，可分为圆柱螺纹和圆锥螺纹；根据螺纹的牙型，可分为普通螺纹、管螺纹、梯形螺纹、矩形螺纹和锯齿形螺纹。此外，螺纹又有米制和寸制（螺距以每英寸牙数表示）之分，我国除管螺纹保留寸制外，其余都为米制螺纹。

### 5.1.2 螺纹的特点和应用

普通螺纹和管螺纹主要用于连接，梯形螺纹、矩形螺纹和锯齿形螺纹主要用于传动。连接用螺纹的当量摩擦角较大，有利于实现可靠连接；传动用螺纹的当量摩擦角较小，有利于提高传动的效率。常用螺纹的特点和应用见表 5-1。

表 5-1　常用螺纹的特点和应用

| 螺纹类型 | | 牙型图 | 特点 | 应用 |
|---|---|---|---|---|
| 连接螺纹 | 普通螺纹 | 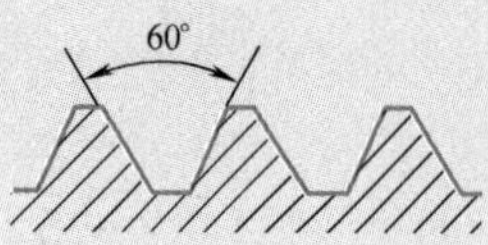 | 牙型角为60°，自锁性能好，螺纹牙抗剪强度高。内外螺纹旋合后留有径向间隙，外螺纹牙根允许有较大的圆角，以减小应力集中。同一直径，按螺距大小不同分为粗牙和细牙。细牙螺纹的自锁性能较好，螺纹强度削弱少，但不耐磨，易滑扣 | 应用最广，一般连接多用粗牙。细牙用于薄壁零件，也常用于受变载、振动及冲击载荷的连接，还可用于微调机构的调整 |
| | 圆柱管螺纹 | 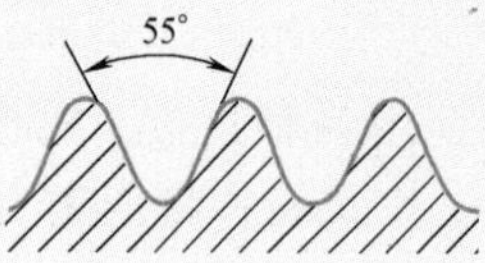 | 牙型角为55°，牙顶有较大圆角，公称直径近似为管子的内径。内外螺纹旋合后无径向间隙，密封性好 | 多用于压力为 1.568MPa 以下的水、煤气管路、润滑和电线管路系统 |
| 传动螺纹 | 矩形螺纹 | 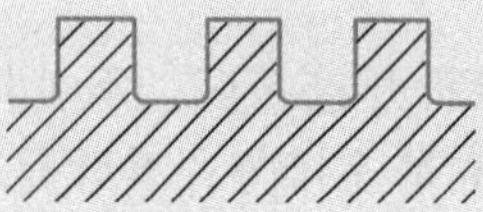 | 牙型为正方形，牙型角为0°，传动效率高，但螺纹副磨损后的间隙难以补偿或修复，对中精度低，牙根强度弱 | 矩形螺纹尚未标准化，很少采用，目前已逐渐被梯形螺纹所替代 |
| | 梯形螺纹 | 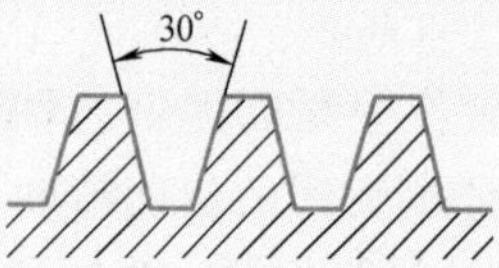 | 牙型角为30°，内外螺纹旋合后螺纹副的大径和小径处有相等的间隙，与矩形螺纹相比，效率略低，但工艺性好，牙根强度高，螺纹副对中性好，可以调整间隙（用剖分螺母时） | 应用较广，用于传动螺旋，常用于丝杠、刀架丝杠等 |
| | 锯齿形螺纹 | 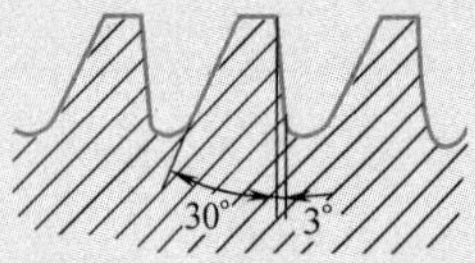 | 工作面的牙型斜角为3°，非工作面的牙型斜角为30°，综合了矩形螺纹效率高和梯形螺纹牙根强度高的特点。内外螺纹旋合后，大径处无间隙，外螺纹牙底有较大的圆角，以减小应力集中 | 用于单向受力的螺旋，如螺旋压力机、水压机 |

## 5.1.3　普通螺纹的主要参数

如图 5-1 所示，圆柱普通外螺纹的主要参数如下：

（1）大径 $d$　螺纹的最大直径，即与螺纹牙顶相切的假想圆柱的直径，在标准中被定为螺纹的公称直径。

（2）小径 $d_1$　螺纹的最小直径，即与螺纹牙底相切的假想圆柱的直径，常用于连接的强度计算，作为危险截面的计算直径。

（3）中径 $d_2$　假想圆柱的直径，该圆柱素线上螺纹牙型的沟槽和凸起宽度相等，常用于螺纹连接的几何参数计算。

（4）螺距 $P$　螺纹相邻两个牙型上对应点间的轴向距离。

（5）导程 $P_h$　螺纹上任一点沿同一条螺旋线转一周所移动的轴向距离，$P_h = nP$。

（6）线数 $n$　螺纹的螺旋线数目。

（7）螺纹升角 $\psi$　在中径圆柱面上，螺旋线的切线与垂直于螺纹轴线的平面间的夹角。

螺纹升角 $\psi$ 的计算公式为

$$\psi = \arctan \frac{P_h}{\pi d_2} = \arctan \frac{nP}{\pi d_2} \tag{5-1}$$

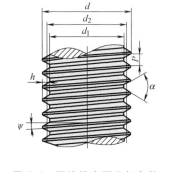

图 5-1　螺纹的主要几何参数

（8）牙型角 $\alpha$　螺纹轴向截面内，螺纹牙型两侧边的夹角。

（9）牙侧角 $\beta$　螺纹轴向截面内，螺纹牙型的侧边与螺纹轴线的垂直平面的夹角。

（10）接触高度 $H_0$　内、外螺纹的径向接触高度。

## 5.2　螺纹连接的类型和标准连接件

### 5.2.1　螺纹连接的基本类型

螺纹连接的四种基本类型是：螺栓连接、双头螺柱连接、螺钉连接和紧定螺钉连接。

**1. 螺栓连接**

（1）普通螺栓连接　普通螺栓连接如图 5-2a 所示，被连接件的通孔与螺栓杆之间留有间隙。通孔的加工精度要求较低，结构简单，装拆方便，使用时不受被连接件材料的限制，应用十分广泛。螺栓孔的直径大约是螺栓直径的 1.1 倍。

（2）铰制孔用螺栓连接　铰制孔用螺栓连接如图 5-2b 所示，铰制孔用螺栓连接的被连接件通孔与螺栓杆之间采用基孔制过渡配合，连接能精确固定被连接件的相对位置，并能承受横向载荷，但对孔的加工精度要求较高，被连接件钻孔后，还需要用铰刀铰孔。

**2. 双头螺柱连接**

双头螺柱连接如图 5-3 所示，采用双头螺柱连接的两个被连接件，其中之一需加工出螺纹孔，另一个需加工通孔（通孔的直径大约是螺柱直径的 1.1 倍）。双头螺柱的两端均有螺纹，其一端旋入被连接件的螺纹孔内，另一端拧入螺母，维修时仅将螺母拧出，螺柱不动。双头螺柱连接适用于结构上不能采用螺栓连接的情况，如被连接件之一太厚或不宜制成通孔，材料又比较软（如用铝镁合

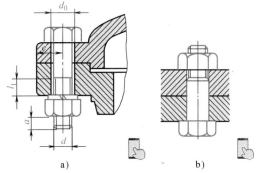

图 5-2　螺栓连接

a）普通螺栓连接　b）铰制孔用螺栓连接

螺纹余留长度 $l_1$：静载荷 $l_1 \geq (0.3 \sim 0.5) d$，变载荷 $l_1 \geq 0.75d$，冲击载荷或弯曲载荷 $l_1 \geq d$；铰制孔螺栓连接 $l_1 \approx d$；螺纹伸出长度 $a = (0.2 \sim 0.3) d$；螺栓轴线到被连接件边缘的距离 $e = d + (3 \sim 6) \mathrm{mm}$；通孔直径 $d_0 \approx 1.1d$

金制造的箱体），且需要经常拆卸的场合。

### 3. 螺钉连接

螺钉连接如图 5-4 所示，采用螺钉连接的两个被连接件，其中之一需加工出螺纹孔，另一个需加工通孔（通孔的直径大约是螺钉直径的 1.1 倍）。螺钉连接的特点是螺钉直接拧入被连接件的螺纹孔中，结构简单、紧凑。但当要经常拆卸时，易使螺纹孔磨损，故多用于受力不大、不需经常拆卸的场合。

### 4. 紧定螺钉连接

紧定螺钉连接如图 5-5 所示，这种连接是利用拧入的螺钉末端顶住另一零件的表面或顶入相应的凹坑中，以固定两个零件的相对位置，并可同时传递不太大的力或力矩。

除上述四种螺纹连接的基本类型外，在机器中，还有一些特殊结构的螺纹连接。例如：T 形槽螺栓连接（图 5-6）、吊环螺钉连接 （图 5-7） 和地脚螺栓连接（图 5-8） 等。

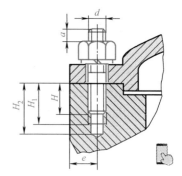

图 5-3　双头螺柱连接

拧入深度 $H$：钢或青铜 $H \approx d$，铸铁 $H = (1.25 \sim 1.5) \ d$，铝合金 $H = (1.5 \sim 2.5) \ d$，螺纹孔深度 $H_1 = H + (2 \sim 2.5) \ P$（$P$ 为螺距）；钻孔深度 $H_2 = H_1 + (0.5 \sim 1) \ d$；$d_0$、$l_1$、$a$、$e$ 与螺栓连接相同

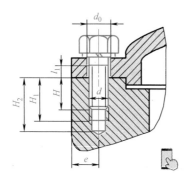

图 5-4　螺钉连接

$d_0$、$l_1$、$d$、$e$ 与螺栓连接相同；

$H$、$H_1$、$H_2$ 与双头螺柱连接相同

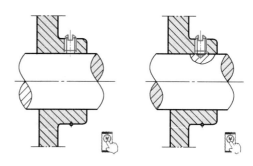

图 5-5　紧定螺钉连接

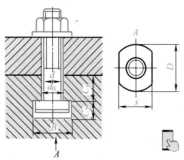

图 5-6　T 形槽螺栓连接

$d_0 = 1.1d$；$C_1 = (1 \sim 1.5) d$；

$C_2 = (0.7 \sim 0.9) d$；$B = (1.75 \sim 2) d$

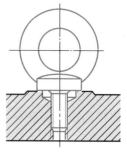

图 5-7　吊环螺钉连接

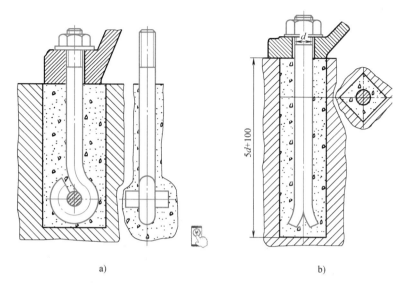

图 5-8　地脚螺栓连接

a）具有环孔的短型地脚螺栓　b）末端扳开的短型地脚螺栓

## 5.2.2　标准螺纹连接件

　　螺纹连接件的类型很多，在机械制造中常见的螺纹连接件主要有螺栓、双头螺柱、螺钉、螺母和垫圈等，这些螺纹连接件的结构形式和尺寸都已经标准化，设计时可以根据有关标准选用。它们的特点和应用见表 5-2。

表 5-2　常用标准螺纹连接件的特点和应用

| 类型 | 图　　例 | 特点和应用 |
|---|---|---|
| 六角头螺栓 | | 精度分为 A、B、C 三级。通用机械制造中多用 C 级，螺栓杆部可制出一段螺纹或全螺纹，无螺纹部分的杆径等于螺纹大径，装配时有利于连接件及垫圈处于正确位置。螺纹可用粗牙或细牙(A、B 级)<br><br>六角头螺栓种类很多,应用最广 |
| 双头螺柱 | A型<br><br>B型 | 螺柱两端都制有螺纹，两端螺纹可相同或不同，螺柱可带退刀槽或制成腰杆，也可制成全螺纹的螺柱<br><br>螺柱的一端常用于旋入铸铁或有色金属的螺纹孔中，旋入后即不拆卸，另一端则用于安装螺母以固定其他零件 |

（续）

| 类型 | 图　例 | 特点和应用 |
|---|---|---|
| 螺钉 | | 　　螺钉头部形状有圆头、扁圆头、六角头、圆柱头和沉头等。头部的槽有一字、十字和内六角等形式<br>　　十字槽螺钉头部强度高、对中性好，便于自动装配。内六角孔螺钉能承受较大的扳手力矩，连接强度高，可获得可靠的拧紧效果，可以代替六角头螺栓，用于要求结构紧凑的场合 |
| 紧定螺钉 | | 　　紧定螺钉的末端形状，常用的有锥端、平端和圆柱端<br>　　锥端紧定螺钉适用于被紧定零件的表面硬度较低或不经常拆卸的场合；平端紧定螺钉接触面积大，不伤零件表面，常用于顶紧硬度较大的平面或经常拆卸的场合；圆柱端紧定螺钉压入轴上的凹坑中，适用于紧定空心轴上的零件 |
| 自攻螺钉 | 锥形末端　　平形末端 | 　　螺钉头部形状有圆头、平头、半沉头及沉头等。头部的槽有一字、十字等形式。末端形状有锥形和平形两种。螺钉材料一般用渗碳钢，热处理后表面硬度不低于45HRC，自攻螺钉的螺纹与普通螺纹相比，在相同的大径时，自攻螺纹的螺距大而小径则稍小，已标准化<br>　　锥形末端用于厚度为2.5mm及以下的薄钢板，也适用于软、硬塑料件以及铝铸件等<br>　　平形末端对拧入不通孔的场合最为合宜，可用于脆性材料、铸铁件等 |
| 六角螺母 | | 　　根据螺母厚度不同，分为标准螺母和薄螺母两种<br>　　薄螺母常用于受剪力的螺栓上或空间尺寸受限制的场合。螺母的制造精度和螺栓相同，分为A、B、C三级，分别与相同级别的螺栓配用 |
| 圆螺母 | | 　　圆螺母常与止动垫圈配用，装配时将垫圈内舌插入轴上的槽内，而将垫圈的外舌嵌入圆螺母的槽内，螺母即被锁紧。常作为滚动轴承的轴向固定用 |
| 垫圈 | 平垫圈 | 　　垫圈是螺纹连接中不可缺少的附件。常放置在螺母和被连接件之间，起保护和支承表面的作用。平垫圈按加工精度不同，分为A级和C级两种，用于同一螺纹直径的垫圈又分为特大、大、普通和小的四种规格<br>　　特大垫圈主要在铁木结构上使用 |

根据 GB/T 3103.1—2002 的规定，螺纹连接件分为三个产品等级，其代号为 A、B、C级。产品等级由公差大小确定，A 级螺纹连接件最精确，用于要求配合精确、防止振动等重要零件的连接；B 级螺纹连接件多用于受载较大且经常装拆、调整或承受变载荷的连接；C级螺纹连接件最不精确，多用于一般的螺纹连接。常用的标准螺纹连接件（螺栓、螺钉），通常选用 C 级。

##  5.3　螺纹连接的预紧

预紧力：大多数螺纹连接在装配时都需要拧紧，使之在承受工作载荷之前，预先受到力的作用，这个预加作用力称为预紧力。

预紧的目的：增强连接的可靠性和紧密性，以防止受载后被连接件间出现缝隙或发生相对移动。

经验证明：适当选用较大的预紧力对螺纹连接的可靠性以及连接件的疲劳强度都是有利的，对于像气缸盖、管路凸缘、齿轮箱、轴承盖等紧密性要求较高的螺纹连接，预紧更为重要。但过大的预紧力会导致整个连接的结构尺寸增大，也会使连接件在装配或偶然过载时被拉断。因此，对重要的螺纹连接，在装配时要控制预紧力。

预紧力的确定原则：拧紧后螺纹连接件的预紧应力不得超过其材料的屈服强度 $R_{eL}$ 的 80%。

预紧力的控制：利用控制拧紧力矩的方法来控制预紧力的大小。通常可采用图 5-9 和图 5-10 所示的测力矩扳手或定力矩扳手，对于重要的螺栓连接，也可以采用测定螺栓伸长量的方法来控制预紧力。

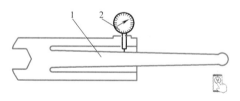

图 5-9　测力矩扳手

1—弹性元件　2—指示表

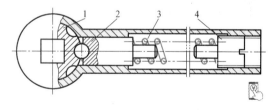

图 5-10　定力矩扳手

1—扳手卡盘　2—圆柱销　3—弹簧　4—螺钉

测力矩扳手（图 5-9）的工作原理是根据扳手上的弹性元件 1，在拧紧力的作用下所产生的弹性变形来指示拧紧力矩的大小。为方便计量，可在指示表 2 上直接以力矩值示出。定力矩扳手（图 5-10）的工作原理是当拧紧力矩超过规定值时，弹簧 3 被压缩，扳手卡盘 1与圆柱销 2 之间打滑，如果继续转动手柄，扳手卡盘即不再转动。拧紧力矩的大小可利用螺钉 4 调整弹簧压紧力来加以控制。

如前所述，装配时预紧力的大小是通过拧紧力矩来控制的，因此，有必要找出预紧力与拧紧力矩之间的关系。如图 5-11 所示，拧紧螺母时，拧紧力矩 $T$（$T = FL$）用来克服螺纹副间的摩擦阻力矩 $T_1$ 和螺母环形端面与被连接件（或垫圈）支承面之间的摩擦阻力矩 $T_2$，即

$$T = T_1 + T_2 \qquad (5\text{-}2)$$

由机械原理可知，螺纹副间的摩擦阻力矩为

$$T_1 = F_0 \frac{d_2}{2} \tan(\psi + \varphi_v) \qquad (5\text{-}3)$$

螺母与支承面之间的摩擦阻力矩为

$$T_2 = \frac{1}{3} f_c F_0 \frac{D_0^3 - d_0^3}{D_0^2 - d_0^2} \qquad (5\text{-}4)$$

将式（5-3）与式（5-4）代入式（5-2）中，得

$$T = \frac{1}{2} F_0 \left[ d_2 \tan(\psi + \varphi_v) + \frac{2}{3} f_c F_0 \frac{D_0^3 - d_0^3}{D_0^2 - d_0^2} \right] \qquad (5\text{-}5)$$

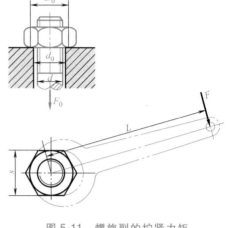

图 5-11　螺旋副的拧紧力矩

对于常用的 M10～M64 粗牙普通螺纹的钢制螺栓，螺纹升角 $\psi = 1°42' \sim 3°2'$；螺纹中径 $d_2 = 0.9d$；螺旋副的当量摩擦角 $\varphi_v = \arctan 1.15f$（$f$ 为摩擦因数，无润滑时 $f = 0.1 \sim 0.2$）；螺栓孔直径 $d_0 \approx 1.1d$；螺母环形支承面的外径 $D_0 \approx 1.5d$；螺母与支承面间的摩擦因数 $f_c = 0.15$。将上述各参数代入式（5-5）整理后可得预紧力和预紧力矩之间的关系，即

$$T \approx 0.2 F_0 d \qquad (5\text{-}6)$$

对于一定公称直径 $d$ 的螺栓，当所要求施加的预紧力 $F_0$ 已知时，即可按式（5-6）确定扳手的拧紧力矩 $T$。一般标准扳手的长度 $L \approx 15d$，若拧紧力为 $F$，则 $T = FL$。由式（5-6）得：$F_0 \approx 75F$。假定 $F = 200\text{N}$，则 $F_0 \approx 15000\text{N}$。若用 15000N 的预紧力拧紧 M12 以下的钢制螺栓，则很可能发生因过载而拧断螺栓的事故。因此，对于重要的螺纹连接，应尽可能不采用直径过小（如小于 M12）的螺栓。必须使用时，应严格控制其拧紧力矩。

## 5.4　螺纹连接的防松

螺纹连接一般都能满足自锁条件不会自动松脱。但在冲击、振动或变载荷作用下，或在高温或温度变化较大的情况下，螺纹连接中的预紧力和摩擦力会逐渐减小或可能瞬时消失，这种现象多次重复后，就会使螺纹连接松脱，从而导致连接失效。在高温或温度变化较大的情况下，由于螺纹连接件和被连接件的材料发生蠕变和应力松弛，也会使连接中的预紧力和摩擦力逐渐减小，最终将导致连接失效。

螺纹连接一旦出现松脱，轻者会影响机器的正常运转，重者会造成严重事故。因此，为了防止连接松脱，保证连接安全可靠，设计时必须采取有效的防松措施。

防松的根本问题在于防止螺旋副发生相对转动。按工作原理的不同，防松方法分为摩擦防松、机械防松等。此外还有一些特殊的防松方法，如铆冲防松、在旋合螺纹间涂胶防松等。常用的防松方法见表 5-3。

表 5-3　螺纹连接常用的防松方法

| 防松方法 | | 结构形式 | 特点 | 应用 |
|---|---|---|---|---|
| 摩擦防松 | 对顶螺母 | 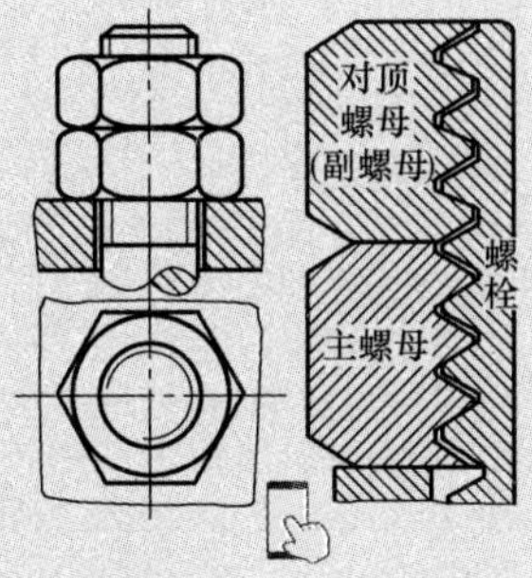 对顶螺母(副螺母)　螺栓　主螺母 | 主、副两螺母对顶拧紧后,旋合螺纹间始终受到附加的压力和摩擦力的作用。工作载荷有变动时,该摩擦力仍然存在。旋合螺纹间的接触情况如图所示,主螺母螺纹牙受力较小,其高度可小些,但为了防止装错,两螺母的高度取成相等为宜 | 结构简单,适用于平稳、低速和重载的固定装置上的连接 |
| | 弹簧垫圈 | 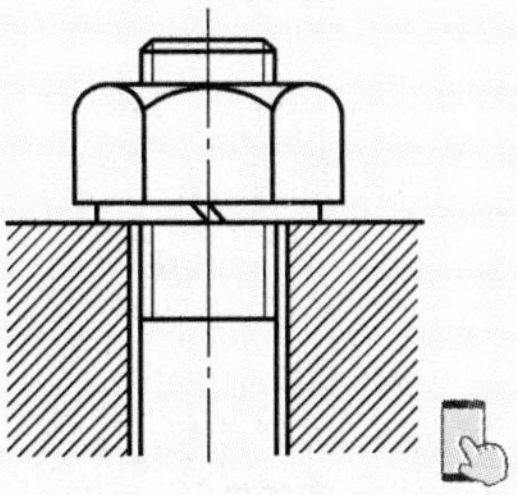 | 螺母拧紧后,靠垫圈压平而产生的弹性反力使旋合螺纹间压紧。同时垫圈斜口的尖端抵住螺母与被连接件的支承面也有防松作用　　结构简单、使用方便。但由于垫圈的弹力不均,在冲击、振动的工作条件下,其防松效果较差 | 一般用于不重要的螺纹连接中 |
| | 自锁螺母 | 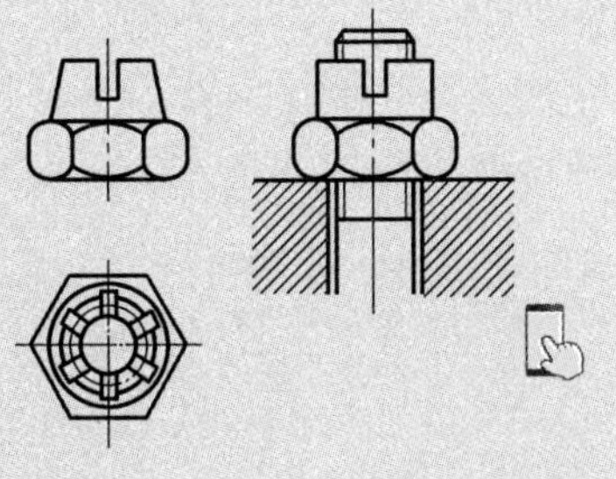 | 螺母一端制成非圆形收口或开缝后径向收口。当螺母拧紧后,收口胀开,利用收口的弹力使旋合螺纹间压紧　　结构简单,防松可靠,可多次装拆而不降低防松性能 | 一般用于比较重要的螺纹连接中 |
| | 尼龙圈锁紧螺母 | 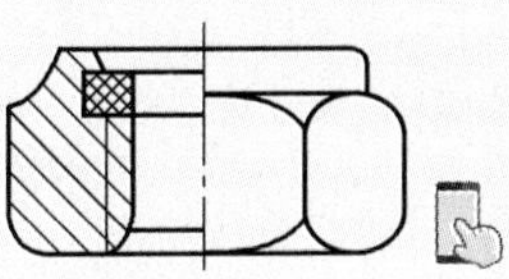 | 利用螺母末端嵌有的尼龙圈箍紧螺栓,横向压紧螺纹 | 一般用于不太重要的螺纹连接中 |

（续）

| 防松方法 | | 结构形式 | 特点 | 应用 |
|---|---|---|---|---|
| 机械防松 | 开口销与槽型螺母 | | 六角开槽螺母拧紧后，将开口销穿入螺栓尾部小孔和螺母的槽内，并将开口销尾部掰开与螺母侧面贴紧。也可用普通螺母代替六角开槽螺母。但需拧紧螺母后再配钻销孔 | 适用于较大冲击、振动的高速机械中运动部件的连接 |
| | 止动垫圈 | | 螺母拧紧后，将单耳或双耳止动垫圈分别向螺母和被连接件的侧面折弯贴紧，即可将螺母锁住<br>结构简单，使用方便，防松可靠 | 一般用于要求防松可靠的重要的螺纹连接中 |
| | 串联钢丝 | a)<br>b) | 用低碳钢丝穿入各螺钉头部的孔内，将各螺钉串联起来，使其相互制动。使用时必须注意钢丝的穿入方向（图a正确，图b错误）<br>防松可靠，但装拆不便 | 适用于不需要经常装拆的螺栓组连接 |
| | 圆螺母用止动垫圈 | | 螺栓端部（或轴端螺纹部分）加工有凹槽，止动垫圈的凸起部分插入螺栓（或轴端螺纹部分）上的凹槽中，拧紧圆螺母后，将止动垫圈处于合适位置的一个翅折入圆螺母的槽中<br>防松可靠，使用方便 | 一般用于要求防松可靠的重要的螺纹连接中 |
| 破坏螺纹运动副关系防松 | 焊接、冲点 | 焊接　冲点<br> | 将螺纹连接拧紧后，采用焊接、冲点的方法使螺纹连接变成不可拆连接<br>这种方法简单、防松可靠 | 仅适用于装配后不再拆卸的连接 |

（续）

| 防松方法 | | 结构形式 | 特点 | 应用 |
|---|---|---|---|
| 破坏螺纹运动副关系防松 | 铆合 | 铆粗 | 螺栓杆末端外露长度为(1~1.5)$P$(螺距)，当螺母拧紧后把螺栓末端伸出部分铆死<br>这种防松方法可靠，但拆卸后连接件不能重复使用 | 适用于装配后不再拆卸的连接 |
| | 黏合 | 涂胶黏剂 | 在旋合螺纹表面涂液体胶黏剂，拧紧螺母且待胶黏剂硬化后，螺纹副将紧密黏合，防止螺纹副的相对运动<br>防松效果良好 | 适用于装配后不再拆卸的连接 |

除了表5-3中列出的常用螺纹连接防松方法外，还有其他一些防松方法也得到了广泛应用。图5-12所示为一种具有自锁防松功能的螺母，该自锁防松螺母的螺纹与普通螺纹的不同之处是在螺母牙底上有一个30°的锥面，而螺栓上外螺纹的形状仍保持标准的三角形，当自锁螺母拧紧在螺栓上时，螺栓外螺纹的牙顶紧紧地楔入螺母内螺纹牙根的30°锥面上，从而产生巨大的锁紧力，并且是全螺纹锁紧的。该自锁防松螺母在美国宇航局、汽车制造业、石油勘探业以及外科手术中的广泛应用结果，都证明了这种新型螺纹结构能够经受各种负荷条件下的考验，具有良好的锁紧功能。

图5-13所示为防松垫圈，防松垫圈两个一组成对使用，可重复使用，振动试验结果表明其防松效果很好。这种防松方法简单、可靠。

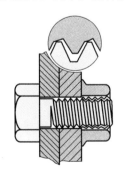

图 5-12 自锁防松螺母

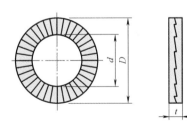

图 5-13 防松垫圈

## 📌 5.5 单个螺栓连接的强度计算

本节讨论单个螺栓连接的强度计算问题，其结论对双头螺柱连接和螺钉连接也同样适用。

对单个螺栓而言，其所受载荷不外乎是轴向力或横向力，螺栓所受载荷的性质分为静载荷和变载荷两种。在轴向力（包括预紧力）的作用下，受拉螺栓的失效形式是：螺栓杆和螺纹部分可能发生的塑性变形或断裂；而在横向力的作用下，受剪螺栓（如铰制孔用螺栓）的失效形式是：螺栓杆和孔壁的贴合面上可能发生的压溃或螺栓杆被剪断等。

根据统计分析，在静载荷下螺栓连接是很少发生破坏的，只有在严重过载的情况下才会发生。就破坏性质而言，约有 90% 的螺栓属于疲劳破坏。统计资料表明，变载荷受拉螺栓（图 5-14）在从螺母支承面算起的第一圈或第二圈螺纹处发生疲劳断裂的约占 65%，在螺纹收尾处发生疲劳断裂的约占 20%，在螺栓头与螺栓杆交界处发生疲劳断裂的约占 15%。

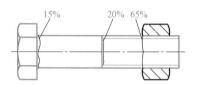

图 5-14　变载荷受拉螺栓损坏统计

综上所述，对于受拉螺栓，其主要破坏形式是螺栓杆的螺纹部分发生断裂，因而其设计准则是保证螺栓的静力或疲劳拉伸强度；对于受剪螺栓，其主要破坏形式是螺栓杆和孔壁的贴合面上出现压溃或螺栓杆被剪断，其设计准则是保证连接的挤压强度和螺栓的抗剪强度，其中连接的挤压强度对连接的可靠性起决定性作用。

螺栓连接强度计算的目的是根据强度条件确定螺栓直径，而螺栓和螺母的螺纹牙及其他各部分尺寸均按标准选定。

螺栓连接的强度计算主要与连接的装配情况（预紧或不预紧）、外载荷的性质和材料性能等有关。

### 5.5.1　松螺栓连接强度计算

松螺栓连接在装配时，螺母不需要拧紧，在承受工作载荷之前，螺栓不受力。这种连接应用较少，起重吊钩中的螺栓连接是松螺栓连接的典型实例。

松螺栓连接螺纹部分的强度条件为

$$\sigma = \frac{F}{\frac{\pi}{4}d_1^2} \leqslant [\sigma] \tag{5-7}$$

设计公式为

$$d_1 \geqslant \sqrt{\frac{4F}{\pi[\sigma]}} \tag{5-8}$$

式中，$F$ 为螺栓承受的工作拉力（N）；$d_1$ 为螺栓小径（mm）；$[\sigma]$ 为松螺栓连接的许用应力（MPa）。

### 5.5.2　紧螺栓连接强度计算

#### 1. 仅受预紧力的紧螺栓连接

紧螺栓连接在装配时，必须将螺母拧紧。在拧紧力矩作用下，螺栓除受预紧力 $F_0$ 的拉伸而产生拉伸应力外，还受螺纹牙间摩擦力矩 $T_1$ 的扭转而产生扭转切应力。

预紧力引起的拉应力

$$\sigma = \frac{F_0}{\frac{\pi}{4}d_1^2} \leq [\sigma] \tag{5-9}$$

螺纹牙间摩擦力矩引起的扭转切应力：

$$\tau = \frac{F_0 \tan(\psi + \varphi_{\mathrm{v}}) \frac{d_2}{2}}{\frac{\pi}{16}d_1^3} = \tan(\psi + \varphi_{\mathrm{v}}) \frac{2d_2}{d_1} \frac{F_0}{\frac{\pi}{4}d_1^2} \tag{5-10}$$

对于常用的 M10～M64 普通螺纹的钢制螺栓，$\tan\varphi_{\mathrm{v}} \approx 0.17$、$d_2/d_1 = 1.04 \sim 1.08$、$\tan\psi \approx 0.05$，由此可得

$$\tau \approx 0.5\sigma \tag{5-11}$$

钢制螺栓处于拉伸与扭转的复合应力状态下，根据第四强度理论，螺栓在预紧状态下的计算应力为

$$\sigma_{\mathrm{ca}} = \sqrt{\sigma^2 + 3\tau^2} \approx 1.3\sigma \tag{5-12}$$

由此可见，对于 M10～M64 普通螺纹的钢制紧螺栓连接，在计算时可以只按拉伸强度计算，并将所受的拉力（预紧力）增大 30% 来考虑扭转的影响。

仅受预紧力的紧螺栓连接强度条件为

$$\sigma = \frac{1.3F_0}{\frac{\pi}{4}d_1^2} \leq [\sigma] \tag{5-13}$$

图 5-15 所示承受横向载荷的普通螺栓连接中，螺栓仅受预紧力的作用。横向工作载荷靠施加预紧力后，在接合面上产生的摩擦力平衡。当连接承受较大的横向工作载荷 $F$ 时，由于要求 $F_0 \geq F/f$（$f = 0.2$），即 $F_0 \geq 5F$，所需预紧力会很大，为了满足强度要求，螺栓的结构尺寸会加大。此外，在振动、冲击或变载荷作用下，由于摩擦因数 $f$ 的变化，将使连接的可靠性降低，甚至有可能出现松脱。

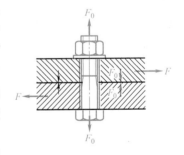

图 5-15　承受横向工作载荷的紧螺栓连接

为了避免上述缺陷，可以考虑用各种减载零件来承担横向工作载荷（图 5-16）。使用具有减载零件的紧螺栓连接时，拧紧螺母只是为了保证被连接件不出现缝隙，所需预紧力不必很大。此外，还可以采用铰制孔螺栓连接来承受横向工作载荷，以减小其结构尺寸。

**2. 受轴向载荷的紧螺栓连接**

受轴向载荷的紧螺栓连接是一种应用广泛的螺栓连接。这种螺栓连接受螺栓预紧力 $F_0$ 后，在工作拉力 $F$ 的作用下，由于螺栓和被连接件的弹性变形，螺栓所受的总拉力 $F_2$ 并不等于预紧力与工作拉力之和。通过对图 5-17 所示单个紧螺栓连接承受轴向拉伸载荷前后的受力和变形情况进行分析可以求出螺栓所受总拉力的大小。

图 5-17a 所示为螺母刚好拧到和被连接件相接触，但尚未拧紧时的受力变形图。此时，螺栓和被连接件都不受力，因而也不产生变形。

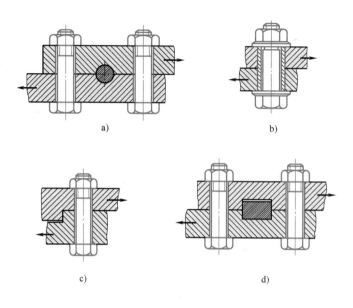

图 5-16　承受横向工作载荷的减载零件

a）圆柱销　b）套筒　c）嵌接榫　d）键

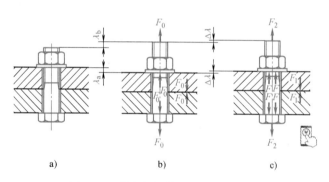

图 5-17　单个紧螺栓连接受力变形图

a）螺母未拧紧　b）螺母已拧紧　c）已承受工作载荷

　　图 5-17b 所示为螺母已拧紧，但尚未承受工作载荷时的受力变形图。此时，螺栓受预紧力 $F_0$ 的拉伸作用，其伸长量为 $\lambda_b$。相反，被连接件则受预紧力 $F_0$ 的压缩作用，其压缩量为 $\lambda_m$。

　　图 5-17c 所示为承受工作载荷时的受力变形图。此时若螺栓和被连接件的材料在弹性变形范围内，则两者的受力与变形的关系符合拉（压）胡克定律。当螺栓承受轴向工作载荷后，因所受的拉力由预紧力 $F_0$ 增至总拉力 $F_2$ 而继续伸长，其伸长量增加 $\Delta\lambda$，总伸长量为 $\lambda_b+\Delta\lambda$。与此同时，原来被压缩的被连接件，因螺栓伸长而被放松，其压缩量也随着减小。根据连接的变形协调条件，被连接件压缩变形的减小量应等于螺栓拉伸变形的增加量 $\Delta\lambda$。因而，被连接件的总压缩量为 $\lambda_m-\Delta\lambda$。此时，被连接件的压缩力由 $F_0$ 减至 $F_1$，$F_1$ 称为残余预紧力。

　　上述的螺栓和被连接件的受力与变形关系，还可以用图 5-18 所示的受力变形线图来表示。图中纵坐标代表受力，横坐标代表变形量。图5-18a、b分别表示螺栓和被连接件仅在预紧力作用下的受力与变形量的关系。图5-18c表示螺栓和被连接件在预紧力和轴向工作载荷同时作用下的受力与变形量的关系。

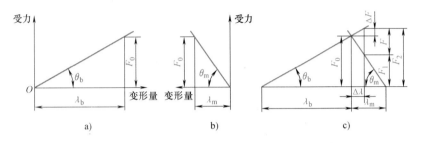

图5-18　单个紧螺栓连接受力变形图

a）螺栓受力变形图　b）被连接件受力变形图　c）螺栓与被连接件受力变形图

通过以上分析可知，螺栓连接受轴向工作载荷 $F$ 作用后，螺栓的总拉力 $F_2$ 并不等于预紧力 $F_0$ 与工作拉力 $F$ 之和，而等于残余预紧力 $F_1$ 与工作拉力 $F$ 之和，即

$$F_2 = F_1 + F \tag{5-14}$$

为保证连接的紧密性，应使 $F_1 > 0$，一般根据连接的性质确定 $F_1$ 的大小。残余预紧力推荐值为：

对于有密封性要求的连接　　　$F_1 = (1.5 \sim 1.8)F$

对于工作载荷稳定的一般连接　$F_1 = (0.2 \sim 0.6)F$

对于工作载荷不稳定的一般连接 $F_1 = (0.6 \sim 1.0)F$

对于地脚螺栓连接　　　　　　$F_1 \geqslant F$

由图5-18c可得

$$F_2 = F_0 + \Delta F \tag{5-15}$$

$$F_0 = F_1 + (F - \Delta F) \tag{5-16}$$

$$\frac{F_0}{\lambda_b} = \tan\theta_b = C_b \tag{5-17}$$

$$\frac{F_0}{\lambda_m} = \tan\theta_m = C_m \tag{5-18}$$

根据图5-18中的几何关系得

$$\frac{\Delta F}{F - \Delta F} = \frac{\Delta\lambda \tan\theta_b}{\Delta\lambda \tan\theta_m} = \frac{C_b}{C_m}$$

或

$$\Delta F = \frac{C_b}{C_b + C_m} F \tag{5-19}$$

将式（5-19）代入式（5-15）中得螺栓总拉力为

$$F_2 = F_0 + \frac{C_b}{C_b + C_m} F \tag{5-20}$$

将式（5-19）代入式（5-16）中得螺栓预紧力，有

$$F_0 = F_1 + \left(1 - \frac{C_b}{C_b + C_m}\right) F = F_1 + \frac{C_m}{C_b + C_m} F \qquad (5\text{-}21)$$

$\dfrac{C_b}{C_b + C_m}$ 为螺栓的相对刚度，其取值范围为 $0 \sim 1$。一般在设计时，可根据不同的垫片材料确定螺栓的相对刚度的大小。

使用金属垫片（或无垫片）时，螺栓的相对刚度可取 $0.2 \sim 0.3$；使用皮革垫片时，螺栓的相对刚度可取 $0.7$；使用铜皮石棉垫片时，螺栓的相对刚度可取 $0.8$；使用橡胶垫片时，螺栓的相对刚度可取 $0.9$。

在进行受轴向载荷的紧螺栓连接强度计算时，螺栓在总拉力的作用下可能需要补充拧紧，故仿照仅受预紧力的紧螺栓连接强度计算方法，将总拉力增加 $30\%$ 以考虑扭转切应力的影响，于是螺栓危险截面的拉伸强度条件为

$$\sigma_{ca} = \frac{1.3 F_2}{\frac{\pi}{4} d_1^2} \leqslant [\sigma] \qquad (5\text{-}22)$$

设计公式为

$$d_1 \geqslant \sqrt{\frac{5.2 F_2}{\pi [\sigma]}} \qquad (5\text{-}23)$$

式中，各符号的意义和单位同前。

对于受轴向变载荷的重要螺栓连接（如内燃机气缸盖螺栓连接等），除按式（5-22）或式（5-23）做静强度计算外，还应对螺栓的疲劳强度做精确校核。

由式（5-20）可知，当螺栓所受的工作拉力在 $0 \sim F$ 之间变化时，螺栓所受的总拉力将在 $F_0 \sim F_2$ 之间变化。如果不考虑螺纹摩擦力矩的扭转作用，则螺栓危险截面的最大拉应力为

$$\sigma_{max} = \frac{F_2}{\frac{\pi}{4} d_1^2} \qquad (5\text{-}24)$$

最小拉应力为

$$\sigma_{min} = \frac{F_0}{\frac{\pi}{4} d_1^2} \qquad (5\text{-}25)$$

应力幅为

$$\sigma_a = \frac{\sigma_{max} - \sigma_{min}}{2} = \frac{C_b}{C_a + C_m} \frac{2F}{\pi d_1^2} \qquad (5\text{-}26)$$

由于在受轴向变载荷的紧螺栓连接中，螺栓中的应力变化规律是 $\sigma_{min} = $ 常数，由 3.4 节可知，当螺栓的工作应力点在 $OJGI$ 区域（图 3-11）时，可参照式（3-19）校核危险截面的疲劳强度。螺栓的计算安全系数为

$$S_{ca} = \frac{2\sigma_{-1tc} + (K_\sigma - \varphi_\sigma) \sigma_{min}}{(K_\sigma + \varphi_\sigma)(2\sigma_a + \sigma_{min})} \geqslant S \qquad (5\text{-}27)$$

式中，$\sigma_{-1tc}$ 为螺栓材料的对称循环拉压疲劳极限（其值见表 5-4）（MPa）；$\varphi_\sigma$ 为试件的材料常数，即循环应力中平均应力的折算系数，对于碳素钢，$\varphi_\sigma = 0.1 \sim 0.2$，对于合金钢，$\varphi_\sigma = 0.2 \sim 0.3$；$K_\sigma$ 为拉压疲劳强度综合影响系数，如忽略加工方法的影响，则 $K_\sigma = \dfrac{k_\sigma}{\varepsilon_\sigma}$，此处 $k_\sigma$ 为有效应力集中系数（表 3-4），$\varepsilon_\sigma$ 为尺寸系数（表 3-5）；$S$ 为安全系数，见表 5-10。

表 5-4 螺纹连接件常用材料的疲劳极限

| 材料 | 疲劳极限/MPa | | 材料 | 疲劳极限/MPa | |
|---|---|---|---|---|---|
| | $\sigma_{-1}$ | $\sigma_{-1tc}$ | | $\sigma_{-1}$ | $\sigma_{-1tc}$ |
| 10 | 160~220 | 120~150 | 45 | 250~340 | 190~250 |
| Q235 | 170~220 | 120~160 | 40Cr | 320~440 | 240~340 |
| 35 | 220~300 | 170~220 | | | |

**3. 承受工作剪力的紧螺栓连接**

如图 5-19 所示，承受工作剪力的紧螺栓连接是利用铰制孔用螺栓抗剪切来承受载荷的。螺栓杆与孔壁之间无间隙，接触表面受挤压应力作用；在连接接合面处，螺栓杆受切应力作用。计算时，假设螺栓杆与孔壁表面上的压力分布是均匀的，又因这种连接所受的预紧力很小，所以不考虑预紧力和螺纹摩擦力矩的影响。

螺栓杆与孔壁的挤压强度条件为

$$\sigma_p = \frac{F}{d_0 L_{min}} \le [\sigma_p] \qquad (5-28)$$

螺栓杆的抗剪强度条件为

$$\tau = \frac{F}{\frac{\pi}{4} d_0^2} \le [\tau] \qquad (5-29)$$

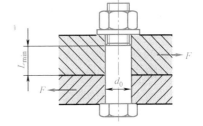

图 5-19 承受工作剪力的紧螺栓连接

式中，$F$ 为螺栓所受的工作剪力（N）；$d_0$ 为螺栓剪切面的直径（可取螺栓孔直径）（mm）；$L_{min}$ 为螺栓杆与孔壁挤压面的最小高度（mm），设计时应使 $L_{min} \ge 1.25 d_0$；$[\sigma_p]$ 为螺栓或孔壁材料的许用挤压应力（MPa）；$[\tau]$ 为螺栓材料的许用切应力（MPa）。

## 5.6 螺栓组连接的设计

大多数机械中螺栓都是成组使用的，称为螺栓组连接。本节以螺栓组连接为例，介绍其结构设计、受力分析和强度计算问题。其方法和结论同样适用于双头螺柱组连接和螺钉组连接。

设计螺栓组连接时，首先根据使用条件和要求选定螺栓的数目及布置形式，然后确定螺栓连接的结构尺寸。在确定螺栓尺寸时，对于不重要的螺栓连接，可以参考现有的机械设备，用类比法确定，不再进行强度校核。但对于重要的连接，应根据螺栓组连接的受载情况，分析各螺栓的受力状况，找出受力最大的螺栓并对其进行强度计算。

### 5.6.1　螺栓组连接的结构设计

螺栓组连接设计的关键是连接的结构设计。结构设计的目的是根据被连接件的结构和连接的用途，确定螺栓数目和分布形式，各螺栓之间的距离大小既要保证连接的可靠性又要考虑装拆方便，还应留有足够的扳手空间。设计过程中应着重考虑以下问题：

1）为了便于加工制造和对称布置螺栓，保证连接接合面受力均匀，通常连接接合面的几何形状都设计成轴对称的简单几何形状，如圆形、环形、矩形、框形、三角形（图 5-20）等。

2）为了便于在圆周上钻孔时的分度和画线，通常分布在同一圆周上的螺栓数目取 4、6、8 等偶数。

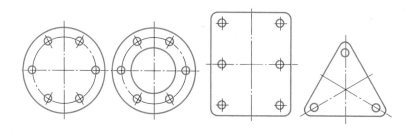

图 5-20　常用连接接合面的几何形状

3）同一螺栓组中，螺栓的材料、直径和长度均应相同，以简化结构和便于加工装配。

4）螺栓布置应使各螺栓的受力合理。对于铰制孔用螺栓连接，不要在平行于工作载荷的方向上成排地布置八个以上的螺栓，以免载荷分布过于不均。当螺栓组连接承受弯矩或转矩时，应使螺栓的位置适当靠近连接接合面的边缘，以减小螺栓的受力（图 5-21）。如果同时承受轴向载荷和较大的横向载荷，应采用销、套筒、键等抗剪零件来承受横向载荷（图 5-16），以减小螺栓的预紧力及其结构尺寸。

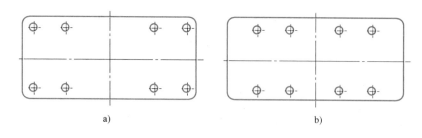

图 5-21　接合面受弯矩或扭矩时螺栓的布置

a）合理　b）不合理

5）螺栓的排列应有合理的间距和边距。布置螺栓时，各螺栓轴线间的最小距离以及螺栓轴线和机体壁间的最小距离，应根据扳手所需活动空间的大小来决定。扳手空间的尺寸可查阅有关标准。对于压力容器等紧密性要求较高的重要连接，螺栓的间距 $t_0$ 不得大于表 5-5

所推荐的数值。

表 5-5 螺栓间距 $t_0$

| | 工作压力/MPa | | | | | |
|---|---|---|---|---|---|---|
| | ≤1.6 | >1.6~4 | >4~10 | >10~16 | >16~20 | >20~30 |
| | $t_0$/mm | | | | | |
| | 7d | 5.5d | 4.5d | 4d | 3.5d | 3d |

注：表中 $d$ 为螺纹公称直径。

6）避免螺栓承受附加的弯曲载荷。设计螺栓组连接时，为防止出现附加弯矩，除了要在结构上设法保证载荷不偏心外，还应在工艺上保证被连接件、螺母和螺栓头部的支承面平整，并与螺栓轴线相垂直。在铸件、锻件等粗糙表面上安装螺栓时，应制成凸台或沉头座（图 5-22）。

7）必要时根据连接件的工作条件合理地选择螺栓组的防松装置（详见 5.4 节）。

### 5.6.2 螺栓组连接的受力分析和强度计算

螺栓组受力分析的目的是根据连接的结构和受载情况，求出受力最大的螺栓及其所受的力，以便对该螺栓进行单个螺栓连接的强度计算。受力分析时所做假设：所有螺栓的材料、直径、长度和预紧力均相同；螺栓组的对称中心与连接接合面的形

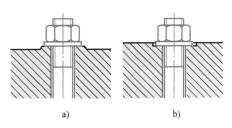

图 5-22 凸台与沉头座的应用
a）凸台 b）沉头座

心重合；受载后连接接合面仍保持为平面。下面针对四种典型的受载情况分别进行讨论：

**1. 受横向载荷的螺栓组连接**

图 5-23 所示为由四个螺栓组成的受横向载荷的螺栓组连接。

1）对于普通螺栓连接（图 5-23a），其所受到的横向载荷要靠连接预紧后在接合面间产生的摩擦力来抵抗，应保证连接预紧后，接合面间所产生的最大摩擦力大于或等于横向载荷。假设各螺栓所需要的预紧力均为 $F_0$，螺栓数目为 $z$，则其平衡条件为

$$fF_0zi \geq K_S F_\Sigma$$

由此得所需预紧力 $F_0$ 为

$$F_0 \geq \frac{K_S F_\Sigma}{fzi} \qquad (5\text{-}30)$$

式中，$f$ 为接合面间的摩擦因数，见表 5-6；$i$ 为被连接件之间的接合面数

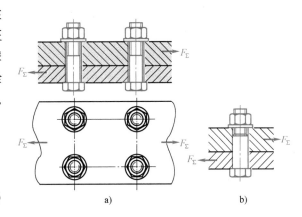

图 5-23 受横向载荷的螺栓组连接
a）普通螺栓连接 b）铰制孔用螺栓连接

（图 5-23 中，$i=1$）；$K_S$ 为防滑系数，$K_S=1.1\sim1.3$。

根据式（5-30）求出螺栓所需预紧力 $F_0$ 后，可根据式（5-13）进行强度计算。

2）对于铰制孔用螺栓连接（图 5-23b），其所受到的横向载荷要靠螺栓杆受剪切和挤压来抵抗，在横向总载荷 $F_\Sigma$ 的作用下，各螺栓所承担的工作载荷是均等的。因此，对于铰制孔用螺栓连接，每个螺栓所受的横向工作剪力为

$$F=\frac{F_\Sigma}{z} \tag{5-31}$$

式中，$z$ 为螺栓数目。

根据式（5-31）求出螺栓所承担的横向工作剪力 $F$ 后，可根据式（5-28）和式（5-29）进行强度计算。

### 2. 受扭矩的螺栓组连接

图 5-24 所示为受扭矩的螺栓组连接。为了防止底板转动，可以采用普通螺栓连接也可采用铰制孔用螺栓连接，但采用普通螺栓和铰制孔用螺栓组成的螺栓组受扭矩时的受力情况是不同的，其传力方式和受横向载荷的螺栓组连接相同。

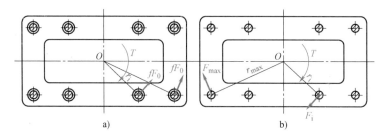

图 5-24　受扭矩的螺栓组连接

a）普通螺栓连接　b）铰制孔用螺栓连接

1）采用普通螺栓连接（图 5-24a），其所受到的扭矩 $T$ 靠连接预紧后在接合面间产生的摩擦力矩来抵抗。

采用普通螺栓连接时，假设各螺栓的预紧程度相同，即各螺栓的预紧力均为 $F_0$，则各螺栓连接处产生的摩擦力均相等，假设此摩擦力集中作用在螺栓中心处，为阻止接合面发生相对转动，各摩擦力应与该螺栓的轴线到螺栓组对称中心的连线（即力臂 $r_i$）相垂直。根据作用在底板上的力矩平衡，应有

$$F_0 f r_1 + F_0 f r_2 + \cdots + F_0 f r_z \geq K_S T$$

由上式可得各螺栓所需的预紧力为

$$F_0 \geq \frac{K_S T}{f(r_1+r_2+\cdots+r_z)} = \frac{K_S T}{f\sum_{i=1}^{z} r_i} \tag{5-32}$$

式中，$f$ 为接合面间的摩擦因数，见表 5-6；$r_i$ 为第 $i$ 个螺栓的轴线到螺栓组对称中心 $O$ 的距离；$z$ 为螺栓数目；$K_S$ 为防滑系数，$K_S=1.1\sim1.3$。

根据式（5-32）求出螺栓所需预紧力 $F_0$ 后，可根据式（5-13）进行强度计算。

2）采用铰制孔用螺栓连接（图 5-24b），其所受到的扭矩 $T$ 靠螺栓的剪切和螺栓与孔

壁的挤压作用来抵抗。

表 5-6　连接接合面的摩擦因数

| 被连接件 | 接合面的表面状态 | 摩擦因数 $f$ |
|---|---|---|
| 钢或铸铁零件 | 干燥的加工表面 | $0.10 \sim 0.16$ |
| | 有油的加工表面 | $0.06 \sim 0.10$ |
| 钢结构件 | 轧制表面、经钢丝刷清理浮锈 | $0.30 \sim 0.35$ |
| | 涂富锌漆 | $0.35 \sim 0.40$ |
| | 喷砂处理 | $0.45 \sim 0.55$ |

采用铰制孔用螺栓时，在扭矩 $T$ 的作用下，各螺栓受到剪切和挤压作用。各螺栓所受的横向工作剪力和该螺栓轴线到螺栓组对称中心 $O$ 的连线（即力臂 $r_i$）相垂直。各螺栓的剪切变形量与该螺栓轴线到螺栓组对称中心 $O$ 的距离成正比。假设各螺栓的剪切刚度相同，则螺栓的剪切变形量越大时，其所受的工作剪力也越大。

如图 5-24b 所示，用 $r_i$、$r_{max}$ 分别表示第 $i$ 个螺栓和受力最大螺栓的轴线到螺栓组对称中心 $O$ 的距离；$F_i$、$F_{max}$ 分别表示第 $i$ 个螺栓和受力最大螺栓所受到的工作剪力，则得

$$\frac{F_{max}}{r_{max}} = \frac{F_i}{r_i} \quad 或 \quad F_i = F_{max} \frac{r_i}{r_{max}} \quad (i = 1, 2, \cdots, z) \tag{5-33}$$

根据作用在底板上的力矩平衡的条件得

$$\sum_{i=1}^{z} F_i r_i = T \tag{5-34}$$

联立求解式（5-33）及式（5-34），可求得受力最大的螺栓的工作剪力为

$$F_{max} = \frac{T r_{max}}{\sum_{i=1}^{z} r_i^2} \tag{5-35}$$

根据式（5-35）求出受载最大螺栓所受到的最大工作剪力 $F_{max}$ 后，可参照式（5-28）和式（5-29）对其进行强度计算。

螺栓杆与孔壁的挤压强度条件为

$$\sigma_p = \frac{F_{max}}{d_0 L_{min}} \leqslant [\sigma_p] \tag{5-36}$$

螺栓杆的抗剪强度条件为

$$\tau = \frac{F_{max}}{\frac{\pi}{4} d_0^2} \leqslant [\tau] \tag{5-37}$$

**3. 受轴向载荷的螺栓组连接**

图 5-25 所示为受轴向载荷的螺栓组连接。作用在气缸盖螺栓组上的轴向总载荷 $F_\Sigma$ 作用线与螺栓轴线平行，并通过螺栓组的对称中心，则各个螺栓受载相同，每个螺栓所受轴向工作载荷为

$$F = \frac{F_\Sigma}{z} \tag{5-38}$$

根据式（5-38）求出螺栓所承担的轴向工作载荷 $F$ 后，可根据式（5-14）式（5-20）求出螺栓所受到的最大拉伸载荷，然后根据式（5-22）或式（5-23）进行强度计算。

### 4. 受倾覆力矩的螺栓组连接

图 5-26 所示为受倾覆力矩的螺栓组连接。底板承受倾覆力矩 $M$ 前，由于螺栓已拧紧，所有螺栓均受预紧力 $F_0$，且有均匀的伸长；地基在各螺栓的预紧力 $F_0$ 作用下，有均匀的压缩，底板受力如图 5-26b 所示。当底板受到倾覆力矩 $M$ 后，底板绕轴线 $O—O$ 倾转一个角度，且假定仍保持为平面。此时，在轴线 $O—O$ 左侧，地基被放松，地基给底板的支承力减小（假设地基给底板的支承力集中作用在螺栓轴线位置），螺栓被进一步拉伸，螺栓通过螺母和垫圈作用在底板上的压力进一步增大，底板所受合力 $F$ 方向向下；在轴线 $O—O$ 右

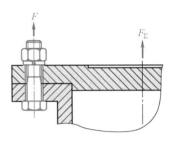

图 5-25　受轴向载荷的
螺栓组连接

侧，地基被压紧，地基给底板的支承力进一步加大，螺栓被放松，螺栓通过螺母和垫圈作用在底板上的压力减小，底板所受合力 $F_m$ 方向向上，$F_m$ 的大小与底板左侧对称位置所受合力 $F$ 的大小相等且与 $L_i$ 成正比。底板受倾覆力矩 $M$ 后的受力情况如图 5-26c 所示。

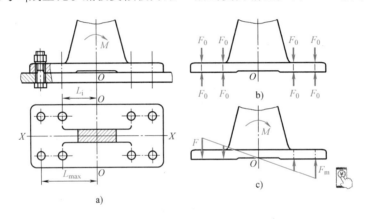

图 5-26　受倾覆力矩的螺栓组连接

a）底板螺栓组连接　b）底板承受倾覆力矩 $M$ 前　c）底板承受倾覆力矩 $M$ 后

作用在底板两侧的合力矩与倾覆力矩 $M$ 平衡，即

$$M = \sum_{i=1}^{z} F_i L_i \tag{5-39}$$

$$\frac{F_{max}}{L_{max}} = \frac{F_i}{L_i} \quad 或 \quad F_i = F_{max} \frac{L_i}{L_{max}} \quad (i = 1, 2, \cdots, z) \tag{5-40}$$

由此可以求出最大工作载荷为

$$F_{max} = \frac{M L_{max}}{\sum_{i=1}^{z} L_i^2} \tag{5-41}$$

式中，$z$ 为螺栓组中螺栓的个数；$L_i$ 为第 $i$ 个螺栓的轴线到底板轴线 $O—O$ 的距离（mm）；

$L_{\max}$ 为 $L_i$ 中的最大值；

根据式（5-41）求出受载最大螺栓所受到的最大工作载荷 $F_{\max}$ 后，可参照式（5-14）或式（5-20）求出受载最大螺栓所受到的最大拉伸载荷 $F_2$，然后参照式（5-22）和式（5-23）对其进行强度计算，具体计算公式如下。

$$F_2 = F_1 + F_{\max} \tag{5-42}$$

或

$$F_2 = F_0 + \frac{C_b}{C_b + C_m} F_{\max} \tag{5-43}$$

$$\sigma_{ca} = \frac{1.3 F_2}{\frac{\pi}{4} d_1^2} \leqslant [\sigma] \tag{5-44}$$

或

$$d_1 \geqslant \sqrt{\frac{5.2 F_2}{\pi [\sigma]}} \tag{5-45}$$

式中各符号的意义和单位同前。

此外，为防止接合面受压最大处被压碎或受压最小处出现间隙，还应该检查受载后地基接合面压应力的最大值不超过允许值，最小值不小于零，即要求

$$\sigma_{pmax} \approx \frac{z F_0}{A} + \frac{M}{W} \leqslant [\sigma_p] \tag{5-46}$$

$$\sigma_{pmin} \approx \frac{z F_0}{A} - \frac{M}{W} > 0 \tag{5-47}$$

式中，$\dfrac{z F_0}{A}$ 代表地基接合面在受载前由于预紧力而产生的挤压应力；$A$ 为接合面的有效面积（$mm^2$）；$\dfrac{M}{W}$ 近似代表由于加载而在地基接合面上产生的附加挤压应力的最大值，其中 $W$ 为接合面的有效抗弯截面系数（$mm^3$）；$[\sigma_p]$ 为地基接合面的许用挤压应力（MPa），具体数值见表5-7。

表 5-7　连接接合面材料的许用挤压应力 $[\sigma_p]$

| 材料 | 钢 | 铸铁 | 混凝土 |
|---|---|---|---|
| $[\sigma_p]/MPa$ | $0.8R_{eL}$ | $(0.4 \sim 0.5)R_m$ | $2.0 \sim 3.0$ |

注：1. $R_{eL}$ 为材料屈服强度，单位为 MPa；$R_m$ 为材料抗拉强度，单位为 MPa。
　　2. 当连接接合面的材料不同时，应按强度较弱者选取。
　　3. 连接件承受静载荷时，应取表中较大值；承受变载荷时，则应取较小值。

在实际使用中，螺栓组连接所受的工作载荷通常是以上四种简单受力状态的不同组合。但不论实际受力状态如何复杂，都可利用静力分析方法将复杂的受力状态简化成上述四种简单的受力状态。一般来说，对普通螺栓可根据轴向载荷或（和）倾覆力矩确定螺栓的工作拉力；按横向载荷或（和）转矩确定连接所需要的预紧力，然后按照式（5-20）求出受力最大的螺栓所受到的总拉力。对铰制孔用螺栓则根据横向载荷或（和）转矩确定螺栓的工作剪力。在求得受力最大螺栓所受载荷后，便可对其进行单个螺栓连接的强度计算。

## 5.7 螺纹连接件的材料与许用应力

### 5.7.1 螺纹连接件的材料

GB/T 3098.1—2010 规定了螺纹连接件的性能等级。螺栓、螺柱、螺钉的性能等级分为 4.6、4.8、5.6、5.8、6.8、8.8、9.8、10.9、12.9 共 9 级。小数点前的数字代表材料的抗拉强度的 1/100，小数点后的数字代表材料的屈服强度与抗拉强度之比值的 10 倍，例如性能等级 4.8，其中 4 表示材料的抗拉强度为 400MPa，8 表示屈服强度与抗拉强度之比为 0.8。

GB/T 3098.2—2015 规定螺母的性能等级分为 04、05、5、6、8、10、12 共 7 级，其中 04、05 级用于薄螺母（0 型），第一位数字"0"表示这种螺母比标准螺母（1 型）和高螺母（2 型）降低了承载能力，因此，当超载时，可能发生螺纹脱扣。第二位数字表示用淬硬试验芯棒测试的公称保证应力的 1/100，以 MPa 计。5、6、8、10、12 级用于标准螺母（1 型）和高螺母（2 型），数字相当于可与其搭配使用的螺栓、螺钉或螺柱的最高性能等级标记中左边的数字。选用时，须注意所用螺母的性能等级应不低于与其相配螺栓的性能等级。

在一般用途的设计中，通常选用 4.8 级左右的螺栓，重要的或有特殊要求的螺纹连接件，要选用高的性能等级，如在压力容器中常采用 8.8 级的螺栓。

常用的螺纹连接件材料为 Q215、Q235、35、45 等碳素钢。当强度要求高时，还可采用合金钢，如 15Cr、40Cr 等。

### 5.7.2 螺纹连接件的许用应力

#### 1. 螺纹连接件的许用拉应力

螺纹连接件的许用拉应力计算式为

$$[\sigma] = \frac{R_{eL}}{S} \tag{5-48}$$

#### 2. 螺纹连接件的许用剪应力和许用挤压应力

螺纹连接件的许用剪应力和许用挤压应力计算式为

$$[\tau] = \frac{R_{eL}}{S_\tau} \tag{5-49}$$

被连接件为钢时 $$[\sigma_p] = \frac{R_{eL}}{S_p} \tag{5-50}$$

被连接件为铸铁时 $$[\sigma_p] = \frac{R_m}{S_p} \tag{5-51}$$

式中，$R_{eL}$ 为螺栓、螺钉和螺柱的屈服强度，可根据螺栓、螺钉和螺柱的性能等级确定；$R_m$ 为被连接件为铸铁时的抗拉强度，被连接件为铸铁时抗拉强度 $R_m$ 可取 200～250MPa；$S$、$S_\tau$、$S_p$ 为安全系数，见表 5-8。

表 5-8　螺纹连接的安全系数

| 受载类型 | | | 静载荷 | | | 变载荷 | | |
|---|---|---|---|---|---|---|---|---|
| 松螺栓连接 | | | $S = 1.2 \sim 1.7$ | | | | | |
| 紧螺栓连接 | 普通螺栓连接 | 不控制预紧力 | | M6~M16 | M16~M30 | M30~M60 | M6~M16 | M16~M30 | M30~M60 |
| | | | 碳钢 $S$ | 5~4 | 4~2.5 | 2.5~2 | 12.5~8.5 | 8.5 | 8.5~12.5 |
| | | | 合金钢 $S$ | 5.7~5 | 5~3.4 | 3.4~3 | 10~6.8 | 6.8 | 6.8~10 |
| | | 控制预紧力 | $S = 1.2 \sim 1.5$ | | | $S = 1.2 \sim 1.5$ | | |
| | 铰制孔用螺栓连接 | | 钢：$S_\tau = 2.5$，$S_p = 1.25$ 铸铁：$S_p = 2.0 \sim 2.5$ | | | 钢：$S_\tau = 3.5 \sim 5.0$，$S_p = 1.5$ 铸铁：$S_p = 2.5 \sim 3$ | | |

## 5.8　提高螺纹连接强度的措施

以螺栓连接为例，螺栓连接的强度主要取决于螺栓的强度，因此，提高螺栓的强度，将大大提高螺栓连接系统的可靠性。下面以螺栓连接为例，分析影响螺栓强度的主要因素和提高螺栓强度的措施。

### 5.8.1　降低影响螺栓疲劳强度的应力幅

受轴向变载荷的紧螺栓连接，在最小应力不变的条件下，应力幅越小，则螺栓越不容易发生疲劳破坏，螺栓连接的可靠性越高。

由式（5-20）可知，当螺栓所受的工作拉力在 $0 \sim F$ 之间变化时，则螺栓的总拉力将在 $F_0 \sim F_2$ 之间变动。在保持预紧力 $F_0$ 不变的条件下，若减小螺栓刚度 $C_b$ 或增大被连接件刚度 $C_m$ 都可以达到减小总拉力 $F_2$ 的变动范围（即减小应力幅 $\sigma_a$）的目的。但由式（5-21）可知，在 $F_0$ 给定的条件下，减小螺栓刚度 $C_b$ 或增大被连接件的刚度 $C_m$ 都将引起残余预紧力 $F_1$ 减小，从而降低了连接的紧密性。因此，若在减小螺栓刚度 $C_b$ 和增大被连接件的刚度 $C_m$ 的同时，适当增加预紧力 $F_0$ 就可以使残余预紧力 $F_1$ 不致减小太多或保持不变，这对改善连接的可靠性和紧密性是有利的。但预紧力不宜增加过大，必须控制在所规定的范围内，以免过分削弱螺栓的静强度。

通过上述分析可知，降低影响螺栓疲劳强度的应力幅的主要措施有：

1）减小螺栓刚度 $C_b$。

2）增大被连接件刚度 $C_m$。

3）减小螺栓刚度 $C_b$ 并增大被连接件刚度 $C_m$。

在采取上述措施时，需适当增加预紧力 $F_0$。

为了减小螺栓的刚度，可适当增加螺栓的长度或采用腰状杆螺栓，图 5-27 所示为不同刚度的螺栓连接，在变载荷和冲击载荷作用下其疲劳强度按序递增。

为了增大被连接件的刚度，可以不用垫片或采用刚度较大的垫片，对于需要保持紧密性的连接，从增大被连接件刚度的角度来看，采用较软的气缸垫片（图 5-28a）并不合适。此时以采用刚度较大的金属垫片或密封环较好（图 5-28b）。

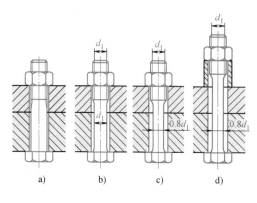

图 5-27　不同刚度的螺栓连接

a）普通螺栓　b）较细腰杆螺栓

c）细腰杆螺栓　d）加长细腰杆螺栓

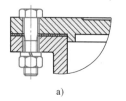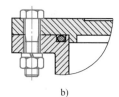

图 5-28　气缸密封元件

a）软垫片密封　b）密封环密封

### 5.8.2　改善螺纹牙上载荷分布不均的现象

螺栓连接受载时，螺栓受拉伸，外螺纹的螺距增大；而螺母受压缩，内螺纹的螺距减小。由于螺栓和螺母的刚度及变形性质不同，即使制造和装配都很精确，各圈螺纹牙上的受力也是不同的。实践证明，约有 1/3 的载荷集中在第一圈上，第八圈以后的螺纹牙几乎不承受载荷。因此，采用加厚螺母，并不能提高连接的强度。

为了改善螺纹牙上载荷分布不均的程度，常采用均载螺母如悬置螺母、环槽螺母、内斜螺母或钢丝螺套。

图 5-29a 所示为悬置螺母，螺母的旋合部分全部受拉，其变形性质与螺栓相同，从而可以减小螺栓和螺母螺距的变化差，使螺纹牙上的载荷分布趋于均匀。图 5-29b 所示为环槽螺母，这种结构可以使螺母内缘下端（螺栓旋入端）局部受拉，其作用和悬置螺母相似，但其载荷均布的效果不及悬置螺母。

图 5-29c 所示为内斜螺母。螺母下端（螺栓旋入端）受力大的几圈螺纹处制成 10°～15° 的斜角，使螺栓螺纹牙的受力面由上而下逐渐外移。这样，螺栓旋合段下部的螺纹牙在载荷作用下容易变形，而载荷将向上转移使载荷分布趋于均匀。

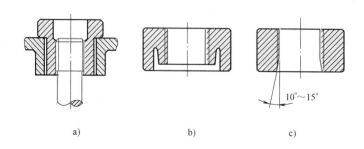

图 5-29　均载螺母

a）悬置螺母　b）环槽螺母　c）内斜螺母

图 5-30 所示的钢丝螺套是为保护有色金属螺纹孔而发展的嵌入件，主要用于螺钉连接。安装时首先将其旋入并紧固在被连接件之一的螺纹孔内，然后将安装柄根在缺口处折断，最后将螺钉再拧入其中。由于它具有一定的弹性，可使螺纹牙均匀受载，改善其应力分布，再加上它还有减振的作用，故能显著提高螺纹连接件的疲劳强度。

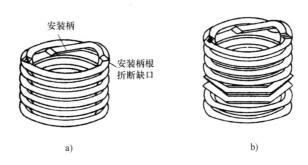

图 5-30　钢丝螺套

a）普通型钢丝螺套　b）锁紧型钢丝螺套

### 5.8.3　减小应力集中的影响

螺栓上的螺纹、螺栓头和螺栓杆的过渡处以及螺栓横截面面积发生变化的部位等，都会产生应力集中。为了减小应力集中的程度，可以采用较大的圆角和卸载结构（图 5-31）。但应注意，采用一些特殊结构会使制造成本增高。

此外在设计、制造和装配上应力求避免螺栓承受附加弯曲应力，以免严重降低螺栓的强度。

### 5.8.4　采用合理的制造工艺

采用冷墩螺栓头部和滚压螺纹的工艺方法，可以显著提高螺栓的疲劳强度。这是因为采用上述方法一方面可以降低应力集中，另一方面冷墩和滚压工艺不切断材料纤维，金属流线的走向合理（图 5-32），而且有冷作硬化的效果，并使表层留有残余应力。因而滚压螺纹的疲劳强度较切削螺纹的疲劳强度可提高 30%～40%。如果热处理后再滚压螺纹，其疲劳强度可提高 70%～100%。这种冷墩和滚压工艺还具有材料利用率高、生产率高和制造成本低等优点，适合于大批量生产。

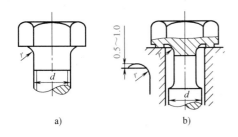

图 5-31　圆角和卸载结构

a）加大圆角　b）卸载槽

$r = 0.2d$

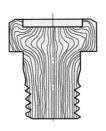

图 5-32　冷镦和滚压加工螺栓中的金属流线

## 5.9 典型例题

例5-1 一钢制液压缸，缸内油压 $p=2.5\mathrm{MPa}$（静载），液压缸内径 $D=125\mathrm{mm}$，缸盖由6个M16（小径 $d_1=13.835\mathrm{mm}$）的螺栓连接在缸体上，螺栓材料性能等级为4.6级，设螺栓的刚度 $C_b$ 和被连接件的刚度 $C_m$ 之比 $C_b/C_m=0.25$，若根据连接的紧密性要求，残余预紧力 $F_1\geqslant 1.5F$，则预紧力 $F_0$ 应控制在什么范围内才能满足此连接的要求？

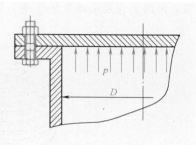

图5-33 例5-1图

解 1. 计算单个螺栓的工作拉力 $F$

缸盖连接所受的载荷
$$F_\Sigma=\frac{\pi}{4}D^2p$$

每个螺栓的工作拉力 $F=\dfrac{F_\Sigma}{6}=\dfrac{\pi D^2}{24}p=\dfrac{\pi\times125^2}{24}\times2.5\mathrm{N}\approx5113\mathrm{N}$

2. 计算允许的螺栓最大总拉力 $F_2$

螺栓材料性能等级为4.6级，$R_{eL}=240\mathrm{MPa}$，由表5-8取安全系数 $S=1.5$

$$[\sigma]=\frac{R_{eL}}{S}=\frac{240\mathrm{MPa}}{1.5}=160\mathrm{MPa}$$

$$\sigma_{ca}=\frac{1.3F_2}{\frac{\pi}{4}d_1^2}\leqslant[\sigma]$$

$$F_2\leqslant\frac{\pi d_1^2[\sigma]}{4\times1.3}=\frac{\pi\times13.835^2\times160}{4\times1.3}\mathrm{N}=18502\mathrm{N}$$

3. 求预紧力 $F_0$ 允许的范围

1）按螺栓强度条件，求允许的最大预紧力。

因为
$$\frac{C_b}{C_m}=0.25$$

所以
$$\frac{C_b}{C_b+C_m}=\frac{1}{1+\frac{C_m}{C_b}}=0.2$$

$$F_2=F_0+\frac{C_b}{C_b+C_m}F\leqslant18502\mathrm{N}$$

$$F_0\leqslant(18502-0.2\times5113)\mathrm{N}=17479\mathrm{N}$$

2）按连接紧密性条件求所需最小预紧力。

$$F_0=F_1+\frac{C_m}{C_b+C_m}F$$

$$F_1 = F_0 - \frac{C_m}{C_b + C_m}F$$

因为

$$F_1 \geqslant 1.5F$$

所以

$$F_0 - \frac{C_m}{C_b + C_m}F \geqslant 1.5F$$

$$F_0 \geqslant 1.5F + \frac{C_m}{C_b + C_m}F = 1.5F + 0.8F = 2.3F$$

$$F_0 \geqslant 2.3 \times 5113\text{N} = 11760\text{N}$$

所以预紧力应控制在 11760～17479N 内。

例5-2 如图5-34所示，一块矩形钢板用四个螺栓固连在宽度为250mm的槽钢上，螺栓的布置有a、b两种方案。已知载荷 $F_\Sigma = 16000\text{N}$，$L = 425\text{mm}$，$a = 75\text{mm}$，$b = 60\text{mm}$。若采用铰制孔螺栓，试比较哪种螺栓布置方案合理。

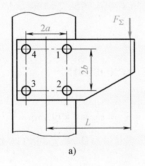 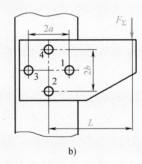

图 5-34 例5-2 图1

a) 方案 a  b) 方案 b

解 1) 将载荷 $F_\Sigma$ 向螺栓组形心简化可得：

横向力

$$F_\Sigma = 16\text{kN}$$

扭矩

$$T = F_\Sigma L = 16000 \times 425\text{N} \cdot \text{mm} = 6.8 \times 10^6\text{N} \cdot \text{mm}$$

2) 确定采用铰制孔螺栓时各个螺栓所受的横向载荷。

在两种方案中，由 $F_\Sigma$ 引起的横向载荷 $F_1$ 为

$$F_1 = F_\Sigma/4 = 16000\text{N}/4 = 4000\text{N}$$

对于方案a，各螺栓轴线到形心距离为

$$r_a = r_1 = r_2 = r_3 = r_4 = \sqrt{a^2 + b^2} = \sqrt{75^2 + 60^2}\text{mm} = 96\text{mm}$$

根据式（5-35）可求得在扭矩 $T$ 作用下各螺栓所受到的工作剪力大小相等，各螺栓所受工作剪力为

$$F_2 = \frac{T}{4r_a} = \frac{6.8 \times 10^6}{4 \times 96}\text{N} = 17708.3\text{N}$$

螺栓组受力分析如图 5-35 所示。

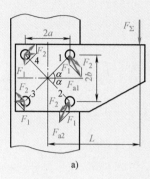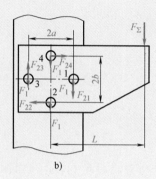

图 5-35　例 5-2 图 2

a) 方案 a 受力分析　b) 方案 b 受力分析

由图 5-35a 可知螺栓 1、2 受横向力较大，所受横向力为

$$F_{a1} = F_{a2} = \sqrt{F_1^2 + F_2^2 + 2F_1F_2\cos\alpha} = \sqrt{4000^2 + 17708.3^2 + 2 \times 4000 \times 17708.3 \times 75/96}\,\text{N}$$

$$= 20982.4\text{N}$$

故方案 a 中螺栓所受最大横向力为

$$F_{amax} = F_{a1} = F_{a2} = 20982.4\text{N}$$

对于方案 b，各螺栓轴线到形心距离为

$$r_{b1} = r_{b3} = a = 75\text{mm}, \quad r_{b2} = r_{b4} = b = 60\text{mm}$$

根据式（5-35）可求得在转矩 T 作用下螺栓 1、3 所受到的工作剪力 $F_{21}$、$F_{23}$ 大小相等且最大，螺栓 1、3 所受到的工作剪力为

$$F_{21} = F_{23} = \frac{Tr_{b1}}{\sum\limits_{i-1}^{4} r_{bi}^2} = \frac{6.8 \times 10^6 \times 75}{2 \times (60^2 + 75^2)}\,\text{N} = 27642.3\text{N}$$

由图 5-35b 可知，螺栓 1 所受到的总工作剪力最大，故方案 b 中螺栓所受最大横向力为

$$F_{bmax} = F_{b1} = F_1 + F_{21} = (4000 + 27642.3)\text{N} = 31642.3\text{N}$$

3）两方案比较

因 $F_{amax} < F_{bmax}$，故方案 a 比较合理。

例 5-3　方形盖板用四个 M16 螺钉与箱体连接，盖板中心 O 点装有吊环，已知外载荷 $F_\Sigma = 20\text{kN}$，尺寸如图 5-36 所示。要求：

1）残余预紧力 $F_1 = 0.6F$（F 为螺钉工作拉力），试校核 M16 螺钉的强度（M16 螺钉的小径 $d_1 = 13.835\text{mm}$，材料的 $[\sigma] = 120\text{MPa}$）。

2）若由于制造误差吊环由 O 点移至对角线上 $O'$ 点，$\overline{OO'} = 5\sqrt{2}\,\text{mm}$，哪个螺钉受力大？

**解** 1) 在外载荷 $F_\Sigma$ 作用下，每个螺钉受到的轴向工作拉力是相等的，所受载荷根据式（5-31）确定，即

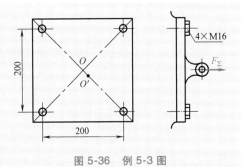

$$F = \frac{F_\Sigma}{z} = \frac{20000}{4}\text{N} = 5000\text{N}$$

残余预紧力为

$$F_1 = 0.6F = 3000\text{N}$$

图 5-36　例 5-3 图

每个螺钉所受到的总拉力 $F_2$ 按式（5-14）求得

$$F_2 = F_1 + F = 8000\text{N}$$

根据式（5-22）进行强度计算，有

$$\sigma_{ca} = \frac{1.3F_2}{\frac{\pi}{4}d_1^2} = 69.2\text{MPa} < [\sigma] = 120\text{MPa}$$

强度足够。

2) 吊环偏移使起吊时产生倾覆力矩，这时螺钉组受轴向载荷和倾覆力矩的共同作用，右下角的螺钉受力最大。

在外载荷 $F_\Sigma$ 作用下，每个螺钉受到的轴向工作拉力是相等的，所受载荷根据式（5-31）确定，即

$$F = \frac{F_\Sigma}{z} = \frac{20000}{4}\text{N} = 5000\text{N}$$

倾覆力矩为　$M = F_\Sigma \times 5\sqrt{2} = 20000 \times 5\sqrt{2}\,\text{N} \cdot \text{mm} = 100000\sqrt{2}\,\text{N} \cdot \text{mm}$

在倾覆力矩作用下，右下角螺钉所受轴向工作拉力最大，所受载荷根据式（5-41）确定，即

$$F_{max} = \frac{ML_{max}}{2L_{max}^2} = \frac{100000\sqrt{2}}{2 \times 100\sqrt{2}}\text{N} = 500\text{N}$$

由于右下角螺钉在轴向载荷和倾覆力矩作用下，受到的轴向工作拉力方向相同，故右下角螺钉所受总的最大工作拉力为

$$F = (5000 + 500)\text{N} = 5500\text{N}$$

## 5.10　螺旋传动简介

### 5.10.1　螺旋传动的类型和应用

螺旋传动是利用螺杆和螺母组成的螺旋副来实现传动要求的。它主要用于将回转运动转变为直线运动，同时传递运动和动力。

螺旋传动的常用运动形式主要有两种：一种是螺杆转动，螺母移动，主要用于机床的进给机构中；另一种是螺母固定，螺杆转动并移动，多用于螺旋起重器（千斤顶）或螺旋压力机中。

螺旋传动按其用途不同，可分为传力螺旋、传导螺旋、调整螺旋三种类型。

1）传力螺旋以传递动力为主，要求以较小的转矩产生较大的轴向推力，用以克服工件阻力，如各种起重或加压装置的螺旋。这种传力螺旋主要是承受很大的轴向力，一般为间歇性工作，每次的工作时间较短，工作速度也不高，而且通常需有自锁能力。

2）传导螺旋以传递运动为主，有时也承受较大的轴向载荷，如机床进给机构的螺旋等。传导螺旋常需在较长的时间内连续工作，工作速度较高，因此要求具有较高的传动精度。

3）调整螺旋用以调整、固定零件的相对位置，如机床、仪器及测试装置中的微调机构的螺旋。调整螺旋不经常转动，一般在空载下调整。

螺旋传动按其螺旋副的摩擦性质不同，又可分为滑动螺旋（滑动摩擦）、滚动螺旋（滚动摩擦）和静压螺旋（流体摩擦）。

1）滑动螺旋结构简单，便于制造，易于自锁，但其主要缺点是摩擦阻力大，传动效率低（一般为30%~40%），磨损快，传动精度低，低速运动微调时可能出现爬行现象等。

2）滚动螺旋，其优点是摩擦阻力小，传动效率高（一般为90%以上），低速时不爬行，起动时无抖动，定位精度高，使用寿命长，传动具有可逆性等。缺点是结构复杂，制造困难，抗冲击能力差。主要应用于数控机床、测试装置或自动控制系统中的螺旋传动等。

3）静压螺旋传动中，螺杆和螺母被压力油膜隔开，两者不直接接触。其优点是摩擦阻力小，传动效率高（可达99%），无爬行现象，定位精度高，轴向刚度大等。缺点是结构复杂，制造困难，需要供油系统。主要用于精密机床的进给、分度机构的传动螺旋。

## 5.10.2 滚动螺旋传动简介

滚动螺旋传动也称为滚珠丝杠副，是将滑动螺旋传动中丝杠与螺母间的滑动摩擦改变为滚动摩擦的螺旋传动形式。滚动螺旋传动主要由丝杠、螺母、滚珠、回珠器等组成，其主要功能是将旋转运动转换成线性运动，或将转矩转换成轴向反复作用力。当滚珠丝杠作为主动体时，螺母就会随丝杠的转动角度按照对应规格的导程转化成直线运动，被动工件可以通过螺母座和螺母连接，从而实现对应的直线运动。

滚珠丝杠副常用的循环方式有两种：外循环和内循环。滚珠在循环过程中有时与丝杠脱离接触的称为外循环；始终与丝杠保持接触的称为内循环。滚珠每一个循环闭路称为列，每个滚珠循环闭路内所含导程数称为圈数。内循环滚珠丝杠副的每个螺母有2列、3列、4列、5列等几种，每列只有一圈；外循环每列有1.5圈、2.5圈和3.5圈等几种。

（1）内循环　图5-36a所示为内循环滚珠丝杠副。内循环均采用反向器实现滚珠循环，反向器有两种类型。

（2）外循环　外循环是滚珠在循环过程结束后通过螺母外表面的螺旋槽或插管返回丝杠螺母间重新进入循环，如图5-37b所示。外循环滚珠丝杠副加工方便，但径向尺寸较大。

## 5.10.3 静压螺旋传动简介

静压螺旋传动是指螺纹工作面间形成液体静压油膜润滑的螺旋传动。静压螺旋传动摩擦因数小，传动效率可达99%，无磨损和爬行现象，无反向空程，轴向刚度很高，不自锁，

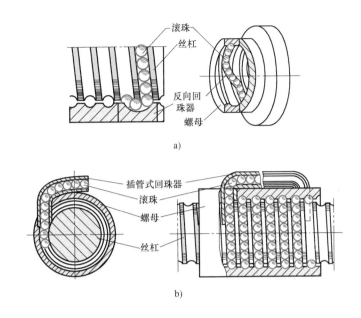

a)

b)

图 5-37 滚动螺旋传动
a) 内循环式 b) 外循环式

具有传动的可逆性，但螺母结构复杂，而且需要有一套压力稳定、温度恒定和过滤要求高的供油系统。静压螺旋常用作精密机床进给和分度机构的传导螺旋。如图 5-38 所示，这种螺旋采用牙较高的梯形螺纹，在螺母每圈螺纹中径处开有 3~6 个间隔均匀的油腔。同一素线上同一侧的油腔连通，用一个节流阀控制。液压泵将精滤后的高压油注入油腔，油经过摩擦面间缝隙后再由牙根处回油孔流回油箱。当螺杆未受载荷时，牙两侧的间隙和油压相同。当螺杆受向左的轴向力作用时，螺杆略向左移，当螺杆受径向力作用时，螺杆略向下移。当螺杆受弯矩作用时，螺杆略偏转。由于节流阀的作用，在微量移动后各油腔中油压发生变化，螺杆平衡于某一位置，并保持某一油膜厚度。

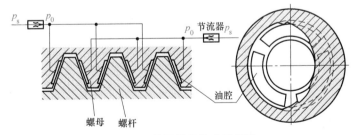

图 5-38 静压螺旋传动示意图

 习　题

5-1　常用螺纹有哪几种类型？各用于什么场合？对连接螺纹和传动螺纹的要求有何

不同？

5-2 在保证螺栓连接紧密性要求和静强度要求的前提下，要提高螺栓连接的疲劳强度，应如何改变螺栓和被连接件的刚度及预紧力大小？试通过受力变形线图来说明。

5-3 有一受预紧力 $F_0$ 和轴向工作载荷 $F = 1000N$ 作用的普通螺栓连接，已知预紧力 $F_0 = 1000N$，螺栓的刚度 $C_b$ 与被连接件的刚度 $C_m$ 相等。试计算该螺栓所受的总拉力 $F_2$ 及残余预紧力 $F_1$；在预紧力 $F_0$ 不变的条件下，若保证被连接件间不出现缝隙，求该螺栓的最大轴向工作载荷 $F_{max}$。

5-4 如图 5-39 所示，有一托架的边板用六个螺栓与相邻的机架相连接，托架承受的力为 60kN，设载荷与边板螺栓组的铅垂对称轴线相平行，与对称轴间的距离为 300mm。现有图示的三种螺栓布置形式，若采用铰制孔用螺栓，其许用切应力为 34MPa，试问哪种螺栓布置形式所需的螺栓直径最小？直径各为多少？应选哪种布置形式？为什么？

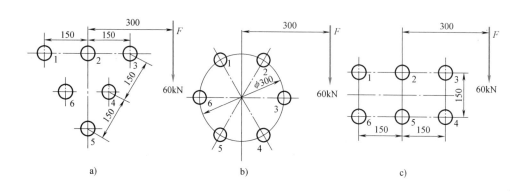

图 5-39 题 5-4 图

a）三角形布置 b）圆形布置 c）矩形布置

5-5 如图 5-40 所示，某机构的拉杆端部采用普通粗牙螺纹连接。已知：拉杆所受的最大载荷 $F = 15kN$，载荷很少变动，拉杆材料为 Q235，试确定拉杆螺纹直径。

5-6 如图 5-41 所示，用两个 M10（$d_1 = 8.38mm$）的螺钉固定一曳引环。若螺钉材料为 Q235 钢，其屈服强度 $R_{eL} = 240MPa$。接合面摩擦因数 $f = 0.2$，防滑系数 $K_S = 1.2$，拧紧螺钉时，其应力控制在屈服强度 $R_{eL}$ 的 80%。试求所允许的曳引力 $F$。

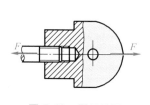

图 5-40 题 5-5 图

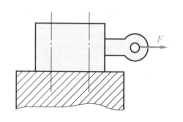

图 5-41 题 5-6 图

5-7 如图 5-42 所示，托架用四个普通螺栓连接到托体上，托架受铅垂力 $F_\Sigma$（N），托架与托体之间的摩擦因数为 $f$，防滑系数 $K_S = 1$，螺栓与被连接件的相对刚度为 0.2，螺栓材

料的许用应力为 $[\sigma]$，按步骤列出螺栓小径 $d_1$ 的计算式。

5-8 铰制孔用螺栓组连接的三种方案如图 5-43 所示。已知 $L = 300\text{mm}$，$a = 60\text{mm}$，试求螺栓组三个方案中，受力最大的螺栓所受的力各为多少？哪个方案较好？

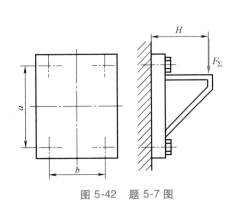

图 5-42 题 5-7 图

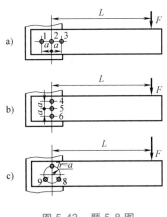

图 5-43 题 5-8 图

# 第6章

# 键、花键、无键连接和销连接

## 6.1 键连接

### 6.1.1 键连接的功能、分类、结构形式及应用

键主要用来实现轴与轴上零件之间的周向固定，有时还能实现轴向固定。键是一种标准零件。键连接的主要类型有：平键连接、半圆键连接、楔键连接和切向键连接。

**1. 平键连接**

图 6-1a 所示为普通平键连接的结构形式。键的两侧面是工作面，键的上表面和轮毂的键槽底面间则留有间隙。工作时，靠键与键槽侧面的挤压来传递转矩。平键连接具有结构简单、装拆方便、对中性较好等优点，因而得到广泛应用。这种键连接不能承受轴向力，对轴上的零件不能起到轴向固定的作用，只能起到周向固定的作用。

根据用途的不同，平键分为普通平键、薄型平键、导向平键和滑键四种。其中普通平键和薄型平键用于静连接，导向平键和滑键用于动连接。

普通平键按构造分为圆头（A 型）、平头（B 型）及单圆头（C 型）三种。圆头平键（图 6-1b）宜放在用指形键槽铣刀加工的键槽中（图 6-2a），键在键槽中轴向固定良好。缺点是键的头部侧面与轮毂上的键槽并不接触，因而键的圆头部分不能充分利用，而且轴上键

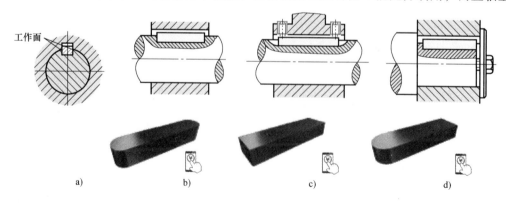

图 6-1 普通平键连接

a）普通平键的结构形式　b）圆头平键　c）平头平键　d）单圆头平键

槽端部的应力集中较大。平头平键（图
6-1c）放在用盘形铣刀铣出的键槽中（图
6-2b），因而避免了上述缺点，但对于尺
寸大的键，宜用紧定螺钉固定在轴上的键
槽中，以防松动。单圆头平键（图6-1d）
则常用于轴端与毂类零件的连接。

薄型平键与普通平键的主要区别是
键的高度约为普通平键的2/3，也分为圆
头、平头和单圆头三种形式，但传递转矩
的能力较低，常用于薄壁轮毂结构、空心
轴及一些径向尺寸受限制的场合。

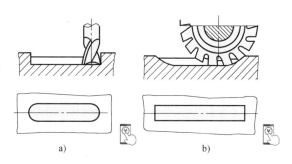

图 6-2 轴上键槽加工

a）指形键槽铣刀加工（圆头） b）盘形键槽铣刀加工（平头）

当被连接的毂类零件在工作过程中必须在轴上做轴向移动时（如变速箱中的滑移齿轮），则需采用导向平键或滑键。导向平键（图6-3a）是一种较长的平键，轴上的传动零件可沿键做轴向滑移。导向平键用螺钉固定在轴上的键槽中，为了便于拆卸，键上制有起键螺孔，以便拧入螺钉方便拆键。如果零件需滑移的距离较大，导向平键的长度就会过大，过长的导向平键加工制造困难，此时，可采用滑键（图6-3b）代替导向平键。滑键固定在轮毂上，轮毂带动滑键在轴上的键槽中做轴向滑移。这样，只需在轴上铣出较长的键槽即可，键可做得较短。

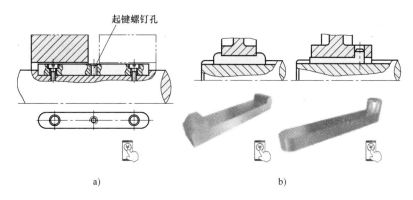

图 6-3 导向平键连接和滑键连接

a）导向平键连接 b）滑键连接（键槽已截短）

### 2. 半圆键连接

半圆键连接如图6-4所示。半圆键的
两个侧面是工作面，上表面与轮毂的键槽
底面间则留有间隙。轴上键槽用尺寸与半
圆键相同的半圆键槽铣刀铣出，因而键在
键槽中能绕其几何中心摆动以适应轮毂中
键槽的斜度。半圆键工作时，靠其侧面来
传递转矩。这种键连接的优点是工艺性较
好，装配方便，尤其适用于锥形轴端与轮

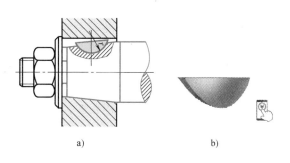

图 6-4 半圆键连接

a）结构简图 b）3D模型

毂的连接；缺点是轴上键槽较深，对轴的强度削弱较大，故一般只用于轻载静连接中。

### 3. 楔键连接

楔键连接如图 6-5 所示，楔键分为普通楔键和钩头楔键两种，普通楔键有圆头、平头和单圆头三种形式。键的上下两面是工作面，上表面及与它相配合的轮毂键槽底面均具有 1∶100 的斜度。装配后，键即楔紧在轴和轮毂的键槽里。工作时，靠键的楔紧作用来传递转矩，同时还可以承受单向的轴向载荷，对轮毂起到单向的轴向固定作用。楔键的侧面与键槽侧面间有很小的间隙，当转矩过载而导致轴与轮毂发生相对转动时，键的侧面能像平键那样参与工作。因此，楔键连接在传递有冲击和振动的较大转矩时，仍能保证连接的可靠性。楔键连接的缺点是键楔紧后，在轴和轮毂之间产生很大的挤压力，会使轴和轮毂孔产生弹性变形，从而使轴和轮毂的配合产生偏心和偏斜，影响轮毂与轴的对中性。因此，楔键主要用于对中性要求不高、载荷平稳和低速的场合。

装配时，圆头楔键要先放入轴上键槽中，然后打紧轮毂（图 6-5a）；平头、单圆头和钩头楔键则在轮毂装好后才将键放入键槽中并打紧。钩头楔键的钩头供拆卸用，安装在轴端时，应注意加装防护罩，以保证安全。

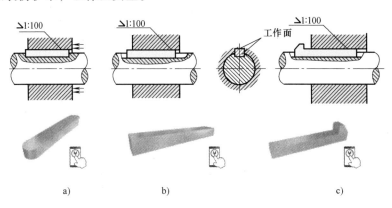

图 6-5　楔键连接

a）用圆头楔键　b）用平头楔键　c）用钩头楔键

### 4. 切向键连接

切向键连接如图 6-6 所示。切向键是由一对斜度为 1∶100 的楔键组成的。切向键的工作面是一对楔键沿斜面拼合后相互平行的两个窄面，被连接的轴和轮毂上都制有相应的键槽，并保证有一个工作面处于包含轴心线的平面之内。装配时，把一对楔键分别从轮毂两端打入，使该对楔键斜面紧密贴合，拼合而成切向键，从而使轴与轮毂沿轴的切线方向被楔紧。工作时，靠工作面上的挤压力和轴与轮毂间的摩擦力来传递转矩，因而能传递很大的转矩。用一个切向键时，只能传递单向转矩；当要传递双向转矩时，必须用两个切向键，两者间的夹角为 120°～130°（安装方式如

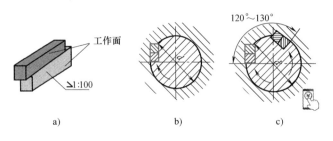

图 6-6　切向键连接

a）切向键组成　b）传递单向转矩　c）传递双向转矩

图 6-6c 所示）。由于切向键的键槽对轴的削弱较大，故常用于直径大于 100mm 的重型机械的轴上。因此，切向键多用于对中性要求不高、载荷较大的重型机械，如用于大型带轮、大型飞轮、矿山用大型绞车的卷筒及齿轮等与轴的连接。

### 6.1.2　键的选择和键连接强度计算

#### 1. 键的选择

键的选择包括类型选择和尺寸选择两个方面。键的类型应根据键连接的结构特点、使用要求和工作条件来选择。例如在选择键的类型时要考虑键连接的对中性要求、键是否需要具有轴向固定的作用；键在轴上的安装位置（安装在轴的中部还是端部），连接在轴上的零件是否需要沿轴滑动以及滑动距离的长短等。

键已标准化，键的尺寸应按照国家标准和强度要求来取定。键的主要尺寸为其截面尺寸（一般以键宽 $b×$键高 $h$ 表示）与长度 $L$。键的截面尺寸（$b×h$）按轴的直径 $d$ 查标准选定。键的长度 $L$ 一般可按轮毂的宽度而定，即键长等于或略小于轮毂的宽度，且符合标准规定的长度系列；而导向平键则按轮毂的宽度及其滑动距离而定。一般轮毂的宽度可取为 $L′ ≈ (1.5~2)d$，这里 $d$ 为轴的直径。普通平键和普通楔键的主要尺寸见表 6-1。重要的键连接在选出键的类型和尺寸后，还应进行强度校核计算。

表 6-1　普通平键的主要尺寸（摘自 GB/T 1096—2003）　　　　（单位：mm）

| 轴的直径 $d$ | 6~8 | >8~10 | >10~12 | >12~17 | >17~22 | >22~30 | >30~38 | >38~44 |
|---|---|---|---|---|---|---|---|---|
| 键宽 $b×$键高 $h$ | 2×2 | 3×3 | 4×4 | 5×5 | 6×6 | 8×7 | 10×8 | 12×8 |
| 轴的直径 $d$ | >44~50 | >50~58 | >58~65 | >65~75 | >75~85 | >85~95 | >95~110 | >110~130 |
| 键宽 $b×$键高 $h$ | 14×9 | 16×10 | 18×11 | 20×12 | 22×14 | 25×14 | 28×16 | 32×18 |
| 键的长度 $L$ 系列 | 6,8,10,12,14,16,18,20,22,25,28,32,36,40,45,50,56,63,70,80,90,100,110,125,140,180,200,220,250…… | | | | | | | |

#### 2. 键连接强度计算

（1）平键连接强度计算　重要的平键连接在选出键的尺寸后，还应进行强度校核计算。平键连接传递转矩时，连接中各零件的受力情况如图 6-7 所示。对于采用常见的材料组合和按标准选取尺寸的普通平键连接（静连接），键与键槽的两个侧面受挤压力，同时键还受到切应力的作用，平键连接的主要失效形式是较弱零件的工作面被压溃，除非有严重过载，一般不会出现键的剪断。因此，通常只按工作面上的挤压应力进行强度校核计算。对于导向平键连接和滑键连接（动连接），其主要失效形式是工作面的过度磨损。因此，通常按工作面上的压力进行条件性的强度校核计算。

假定载荷在键的工作面上均匀分布。普通平键连接的强度条件为

$$\sigma_{\mathrm{p}} = \frac{2T×10^3}{kld} ≤ [\sigma_{\mathrm{p}}] \tag{6-1}$$

导向平键连接和滑键连接的强度条件为

$$p = \frac{2T×10^3}{kld} ≤ [p] \tag{6-2}$$

式中，$T$ 为传递的转矩（N·m），$T = Fy ≈ F\dfrac{d}{2}$；$k$ 为键与轮毂键槽的接触高度（mm），$k =$

$0.5h$，此处 $h$ 为键的高度（mm）；$l$ 为键的工作长度（mm），圆头平键 $l=L-b$，平头平键 $l=L$，单圆头平键 $l=L-b/2$，这里 $L$ 为键的公称长度（mm）；$b$ 为键的宽度（mm）；$d$ 为轴的直径（mm）；$[\sigma_p]$ 为键、轴、轮毂三者中最弱材料的许用挤压应力（MPa），见表6-2；$[p]$ 为键、轴、轮毂三者中最弱材料的许用压力（MPa），见表6-2。

表6-2　键连接的许用挤压应力、许用压力　　　　　　　　　（单位：MPa）

| 许用挤压应力、许用压力 | 连接工作方式 | 键或毂、轴的材料 | 载荷性质 | | |
|---|---|---|---|---|---|
| | | | 静载荷 | 轻微冲击 | 冲击 |
| $[\sigma_p]$ | 静连接 | 钢 | 120~150 | 100~120 | 60~90 |
| | | 铸铁 | 70~80 | 50~60 | 30~45 |
| $[p]$ | 动连接 | 钢 | 50 | 40 | 30 |

注：如与键有相对滑动的被连接件表面经过淬火，则动连接的许用压力 $[p]$ 可提高2~3倍。

（2）半圆键连接强度计算　半圆键连接的受力情况如图6-8所示（轮毂未示出），半圆键连接只用于静连接，其主要失效形式是工作面被压溃。通常按工作面的挤压应力进行强度校核计算，强度条件与式（6-1）相同。需要注意的是：半圆键的接触高度 $k$ 应根据键的尺寸从标准中查取。

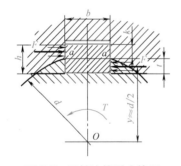

图6-7　平键连接受力情况

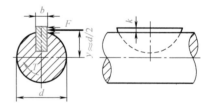

图6-8　半圆键连接的受力情况

楔键连接的主要失效形式是相互楔紧的工作面被压溃，切向键连接的主要失效形式是工作面被压溃，故应校核各工作面的挤压强度，详情可参阅《机械设计手册》。

键的材料采用抗拉强度不小于600MPa的钢，通常为45钢。

在进行强度校核后，如果强度不够，可采用双键（图6-9），这时应考虑键的合理布置。两个平键最好布置在沿周向相隔180°处（图6-9a），目的是保证良好的工艺性，并且两键的挤压力对称平衡，对轴不产生附加弯矩，受力状态好；由于半圆键键槽较深，半圆键对轴的强度削弱较大，两个半圆键不能放在同一横截面上，两个半圆键应布置在轴的同一条素线上（图6-9b）；两个楔键则应布置在沿周向相隔90°~120°处（图6-9c），若夹角过小，则对轴的局部削弱过大；若夹角过大，则两个楔键的总承载能力下降；当夹角为180°时，两个楔键

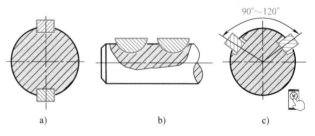

图6-9　采用双键连接

a）两个平键连接　b）两个半圆键连接　c）两个楔键连接

的承载能力约相当于一个楔键的承载能力。考虑到两个键上载荷分配的不均匀性，在强度校核中双键只按 1.5 个键计算。

如果轮毂宽度允许适当加大，也可相应地增加键的长度，以提高单键连接的承载能力。但由于传递转矩时键上载荷沿其长度分布不均，故键的长度不宜过大。当键的长度大于 2.25$d$ 时，其多出的长度实际上可认为并不承受载荷，因此，一般采用的键长不宜超过 $(1.6 \sim 1.8)d$。

**例** 已知减速器中某直齿圆柱齿轮安装在轴的两个支承点间，齿轮和轴的材料都是锻钢，用键构成静连接，装齿轮处的轴径 $d = 60\text{mm}$，齿轮轮毂宽度为 89mm，需传递的转矩 $T = 1500\text{N} \cdot \text{m}$，齿轮的精度为 7 级，载荷有轻微冲击。试设计此键连接。

**解** 1）选择键连接的类型和尺寸。

通常 8 级以上精度的齿轮有定心精度要求，应选用平键连接。由于齿轮不在轴端，故选用圆头普通平键（A 型）。

根据 $d = 60\text{mm}$ 从表 6-1 中查得键的截面尺寸为：宽度 $b = 18\text{mm}$，高度 $h = 11\text{mm}$，根据键长比轮毂宽度小些，又根据轮毂的宽度并参考键的长度系列，取键长 $L = 80\text{mm}$。

2）校核键连接的强度。

键的工作长度    $l = L - b = 80\text{mm} - 18\text{mm} = 62\text{mm}$

键与轮毂键槽的接触高度

$$k = 0.5h = 0.5 \times 11\text{mm} = 5.5\text{mm}$$

已知键、轴和轮毂的材料都是钢，由表 6-2 查得许用挤压应力 $[\sigma_p] = 100 \sim 120\text{MPa}$，取其平均值 $[\sigma_p] = 110\text{MPa}$。由式（6-1）可得

$$\sigma_p = \frac{2T \times 10^3}{kld} = \frac{2 \times 1500 \times 10^3}{5.5 \times 62 \times 60}\text{MPa} = 146.6\text{MPa} > [\sigma_p] = 110\text{MPa}$$

可见连接的挤压强度不够，考虑到相差较大，调整为双键连接，相隔 180° 安装布置。双键按 1.5 个单键计算。由式（6-1）可得

$$\sigma_p = \frac{2T \times 10^3}{kld} = \frac{2 \times 1500 \times 10^3}{1.5 \times 5.5 \times 62 \times 60}\text{MPa} = 97.8\text{MPa} \leqslant [\sigma_p]（合适）$$

键的标记为：GB/T 1096    键 18×11×80

一般 A 型键可不标出 "A"，对于 B 型或 C 型键，需将 "键" 标为 "键 B" 或 "键 C"。

##  6.2　花键连接

### 6.2.1　花键连接的类型、特点和应用

花键连接是由外花键（图 6-10a）和内花键（图 6-10b）组成的。外花键是一个带有多个纵向键齿的轴，也称花键轴，内花键是带有多个键槽的轮毂孔。花键连接工作时依靠键齿侧面的挤压传递转矩，可用于静连接或动连接。与平键连接相比，花键连接在强度、工艺和

使用方面有下述一些优点：①齿对称布置，使轴毂受力匀称；②齿轴一体而且齿槽较浅，齿根处应力集中较小，轴与毂的强度削弱较少；③齿数较多，总接触面积大，压力分布较均匀，因而可承受较大的载荷；④齿可利用较完善的制造工艺，因而，轴上零件与轴的对中性好（这对高速及精密机器很重要）；⑤导向性较好（这对动连接很重要）；⑥可用磨削的方法提高加工精度及连接质量。其缺点是：齿根仍有应力集中，有时需用专门设备加工，成本较高。因此，花键连接适用于定心精度要求高、载荷大或经常滑移的连接。花键连接常用于汽车、拖拉机和机床变速箱中滑移齿轮与轴的连接中。

花键连接可用于静连接或动连接。按其齿形不同，可分为矩形花键和渐开线花键两类，均已标准化。

### 1. 矩形花键

按齿高的不同，矩形花键的齿形尺寸在标准中规定了轻、中两个系列，分别适用于载荷较轻或中等的场合。

矩形花键的定心方式为小径定心（图 6-11），即外花键和内花键的小径为配合面。内、外花键经热处理后，均可用磨削的方法提高定心面的精度。其特点是定心精度高，定心的稳定性好，应力集中较小，承载能力较大，能用磨削的方法消除热处理引起的变形。矩形花键连接应用广泛。

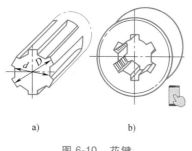

图 6-10　花键
a）外花键　b）内花键

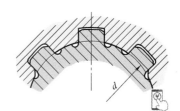

图 6-11　矩形花键连接

### 2. 渐开线花键

渐开线花键的齿廓为渐开线，分度圆压力角有 30° 和 45° 两种（图 6-12）。齿顶高分别为 $0.5m$ 和 $0.4m$，此处 $m$ 为模数。图中 $d_i$ 为渐开线花键的分度圆直径。与渐开线齿轮相比，渐开线花键齿较短，齿根较宽，不发生根切的最少齿数较少。

渐开线花键可以用制造齿轮的方法来加工，具有工艺性较好、制造精度也较高、花键齿的根部强度高、应力集中小、承载能力大、使用寿命长、定心精度高等特点，宜用于载荷较大、尺寸较大的连接。压力角为 45° 的渐开线花键，由于齿形钝而短，与压力角为 30° 的渐开线花键相比，对连接件的削弱较少，但齿的工作面高度较小，故承载能力较低，多用于载荷较轻、直径较小的静连接。特别适用于薄壁零件的轴毂连接。

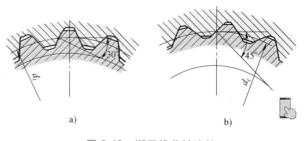

图 6-12　渐开线花键连接
a）$\alpha = 30°$　b）$\alpha = 45°$

渐开线花键的定心方式为齿形定心。当齿受载时，齿上的径向力能起到自动定心作用，有利于各齿均匀承载。

## 6.2.2　花键连接的强度计算

花键连接的强度计算与键连接相似。通常先选连接类型和方式，查出标准尺寸，然后做强度校核计算。花键连接的主要失效形式是工作面被压溃（静连接）或工作面过度磨损（动连接），其受力情况如图6-13所示。因此，静连接通常按工作面上的挤压应力进行强度计算，动连接则按工作面上的压力进行条件性的耐磨性计算。

计算时，假定载荷在键的工作面上均匀分布，每个齿工作面上压力的合力 $F$ 作用在平均直径 $d_m$ 处（图6-13）。即传递的转矩为

$$T = zF\frac{d_m}{2} \tag{6-3}$$

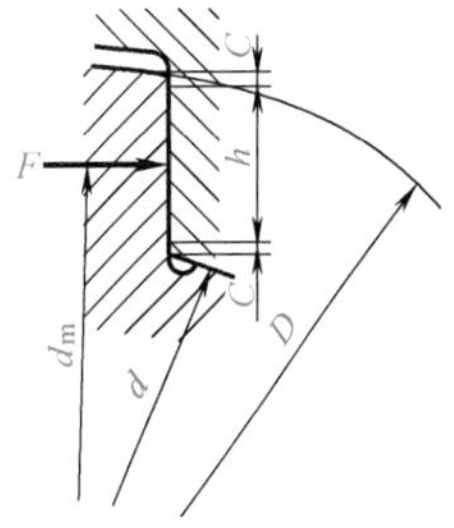

引入系数 $\varphi$ 来考虑实际载荷在各花键齿上分配不均的影响，则静连接时，花键连接的强度条件为

$$\sigma_p = \frac{2T \times 10^3}{\varphi z h l d_m} \leqslant [\sigma_p] \tag{6-4}$$

动连接时，花键连接的强度条件为

$$p = \frac{2T \times 10^3}{\varphi z h l d_m} \leqslant [p] \tag{6-5}$$

图6-13　花键连
接受力情况

式中，$\varphi$ 为载荷分配不均系数，与齿数多少有关，一般取 $\varphi = 0.7 \sim 0.8$，齿数多时取小值；$z$ 为花键的齿数；$l$ 为齿的工作长度（mm）；$h$ 为花键齿侧面的工作高度（mm），对于矩形花键，$h = \dfrac{D-d}{2} - 2C$，$D$ 为外花键的大径（mm），$d$ 为内花键的小径（mm），$C$ 为倒角尺寸（mm）（图6-13），对于渐开线花键，$\alpha = 30°$ 时 $h = m$，$\alpha = 45°$ 时 $h = 0.8m$；$m$ 为模数（mm）；$d_m$ 为花键的平均直径（mm），对于矩形花键，$d_m = \dfrac{D+d}{2}$，对于渐开线花键，$d_m = d_i$，$d_i$ 为分度圆直径（mm）；$[\sigma_p]$ 为花键连接的许用挤压应力（MPa），见表6-3；$[p]$ 为花键连接的许用压力（MPa），见表6-3。

表6-3　花键连接的许用挤压应力、许用压力　　　　　　　　（单位：MPa）

| 许用挤压应力、许用压力 | 连接工作方式 | 使用和制造情况 | 齿面未经热处理 | 齿面经热处理 |
|---|---|---|---|---|
| $[\sigma_p]$ | 静连接 | 不良 | 35~50 | 40~70 |
| | | 中等 | 60~100 | 100~140 |
| | | 良好 | 80~120 | 120~200 |
| $[p]$ | 空载下移动的动连接 | 不良 | 15~20 | 20~35 |
| | | 中等 | 20~30 | 30~60 |
| | | 良好 | 25~40 | 40~70 |
| | 在载荷作用下移动的动连接 | 不良 | — | 3~10 |
| | | 中等 | — | 5~15 |
| | | 良好 | — | 10~20 |

注：1. 使用和制造情况不良是指受变载荷，有双向冲击、振动频率高和振幅大、润滑不良（对动连接）、材料硬度不高或精度不高等。

2. 同一情况下，$[\sigma_p]$ 或 $[p]$ 的较小值用于工作时间长和较重要的场合。

3. 花键材料的抗拉强度不低于600MPa。

## 6.3 无键连接

凡是轴与毂的连接不用键或花键时，统称为无键连接。无键连接主要有型面连接和胀紧连接等。

### 6.3.1 型面连接

如图 6-14 所示，型面连接是利用非圆截面的轴与相应轮廓的毂孔相配合而构成的连接，安装轮毂的那一段轴可以做成表面光滑的非圆形截面的柱体（图 6-14a），也可以做成非圆形截面的锥体（图 6-14b），并在轮毂上制成相应的孔。

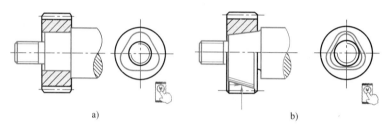

a) b)

图 6-14 型面连接
a）非圆形截面的柱体 b）非圆形截面的锥体

型面连接装拆方便，能保证良好的对中性；应力集中小，故可传递较大的转矩。但加工比较复杂，特别是为了保证配合精度，最后工序大多要在专用机床上进行磨削加工，故目前应用还不广泛。

型面连接常用的型面曲线有摆线和等距曲线两种。型面连接也有采用方形、正六边形及带切口的圆形等截面形状的。

### 6.3.2 胀紧连接

胀紧连接（图 6-15）是在毂孔与轴之间装入胀紧连接套（简称胀套），在轴向力作用下，同时胀紧轴与毂而构成的一种静连接。根据胀套结构形式的不同，规定了多种型号，下面简要介绍采用 $Z_1$ 型、$Z_2$ 型胀套的胀紧连接。

$Z_1$ 型胀套由内、外锥环组成，在毂孔和轴的对应光滑圆柱面间，加装一个胀套（图 6-15b）或两个胀套（图 6-15c）。当拧紧螺母或螺钉时，在轴向力的作用下，内、外套筒互相楔紧，内套筒缩小而箍紧轴，外套筒胀大而撑紧毂，使接触面间产生压紧力。工作时，利用此压紧力所引起的摩擦力来传递转矩或（和）轴向力。其结构紧凑轻巧，适用于安装空间较小的场合，可以代替各种键连接或过盈配合连接使用。为传递较大载荷可采用多对胀套，单侧压紧不超过 4 对环，双侧压紧可达 8 对环，且对中性好。

如图 6-16 所示的胀紧连接。采用一个 $Z_2$ 型胀套，由一个开口的双锥内环、一个开口的双锥外环和两个双锥压紧环组成。$Z_2$ 型胀套中，与轴或毂孔贴合的套筒均开有纵向缝隙，以利变形和胀紧。拧紧连接螺钉，便可将轴、毂胀紧，以传递载荷。$Z_2$ 型胀套与 $Z_1$ 型比较，同样的压紧力能产生更大的径向压力，传递更大的载荷。为便于拆卸，在一个压紧环上有拆

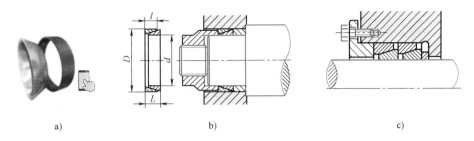

图 6-15　采用 $Z_1$ 型胀套的胀紧连接

a）胀套　b）一个胀套　c）两个胀套

卸用螺孔，沿圆周共有 2~4 处。其广泛应用于包装、印刷、纺织、机床等机械上。

各型胀套已标准化，选用时应根据设计的轴和轮毂尺寸以及传递载荷的大小，查阅手册选择合适的型号和尺寸，使传递的载荷在许用范围内。

胀紧连接的定心性好，装拆方便，引起的应力集中较小，承载能力高，并且有安全保护作用。但由于要在轴和毂孔间安装胀套，应用有时受到结构尺寸的限制。

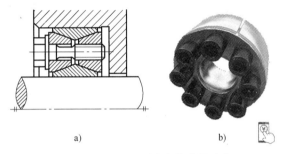

图 6-16　采用 $Z_2$ 型胀套的胀紧连接

a）结构简图　b）3D 模型

## 6.4　销连接

销连接是通过销将两个被连接件连接在一起。主要用来固定零件之间的相对位置的销，称为定位销（图 6-17），它是组合加工和装配时的重要辅助零件；用于连接的销，称为连接销（图 6-18），可传递不大的载荷；作为安全装置中的过载剪断元件的销，称为安全销（图 6-19）。

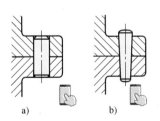

图 6-17　定位销

a）圆柱销　b）圆锥销

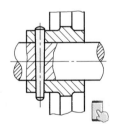

图 6-18　连接销

销有多种类型，如圆柱销、圆锥销、槽销、销轴和开口销等，这些销均已标准化。

圆柱销（图 6-17a）利用微量过盈固定在铰光的销孔中，经多次装拆会降低其定位精度和可靠性。圆柱销的直径偏差有 u8、m8、h8 和 h11 四种，以满足不同的使用要求。

圆锥销（图 6-17b）具有 1∶50 的锥度，在受横向力时可以自锁。靠锥挤作用固定在铰光的销孔中，它安装方便，定位精度高，可多次装拆而不影响定位精度。端部带螺纹的圆锥销（图 6-20）可用于不通孔或拆卸困难的场合。开尾圆锥销（图 6-21）适用于有冲击、振动或变载荷的场合。

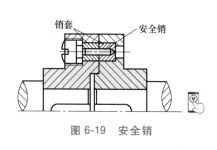

图 6-19　安全销

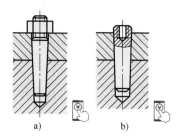

图 6-20　端部带螺纹的圆锥销

a）螺尾圆锥销　　b）内螺纹圆锥销

　　槽销（图 6-22）上有碾压或模锻出的三条纵向沟槽，将槽销打入销孔后，由于材料的弹性使销挤紧在销孔中，不易松脱，因而能承受振动和变载荷。安装槽销的孔不需要铰制，槽销制造比较简单，可多次装拆，多用于传递载荷。

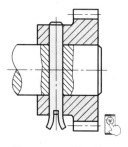

图 6-21　开尾圆锥销

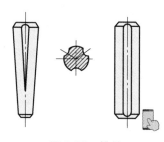

图 6-22　槽销

　　销轴连接（图 6-23）用于两零件的铰接处，构成铰链。销轴通常用开口销锁定，工作可靠，拆卸方便。

　　开口销如图 6-24 所示。开口销具有结构简单、装拆方便的特点。装配时，将尾部分开，以防脱出。开口销除与销轴配用外，还常用于螺纹连接的防松装置中。开口销不能用于定位。

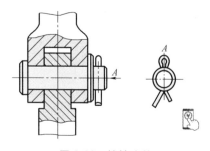

图 6-23　销轴连接

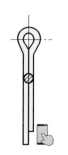

图 6-24　开口销

　　定位销通常不受或只受很小的载荷，其尺寸可按结构确定，同一面上的定位销数目一般不少于两个。销装入每一被连接件内的长度，约为销直径的 1~2 倍。

连接销在工作时通常受到挤压和剪切，有的还受弯曲。设计时，可先根据连接的构造和工作要求来选择销的类型、材料和尺寸，再做适当的强度验算。销的材料为35、45钢（开口销为低碳钢），许用切应力 $[\tau]=80\text{MPa}$，许用挤压应力 $[\sigma_p]$ 查表6-2。

安全销在机器过载时应被剪断，因此，销的直径应按过载时被剪断的条件确定。

# 习 题

6-1 普通平键连接有哪些失效形式？主要失效形式是什么？怎样进行强度校核？若校核强度不足，可采取哪些措施？

6-2 导向平键和滑键连接的主要失效形式是什么？应对连接进行哪方面的计算？

6-3 如何选取普通平键的尺寸 $L$？它与工作长度、轮毂长度间有什么关系？

6-4 为什么采用两个平键时，一般布置在沿周向相隔180°的位置；采用两个楔键时，相隔90°~120°？而采用两个半圆键时，却布置在轴的同一素线上？采用两个平键时，承载力能否按单键的两倍来计算？

6-5 在一直径 $d=80\text{mm}$ 的轴端，安装一钢制直齿圆柱齿轮（图6-25），轮毂宽度 $L=1.5d$，工作时有轻微冲击。试确定平键连接的尺寸，并计算其允许传递的最大转矩。

6-6 图6-26所示的凸缘半联轴器及直齿圆柱齿轮，分别用键与减速器的低速轴相连接。试选择两处键的类型及尺寸，并校核其连接强度。已知：轴的材料为45钢，传递的转矩 $T=1000\text{N}\cdot\text{m}$，齿轮用锻钢制成，半联轴器用灰铸铁制成，工作时有轻微冲击。

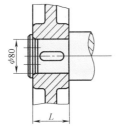

图6-25 题6-5图

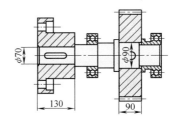

图6-26 题6-6图

6-7 图6-27所示为一圆锥式摩擦离合器，已知：传递功率 $P=2.2\text{kW}$，承受冲击载荷，转速 $n=300\text{r/min}$，离合器材料为铸钢，轴径 $d=50\text{mm}$，右半离合器的毂长 $L=70\text{mm}$。试选择右半离合器的键连接的类型及尺寸，并做强度校核。

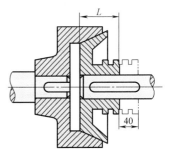

图6-27 题6-7图

# 第 7 章

# 带 传 动

## 7.1 概述

带传动是一种应用很广泛的机械传动。带传动的基本组成零件为带轮（主动带轮 1、从动带轮 2）和传动带 3（图 7-1）。当主动带轮 1 转动时，利用带轮和传动带间的摩擦或啮合作用，将运动和动力通过传动带 3 传递给从动轮 2。

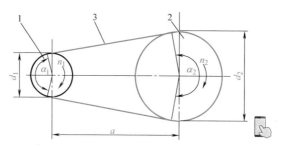

图 7-1 带传动机构运动示意图

### 7.1.1 带传动的类型

按照工作原理的不同，带传动可分为摩擦型带传动（图 7-2）和啮合型带传动（图 7-3）。

摩擦型带传动工作时靠带与带轮间的摩擦力传递运动和动力，如 V 带传动、平带传动等。

啮合型带传动依靠带内侧凸齿与带轮外缘上的齿槽相啮合实现传动，如同步带传动。

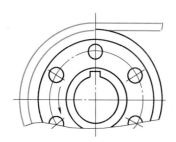

图 7-2 摩擦型带传动示意图

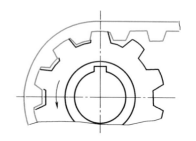

图 7-3 啮合型带传动示意图

根据摩擦型带传动传动带的横截面形状的不同，又可以分为平带传动（图7-4a）、V带传动（图7-4b）、多楔带传动（图7-4c）和圆带传动（图7-4d）。其中最为常用的是平带传动和V带传动。

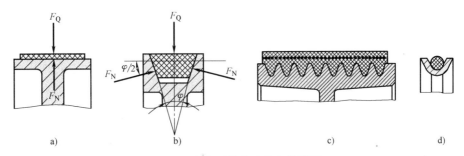

图7-4　摩擦型带传动的几种类型

a）平带传动　b）V带传动　c）多楔带传动　d）圆带传动

平带传动结构简单，传动效率高，带轮也容易制造，在传动中心距较大的情况下应用较多。常用的平带由多层胶布组成，其截面为扁平矩形，工作面是与带轮相接触的内侧面。

V带的截面呈等腰梯形，带轮上也做出相应的轮槽。传动时V带的两个侧面和轮槽接触。槽面摩擦的摩擦力大于平面摩擦的摩擦力。因此，在初拉力相同的条件下，V带传动产生的摩擦力较平带传动大。另外，V带传动允许的传动比大，结构紧凑，大多数V带已标准化。

多楔带相当于由多条V带组合而成，工作面是楔的侧面。多楔带兼有平带柔韧性好和V带摩擦力大的优点，并解决了多根V带长短不一而使各带受力不均的问题。多楔带主要用于传递功率较大同时要求结构紧凑的场合。

圆带的截面为圆形，只能传递很小的功率，用于轻载机械中，如缝纫机中的圆形带。

啮合型带传动一般也称为同步带传动。它通过传动带内表面上等距分布的横向齿和带轮上的相应齿槽的啮合来传递运动。同步带传动兼有摩擦型带传动和啮合传动的优点，由于同步带传动的带轮和传动带之间没有相对滑动，能够保证准确的传动比，传动效率可达99.5%，传动功率从几瓦到数百千瓦，传动比可达10，线速度可达40m/s。但同步带及带轮制造工艺复杂，同步带传动安装要求较高。

### 7.1.2　V带的类型

V带按其结构形式可分为普通V带、窄V带、大楔角V带、齿形V带、联组V带和接头V带等。最基本的结构形式是普通V带。

#### 1. 普通V带

标准普通V带是用多种材料制成的无接头的环形带。这些材料包括顶胶1、抗拉体2、底胶3和包布4，其组成方式如图7-5所示。根据抗拉体结构的不同，普通V带分为帘布芯V带和绳芯V带两种。一般用途的V带

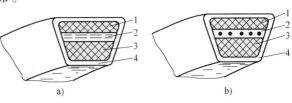

图7-5　普通V带的结构

a）帘布芯结构　b）绳芯结构

1—顶胶　2—抗拉体　3—底胶　4—包布

主要采用帘布结构，帘布芯 V 带制造方便。绳芯 V 带比较柔软，弯曲疲劳性能也比较好，但拉伸强度低，通常仅适用于载荷不大、小直径带轮和转速较高的场合。

　　普通 V 带的尺寸已标准化，按截面尺寸由小到大的顺序分为 Y、Z、A、B、C、D、E 七种型号，截面尺寸见表 7-1。在同样条件下，截面尺寸越大则传递的功率就越大。V 带绕在带轮上时发生弯曲变形，外层受拉伸变长，内层受压缩变短，两层之间存在一长度不变的中性层。中性层面称为节面，节面的宽度称为节宽 $b_p$。普通 V 带的截面高度 $h$ 与其节宽 $b_p$ 的比值已经标准化。带轮上与 V 带节面处于同一位置上的轮槽宽称为轮槽的基准宽度 $b_d$，该处的带轮直径称为带轮的基准直径 $d_d$。V 带在规定的初拉力下，位于带轮基准直径上的周线长度称为基准长度 $L_d$，它用于带传动的几何计算。V 带的基准长度 $L_d$ 已标准化，见表 7-2。

表 7-1　V 带的截面尺寸

| | 普通 V 带的带型 | 节宽 $b_p$/mm | 顶宽 $b$/mm | 高度 $h$/mm | 横截面面积 $A$/mm² | 楔角 $\alpha$ |
|---|---|---|---|---|---|---|
| | Y | 5.3 | 6.0 | 4.0 | 18 | |
| | Z | 8.5 | 10.0 | 6.0 | 47 | |
| | A | 11.0 | 13.0 | 8.0 | 81 | |
| | B | 14.0 | 17.0 | 11.0 | 143 | 40° |
| | C | 19.0 | 22.0 | 14.0 | 237 | |
| | D | 27.0 | 32.0 | 19.0 | 476 | |
| | E | 32.0 | 38.0 | 25.0 | 722 | |

表 7-2　V 带的基准长度 $L_d$ 及带长修正系数 $K_L$（摘自 GB/T 13575.1—2008）

| Y $L_d$/mm | Y $K_L$ | Z $L_d$/mm | Z $K_L$ | A $L_d$/mm | A $K_L$ | B $L_d$/mm | B $K_L$ | C $L_d$/mm | C $K_L$ | D $L_d$/mm | D $K_L$ | E $L_d$/mm | E $K_L$ |
|---|---|---|---|---|---|---|---|---|---|---|---|---|---|
| 200 | 0.81 | 405 | 0.87 | 630 | 0.81 | 930 | 0.83 | 1565 | 0.82 | 2740 | 0.82 | 4660 | 0.91 |
| 224 | 0.82 | 475 | 0.90 | 700 | 0.83 | 1000 | 0.84 | 1760 | 0.85 | 3100 | 0.86 | 5040 | 0.92 |
| 250 | 0.84 | 530 | 0.93 | 790 | 0.85 | 1100 | 0.86 | 1950 | 0.87 | 3330 | 0.87 | 5420 | 0.94 |
| 280 | 0.87 | 625 | 0.96 | 890 | 0.87 | 1210 | 0.87 | 2195 | 0.90 | 3730 | 0.90 | 6100 | 0.96 |
| 315 | 0.89 | 700 | 0.99 | 990 | 0.89 | 1370 | 0.90 | 2420 | 0.92 | 4080 | 0.91 | 6850 | 0.99 |
| 355 | 0.92 | 780 | 1.00 | 1100 | 0.91 | 1560 | 0.92 | 2715 | 0.94 | 4620 | 0.94 | 7650 | 1.01 |
| 400 | 0.96 | 920 | 1.04 | 1250 | 0.93 | 1760 | 0.94 | 2880 | 0.95 | 5400 | 0.97 | 9150 | 1.05 |
| 450 | 1.00 | 1080 | 1.07 | 1430 | 0.96 | 1950 | 0.97 | 3080 | 0.97 | 6100 | 0.99 | 12230 | 1.11 |
| 500 | 1.02 | 1330 | 1.13 | 1550 | 0.98 | 2180 | 0.99 | 3520 | 0.99 | 6840 | 1.02 | 13750 | 1.15 |
| | | 1420 | 1.14 | 1640 | 0.99 | 2300 | 1.01 | 4060 | 1.02 | 7620 | 1.05 | 15280 | 1.17 |
| | | 1540 | 1.54 | 1750 | 1.00 | 2500 | 1.03 | 4600 | 1.05 | 9140 | 1.08 | 16800 | 1.19 |
| | | | | 1940 | 1.02 | 2700 | 1.04 | 5380 | 1.08 | 10700 | 1.13 | | |
| | | | | 2050 | 1.04 | 2870 | 1.05 | 6100 | 1.11 | 12200 | 1.16 | | |
| | | | | 2200 | 1.06 | 3200 | 1.07 | 6815 | 1.14 | 13700 | 1.19 | | |
| | | | | 2300 | 1.07 | 3600 | 1.09 | 7600 | 1.17 | 15200 | 1.21 | | |
| | | | | 2478 | 1.09 | 4060 | 1.13 | 9100 | 1.21 | | | | |
| | | | | 2700 | 1.10 | 4430 | 1.15 | 10700 | 1.24 | | | | |
| | | | | | | 4820 | 1.17 | | | | | | |
| | | | | | | 5370 | 1.20 | | | | | | |

### 2. 窄V带

窄V带是一种新型V带，其结构特点是相对高度（截面高度 $h$ 与节宽 $b_p$ 之比）为 $0.9$；且其顶宽 $b$ 约为普通V带的 $3/4$，使其看上去比普通V带窄。窄V带的两个工作侧面向内凹（图7-6），在窄V带套到带轮上以后，近似恢复为平面，使之与带轮轮槽的两个工作侧面贴合紧密，从而提高了窄V带的工作能力。窄V带能传递的功率较同级普通V带提高 $50\% \sim 150\%$。带速可达 $35 \sim 40\text{m/s}$。因此，适用于高速传动，传递功率大且装置要求紧凑的场合。

图7-6 窄V带的截面形状

## 7.1.3 带传动的特点

### 1. 优点

1）能缓和载荷冲击。

2）运行平稳无噪声。

3）制造和安装精度不像齿轮啮合那样严格。

4）过载时将引起带在带轮上打滑，因而可防止其他零件的损坏。

5）可增加带长以适应中心距较大的工作条件（可达15m）。

### 2. 缺点

1）有弹性滑动和打滑，使传动效率降低并且不能保证准确的传动比。

2）传递同样大的圆周力时，轮廓尺寸和轴上的压力都比啮合传动大。

3）带的寿命较短。

## 7.2 带传动工作情况的分析

### 7.2.1 带传动的受力分析

在带传动中，传动带以一定的初拉力 $F_0$（图7-7a）张紧在带轮上。静止时，带轮两边的拉力相等，均为初拉力 $F_0$。

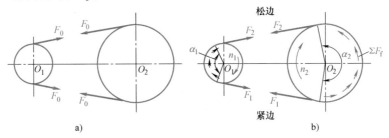

图7-7 带传动的工作原理

a）静止状态  b）工作状态

带传动在工作时，因带和带轮间的静摩擦力作用，带进入主动轮的一边被拉紧，拉力由 $F_0$ 增大到 $F_1$，称为紧边；另一边则被放松，拉力由 $F_0$ 减小到 $F_2$，称为松边（图7-7b）。如果近似认为带的总长度保持不变，并且假设带为线弹性体，则紧边拉力的增加量（$F_1 -$

$F_0$）应等于松边拉力的减少量（$F_0 - F_2$）。即

$$F_1 - F_0 = F_0 - F_2 \tag{7-1}$$

或者

$$F_1 + F_2 = 2F_0 \tag{7-2}$$

如果取与带轮接触的传动带为分离体（图7-8），那么根据传动带上诸力对带轮中心的力矩平衡条件可得

$$F_f = F_1 - F_2 \tag{7-3}$$

式中，$F_f$ 为带工作面上的总摩擦力的大小。

带传动的有效拉力 $F_e$ 等于传动带工作表面上的总摩擦力 $F_f$，于是

$$F_e = F_f = F_1 - F_2 \tag{7-4}$$

有效拉力 $F_e$、带速 $v$ 和带传递的功率之间的关系为

$$P = \frac{F_e v}{1000} \tag{7-5}$$

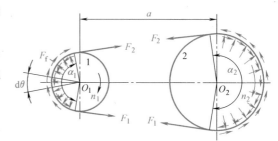

图 7-8　带与带轮的受力分析

式中，$P$ 为功率（kW）；$F_e$ 为有效拉力（N）；$v$ 为带速（m/s）。

在初拉力 $F_0$、紧边拉力 $F_1$、松边拉力 $F_2$ 和有效拉力 $F_e$ 这四个力中，只有两个是独立的，因此，由式（7-1）和式（7-4）可得

$$\left. \begin{array}{c} F_1 = F_0 + \dfrac{F_e}{2} \\[3mm] F_2 = F_0 - \dfrac{F_e}{2} \end{array} \right\} \tag{7-6}$$

由式（7-5）可知，带速一定时，传递的功率 $P$ 越大则有效拉力 $F_e$ 越大，所需带与带轮间的摩擦力也越大。若传递的有效拉力超过带与带轮间的极限摩擦力，带就会在带轮上发生全面滑动，这种现象称为打滑。打滑将使传动失效并加剧带的磨损，应当避免。

当传动带和带轮间有全面滑动趋势时，摩擦力达到最大值 $F_{fc}$，即有效拉力达到最大值 $F_{ec}$。此时，忽略离心力的影响，紧边拉力 $F_1$ 和松边拉力 $F_2$ 之间的关系可用欧拉公式表示，即

$$F_1 = F_2 e^{f\alpha_1} \tag{7-7}$$

式中，$F_1$、$F_2$ 分别为紧边拉力和松边拉力（N）；e 为自然对数的底，e ≈ 2.718；$f$ 为带与带轮接触面间的摩擦因数（V 带时 $f$ 为当量摩擦因数 $f_v = \dfrac{f}{\sin \dfrac{\varphi}{2}}$）；$\alpha_1$ 为小带轮包角，即为带与小带轮接触弧所对的中心角（rad）。

$$\alpha_1 = 180° - (d_{d2} - d_{d1}) \frac{57.5°}{a}$$

$$\alpha_2 = 180° + (d_{d2} - d_{d1}) \frac{57.5°}{a} \tag{7-8}$$

式（7-8）中的 $d_{d1}$ 和 $d_{d2}$ 分别为小带轮和大带轮基准直径（mm）。

由式（7-4）、式（7-6）、式（7-7）可得

$$F_{ec} = F_{fc} = 2F_0 \frac{1 - \dfrac{1}{e^{f\alpha_1}}}{1 + \dfrac{1}{e^{f\alpha_1}}} \tag{7-9}$$

由式（7-9）可见，带传动的最大有效拉力 $F_{ec}$ 与下列因素有关：

（1）初拉力 $F_0$ $F_{ec}$ 与 $F_0$ 成正比，增大 $F_0$，带与带轮间正压力增大，则传动时产生的摩擦力就越大，故 $F_{ec}$ 越大。但 $F_0$ 过大会加剧带的磨损，致使带过快松弛，缩短其工作寿命。但 $F_0$ 过小又容易发生打滑和跳动。因此带的预紧程度应在合适的范围内。

（2）摩擦因数 $f$ $f$ 越大，摩擦力也越大，则 $F_{ec}$ 也越大。$f$ 与带和带轮的材料、表面状况、工作环境等有关。V 带传动中，工作面间的当量摩擦因数 $f_v > f$，故较平带能显著提高传动能力。

（3）小带轮包角 $\alpha_1$ $F_{ec}$ 随 $\alpha_1$ 的增大而增大。因为增加 $\alpha_1$ 会使整个接触弧上摩擦力的总和增加，从而提高传动能力。因此，水平布置的带传动通常松边放置在上边，以增大小带轮包角。由于大带轮包角 $\alpha_2$ 大于小带轮的包角 $\alpha_1$，打滑首先发生在小带轮上，所以只需考虑小带轮包角 $\alpha_1$。对于平带，常取 $\alpha_1 \geqslant 120°$。

### 7.2.2 带传动的应力分析

带传动工作时，带中的应力有以下三种。

#### 1. 拉应力

拉应力包括紧边拉应力 $\sigma_1$ 和松边拉应力 $\sigma_2$，有

$$\left. \begin{aligned} \sigma_1 &= \frac{F_1}{A} \\ \sigma_2 &= \frac{F_2}{A} \end{aligned} \right\} \tag{7-10}$$

式中，$\sigma_1$ 和 $\sigma_2$ 的单位为 MPa；$F_1$ 和 $F_2$ 的单位为 N；$A$ 为传动带的横截面面积（$mm^2$），见表 7-1。

#### 2. 弯曲应力

传动带绕在带轮上时发生弯曲，带中要产生弯曲应力 $\sigma_{b1}$ 和 $\sigma_{b2}$，有

$$\left. \begin{aligned} \sigma_{b1} &\approx E\frac{h}{d_{d1}} \\ \sigma_{b2} &\approx E\frac{h}{d_{d2}} \end{aligned} \right\} \tag{7-11}$$

式中，$h$ 为传动带的高度（mm），见表 7-1；$E$ 为传动带的弹性模量（MPa）。

因为弯曲应力的大小与带轮的基准直径成反比，所以传动带在小带轮上的弯曲应力 $\sigma_{b1}$ 一定大于大带轮上的弯曲应力 $\sigma_{b2}$。

**3. 离心拉应力**

由于带本身具有一定的质量，当带随着带轮做圆周运动时将产生离心力，该离心力使环形封闭带在全长范围内受到相同的离心拉力作用。

因离心拉力而产生的离心拉应力 $\sigma_c$ 为

$$\sigma_c = \frac{qv^2}{A} \tag{7-12}$$

式中，$q$ 为传动带单位长度的质量（kg/m），见表 7-3；$v$ 为带速（m/s）。

表 7-3  V 带单位长度的质量（摘自 GB/T 13575. 1—2008）

| 带型 | Y | Z | A | B | C | D | E |
|---|---|---|---|---|---|---|---|
| $q/(kg/m)$ | 0.023 | 0.060 | 0.105 | 0.170 | 0.300 | 0.630 | 0.970 |

传动带工作时的应力分布情况如图 7-9 所示。带中可能产生的瞬时最大应力发生在带的紧边开始绕上小带轮处，此处的最大应力可近似地表示为

$$\sigma_{max} = \sigma_1 + \sigma_{b1} + \sigma_c \tag{7-13}$$

由图 7-9 可见，带在运动过程中，带上任意一点的应力都要发生变化。带每巡行一周，相当于应力变化一个周期。当带工作一定的时间后，将会因为疲劳而发生断裂或者塑性变形。

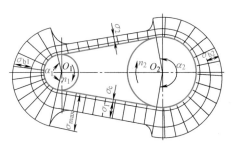

图 7-9  带传动工作时带中的应力分布

## 7.2.3  带的弹性滑动和打滑

由于带是弹性体，受力后将产生变形，而且受力不同，带的变形量也不同。如图 7-10 所示，在小带轮上，带的拉力从紧边拉力 $F_1$ 逐渐降到松边拉力 $F_2$，带的弹性变形量逐渐减小，因此，带相对于小带轮向后退缩，使得带速低于小带轮的线速度 $v_1$；在大带轮上，带的拉力从松边拉力 $F_2$ 逐渐上升为紧边拉力 $F_1$，带的弹性变形量逐渐增加，带相对于大带轮向前伸长，使得带速高于大带轮的线速度 $v_2$。这种由于带的弹性变形而引起的带与带轮间的微量滑动，称为带传动的弹性滑动。弹性滑动使从动轮的线速度低于主动轮的线速度，因而降低了传动效率，使温升增加，并加快带的磨损。

在带传动中由于摩擦力而使带的两边发生不同程度的拉伸变形。摩擦力是传动必需的，所以弹性滑动是无法避免的。选用弹性模量大的材料，可以降低弹性滑动。

由于弹性滑动的存在，导致从动轮的线速度 $v_2$（m/s）低于主动轮的线速度 $v_1$（m/s），其降低程度用滑动率 $\varepsilon$ 表示，即

$$\varepsilon = \frac{v_1 - v_2}{v_1} \times 100\% \tag{7-14}$$

其中

$$\left. \begin{array}{l} v_1 = \dfrac{\pi d_{d1} n_1}{60 \times 1000} \\[3mm] v_2 = \dfrac{\pi d_{d2} n_2}{60 \times 1000} \end{array} \right\} \tag{7-15}$$

式中，$n_1$、$n_2$ 分别为主动轮和从动轮的转速（r/min）；$d_{d1}$、$d_{d2}$ 分别为主动轮和从动轮的基准直径（mm）。

将式（7-15）代入式（7-14），可得

$$d_{d2} n_2 = (1-\varepsilon) d_{d1} n_1$$

因而带传动的平均传动比为

$$i = \frac{n_1}{n_2} = \frac{d_{d2}}{d_{d1}(1-\varepsilon)} \tag{7-16}$$

在一般的带传动中，因滑动率不大（$\varepsilon = 1\% \sim 2\%$），故可以不予考虑，而取传动比为

$$i = \frac{n_1}{n_2} \approx \frac{d_{d2}}{d_{d1}} \tag{7-17}$$

如图 7-10 所示，在带传动正常工作时，带的弹性滑动只发生在带离开主、从动轮之前的那一段接触弧上，如 $C_1 B_1$ 和 $C_2 B_2$，称这一段弧为滑动弧，所对应的中心角为滑动角；而把没有发生弹性滑动的接触弧，如 $A_1 C_1$ 和 $A_2 C_2$，称为静止弧，所对应的中心角为静止角。在带速不变的条件下，随着带传动所传递的功率逐渐增加，带和带轮间的总摩擦力也随之增加，发生弹性滑动的弧段的长度也相应扩大。当总摩擦力增加到临界值时，弹性滑动的区域也就扩大到了整个接触弧（相当于 $C_1$ 点移动到与 $A_1$ 点重合时）。此时如果再增加带传动的功率，则带与带轮间就会发生显著的相对滑动，即整体打滑。

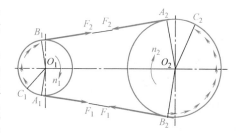

图 7-10 带传动的弹性滑动

带的弹性滑动和打滑是两个完全不同的概念。弹性滑动是由挠性带两边存在拉力差而引起的，是传动中不可避免的现象。而打滑是由过载引起的，是带传动的一种失效形式。打滑会加剧带的磨损，降低从动轮的转速，是应该避免的。

##  7.3 普通 V 带传动的设计计算

### 7.3.1 V 带传动的失效形式和设计准则

根据带传动的工作情况分析可知，带是在交变应力下工作的，V 带传动的主要失效形式如下。

1. V 带疲劳断裂

带在交变应力下工作，运行一定时间后，V 带在局部出现疲劳裂纹、脱层，随之出现疏松状态甚至断裂。

2. 打滑

V 带传动工作时传递的载荷超过最大有效拉力 $F_{ec}$ 时，带与小带轮整个工作面出现相对滑动，导致传动打滑失效。

为了保证 V 带传动正常工作，V 带传动工作能力设计的计算准则为：在保证传动不打滑的前提下，带具有足够的疲劳强度和寿命，应满足的强度条件为

$$\sigma_{max} = \sigma_1 + \sigma_c + \sigma_{b1} \leqslant [\sigma] \tag{7-18}$$

或

$$\sigma_1 \leqslant [\sigma] - \sigma_{b1} - \sigma_c \tag{7-19}$$

式中，$[\sigma]$ 为在一定条件下，由带的疲劳强度所决定的许用应力。

由式（7-6）、式（7-9）和式（7-10），经推导可得到带在临界打滑状态下的最大有效拉力 $F_{ec}$ 为

$$F_{ec} = F_1\left(1 - \frac{1}{e^{f_v\alpha}}\right) = \sigma_1 A\left(1 - \frac{1}{e^{f_v\alpha}}\right) \tag{7-20}$$

联立式（7-5）、式（7-18）和式（7-20），可得到单根 V 带处于临界打滑状态时所能传递的功率，即最大功率 $P_0$（kW）为

$$P_0 = \frac{\left([\sigma] - \sigma_{b1} - \sigma_c\right)\left(1 - \frac{1}{e^{f_v\alpha}}\right)Av}{1000} \tag{7-21}$$

单根普通 V 带所能传递的最大功率称为基本额定功率，它是通过实验得到的。实验条件为：包角 $\alpha = 180°$、特定带长、平稳工作条件。具体数据参见表 7-4。

表 7-4　单根普通 V 带的基本额定功率 $P_0$　　　　（单位：kW）

| 带型 | 小带轮基准直径 $d_{d1}$/mm | 小带轮转速 $n_1$/(r/min) | | | | | | | | | |
|---|---|---|---|---|---|---|---|---|---|---|---|
| | | 400 | 700 | 800 | 950 | 1200 | 1450 | 1600 | 2000 | 2400 | 2800 |
| Z | 50 | 0.06 | 0.09 | 0.10 | 0.12 | 0.14 | 0.16 | 0.17 | 0.20 | 0.22 | 0.26 |
| | 56 | 0.06 | 0.11 | 0.12 | 0.14 | 0.17 | 0.19 | 0.20 | 0.25 | 0.30 | 0.33 |
| | 63 | 0.08 | 0.13 | 0.15 | 0.18 | 0.22 | 0.25 | 0.27 | 0.32 | 0.37 | 0.41 |
| | 71 | 0.09 | 0.17 | 0.20 | 0.23 | 0.27 | 0.30 | 0.33 | 0.39 | 0.46 | 0.50 |
| | 80 | 0.14 | 0.20 | 0.22 | 0.26 | 0.30 | 0.35 | 0.39 | 0.44 | 0.50 | 0.56 |
| | 90 | 0.14 | 0.22 | 0.24 | 0.28 | 0.33 | 0.36 | 0.40 | 0.48 | 0.54 | 0.60 |
| A | 75 | 0.26 | 0.40 | 0.45 | 0.51 | 0.60 | 0.68 | 0.73 | 0.84 | 0.92 | 1.00 |
| | 90 | 0.39 | 0.61 | 0.68 | 0.77 | 0.93 | 1.07 | 1.15 | 1.34 | 1.50 | 1.64 |
| | 100 | 0.47 | 0.74 | 0.83 | 0.95 | 1.14 | 1.32 | 1.42 | 1.66 | 1.87 | 2.05 |
| | 112 | 0.56 | 0.90 | 1.00 | 1.15 | 1.39 | 1.61 | 1.74 | 2.04 | 2.30 | 2.51 |
| | 125 | 0.67 | 1.07 | 1.19 | 1.37 | 1.66 | 1.92 | 2.07 | 2.44 | 2.74 | 2.98 |
| | 140 | 0.78 | 1.26 | 1.41 | 1.62 | 1.96 | 2.28 | 2.45 | 2.87 | 3.22 | 3.48 |
| | 160 | 0.94 | 1.51 | 1.69 | 1.95 | 2.36 | 2.73 | 2.54 | 3.42 | 3.80 | 4.06 |
| | 180 | 1.09 | 1.76 | 1.97 | 2.27 | 2.74 | 3.16 | 3.40 | 3.93 | 4.32 | 4.54 |
| B | 125 | 0.84 | 1.30 | 1.44 | 1.64 | 1.93 | 2.19 | 2.33 | 2.64 | 2.85 | 2.96 |
| | 140 | 1.05 | 1.64 | 1.82 | 2.08 | 2.47 | 2.82 | 3.00 | 3.42 | 3.70 | 3.85 |
| | 160 | 1.32 | 2.09 | 2.32 | 2.66 | 3.17 | 3.62 | 3.86 | 4.40 | 4.75 | 4.89 |
| | 180 | 1.59 | 2.53 | 2.81 | 3.22 | 3.85 | 4.39 | 4.68 | 5.30 | 5.67 | 5.76 |
| | 200 | 1.85 | 2.96 | 3.30 | 3.77 | 4.50 | 5.13 | 5.46 | 6.13 | 6.47 | 6.43 |
| | 224 | 2.17 | 3.47 | 3.86 | 4.42 | 5.26 | 5.97 | 6.33 | 7.02 | 7.25 | 6.95 |
| | 250 | 2.50 | 4.00 | 4.46 | 5.10 | 6.04 | 6.82 | 7.20 | 7.87 | 7.89 | 7.14 |
| | 280 | 2.89 | 4.61 | 5.13 | 5.85 | 6.90 | 7.76 | 8.13 | 8.60 | 8.22 | 6.80 |

（续）

| 带型 | 小带轮基准直径 $d_{d1}$/mm | 小带轮转速 $n_1$/(r/min) | | | | | | | | | |
|---|---|---|---|---|---|---|---|---|---|---|---|
| | | 400 | 700 | 800 | 950 | 1200 | 1450 | 1600 | 2000 | 2400 | 2800 |
| C | 200 | 2.41 | 3.69 | 4.07 | 4.58 | 5.29 | 5.84 | 6.07 | — | — | — |
| | 224 | 2.99 | 4.64 | 5.12 | 5.78 | 6.71 | 7.45 | 7.75 | — | — | — |
| | 250 | 3.62 | 5.64 | 6.23 | 7.04 | 8.21 | 9.04 | 9.38 | — | — | — |
| | 280 | 4.32 | 6.76 | 7.52 | 8.49 | 9.81 | 10.72 | 11.06 | — | — | — |
| | 315 | 5.14 | 8.09 | 8.92 | 10.05 | 11.53 | 12.46 | 12.72 | — | — | — |
| | 355 | 6.05 | 9.50 | 10.46 | 11.73 | 13.31 | 14.12 | 14.19 | — | — | — |
| | 400 | 7.06 | 11.02 | 12.10 | 13.48 | 15.04 | 15.53 | 15.24 | — | — | — |
| | 450 | 8.20 | 12.63 | 13.80 | 15.23 | 16.59 | 16.47 | 15.57 | — | — | — |
| D | 355 | 9.24 | 13.70 | 14.83 | 16.15 | 17.25 | 16.77 | 15.63 | — | — | — |
| | 400 | 11.45 | 17.07 | 18.46 | 20.06 | 21.20 | 20.15 | 18.31 | — | — | — |
| | 450 | 13.85 | 20.63 | 22.25 | 24.01 | 24.84 | 22.02 | 19.59 | — | — | — |
| | 500 | 16.20 | 23.99 | 25.76 | 27.50 | 26.71 | 23.59 | 18.88 | — | — | — |
| | 560 | 18.95 | 27.73 | 29.55 | 31.04 | 29.67 | 22.58 | 15.31 | — | — | — |
| | 630 | 22.05 | 31.68 | 33.38 | 34.19 | 30.15 | 18.06 | 6.25 | — | — | — |
| | 710 | 25.45 | 35.59 | 36.87 | 36.35 | 27.88 | 7.99 | — | — | — | — |
| | 800 | 29.08 | 39.14 | 39.55 | 36.76 | 21.32 | — | — | — | — | — |

### 7.3.2 单根 V 带的额定功率

单根 V 带的基本额定功率是在规定的实验条件下得到的。实际工作条件下带传动的传动比、V 带长度和带轮包角与实验条件下不同，因此，需要对单根 V 带的基本额定功率予以修正，从而得到单根 V 带的额定功率，即

$$P_r = (P_0 + \Delta P_0) K_\alpha K_L \qquad (7\text{-}22)$$

式中，$\Delta P_0$ 为当传动比不等于 1 时，单根 V 带额定功率的增量，见表 7-5；$K_\alpha$ 为当包角不等于 $180°$ 时的修正系数，见表 7-6；$K_L$ 为当带长不等于实验规定的特定带长时的修正系数，见表 7-2。

表 7-5　单根普通 V 带的额定功率的增量 $\Delta P_0$　　　　　（单位：kW）

| 带型 | 传动比 $i$ | 小带轮转速 $n_1$/(r/min) | | | | | | | | | |
|---|---|---|---|---|---|---|---|---|---|---|---|
| | | 400 | 700 | 800 | 950 | 1200 | 1450 | 1600 | 2000 | 2400 | 2800 |
| Z | 1.00~1.01 | 0.00 | 0.00 | 0.00 | 0.00 | 0.00 | 0.00 | 0.00 | 0.00 | 0.00 | 0.00 |
| | 1.02~1.04 | 0.00 | 0.00 | 0.00 | 0.00 | 0.00 | 0.00 | 0.01 | 0.01 | 0.01 | 0.01 |
| | 1.05~1.08 | 0.00 | 0.00 | 0.00 | 0.00 | 0.01 | 0.01 | 0.01 | 0.01 | 0.02 | 0.02 |
| | 1.09~1.12 | 0.00 | 0.00 | 0.00 | 0.01 | 0.01 | 0.01 | 0.01 | 0.02 | 0.02 | 0.02 |
| | 1.13~1.18 | 0.00 | 0.00 | 0.01 | 0.01 | 0.01 | 0.01 | 0.01 | 0.02 | 0.02 | 0.03 |
| | 1.19~1.24 | 0.00 | 0.00 | 0.01 | 0.01 | 0.01 | 0.02 | 0.02 | 0.02 | 0.02 | 0.03 |
| | 1.25~1.34 | 0.00 | 0.00 | 0.01 | 0.01 | 0.02 | 0.02 | 0.02 | 0.02 | 0.03 | 0.03 |
| | 1.35~1.50 | 0.00 | 0.01 | 0.01 | 0.02 | 0.02 | 0.02 | 0.02 | 0.03 | 0.03 | 0.04 |
| | 1.51~1.19 | 0.01 | 0.01 | 0.02 | 0.02 | 0.02 | 0.02 | 0.03 | 0.03 | 0.03 | 0.04 |
| | ≥2.00 | 0.01 | 0.02 | 0.02 | 0.02 | 0.02 | 0.02 | 0.03 | 0.04 | 0.04 | 0.04 |

（续）

| 带型 | 传动比 $i$ | 小带轮转速 $n_1$/(r/min) | | | | | | | | | |
|---|---|---|---|---|---|---|---|---|---|---|---|
| | | 400 | 700 | 800 | 950 | 1200 | 1450 | 1600 | 2000 | 2400 | 2800 |
| A | 1.00~1.01 | 0.00 | 0.00 | 0.00 | 0.00 | 0.00 | 0.00 | 0.00 | 0.00 | 0.00 | 0.00 |
| | 1.02~1.04 | 0.01 | 0.01 | 0.01 | 0.01 | 0.02 | 0.02 | 0.02 | 0.03 | 0.03 | 0.04 |
| | 1.05~1.08 | 0.01 | 0.02 | 0.02 | 0.03 | 0.03 | 0.04 | 0.04 | 0.06 | 0.07 | 0.08 |
| | 1.09~1.12 | 0.02 | 0.03 | 0.03 | 0.04 | 0.05 | 0.06 | 0.06 | 0.08 | 0.10 | 0.11 |
| | 1.13~1.18 | 0.02 | 0.04 | 0.04 | 0.05 | 0.06 | 0.09 | 0.11 | 0.13 | 0.15 |
| | 1.19~1.24 | 0.03 | 0.05 | 0.05 | 0.06 | 0.08 | 0.09 | 0.11 | 0.13 | 0.16 | 0.19 |
| | 1.25~1.34 | 0.03 | 0.06 | 0.06 | 0.08 | 0.10 | 0.11 | 0.13 | 0.16 | 0.19 | 0.23 |
| | 1.35~1.50 | 0.04 | 0.07 | 0.08 | 0.09 | 0.11 | 0.13 | 0.15 | 0.19 | 0.23 | 0.26 |
| | 1.51~1.19 | 0.04 | 0.08 | 0.09 | 0.10 | 0.13 | 0.15 | 0.17 | 0.22 | 0.26 | 0.30 |
| | ≥2.00 | 0.05 | 0.09 | 0.10 | 0.11 | 0.15 | 0.17 | 0.19 | 0.24 | 0.29 | 0.34 |
| B | 1.00~1.01 | 0.00 | 0.00 | 0.00 | 0.00 | 0.00 | 0.00 | 0.00 | 0.00 | 0.00 | 0.00 |
| | 1.02~1.04 | 0.01 | 0.02 | 0.03 | 0.03 | 0.04 | 0.05 | 0.06 | 0.07 | 0.08 | 0.10 |
| | 1.05~1.08 | 0.03 | 0.05 | 0.06 | 0.07 | 0.08 | 0.10 | 0.11 | 0.14 | 0.17 | 0.20 |
| | 1.09~1.12 | 0.04 | 0.07 | 0.08 | 0.10 | 0.13 | 0.15 | 0.17 | 0.21 | 0.25 | 0.29 |
| | 1.13~1.18 | 0.06 | 0.10 | 0.11 | 0.13 | 0.17 | 0.20 | 0.23 | 0.28 | 0.34 | 0.39 |
| | 1.19~1.24 | 0.07 | 0.12 | 0.14 | 0.17 | 0.21 | 0.25 | 0.28 | 0.35 | 0.42 | 0.49 |
| | 1.25~1.34 | 0.08 | 0.15 | 0.17 | 0.20 | 0.25 | 0.31 | 0.34 | 0.42 | 0.51 | 0.59 |
| | 1.35~1.50 | 0.10 | 0.17 | 0.20 | 0.23 | 0.30 | 0.36 | 0.39 | 0.49 | 0.59 | 0.69 |
| | 1.51~1.19 | 0.11 | 0.20 | 0.23 | 0.26 | 0.34 | 0.40 | 0.45 | 0.56 | 0.68 | 0.79 |
| | ≥2.00 | 0.13 | 0.22 | 0.25 | 0.30 | 0.38 | 0.46 | 0.51 | 0.63 | 0.76 | 0.89 |
| C | 1.00~1.01 | 0.00 | 0.00 | 0.00 | 0.00 | 0.00 | 0.00 | 0.00 | 0.00 | 0.00 | 0.00 |
| | 1.02~1.04 | 0.04 | 0.07 | 0.08 | 0.09 | 0.12 | 0.14 | 0.16 | 0.20 | 0.23 | 0.27 |
| | 1.05~1.08 | 0.08 | 0.14 | 0.16 | 0.19 | 0.24 | 0.28 | 0.31 | 0.39 | 0.47 | 0.55 |
| | 1.09~1.12 | 0.12 | 0.21 | 0.23 | 0.27 | 0.35 | 0.42 | 0.47 | 0.59 | 0.70 | 0.82 |
| | 1.13~1.18 | 0.16 | 0.27 | 0.31 | 0.37 | 0.47 | 0.58 | 0.63 | 0.78 | 0.94 | 1.10 |
| | 1.19~1.24 | 0.20 | 0.34 | 0.39 | 0.47 | 0.59 | 0.71 | 0.78 | 0.98 | 1.18 | 1.37 |
| | 1.25~1.34 | 0.23 | 0.41 | 0.47 | 0.56 | 0.70 | 0.85 | 0.94 | 1.17 | 1.41 | 1.64 |
| | 1.35~1.50 | 0.27 | 0.48 | 0.55 | 0.65 | 0.82 | 0.99 | 1.10 | 1.37 | 1.65 | 1.92 |
| | 1.51~1.19 | 0.31 | 0.55 | 0.63 | 0.74 | 0.94 | 1.14 | 1.25 | 1.57 | 1.88 | 2.19 |
| | ≥2.00 | 0.35 | 0.62 | 0.71 | 0.83 | 1.06 | 1.27 | 1.41 | 1.76 | 2.12 | 2.47 |

表 7-6　包角修正系数

| 小带轮包角 $\alpha$/(°) | 180 | 175 | 170 | 165 | 160 | 155 | 150 | 145 | 140 | 135 | 130 | 120 |
|---|---|---|---|---|---|---|---|---|---|---|---|---|
| $K_\alpha$ | 1.00 | 0.99 | 0.98 | 0.96 | 0.95 | 0.93 | 0.92 | 0.91 | 0.89 | 0.88 | 0.86 | 0.82 |

### 7.3.3 V带传动的设计计算

设计 V 带传动时，一般已知条件是：传动的用途，工作情况及原动机类型；传递的功率 $P$；主、从动轮的转速 $n_1$、$n_2$ 或传动比 $i$；安装或外廓尺寸要求等。

V 带传动设计的内容包括：确定 V 带的型号、长度及根数；传动中心距及带轮直径，带轮的材料、尺寸和结构，确定初拉力 $F_0$ 及作用在轴上的压轴力 $F_p$，设计传动的张紧装置等。

V 带传动设计的步骤如下：

**1. 确定计算功率 $P_{ca}$**

计算功率 $P_{ca}$ 是根据传递的额定功率 $P$，并考虑到载荷性质和每天运转时间长短等因素的影响而定的。即

$$P_{ca} = K_A P \tag{7-23}$$

式中，$P$ 为所需传递的额定功率（kW），如电动机的额定功率或名义的负载功率；$K_A$ 为工况系数，查表 7-7。

表 7-7 工作系数 $K_A$

| 载荷性质 | 工作机类型 | 空、轻负载起动 | | | 重载起动 | | |
|---|---|---|---|---|---|---|---|
| | | 每天工作时间/h | | | | | |
| | | <10 | 10~16 | >16 | <10 | 10~16 | >16 |
| 载荷平稳 | 液体搅拌机，通风机和鼓风机（≤7.5kW），离心式水泵和压缩机，轻型输送机 | 1.0 | 1.1 | 1.2 | 1.1 | 1.2 | 1.3 |
| 载荷变化较小 | 带式输送机（不均匀载荷），通风机（>7.5kW），回转式水泵和压缩机，发电机，金属切削机床，印刷机，旋转筛，木工机械 | 1.1 | 1.2 | 1.3 | 1.2 | 1.3 | 1.4 |
| 载荷变化大 | 斗式提升机，往复式水泵和压缩机，起重机，磨粉机，冲剪机床，橡胶机械，振动筛，纺织机械，重载输送机 | 1.2 | 1.3 | 1.4 | 1.4 | 1.5 | 1.6 |
| 载荷变化很大 | 破碎机（旋转式、颚式等），磨碎机（球磨、棒磨、管磨） | 1.3 | 1.4 | 1.5 | 1.5 | 1.6 | 1.8 |

注：1. 空、轻载起动—电动机（交流起动，三角起动、直流并励）、4 缸以上的内燃机、装有离心式离合器、液力联轴器的动力机。

2. 重载起动—电动机（联机交流起动、直流复励或串励）、4 缸以下的内燃机。

3. 反复起动、正反转频繁、工作条件恶劣等场合，$K_A$ 应乘以 1.2。

4. 在增速传动场合，$K_A$ 应乘以下列系数：

| 增速比 $i$ | 1.25~1.74 | 1.75~2.49 | 2.50~3.49 | >3.5 |
|---|---|---|---|---|
| 系数 | 1.05 | 1.11 | 1.18 | 1.25 |

**2. 选择 V 带的型号**

普通 V 带的型号是根据计算功率 $P_{ca}$ 和小带轮（主动轮）的转速 $n_1$，由图 7-11 选取的。若由 $P_{ca}$ 和 $n_1$ 确定的坐标点在两种型号交界处，可先选取两种型号分别计算，进行分析比较。选用截型小的 V 带型号会使带的根数增加；选用截型大的 V 带型号会使传动结构尺寸增大，但所需带的根数减少，可根据实际情况择优选定。

**3. 确定带轮基准直径 $d_{d1}$、$d_{d2}$**

带轮直径小可以使传动结构紧凑，但带在带轮上的弯曲应力增大，使带的寿命降低。

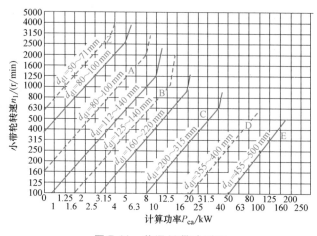

图 7-11　普通 V 带选型图

设计时应取小带轮基准直径 $d_{d1} \geqslant (d_d)_{min}$，$(d_d)_{min}$ 见表 7-8。忽略弹性滑动的影响，$d_{d2} = id_{d1}$，并按表 7-9 圆整为标准尺寸。圆整后应检验传动比 $i$ 或从动轮转速 $n_2$ 是否在允许的变化范围之内。

表 7-8　V 带轮的最小基准直径 $(d_d)_{min}$

| 型号 | Y | Z | A | B | C | D | E |
|---|---|---|---|---|---|---|---|
| $(d_d)_{min}$/mm | 20 | 50 | 75 | 125 | 200 | 355 | 500 |

表 7-9　普通 V 带轮的基准直径系列　　　　　　　　　　　（单位：mm）

| 带型 | 基准直径 $d_d$ |
|---|---|
| Y | 20,22.4,25,28,31.5,40,45,50,63,71,80,90,100,112,115 |
| Z | 50,56,63,71,75,80,90,100,112,125,132,140,150,160,180,200,224,250,280,315,355,400,500,630 |
| A | 75,80,85,90,95,100,106,112,125,132,140,150,160,180,200,224,250,280,315,355,400,450,500,560,630,710,800 |
| B | 125,132,140,150,160,170,180,200,224,250,280,315,355,400,450,500,560,600,630,710,750,800,900,1000,1120 |
| C | 200,212,224,236,250,265,280,300,315,335,355,400,450,500,560,600,630,710,750,800,900,1000,1120,1250,1400,1600,2000 |
| D | 355,375,400,425,450,475,500,560,600,630,710,750,800,900,1000,1060,1120,1250,1400,1500,1600,1800,2000 |
| E | 500,530,560,600,630,670,710,800,900,1000,1120,1250,1400,1500,1600,1800,2000,2240,2500 |

4. 验算带速 $v$

根据式（7-15）计算带速。带速太高会使离心力增大，使带与带轮的摩擦力减小，传动时容易打滑。另外单位时间内绕过带轮的次数也增多，降低传动带的寿命。若带速太低，当传递一定功率时，传递的有效拉力将增大，带的根数增多。一般应使 $v = 5 \sim 25 \text{m/s}$，最高不超过 30m/s。如带速超过上述范围，应重选小带轮基准直径 $d_{d1}$。

5. 确定中心距 $a$ 和带的基准长度 $L_d$

首先按结构尺寸要求初选中心距 $a_0$。如果中心距过小，在一定带速下单位时间内带的绕行次数多，易于疲劳损坏；并且在传动比较大时会使包角 $\alpha_1$ 过小，致使传动能力降低；如果中心距过大，除外轮廓尺寸增大外，还容易引起带的颤振。因此，结构上对中心距无具体要求时，初选中心距 $a_0$ 的计算式为

$$0.7(d_{d1}+d_{d2}) \leqslant a_0 \leqslant 2(d_{d1}+d_{d2}) \tag{7-24}$$

由带传动的几何关系可计算带的基准长度 $L_{d0}$，即

$$L_{d0} = 2a_0 + \frac{\pi}{2}(d_{d1}+d_{d2}) + \frac{(d_{d2}-d_{d1})^2}{4a_0} \tag{7-25}$$

由式（7-25）求得带的基准长度的初算值 $L_{d0}$，再查表 7-2 可选取与之接近的基准长度 $L_d$，而实际中心距 $a$ 可由下式近似确定，即

$$a \approx a_0 + \frac{L_d - L_{d0}}{2} \tag{7-26}$$

考虑到安装调整和补偿初拉力的需要，中心距的调节范围为

$$\left.\begin{array}{l} a_{\min} = a - 0.015L_d \\ a_{\max} = a + 0.03L_d \end{array}\right\} \tag{7-27}$$

6. 验算小带轮包角 $\alpha_1$

$$\alpha_1 = 180° - \frac{d_{d2}-d_{d1}}{a} \times 57.3° \tag{7-28}$$

一般应使 $\alpha_1 \geqslant 120°$（特殊情况下允许 $\geqslant 90°$）。若不满足此条件，可适当增大中心距或减小两带轮的直径差，也可在带轮的外侧加压带轮，但这样做会降低带的使用寿命。

7. 确定 V 带的根数 $z$

$$z = \frac{P_{ca}}{P_r} = \frac{K_A P}{(P_0 + \Delta P_0)K_\alpha K_L} \tag{7-29}$$

为了使各根 V 带受力均匀，带的根数不宜过多，一般应少于 10 根，否则，应选择横截面面积较大的带型，以减少带的根数。

8. 确定单根 V 带的初拉力 $F_0$

初拉力 $F_0$ 越大，带对带轮面的正压力和摩擦力也越大，不易打滑，即传递载荷的能力越大；但初拉力 $F_0$ 太大会增加带的拉应力，从而降低其使用寿命，同时作用在轴上的载荷也大，故初拉力 $F_0$ 的大小应适当，考虑离心力的影响时，单根带的初拉力 $F_0$ 为

$$F_0 = 500 \frac{(2.5-K_\alpha)P_{ca}}{K_\alpha z v} + qv^2 \tag{7-30}$$

由于新带易松弛，对不能调整中心距的普通 V 带传动，安装新带时的初拉力 $F_0$ 应为计算值的 1.5 倍。

9. 计算带传动的压轴力 $F_p$

为了设计安装带轮上的轴和轴承，必须确定带传动作用在带轮轴上的压轴力 $F_p$（图 7-12）。

$$F_P = 2zF_0 \sin\frac{\alpha_1}{2} \tag{7-31}$$

式中，$\alpha_1$ 为小带轮的包角。

10. 带轮的结构设计

参见本章 7-4 节，绘制带轮零件图。

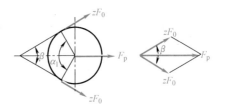

图 7-12 压轴力计算示意图

**11. 设计结果**

列出带型号、带的基准长度 $L_d$、带的根数 $z$、带轮基准直径 $d_{d1}$ 与 $d_{d2}$、中心距 $a$、压轴力 $F_p$ 等。

# 7.4 V 带轮的设计

## 7.4.1 V 带轮的设计内容

V 带轮设计的主要内容是根据带轮的基准直径和带轮转速等已知条件，确定带轮的材料，结构形式，轮槽、轮辐和轮毂的几何尺寸、公差和表面粗糙度以及相关技术要求。

## 7.4.2 带轮的材料

带轮材料常采用铸铁、钢、铝合金或工程塑料等，灰铸铁应用最广。当带速 $v <$ 25m/s 时采用 HT150；当 $v = 25$m/s 时采用 HT200。小功率传动时带轮可采用铸铝或塑料等材料。

## 7.4.3 带轮的结构

V 带轮由轮缘、轮辐和轮毂组成。根据轮辐结构不同，V 带轮可以分为实心式（图 7-13a）、腹板式（图 7-13b）、孔板式（图 7-13c）和椭圆轮辐式（图 7-13d）。

V 带轮的结构形式与基准直径有关。当带轮基准直径为 $d_d \leqslant 2.5d$［$d$ 为安装带轮的轴的直径（mm）］时，可采用实心式；当 $d_d \leqslant 300$mm 时，可采用腹板式；当 $d_d \leqslant 300$mm，同时 $D_1 - d_1 \geqslant 100$mm 时，可用孔板式；当 $d_d > 300$mm 时，可采用轮辐式。

## 7.4.4 V 带轮的轮槽

V 带轮的轮槽与所选用的 V 带的型号相对应，见表 7-10。

V 带绕在带轮上以后发生弯曲变形，使 V 带工作面的夹角发生变化。为了使 V 带的工作面与带轮的轮槽工作面紧密贴合，将 V 带轮轮槽的工作面的夹角做成小于 40°。

表 7-10  轮槽截面尺寸　　　　　　　　　　　　　（单位：mm）

| 槽型 | $b_d$ | $h_{amin}$ | $h_{fmin}$ | $e$ | $f_{min}$ | $d_d$ 与 $d_d$ 相对应的 $\varphi$ | | | |
|---|---|---|---|---|---|---|---|---|---|
| | | | | | | 32° | 34° | 36° | 38° |
| Y | 5.3 | 1.60 | 4.7 | 8±0.3 | 6 | ≤60 | — | >60 | — |
| Z | 8.5 | 2.00 | 7.0 | 12±0.3 | 7 | — | ≤80 | — | >80 |
| A | 11.0 | 2.75 | 8.7 | 15±0.3 | 9 | — | ≤118 | — | >118 |
| B | 14.0 | 3.50 | 10.8 | 19±0.4 | 11.5 | — | ≤190 | — | >190 |
| C | 19.0 | 4.80 | 14.3 | 25.5±0.5 | 16 | — | ≤315 | — | >315 |
| D | 27.0 | 8.10 | 19.9 | 37±0.6 | 23 | — | — | ≤475 | >475 |
| E | 32.0 | 9.60 | 23.4 | 44.5±0.7 | 28 | — | — | ≤600 | >600 |

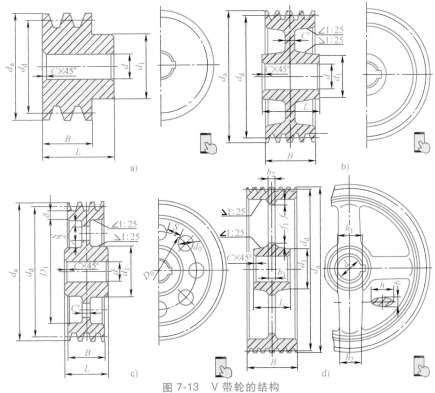

图 7-13　V 带轮的结构

a) 实心式　b) 腹板式　c) 孔板式　d) 椭圆轮辐式

$$d_1 = (1.8 \sim 2) d; D_0 = 0.5(D_1 + d_1); d_0 = (0.2 \sim 0.3)(D_1 - d_1); b_1 = 0.4h_1; b_2 = 0.8b_1;$$

$$C' = (0.2 \sim 0.3) B; h_1 = 290\sqrt[3]{\frac{P}{\pi z_a}} \left[ \text{式中，} P \text{ 为功率（kW）}; z_a \text{ 为轮辐数} \right]; h_2 = 0.8h_1; S =$$

$$C'; L = (1.5 \sim 2) d, \text{ 当 } B < 1.5d \text{ 时，} L = B; f_1 = 0.2h_1; f_2 = 0.2h_2$$

## 7.5　V 带传动的张紧、安装与防护

### 7.5.1　带传动的张紧装置

带传动中由于传动带长期受到拉力的作用，将会产生塑性变形，使带的长度增加，因而容易造成张紧能力减小，影响带的正常传动，为了保持带在传动中的正常传动能力，可使用张紧装置调整。通常带传动的张紧装置采用两种方法，即调整中心距和使用张紧轮。

1. 调整中心距的方法

如图 7-14a 所示，在水平传动（或接近水平）时，电动机装在滑槽上，利用调整螺钉来调整中心距，获得所需的张紧力；如图 7-14b 所示，在垂直传动（或接近垂直）时，电动机装在可以摆动的摆动架上，利用调整螺钉来调整中心距使带张紧。也可利用电动机自身的重力下垂，以达到自动张紧的目的，如图 7-14c 所示，但这种方法多用在小功率的传动中。

2. 使用张紧轮的方法

当中心距不可调节时，可采用张紧轮将带张紧（图 7-15）。V 带传动设置张紧轮时应注

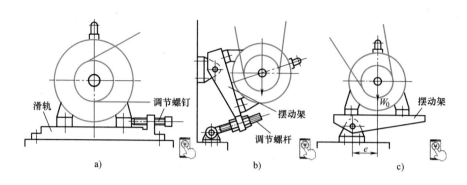

图 7-14　带的定期张紧装置

a）水平传动张紧　b）垂直传动张紧　c）自动张紧

意以下几点：①一般应放在松边的内侧，使带只受单向弯曲；②张紧轮还应尽量靠近大带轮，以免减少带在小带轮上的包角；③张紧轮的轮槽尺寸与带轮的相同，且直径小于小带轮的直径。

如果中心距过小，可以将张紧轮设置在带的松边外侧，同时应靠近小带轮。但这种方法使带产生反向弯曲，不利于提高带的寿命。

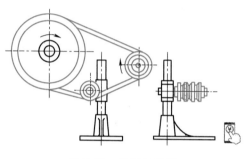

图 7-15　张紧轮装置

### 7.5.2　V 带传动的安装

各带轮的轴线应相互平行，各带轮相对应的 V 形槽的对称平面应重合，误差不得超过 20′。

### 7.5.3　V 带传动的防护

为安全起见，带传动应置于铁丝网或保护罩之内，使之不能外露。

## 🔑 7.6　典型例题

例 7-1　设计带式输送机中的普通 V 带传动。采用 Y 系列三相异步电动机驱动。已知 V 带传递的功率 $P = 11kW$，小带轮转速 $n_1 = 1440r/min$，传动比 $i = 2.5$，每日工作 16h。

解　1. 确定计算功率

由表 7-7 查得工况系数 $K_A = 1.2$，故

$$P_{ca} = K_A P = 1.2 \times 11kW = 13.2kW$$

2. 选择 V 带的带型

根据 $P_{ca}$、$n_1$ 由图 7-11 选用 B 型普通 V 带。

**3. 确定带轮的基准直径 $d_d$ 并验算带速 $v$**

1）初选小带轮的基准直径 $d_{d1}$。由表 7-8 和表 7-9，取小带轮的基准直径 $d_{d1} = 140$mm。

2）验算带速 $v$。按式（7-15）验算带速，即

$$v = \frac{\pi d_{d1} n_1}{60 \times 1000} = \frac{\pi \times 140 \times 1400}{60 \times 1000} \text{m/s} = 10.55 \text{m/s}$$

因为 5m/s<$v$<30m/s，故带速合适。

3）计算大带轮的基准直径。根据式（7-17）计算大带轮的基准直径 $d_{d2}$，有

$$d_{d2} = i d_{d1} = 2.5 \times 140 \text{mm} = 350 \text{mm}$$

根据表 7-9，圆整为 $d_{d2} = 355$mm。

**4. 确定 V 带的中心距 $a$ 和基准长度 $L_d$**

1）根据式（7-24），初定中心距 $a_0 = 700$mm。

2）由式（7-25）计算带所需的基准长度。

$$L_{d0} = 2a_0 + \frac{\pi}{2}(d_{d1} + d_{d2}) + \frac{(d_{d2} - d_{d1})^2}{4a_0}$$

$$= \left[ 2 \times 700 + \frac{\pi}{2}(140 + 355) + \frac{(355 - 140)^2}{4 \times 700} \right] \text{mm} = 2193.7 \text{mm}$$

由表 7-2 选带的基准长度 $L_d = 2180$mm。

3）按式（7-26）计算实际中心距 $a$。

$$a = a_0 + \frac{L_d - L_{d0}}{2} = \left( 700 + \frac{2180 - 2193.7}{2} \right) \text{mm} \approx 693 \text{mm}$$

考虑到带轮的制造误差、带长误差、带的弹性及因带的松弛而产生的补充张紧的需要，给出中心距的变动范围为

$$\left.\begin{array}{l} a_{min} = a - 0.015 L_d = (693 - 0.015 \times 2180) \text{mm} \approx 660 \text{mm} \\ a_{max} = a + 0.03 L_d = (693 + 0.03 \times 2180) \text{mm} \approx 758 \text{mm} \end{array}\right\}$$

最终选定中心距 $a = 693$mm。

**5. 验算小带轮包角 $\alpha_1$**

$$\alpha_1 = 180° - \frac{d_{d2} - d_{d1}}{a} \times 57.3° = 180° - \frac{355 - 140}{693} \times 57.3° \approx 162° > 90°$$

**6. 计算带的根数**

1）计算单根 V 带的额定功率 $P_r$。

由 $d_{d1} = 140$mm 和 $n_1 = 1440$r/min，查表 7-4 得 $P_0 = 2.82$kW。

根据 $n_1 = 1440$r/min，$i = 2.5$ 和 B 型带，查表 7-5 得 $\Delta P_0 = 0.46$kW，查表 7-6 得 $K_\alpha = 0.95$，查表 7-2 得 $K_L = 0.99$，于是有

$$P_r = (P_0 + \Delta P_0) K_\alpha K_L = (2.82 + 0.46) \times 0.95 \times 0.99 \text{kW} = 3.08 \text{kW}$$

2）计算 V 带的根数 $z$。

$$z = \frac{P_{ca}}{P_r} = \frac{13.2}{3.08} \approx 4.3$$

取 $z = 5$ 根。

### 7. 计算单根 V 带的初拉力 $F_0$

查表 7-3 知 B 型 V 带单位长度的质量 $q = 0.17\text{kg/m}$。

$$F_0 = 500 \frac{(2.5 - K_\alpha) P_{ca}}{K_\alpha z v} + q v^2 = \left[ 500 \times \frac{(2.5 - 0.95) \times 13.2}{0.95 \times 5 \times 10.55} + 0.17 \times 10.55^2 \right] \text{N} \approx 223\text{N}$$

### 8. 计算压轴力 $F_P$

$$F_P = 2 z F_0 \sin \frac{\alpha}{2} = 2 \times 5 \times 223 \times \sin \frac{163°}{2} \text{N} \approx 2202.5\text{N}$$

### 9. 带轮结构设计（略）

**例 7-2** 某 V 带传动设计的初拉力 $F_0 = 450\text{N}$，打滑临界状态时紧边拉力是松边拉力的两倍，即 $F_1 = 2F_2$。因工作需要该传动的工作参数调整为：传递功率 $P = 2\text{kW}$，带速 $v = 10\text{m/s}$，试分析计算以说明此带传动在该组参数下工作是否会打滑。

**解** 紧边拉力、松边拉力与初拉力之间的关系为 $F_1 + F_2 = 2F_0$，且

$$F_1 + F_2 = 900\text{N} \qquad\qquad ①$$

$$F_1 = 2F_2 \qquad\qquad ②$$

解方程组求得 $\qquad F_2 = 300\text{N}, \qquad F_1 = 600\text{N}$

带传动工作面上的总摩擦力为

$$F_f = F_1 - F_2 = 300\text{N}$$

在传递功率 $P = 2\text{kW}$、带速 $v = 10\text{m/s}$ 的条件下，带传动所需要的有效拉力为

$$F_e = \frac{1000P}{v} = \frac{2000}{10} \text{N} = 200\text{N}$$

由于所需要的有效拉力小于带传动工作面上的总摩擦力，所以可以正常工作。

**例 7-3** 某工作机械用转速 $n_1 = 720\text{r/min}$ 的电动机，通过一增速 V 带传动来驱动。采用 B 型带，主动轮基准直径 $d_{d1} = 250\text{mm}$，从动轮基准直径 $d_{d2} = 125\text{mm}$。在工作载荷不变的条件下，现需将工作机械的转速提高 10%，要求不更换电动机，说明应采取的措施及其理由。

**解** 直观上讲可能采取的措施不外乎减小从动轮基准直径 $d_{d2}$ 和增大主动轮基准直径 $d_{d1}$。但减小从动轮基准直径 $d_{d2}$ 后，带传动的承载能力下降，带传动会打滑，而且 B 型带的最小基准直径为 125mm，从动轮基准直径 $d_{d2}$ 不能再减小。故减小从动轮基准直径 $d_{d2}$ 不可行，应采用增大主动轮基准直径 $d_{d1}$ 的方案。

原来工作机转速为

$$n_2 \approx n_1 \times \frac{d_{d1}}{d_{d2}} = 720 \times \frac{250}{125} \text{r/min} = 1440\text{r/min}$$

若工作机转速提高10%，则
$$n'_2 = 1440 \times 1.1 r/min = 1584 r/min$$

所需要的主动轮基准直径为
$$d'_{d1} \approx n'_2 \times \frac{d_{d2}}{n_1} = 1584 \times \frac{125}{720} mm = 275 mm$$

增大主动轮基准直径 $d_{d1}$ 后，虽然从动轮包角有所减小，带传动的最大有效拉力 $F_{ec}$ 有所下降，但由于V带的带速也相应增加，电动机不更换，传递功率不变，根据 $P = \frac{F_e v}{1000}$ 可知，带传动所需的有效拉力 $F_e$ 减小，因此，改变参数后带传动不会发生打滑现象，增大主动轮基准直径 $d_{d1}$ 后，只需适当调整中心距即可。

例7-4  图7-16所示的带式运输机，原设计方案 a 各部分承载能力正好满足工作要求。装配时错装成另一方案 b。试问：

1）错装成的方案 b 能否采用？为什么？

2）V带传动还能否适用？为什么？

3）齿轮传动还能否适用？为什么？

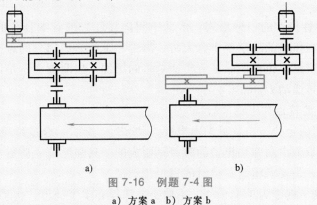

图 7-16  例题 7-4 图

a）方案 a  b）方案 b

解  1）不能采用，因为若将带传动安装在低速级，由于带速降低，在传递的功率基本相同的情况下，根据传递的功率 $P = \frac{F_e v}{1000}$ 可知，必须增大有效拉力 $F_e$，这将引起带传动打滑，传动失效。

2）V带传动不能适用，因为会出现打滑现象。

3）齿轮传动可以适用，因为转速增加，转矩变小，可以更好地满足强度要求。

## 7.7  其他带传动简介

### 7.7.1  同步带传动

同步带和带轮是靠啮合传动的（图7-17），因而带与带轮之间无相对滑动。

同步带以钢丝绳或玻璃纤维绳为承载层，氯丁橡胶或聚氨酯为基体。由于承载层强度高，受载后变形极小，能保持同步带的带齿节距 $P_b$ 不变，因而能保持准确的传动比。这种带传动适用的速度范围广（最高可达 40m/s），传动比大（可达 10），效率高（可达 98%）。其主要缺点是：制造和安装精度要求高，中心距要求严格。

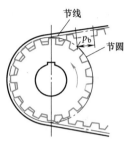

图 7-17　同步带传动

### 7.7.2　高速带传动

一般认为，高速带传动是指带速 $v > 30$m/s，或高速轴转速 $n_1 = 10000 \sim 50000$r/min 的带传动。高速带传动要求运转平稳、传动可靠、有一定的寿命。由于有离心应力高和挠曲次数多的特点，带应采用质量小、薄而均匀、挠曲性好的环形平带。过去多用丝织带和麻织带，近年来常用锦纶编织带、薄形锦纶片复合平带和高速环形胶带。

带轮材料通常采用钢或铝合金制造。对带轮的要求是：质量小、均匀对称、运转时空气阻力小。带轮各面均应进行精加工，必须进行动平衡。

### 7.7.3　钢带传动

钢带传动是挠性传动的一种形式，传动中间挠性件为带有啮合孔的弹簧钢薄片，带轮上具有啮合齿廓。当传递的功率不十分大时，靠带和带轮非齿部分的摩擦力来传递运动及动力，此时啮合部分仅起定位作用。随着传递功率的增加，当摩擦力不足以传递动力时，靠摩擦力和啮合力共同传递动力。

钢带传动的主要特点如下：

（1）可实现精确定位　与常见的由橡胶 、丝织 、麻织、合成纤维 、锦纶等材料制成的传动带相比，钢带是由高弹性模量的弹簧钢制成的，其强度高、质量小，传动中的伸长量几乎可以忽略不计，是要求精确定位时的理想传动带。

（2）可靠性高　钢带为单个元件，不像链条那样有多个链节，传动过程平稳可靠。

（3）寿命长　由高弹性模量的弹簧钢制成的钢带有着比其他材质的传动带高得多的强度和耐磨性，工作寿命长。

（4）可满足各种工作要求　钢带传动不会产生磨损微粒，特别适用于超净加工、食品加工 、医药卫生等生产加工，同时可以承受高压冲洗、清洁消毒等处理 ，而且可持续承受诸如真空、高温和高压等恶劣工作环境。

## 习　　题

7-1　已知一 V 带传动，传递功率 $P = 10$kW，带速 $v = 12.5$m/s，现测得初拉力 $F_0 = 700$N。求紧边拉力 $F_1$ 和松边拉力 $F_2$。

7-2　设计一牛头刨床用的 V 带传动。已知电动机额定功率 $P = 4$kW，转速 $n_1 = $

1440r/min，要求传动比 $i=3.5$，刨床两班制工作，由于结构限制，希望大带轮的外径不超过 450mm。

7-3　现设计一带式输送机的传动部分，该传动部分由普通 V 带传动和齿轮传动组成。齿轮传动采用标准齿轮减速器。原动机为电动机，额定功率 $P=11kW$，转速 $n_1=1460r/min$，减速器输入轴转速为 400r/min，允许传动比误差为±5%，该输送机每天工作 16h。试设计此普通 V 带传动，并选定带轮结构形式与材料。

7-4　一金属切削机床，用普通 V 带传动。已知电动机额定功率 $P=3kW$，主动轮转速 $n_1=1420r/min$，从动轮转速 $n_2=570r/min$，带速 $v=7.45m/s$，中心距 $a=530mm$，带与带轮间的当量摩擦因数 $f_v=0.45$，每天工作 16h。求带轮基准直径 $d_{d1}$、$d_{d2}$，带基准长度 $L_d$ 和预紧力 $F_0$。

# 第8章

# 链 传 动

## 8.1 链传动的特点和应用

链传动由主动链轮1、从动链轮3和绕在链轮上的环形链条2组成（图8-1），以链条作为中间挠性件，通过链条链节与链轮轮齿的啮合来传递平行轴间的运动和动力。

与带传动相比，链传动无弹性滑动和打滑，能保持准确的平均传动比，传动效率较高；需要的张紧力小，作用在轴上的径向载荷小，可减小轴承的摩擦损失；在同样使用条件下，链传动结构较为紧凑；能在高温和油污等恶劣环境条件下工作。与齿轮传动相比，链传动的制造与安装精度要求较低，成本低廉；在远距离传动时，链传动结构简单。

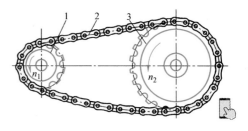

图 8-1 链传动
1—主动链轮 2—环形链条 3—从动链轮

链传动的主要缺点是：只能用于传递平行轴间的运动和动力；运转时不能保持恒定的瞬时链速和瞬时传动比，因此传动平稳性较差，工作时冲击和噪声较大；磨损后易发生跳齿，不易在载荷变化很大和急速反向的传动中应用。

链传动主要适用于两轴中心距较大、只要求平均传动比准确或工作环境恶劣的场合，目前广泛应用在农业、矿山、起重运输、冶金、建筑、石油和化工等机械设备中。

按用途不同，链条可分为：传动链、输送链和起重链。输送链和起重链主要用在运输和起重机械中，而在一般机械传动中，常用的是传动链。传动链又分为滚子链、齿形链等类型。齿形链应用较少。滚子链主要用来传递动力，传递的功率 $P \leqslant 100kW$，链速 $v \leqslant 15m/s$，中心距 $a \leqslant 8m$，传动比 $i \leqslant 8$。

## 8.2 传动链的结构特点

### 8.2.1 滚子链

滚子链的结构如图8-2所示，它由内链板1、外链板2、销轴3、套筒4和滚子5组成。内链板紧压在套筒两端，称为内链节，外链板与销轴铆牢，称为外链节。滚子与套筒之间、套筒与销轴之间均为间隙配合。当链条啮入啮出时，套筒可绕销轴自由转动，这样内外链节就构成一个铰链。滚子是活套在套筒上的，工作时，滚子沿链轮齿廓的滚动，可减小链对于轮齿的磨损。内、外链板均做成 8 字形，以减轻重量，并保持各横截面的抗拉强度大致相等。

当传递大功率时，可采用双排链（图 8-3）或多排链。多排链的承载能力与排数成正比，但多排链的制造和装配精度很难保证，使得各排链承受的载荷不均匀，故排数不宜过多。

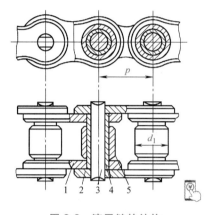

图 8-2 滚子链的结构

1—内链板 2—外链板 3—销轴 4—套筒 5—滚子

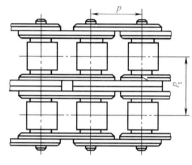

图 8-3 双排链

滚子链上相邻两滚子中心的距离称为链的节距，用 $p$ 表示（图 8-2），对于多排链还有排距 $p_t$（图 8-3）。$p$ 越大，链条中各零件的尺寸越大，所能传递的功率也越大。

链条长度用链节数表示。链节数最好取偶数，这样环接处正好是内链板与外链板相接，接头处可用开口销（图 8-4a）或弹簧卡片（图 8-4b）锁紧；当链节数为奇数时，则需采用过渡链节（图 8-4c），由于过渡链节的链板要承受附加的弯矩载荷，通常应避免采用。

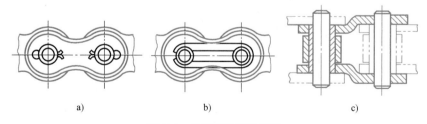

a)                    b)                    c)

图 8-4 滚子链的接头形式

a）开口销 b）弹簧卡片 c）过渡链节

滚子链已标准化，分为 A、B 两个系列，常用的是 A 系列。表 8-1 列出了 GB/T 1243—2006 中规定的几种规格滚子链的主要参数。本章仅介绍我国最常用的 A 系列滚子链传动的设计。

滚子链的标记为：链号-排数-整链链节数，例如：12A-2×88 GB/T 1243 表示 A 系列、节距为 19.05mm、双排、88 节滚子链。

表 8-1　滚子链规格和主要参数

| 链号 | 节距 $p$ | 排距 $p_t$ | 滚子直径 $d_1$ max | 内链内宽 $b_1$ min | 销轴直径 $d_2$ max | 内链板高度 $h_2$ max | 抗拉强度 | |
|---|---|---|---|---|---|---|---|---|
| | | | | | | | 单排 min | 双排 min |
| | mm | | | | | | kN | |
| 05B | 8.00 | 5.64 | 5.00 | 3.00 | 2.31 | 7.11 | 4.4 | 7.8 |
| 06B | 9.525 | 10.24 | 6.35 | 5.72 | 3.28 | 8.26 | 8.9 | 16.9 |
| 08A | 12.70 | 14.38 | 8.51 | 7.75 | 4.45 | 11.81 | 13.9 | 27.8 |
| 08B | 12.70 | 13.92 | 7.95 | 7.85 | 3.96 | 12.07 | 17.8 | 31.1 |
| 10A | 15.875 | 18.11 | 10.16 | 9.40 | 5.09 | 15.09 | 21.8 | 43.6 |
| 12A | 19.05 | 22.78 | 11.91 | 12.57 | 5.96 | 18.08 | 31.3 | 62.6 |
| 16A | 25.40 | 29.29 | 15.88 | 15.75 | 7.94 | 24.13 | 55.6 | 111.2 |
| 20A | 31.75 | 35.76 | 19.05 | 18.90 | 9.54 | 30.18 | 87.0 | 174.0 |
| 24A | 38.10 | 45.44 | 22.23 | 25.22 | 11.11 | 36.20 | 125.0 | 250.0 |
| 28A | 44.45 | 48.87 | 25.40 | 25.22 | 12.71 | 42.24 | 170.0 | 340.0 |
| 32A | 50.80 | 58.55 | 28.58 | 31.55 | 14.29 | 48.26 | 223.0 | 446.0 |
| 40A | 63.50 | 71.55 | 39.68 | 37.85 | 19.85 | 60.33 | 347.0 | 694.0 |
| 48A | 76.20 | 87.83 | 47.63 | 47.35 | 23.81 | 72.39 | 500.0 | 1000.0 |

### 8.2.2　链轮

链轮是链传动的主要零件，链轮齿形已经标准化。链轮设计主要是确定其结构及尺寸，选择材料和热处理方法。对链轮齿形的基本要求是：链条滚子能平稳、自由地进入啮合和退出啮合；啮合时滚子与齿面接触良好；齿形应简单，便于加工。

1. 链轮的基本参数和主要尺寸

链轮的基本参数是配用链条的节距 $p$、套筒的最大直径、排距和齿数。链轮的主要尺寸及计算公式见表 8-2。

表 8-2　滚子链链轮的主要尺寸及计算公式　　　　　　　　（单位：mm）

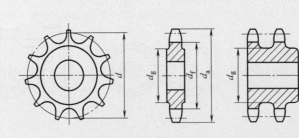

| 名称 | 代号 | 计算公式 | 备注 |
|---|---|---|---|
| 分度圆直径 | $d$ | $d = p/\sin(180°/z)$ | |
| 齿顶圆直径 | $d_a$ | $d_{amax} = d + 1.25p - d_1$<br>$d_{amin} = d + \left(1 - \dfrac{1.6}{z}\right)p - d_1$<br>若为三圆弧一直线齿形，则<br>$d_a = p\left(0.54 + \cot\dfrac{180°}{z}\right)$ | 可在 $d_{amin} \sim d_{amax}$ 范围内任意选取，但选用 $d_{amax}$ 时，应该考虑采用展成法加工有发生顶切的可能性 |

（续）

| 名称 | 代号 | 计算公式 | 备注 |
|------|------|---------|------|
| 节距多边形以上的齿高 | $h_a$ | $h_{amax} = \left(0.652 + \dfrac{0.8}{z}\right)p - 0.5d_1$ <br> $h_{amin} = 0.5(p - d_1)$ <br> 若为三圆弧—直线齿形，则 <br> $h_a = 0.27p$ | $h_a$ 是为简化放大齿形图的绘制而引入的辅助尺寸，$h_{amax}$ 与 $d_{amax}$ 对应，$h_{amin}$ 与 $d_{amin}$ 对应 |
| 齿根圆直径 | $d_f$ | $d_f = d - d_1$ | |
| 最大齿侧凸缘直径 | $d_g$ | $d_g \leqslant p\cot\dfrac{180°}{z} - 1.04h_2 - 0.76\text{mm}$ <br> $h_2$ 为内链板高度（表8-1） | |

注：$d_a$、$d_g$ 值取整数，其他尺寸精确到 $0.01\text{mm}$。

#### 2. 链轮齿形

滚子链与链轮的啮合属于非共轭啮合，链轮齿廓曲线的设计可以有较大的灵活性，国家标准仅规定了滚子链链轮的齿槽圆弧半径 $r_e$、齿沟圆弧半径 $r_i$ 和齿沟角 $\alpha$ 的最大和最小值（表8-3）。各种链轮的实际端面齿形均应在两个极限齿槽形状之间。

表 8-3  滚子链链轮的齿槽形状

| 名称 | 代号 | 计算公式 | |
|------|------|---------|---|
| | | 最大齿槽形状 | 最小齿槽形状 |
| 齿槽圆弧半径/mm | $r_e$ | $r_{emin} = 0.008d_1(z^2 + 180)$ | $r_{emax} = 0.12d_1(z + 2)$ |
| 齿沟圆弧半径/mm | $r_i$ | $r_{imax} = 0.505d_1 + 0.069\sqrt[3]{d_1}$ | $r_{imin} = 0.505d_1$ |
| 齿沟角 | $\alpha$ | $\alpha_{min} = 120° - \dfrac{90°}{z}$ | $\alpha_{max} = 140° - \dfrac{90°}{z}$ |

符合上述要求的端面齿形曲线有很多种，图8-5所示的是"三圆弧—直线"齿形，端面齿形由三段圆弧 $a'a$、$ab$、$cd$ 和一段直线（$bc$）组成。这种"三圆弧—直线"齿形基本符合上述齿槽形状范围，具有较好的啮合性能。

链轮轴面齿形两侧呈圆弧状，以便于链节进入和退出啮合，见表8-4。当选用"三圆弧—直线"齿形时，在链轮工作图上不必绘制端面齿形，只需绘出并标注 $d$、$d_a$、$d_f$，但需绘制出链轮的轴面齿形，以便车削链轮毛坯。

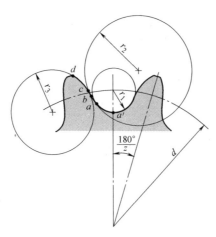

图 8-5 三圆弧一直线齿槽形状

表 8-4 滚子链链轮轴向齿廓尺寸

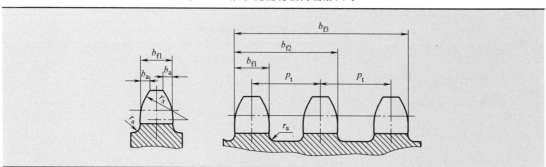

| 名称 | | 代号 | 计算公式 | | 备注 |
|---|---|---|---|---|---|
| | | | $p \leqslant 12.7\text{mm}$ | $p > 12.7\text{mm}$ | |
| 齿宽 | 单排 | $b_{f1}$ | $0.93b_1$ | $0.95b_1$ | $p > 12.7\text{mm}$ 时，经制造厂同意，也可使用 $p \leqslant 12.7\text{mm}$ 时的齿宽。$b_1$ 为内链节内宽，见表 8-1 |
| | 双排、三排 | | $0.91b_1$ | $0.93b_1$ | |
| | 四排以上 | | $0.88b_1$ | | |
| 齿边倒角宽 | | $b_a$ | $b_a = 0.13p$ | | |
| 齿侧半径 | | $r_x$ | $r_x = p$ | | |
| 齿侧凸缘圆角半径 | | $r_a$ | $r_a \approx 0.04p$ | | |
| 齿全宽 | | $b_{fn}$ | $b_{fn} = (n-1)p_t + b_{f1}$ | | $n$ 为排数 |

**3. 链轮的结构**

链轮的结构如图 8-6 所示，小直径的链轮可制成整体形式（图 8-7a）；中等直径的链轮可制成孔板式（图 8-6b）；大直径的链轮可设计成组合式，常采用可更换的齿圈用螺栓连接在轮心上（图 8-6c）。

**4. 链轮的材料**

链轮的材料应能保证轮齿具有足够的耐磨性和强度。小链轮轮齿的啮合次数比大链轮轮齿的啮合次数多，所受冲击也较大，故所用材料一般优于大链轮。链轮常用的材料和应用范围见表 8-5。

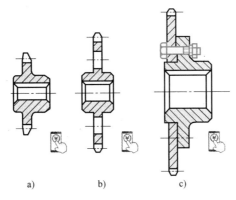

图 8-6 链轮的结构

a) 整体式 b) 孔板式 c) 组合式

表 8-5 链轮常用的材料和应用范围

| 材　　料 | 热处理 | 热处理后硬度 | 应用范围 |
|---|---|---|---|
| 15、20 | 渗碳、淬火、回火 | 50~60HRC | $z \leqslant 25$，有冲击载荷的主、从动链轮 |
| 35 | 正火 | 160~200HBW | 在正常工作条件下，齿数较多（$z > 25$）的链轮 |
| 40、50、ZG 310-570 | 淬火、回火 | 40~50HRC | 无剧烈振动及冲击的链轮 |
| 15Cr、20Cr | 渗碳、淬火、回火 | 50~60HRC | 有动载荷及传递较大功率的重要链轮（$z < 25$） |
| 35SiMn、40Cr、35CrMo | 淬火、回火 | 40~50HRC | 使用优质链条、重要的链轮 |
| Q235、Q275 | 焊接后退火 | 140HBW | 中等速度、传递中等功率的较大链轮 |
| 普通灰铸铁(不低于HT150) | 淬火、回火 | 260~280HBW | $z_2 > 50$ 的从动链轮 |
| 夹布胶木 | — | — | 功率小于 6kW、速度较高、要求传动平稳和噪声小的链轮 |

## 🔖 8.3　链传动的运动特性

### 8.3.1　链传动的运动不均匀性

因为链是由刚性链节通过销轴铰接而成的，当链条绕在链轮上时，其链节与相应的轮齿啮合后，这一段链条将曲折成正多边形的一部分（图8-7）。

链条进入链轮后形成折线，因此，链传动相当于链条绕在正多边形的轮子上，该正多边形的边长等于链条的节距 $p$，边数等于链轮齿数 $z$，链轮每转一周，链条就移动一个多边形的周长 $zp$，所以链的平均速度 $v$（单位为 m/s）为

$$v = \frac{z_1 n_1 p}{60 \times 1000} = \frac{z_2 n_2 p}{60 \times 1000} \tag{8-1}$$

式中，$z_1$、$z_2$ 是主、从动链轮的齿数；$n_1$、$n_2$ 是主、从动链轮的转速（r/min）；$p$ 是链的节距（实际上，随着链的磨损，$p$ 为变量，暂视其为常量）（mm）。

链传动的平均传动比为

$$i_{12} = \frac{n_1}{n_2} = \frac{z_2}{z_1} \tag{8-2}$$

虽然链传动的平均速度和平均传动比均为定值，但瞬时链速和瞬时传动比却是周期性变化的。

如图 8-7a 所示，在主动链轮上，只有链条上的铰链 A 牵引链条沿直线运动，绕在主动链轮上的其他链节并不能直接牵引链条，因此，链条的运动速度完全由铰链 A 的运动决定。若主动链轮以等角速度 $\omega_1$ 转动，此时位于分度圆上的铰链 A 线速度为 $v_1 = R_1\omega_1$，则沿链条前进方向的瞬时线速度为

$$v_x = v_1\cos\beta = R_1\omega_1\cos\beta \tag{8-3}$$

垂直链条前进方向的瞬时速度为

$$v_y = v_1\sin\beta = R_1\omega_1\sin\beta \tag{8-4}$$

式中，$R_1$ 是主动链轮的分度圆半径（m）；$\beta$ 是主动轮上铰链 A 的圆周速度方向与链条前进方向的夹角（°）。

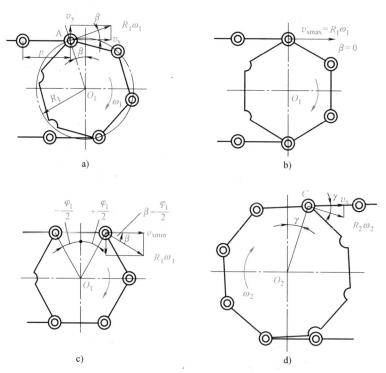

图 8-7  链传动运动分析

a）主动链轮上的链节速度  b）链速最大  c）链速最小  d）从动链轮上的链节速度

当链节依次进入啮合时，$\beta$ 在 $\left[-\dfrac{\varphi_1}{2},\ +\dfrac{\varphi_1}{2}\right]$ 范围内变动，$\varphi_1 = \dfrac{360°}{z_1}$ 为主动链轮上每个链节对应的中心角。当滚子进入啮合时，链速最小 $v_{x\min} = R_1\omega_1\cos\dfrac{180°}{z_1}$，如图 8-7c 所示。随着链轮的转动 $\beta$ 逐渐变小，当 $\beta = 0°$ 时，链速达到最大值 $v_{x\max} = R_1\omega_1$，如图 8-7b 所示。此后 $\beta$

又逐渐变大，直到链轮速度减到最小值，此时第二个滚子进入啮合，又重复上述过程。由此可见，链条的运动速度成周期性变化，而且每转过一个链节，链速的变化就重复一次，因此，链轮的节距越大，齿数越少，$\beta$ 角的变化范围就越大，链速的变化也就越大。另外，链条在垂直于其前进方向的速度 $v_y$ 也是周期性变化的，从而导致链条有规律的振动。

如图 8-7d 所示，在从动链轮上，铰链 $C$ 受到链条的拉动，牵引从动链轮转动的分速度为 $v_2 = \dfrac{v_x}{\cos\gamma}$，$\gamma$ 为链速 $v_x$ 的方向与铰链 $C$ 的线速度方向之间的夹角。

若从动链轮以 $\omega_2$ 转动，则从动链轮的角速度为

$$\omega_2 = \frac{v_1}{R_2} = \frac{v_x}{R_2\cos\gamma} \tag{8-5}$$

式中，$R_2$ 是从动链轮的分度圆半径（m）。

链轮轮齿啮合的过程中，从动链轮上的夹角 $\gamma$ 也在 $\pm 180°/z_2$ 的范围内变化，所以即使链条的速度 $v_x$ 不变，从动链轮也是周期性变化的。

由式（8-3）和式（8-5）可得链传动的瞬时传动比为

$$i_{12} = \frac{\omega_1}{\omega_2} = \frac{R_2\cos\gamma}{R_1\cos\beta} \tag{8-6}$$

可见链传动的瞬时传动比是不断变化的。由于围绕在链轮上的链条呈正多边形特征，当主动链轮以等角速度回转时，从动链轮的角速度将周期性地变动，这种运动不均匀性称为链传动的多边形效应。只有在 $z_1 = z_2$，且传动的中心距恰为节距 $p$ 的整数倍时，$\beta$ 和 $\gamma$ 的变化才会时时相等，传动比才能在全部啮合过程中保持不变，即恒等于 1。

### 8.3.2　链传动的动载荷

链传动在工作过程中，链条和从动链轮都是做周期性的变速运动，因而造成和从动链轮相连的零件也产生周期性的速度变化，从而引起了动载荷。

引起链传动的动载荷的主要原因有：

链条速度变化引起的动载荷 $F_{d1}$ 为

$$F_{d1} = ma_c \tag{8-7}$$

式中，$m$ 为紧边链条的质量（kg）；$a_c$ 为链条加速度（m/s²）。

如果视主动轮匀速转动，则

$$a_c = \frac{dv_x}{dt} = \frac{d}{dt}R_1\omega_1\cos\beta = -R_1\omega_1^2\sin\beta \tag{8-8}$$

当 $\beta = \pm\dfrac{\varphi_1}{2} = \pm\dfrac{180°}{z_1}$ 时，有

$$(a_c)_{max} = \mp R_1\omega_1^2\sin\frac{180°}{z_1} = \mp\frac{\omega_1^2 p}{2} \tag{8-9}$$

从动链轮因转速变化起的动载荷 $F_{d2}$ 为

$$F_{d2} = \frac{J}{R_2}\frac{d\omega_2}{dt} \tag{8-10}$$

式中，$J$ 为从动系统转化到从动链轮轴上的转动惯量（kg·m²）；$\omega_2$ 为从动链轮的角速度（rad/s）；$R_2$ 为从动链轮的分度圆半径（m）。

以上分析表明：

1）链轮的转速越高，节距越大，齿数越少（对相同的链轮直径），则传动的动载荷就越大。

2）链条沿垂直方向的分速度 $v_y$ 也在做周期性的变化，将使链条发生横向振动，其至发生共振。这也是链传动产生动载荷的重要原因之一。

3）链节和链轮啮合瞬间的相对速度，将产生啮合冲击，并引起铰链磨损。如图 8-8 所示，在链节啮上链轮轮齿的瞬间，做直线运动的链节铰链和以角速度 $\omega$ 做圆周运动的链轮轮齿，将以一定的相对速度突然相互啮合，从而使链条和链轮受到冲击，并产生附加动载荷。

4）由于链条的悬垂，在起动、制动、反转时会引起很大的冲击载荷。

链传动产生的冲击和动载荷是由于多边形效应造成的。显然，链节距越大，链轮的转速越高，则冲击越强烈。

### 8.3.3 链传动的受力分析

链传动在安装时需要一定的张紧力，只要保证链条松边的垂度不致过大而出现链条的振动、跳齿或脱链即可，因此链条的张紧力比带传动要小得多。

若不考虑传动中的动载荷，链的紧边受到的拉力 $F_1$ 是由链传递的有效圆周力 $F_e$、链的离心力所引起的拉力 $F_c$ 以及由链条松边垂度引起的悬垂拉力 $F_f$ 三部分组成的，即

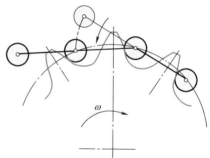

$$F_1 = F_e + F_c + F_f \qquad (8-11)$$

链的松边所受拉力 $F_2$ 则由 $F_c$ 及 $F_f$ 两部分组成，即

图 8-8　链条和链轮啮合瞬间的冲击

$$F_2 = F_c + F_f \qquad (8-12)$$

有效圆周力 $F_e$ 为

$$F_e = 1000\frac{P}{v} \qquad (8-13)$$

式中，$P$ 为传递的功率（kW）；$v$ 为链速（m/s）。

离心力引起的拉力 $F_c$ 为

$$F_c = qv^2 \qquad (8-14)$$

式中，$q$ 为单位长度链条的质量（kg/m），见表 8-1；$v$ 为链速（m/s）。

悬垂拉力 $F_f$ 可利用悬索拉力的方法近似求得（图 8-9）：

$$F_f = K_f qga \qquad (8-15)$$

式中，$a$ 为链传动的中心距（m）；$g$ 为重力加速度（m/s²）；$f$ 为悬索下垂度；$K_f$ 为垂度系数。

$K_f$ 的取值与两轮中心连线与水平面的倾斜角 $\beta$ 有关, 如图 8-10 所示, 当下垂度与中心距的关系为 $\dfrac{f}{a} = 0.02$ 时, $\beta$ 与 $K_f$ 的对应关系为: $\beta = 0°$, $K_f = 6$; $\beta = 40°$, $K_f = 4.5$; $\beta = 60°$, $K_f = 2.8$; $\beta = 70°$, $K_f = 1.6$。

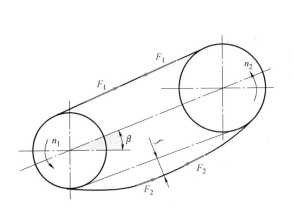

图 8-9 悬垂拉力计算简图

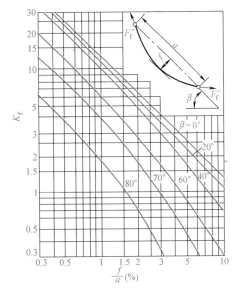

图 8-10 悬垂拉力的确定

## 📌 8.4 滚子链传动的设计计算

### 8.4.1 链传动的失效形式

链传动的主要失效形式有以下几种:

**1. 链的疲劳破坏**

链在松边拉力和紧边拉力的反复作用下, 各个元件都承受变应力作用, 经过一定的循环次数, 链板将会出现疲劳断裂, 套筒、滚子表面将会出现疲劳点蚀。疲劳强度限定了链传动的承载能力。

**2. 链条铰链的磨损**

链条在工作过程中, 由于铰接的销轴与套筒间承受较大的压力, 传动时彼此又产生相对转动, 导致铰链磨损, 链节变长, 从而使链的松边垂度变大, 引起跳齿或脱链。在开式传动或润滑不良时, 极易引起铰链磨损。

**3. 链条铰链的胶合**

当润滑不当或链速过高时, 销和套筒间的润滑油膜被破坏, 使两者的工作表面在很高的温度和压力下直接接触而产生胶合。胶合限制了链传动的极限转速。

**4. 链条过载拉断**

当低速 ($v < 0.6\text{m/s}$) 重载或严重过载时, 在超过链条静力强度的情况下链条就会被拉断。

## 8.4.2 滚子链传动的额定功率

### 1. 极限功率曲线

链传动的各种失效形式都在一定条件下限制了它的承载能力。因此，在选择链条型号时，必须全面考虑各种失效形式产生的原因及条件，从而确定其能传递的额定功率 $P_0$。

链传动的承载能力受到多种失效形式的限制，在一定的使用寿命下，从一种失效形式出发，可得出一个极限功率表达式。图 8-11 所示为标准试验条件下单排链的极限功率曲线图，由图可见：在润滑良好、中等速度的链传动中，链传动的承载能力主要取决于由铰链磨损限定的极限功率（曲线 1）和由链板疲劳强度限定的极限功率（曲线 2）；随着转速增高，链传动的多边形效应增大，传动能力主要

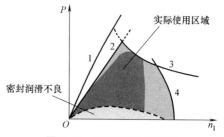

图 8-11 极限功率曲线图

取决于套筒、滚子冲击疲劳强度限定的极限功率（曲线 3）；转速越高，传动能力就越低，若超过铰链胶合限定的极限功率（曲线 4），则链条将迅速失效。

### 2. 额定功率曲线

为避免出现以上失效形式，在标准试验条件下，得到了链传动的额定功率曲线，如图 8-12 所示。标准试验条件为：两链轮安装在水平轴上，两链轮共面；小链轮齿数 $z_1 = 19$；链长 $L_p = 100$ 节；载荷平稳；按推荐的方式润滑（图 8-13）；能连续 15000h 满负荷运转；链条因磨损引起的相对伸长量不超过 3%。

根据小链轮转速，在图 8-12 上可查出各种链条在链速 $v \geq 0.6 \text{m/s}$ 情况下允许传递的额定功率 $P_0$。

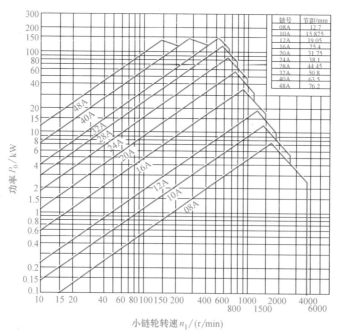

图 8-12 A 系列滚子链的额定功率曲线

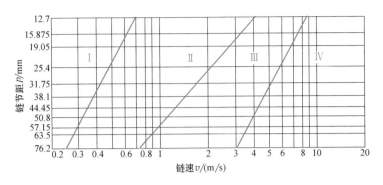

图 8-13 推荐的润滑方式

Ⅰ—人工定期润滑 Ⅱ—滴油润滑 Ⅲ—油浴或飞溅润滑 Ⅳ—压力喷油润滑

链传动的实际使用条件一般与上述试验条件不同，需要对实际传递的功率 $P$ 值进行修正，由此得出链传动的计算功率为

$$P_{ca} = \frac{K_A P}{K_p K_z} \qquad (8-16)$$

式中，$K_A$ 为链传动的工作情况系数，见表 8-6；$K_p$ 为采用多排链时的修正系数，见表 8-7；$K_z$ 为小链轮齿数系数。

当链传动工作在图 8-12 高峰值左侧时，$K_z$ 的计算公式为

$$K_z = \left(\frac{z_1}{19}\right)^{1.08} \qquad (8-17a)$$

当链传动工作在图 8-12 高峰值右侧时，$K_z$ 的计算公式为

$$K_z = \left(\frac{z_1}{19}\right)^{1.5} \qquad (8-17b)$$

表 8-6 链传动的工作情况系数 $K_A$

| 载荷种类 | 工作机械举例 | 原动机 | |
|---|---|---|---|
| | | 电动机或汽轮机 | 内燃机 |
| 载荷平稳 | 液体搅拌机、离心泵、离心式鼓风机、纺织机械、轻型运输机、链式运输机、发电机 | 1.0 | 1.2 |
| 中等冲击 | 一般机床、压气机、木工机械、食品机械、印染纺织机械、一般造纸机械、大型鼓风机 | 1.3 | 1.4 |
| 较大冲击 | 锻压机械、矿山机械、工程机械、石油钻井机械、振动机械、橡胶搅拌机 | 1.5 | 1.7 |

表 8-7 多排链修正系数 $K_p$

| 排数 | 1 | 2 | 3 | 4 | 5 | 6 |
|---|---|---|---|---|---|---|
| $K_p$ | 1.0 | 1.7 | 2.5 | 3.3 | 4.0 | 4.6 |

当不能保证图 8-13 中所推荐的润滑方式时，额定功率 $P_0$ 应降到下列数值：

1）当链速 $v \leqslant 1.5\text{m/s}$、润滑不良时，降至 $(0.3 \sim 0.6)P_0$，若无润滑，降至 $0.15P_0$。

2）当 $1.5\text{m/s} \leqslant v \leqslant 7\text{m/s}$、润滑不良时，降至 $(0.15 \sim 0.3)P_0$。

3）当 $v \geqslant 7\mathrm{m/s}$、润滑不良时，则传动不可靠，不宜采用。

### 8.4.3 滚子链传动的设计步骤和方法

链传动设计计算的内容包括：链条的型号、节距、排数和节数；链轮的齿数、尺寸、结构和材料；中心距 $a$；作用在轴上的力 $F_{\mathrm{p}}$ 等。链传动速度一般分为低速（$v<0.6\mathrm{m/s}$），中速（$v=0.6\sim8\mathrm{m/s}$）和高速（$v>8\mathrm{m/s}$）。对于中、高速链传动，通常按功率曲线设计；对于低速链传动，通常按静强度计算。

#### 1. 中、高速链传动设计

（1）选择链轮齿数 $z_1$、$z_2$ 和传动比　小链轮齿数 $z_1$ 对链传动的平稳性和使用寿命有较大的影响。小链轮的齿数不宜过少，但也不宜过多。若小链轮齿数过少，会导致增大传动的不均匀性和动载荷；增大链节间的相对转角，加剧铰链的磨损；增大链传递的圆周力，加速链条和链轮的损坏。一般链节数为偶数，链轮齿数最好取与链节数互为质数的奇数，这样可以使磨损均匀，优先选用的链轮齿数系列为：17、19、21、23、25、38、57、76、95 和 114。小链轮的齿数推荐见表 8-8。

表 8-8　小链轮的齿数推荐

| 链速 $v$/（m/s） | 0.6~3 | 3~8 | >8 | >25 |
|---|---|---|---|---|
| 齿数 $z_1$ | ≥17 | ≥21 | ≥25 | ≥35 |

若小链轮齿数过多，大链轮直径将增大，容易发生跳齿和脱链现象，销轴和套筒磨损后，链节距的增长量 $\Delta p$ 和节圆的外移量 $\Delta d$ 如图 8-14 所示。当 $\Delta p$ 一定时，齿数越多，节圆的外移量 $\Delta d$ 越大，越容易发生跳齿和脱链。为此，通常限定大链轮的齿数 $z_2<120$。

为了使传动尺寸不过大，链在小轮上的包角不能过小，同时啮合的齿数不能太少，一般传动比 $i \leqslant 7$，推荐的传动比 $i=2\sim3.5$。当链速较低且载荷平稳时，$i$ 最大可取 10。

（2）初定中心距 $a_0$　若中心距过小，小链轮上的包角也小，同时啮合的链轮齿数也减少，每个轮齿所受的载荷增大，且链速一定时，单位时间内链条曲伸次数和应力循环次数增多，会加剧链的磨损和疲劳；若中心距太大，会引起从动边垂度过大，传动时造成松边抖动。一般中心距可取 $a_0=(30\sim50)p$，采用张紧装置时 $a_0$ 可取 $80p$。

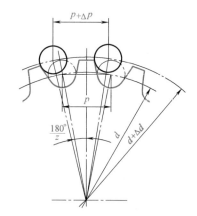

图 8-14　链节距的增长量和节圆的外移量间的关系

（3）确定链条型号和节距　根据式（8-16）求出特定条件下传递的计算功率 $P_{\mathrm{ca}}$，结合主动链轮的转速，由图 8-12 确定链的型号，根据表 8-1 查出合适的链节距 $p$。

（4）校核链速 $v$，确定润滑方式　根据式（8-1）计算平均链速，$v$ 应符合选取 $z_1$ 时所假定的链速范围，并由图 8-13 选择合适的润滑方式。

（5）计算链节数和实际中心距　链条长度常用链节数 $L_{\mathrm{p}}$ 表示，链长是链节距 $p$ 的 $L_{\mathrm{p}}$ 倍，与带传动相似，链节数 $L_{\mathrm{p}}$ 计算公式为

$$L_p = \frac{2a_0}{p} + \frac{z_1 + z_2}{2} + \left(\frac{z_2 - z_1}{2\pi}\right)^2 \frac{p}{a_0} \qquad (8-18)$$

由此计算出的链节数应圆整为整数，最好取偶数。根据圆整后的链节数计算理论中心距为

$$a = \frac{p}{4}\left[\left(L_p - \frac{z_1 + z_2}{2}\right) + \sqrt{\left(L_p - \frac{z_1 + z_2}{2}\right)^2 - 8\left(\frac{z_2 - z_1}{2\pi}\right)^2}\right] \qquad (8-19)$$

为了保证链条松边有一个合适的安装垂度 $f = (0.01 \sim 0.02)a$，实际中心距应较理论中心距 $a$ 小一些，理论中心距的减小量 $\Delta a = (0.002 \sim 0.004)a$。对于中心距可调整的链传动，$\Delta a$ 可取最大值；对于中心距不可调整和没有张紧装置的链传动，则应取较小值。

（6）计算压轴力 $F_p$　链传动压轴力的计算式为

$$F_p \approx K_{FP} F_t \qquad (8-20)$$

式中，$F_t$ 为链传递的有效圆周力（N）；$K_{FP}$ 为压轴力系数，对于水平传动 $K_{FP} = 1.15$，对于垂直传动 $K_{FP} = 1.05$。

（7）计算链轮端面和轴面尺寸，绘制链轮工作图　由表 8-2 计算链轮端面尺寸，由表 8-4 计算链轮的轴向尺寸。按所求尺寸绘制工作图，并注明齿形标准、齿数和节距。

### 2. 低速链传动设计

对于链速 $v \leqslant 0.6 \mathrm{m/s}$ 的低速链传动，主要失效形式是因抗拉静力强度不够而过载拉断，故应按静强度计算，链条的静强度计算式为

$$S_{ca} = \frac{F_{min} N}{K_A F_1} \geqslant 4 \sim 8 \qquad (8-21)$$

式中，$S_{ca}$ 为链的抗拉静力强度的计算安全系数；$F_{min}$ 为单排链的抗拉强度（kN），查表 8-1；$N$ 为链的排数；$K_A$ 为工作情况系数，查表 8-6；$F_1$ 为链的紧边工作拉力（kN）。

## 8.5　链传动的布置、张紧和润滑

### 8.5.1　链传动的布置

链传动一般应布置在铅垂平面内，两轴平行且在同一水平面内。链传动的布置原则参考表 8-9。

表 8-9　链传动的布置

| 传动参数 | 正确布置 | 不正确布置 | 说明 |
|---|---|---|---|
| $i = 2 \sim 3$<br>$a = (30 \sim 50)p$ |  | | 两轮轴线在同一水平面，紧边在上在下都可以，最好在上 |

（续）

| 传动参数 | 正确布置 | 不正确布置 | 说明 |
|---|---|---|---|
| $i>2$<br>$a<30p$<br>（$i$ 大 $a$ 小场合） | | | 两轮轴线不在同一水平面，松边应在下面，否则松边垂度增大后，链条易与链轮卡死 |
| $i<1.5$<br>$a>60p$<br>（$i$ 小 $a$ 大场合） | | | 两轮轴线在同一水平面，松边应在下面，否则垂度增大后，松边会与紧边相碰，需经常调整中心距 |
| $i$、$a$ 为任意值<br>（垂直传动场合） | | | 两轮轴线在同一铅垂面内，垂度增大，会减少下链轮的有效啮合齿数，降低传动能力，因此应采取以下措施：<br>1）中心距可调<br>2）设张紧装置<br>3）上、下两轮偏置，避免两轮的轴线在同一铅垂面内 |

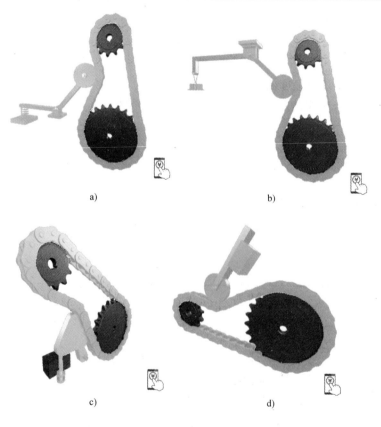

图 8-15　链传动的张紧方法

a）弹簧自动张紧　b）吊重自动张紧　c）螺旋调整定期张紧　d）偏心调整定期张紧

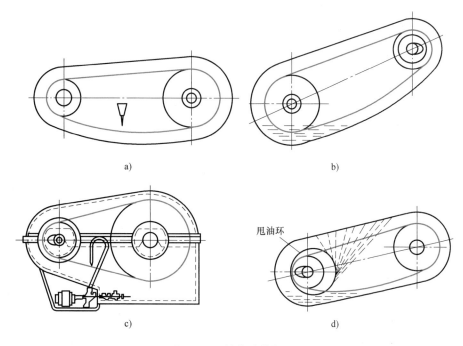

图 8-16　链传动的润滑
a）滴油润滑　b）油浴润滑　c）压力供油润滑　d）飞溅润滑

## 8.5.2　链传动的张紧

链传动张紧，主要是为了避免在链条的垂度过大时产生啮合不良和链条振动，同时也为了增加链条与链轮的啮合包角。当两轮轴心连线倾斜角大于 60°时，通常设有张紧装置。

常见的链传动张紧方法很多，如图 8-15 所示。当链传动的中心距可调整时，可通过调节中心距来控制张紧程度；当中心距不可调时，可设置张紧轮（图 8-15a），或在链条磨损变长后从中去掉一两个链节，以恢复原来的长度。张紧轮一般紧压在松边靠近小链轮处。张紧轮可以是链轮，也可以是无齿的滚轮。张紧轮的直径应与小链轮的直径相近。张紧轮有自动张紧（图 8-15a、b）及定期调整（图 8-15c、d）两种，前者多用弹簧、吊重等自动张紧装置，后者可用螺旋、偏心等调整装置，另外还可用压板和托板张紧。

## 8.5.3　链传动的润滑

链传动的润滑十分重要，对高速、重载的链传动更为重要。良好的润滑可缓和冲击，减轻磨损，延长链条的使用寿命。图 8-16 中所推荐的润滑方法和要求列于表 8-10 中。

表 8-10　滚子链的润滑方法和供油量

| 方式 | 润滑方法 | 供油量 |
|---|---|---|
| 人工润滑 | 用刷子或油壶定期在链条松边内、外链板间隙中注油 | 每班注油一次 |
| 滴油润滑 | 装有简单外壳、用油杯滴油 | 单排链，每分钟供油 5～20 滴，速度高时可取大值 |

（续）

| 方式 | 润滑方法 | 供油量 |
|------|---------|--------|
| 油浴润滑 | 采用不漏油的外壳，使链条从油槽中通过 | 链条侵入油面过深，搅油损失大，油易发热变质。一般浸油深度为 $6 \sim 12mm$ |
| 压力供油润滑 | 采用不漏油的外壳，油泵强制供油，喷油管口设在链条啮入处，循环油可起冷却作用 | 每个喷油口供油量可根据链节距及链速大小查阅有关手册 |
| 飞溅润滑 | 采用不漏油的外壳，在链轮侧边安装甩油盘，飞溅润滑，甩油盘圆周速度 $v > 3m/s$。当链条宽度大于 $125mm$ 时，链轮两侧各装一个甩油盘 | 甩油盘浸油深度为 $12 \sim 35mm$ |

注：开式传动和不易润滑的链传动，可定期拆下用煤油清洗，干燥后，浸入 $70 \sim 80℃$ 润滑油中，待铰链间隙中充满油后安装使用。

润滑油推荐采用牌号为 L-AN32、L-AN46、L-AN68 的全损耗系统用油，温度低时取前者。对于开式及重载低速传动，可在润滑油中加入 $MoS_2$、$WS_2$ 等添加剂。对用润滑油不便的场合，允许涂抹润滑脂，但应定期清洗与涂抹。

## 8.6 典型例题

**例** 设计拖动某带式运输机用的链传动。已知电动机功率 $P = 14kW$，转速 $n_1 = 970r/min$，传动比 $i = 3$，载荷平稳，链传动中心距不小于 $550mm$（水平布置）。

**解** 采用滚子链传动，设计步骤及方法如下：

**1. 选择链轮齿数 $z_1$、$z_2$**

假定链速 $v = 3 \sim 8m/s$，由表 8-8 选取小链轮齿数 $z_1 = 21$；从动链轮齿数 $z_2 = iz_1 = 3 \times 21 = 63$。

**2. 确定计算功率 $P_{ca}$**

由表 8-6 查得工作情况系数 $K_A = 1$，由式 8-17a 计算小链轮齿数系数，有

$$K_z = \left(\frac{z_1}{19}\right)^{1.08} = \left(\frac{21}{19}\right)^{1.08} = 1.11$$

选取单排链，由表 8-7 查得多排链修正系数 $K_p = 1.0$，故

$$P_{ca} = \frac{K_A P}{K_p K_z} = \frac{1 \times 14}{1 \times 1.11} kW = 12.6 kW$$

**3. 确定链条的链节数 $L_p$**

初定中心距 $a_0 = 40p$，则链节数为

$$L_p = \frac{2a_0}{p} + \frac{z_1 + z_2}{2} + \frac{p}{a_0}\left(\frac{z_2 - z_1}{2\pi}\right)^2$$

$$= \left[\frac{2 \times 40p}{p} + \frac{21 + 63}{2} + \frac{p}{40p}\left(\frac{63 - 21}{2\pi}\right)^2\right]$$

$$= 123.12，取 L_p = 124$$

**4. 确定链条的节距 $p$**

根据小链轮转速 $n_1 = 970r/min$ 及计算功率 $P_{ca} = 12.6kW$，由图 8-12 选链号为 12A 的单排链。再由表 8-1 查得链节距 $p = 19.05mm$。

**5. 确定链长 $L$ 及中心距 $a$**

$$L = \frac{L_p p}{1000} = \frac{124 \times 19.05}{1000}\text{m} = 2.36\text{m}$$

$$a = \frac{p}{4}\left[\left(L_p - \frac{z_1 + z_2}{2}\right) + \sqrt{\left(L_p - \frac{z_1 + z_2}{2}\right)^2 - 8\left(\frac{z_2 - z_1}{2\pi}\right)^2}\right]$$

$$= \frac{19.05}{4} \times \left[\left(124 - \frac{21 + 63}{2}\right) + \sqrt{\left(124 - \frac{21 + 63}{2}\right)^2 - 8 \times \left(\frac{63 - 21}{2\pi}\right)^2}\right]\text{mm}$$

$$= 770.4\text{mm}$$

中心距减小量为

$$\Delta a = (0.002 \sim 0.004)a = (0.002 \sim 0.004) \times 770.4\text{mm}$$
$$= 1.5 \sim 3\text{mm}$$

实际中心距为

$$a' = a - \Delta a = 770.4\text{mm} - (1.5 \sim 3)\text{mm} = 767.4 \sim 768.9\text{mm}$$

取 $a' = 768\text{mm} > 550\text{mm}$，合适。

**6. 验算链速，确定润滑方式**

$$v = \frac{n_1 z_1 p}{60 \times 1000} = \frac{970 \times 21 \times 19.05}{60 \times 1000}\text{m/s} = 6.467\text{m/s} \approx 6.5\text{m/s}$$

与原假设基本相符。

根据链速 $v = 6.5\text{m/s}$ 和链号 12A 查图 8-13 确定润滑方式为油浴润滑或飞溅润滑。

**7. 作用在轴上的压轴力**

有效圆周力为

$$F_t = \frac{1000P}{v} = \frac{1000 \times 10}{6.5}\text{N} = 1538.46\text{N} \approx 1538\text{N}$$

按水平布置取压轴力系数 $K_{FP} = 1.15$，故

$$F_p = K_{FP} F_t = 1.15 \times 1538\text{N} \approx 1769\text{N}$$

## 8.7 其他链传动简介

### 8.7.1 套筒链

套筒链的结构与滚子链基本相同，区别在于套筒链没有滚子，因此在工作时，套筒和链轮轮齿有相对滑动，容易引起链轮的磨损。套筒链结构简单，价格便宜，适用于传动功率小、速度低的场合。

### 8.7.2 齿形链

齿形链又称无声连，它是由一组带有两个齿的链板左右交错并列铰接而成的（图

8-17）。链板外侧是直边，工作时链齿外侧与链轮轮齿相啮合实现传动，其啮合的齿楔角有60°和70°两种，前者用于节距 $p \geqslant 9.525mm$，后者用于 $p < 9.525mm$。齿楔角为60°的齿形链传动因较易制造，应用较广。

齿形链上设有导板，以防止链条在工作时发生侧向窜动。导板有内导板和外导板两种。用内导板齿形链时，链轮轮齿上应开出导向槽。内导板可以较精确地把链定位于适当的位置，故导向性好，工作可靠，适用于高速及重载传动。用外导板齿形链时，链轮轮齿不需要开出导向槽，故链轮结构简单，但其导向性差，外导板与销轴铆合处易松脱。当链轮宽度大于 $25 \sim 30mm$ 时，一般采用内导板齿形链；当链轮宽度较小，在链轮轮齿上切削导向槽有困难时，可采用外导板齿形链。

图 8-17　齿形链
a）带内导板的　b）带外导板的

与滚子链相比，齿形链传动平稳、无噪声，承受冲击性能好，工作可靠。齿形链既适宜于高速传动，又适宜于传动比大和中心距较小的场合，其传动效率一般为 $0.95 \sim 0.98$，润滑良好的传动可达 $0.98 \sim 0.99$。齿形链比滚子链结构复杂，价格较高，且制造较难，故多用于高速或运动精度要求较高的传动装置中。

 习　　题

8-1　设计某传动装置中的滚子链传动，已知电动机功率为 $10kW$，主动链轮转速为 $1400r/min$，传动比为3，按规定方式润滑，载荷平稳。

（1）分别按单排链、双排链设计该链传动，分析并比较设计结果。

（2）按不同的小链轮齿数设计单排链，分析并比较设计结果。

8-2　已知链传动中主动轮的转速 $n_1 = 850r/min$，齿数 $z_1 = 21$，从动轮齿数 $z_2 = 99$，中心距 $a = 900mm$，滚子链极限拉伸载荷为 $55.6kN$，工作情况系数 $K_A = 1$，试求链条所能传递的功率。

8-3　选择并验算一输送装置用的传动链。已知链传动传递的功率 $P = 7.5kW$，主动链轮的转速 $n_1 = 960r/min$，传动比 $i = 3$，工作情况系数 $K_A = 1.5$，中心距 $a \leqslant 650mm$（可调节）。

8-4　某传动系统采用滚子链传动，已知传递的功率 $P = 5.5kW$，主动链轮的转速 $n_1 = 960r/min$，传动比 $i = 3$，中心距约为 $600mm$，试设计该链传动。

8-5　设计一往复式压气机的滚子链传动。已知电动机的额定功率 $P = 3kW$，$n_1 = 960r/min$，压气机转速 $n_2 = 830r/min$，试确定大、小链轮的齿数，链条节距，中心距及链节数。

# 第9章

# 齿 轮 传 动

## 9.1 齿轮传动概述

齿轮传动是机械传动中最重要的传动之一，其形式多样，应用广泛，传递功率从很小到很大（可高达数万千瓦），圆周速度可达 300m/s。

与其他常用机械传动相比，齿轮传动的主要特点是：

1）传动效率高，效率可达 99%。在常用的机械传动中，齿轮传动的效率最高。

2）结构紧凑，与带传动、链传动相比，在同样的使用条件下，齿轮传动所需的空间一般较小。

3）与各类传动相比，齿轮传动工作可靠，寿命长。

4）传动比稳定，无论是平均传动比还是瞬时传动比，理论上都是常数。这也是齿轮传动获得广泛应用的原因之一。

5）适应范围广，齿轮传动所能传递的功率和允许圆周速度的范围广。

6）与带传动、链传动相比，齿轮的制造及安装精度要求高，价格较贵，不适用于传动距离过大的场合。

齿轮传动的分类方法很多，常见的分类方法有：

1）按齿轮类型分类，可以分为直齿轮（直齿圆柱齿轮）传动、斜齿轮（斜齿圆柱齿轮）传动、锥齿轮传动和人字齿轮传动等。

2）按齿轮传动装置形式分类，可以分为开式传动、半开式传动和闭式传动。在开式传动中，齿轮传动没有防尘罩或机壳，齿轮完全暴露在空气中，密封及润滑不良，齿轮容易磨损，主要用于低速的农业机械、建筑机械及简易机械设备中。在半开式传动中，齿轮传动有简易的护罩，有时还可以将大齿轮浸入油池中，工作条件有所改善，但密封性不好。在闭式传动中，齿轮安装在经过精确加工且密封严密的箱体中，润滑及密封条件最好，主要用于机床、汽车、减速器等重要的机械设备中。

3）齿轮按齿面硬度分类，可以分为软齿面齿轮和硬齿面齿轮。齿轮工作齿面的硬度小于或等于 350HBW 或 38HRC 的称为软齿面齿轮；齿轮工作齿面的硬度大于 350HBW 或 38HRC 的称为硬齿面齿轮。经调质和常化处理的碳钢及合金钢齿轮属于软齿面齿轮；经表面淬火或渗碳淬火的钢制齿轮属于硬齿面齿轮。

## 9.2  齿轮传动的失效形式及常用材料

### 9.2.1  齿轮的主要失效形式

齿轮传动的失效主要是指轮齿的失效，其失效形式是多种多样的。常见的失效形式有：轮齿折断、齿面点蚀、齿面磨损、齿面胶合、齿面塑性变形。

1. 轮齿折断

根据齿轮所受载荷性质的不同，轮齿折断可分为疲劳折断和过载折断。

（1）疲劳折断  在正常工况下出现的轮齿折断主要是齿根弯曲疲劳折断。处于啮合状态的轮齿受力情况相当于变截面悬臂梁，轮齿受载时，齿根处产生的弯曲应力最大。对于单齿侧工作的齿轮，齿根处的弯曲应力为脉动循环变应力；对于双齿侧工作的齿轮，齿根处的弯曲应力为对称循环变应力。在变应力重复作用下，由于齿根过渡部分的截面突变及切削刀痕等引起的应力集中作用，齿根处就会产生疲劳裂纹并逐步扩展，致使轮齿发生折断，这种折断称为疲劳折断，如图9-1所示。

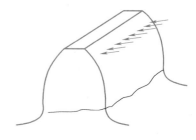

图 9-1  疲劳折断

提高轮齿抗疲劳折断能力的措施主要有：

1）适当增大齿根过度圆角半径，消除齿轮切削刀痕，以便减小齿根处的应力集中。

2）适当加大齿轮的模数，对于以动力传输为主的动力齿轮，通常模数应大于或等于2mm。

3）增大轴及轴支承的刚度，以便减小轴的弹性变形，使齿轮接触线上受载更为均匀。

4）小齿轮采用正变位，增大小齿轮齿根厚度，提高轮齿的抗弯能力。

5）采用适当的热处理方法，使轮齿心部材料具有足够的韧性。

6）采用喷丸、滚压等工艺措施对齿根表层进行强化处理，以便提高齿轮材料的弯曲疲劳极限。

（2）过载折断  在轮齿受到短期过载或冲击过载时，也可能出现轮齿的突然折断，这种轮齿折断称为过载折断。用淬火钢或铸铁制成的齿轮，因轮齿较脆容易发生过载折断。

齿宽较小的直齿轮传动通常发生整齿折断，如图9-2所示；齿宽较大的直齿轮传动可能由于偏载严重而出现局部折断，如图9-3所示；斜齿轮和人字齿轮，由于接触线是倾斜的，轮齿出现的折断通常是局部折断。

图 9-2  整齿折断

图 9-3  局部折断

需要说明的是，在开式齿轮传动中，轮齿由于磨损严重，齿厚过分减薄时，也会在正常载荷作用下发生轮齿折断。

**2. 齿面点蚀**

齿轮在工作过程中，轮齿齿面受到变化的接触应力的反复作用，在一定条件下，齿面开始出现初始疲劳裂纹，并随着应力循环次数的不断增加，裂纹沿与齿面呈锐角方向逐渐扩展，由于接触应力是局部应力，只在接触线附近的很小区域存在，因此，裂纹扩展到一定程度后跃出表面，导致齿面金属呈片状剥落，齿面出现众多麻点状凹坑，这种现象称为齿面点蚀。初始的齿面点蚀仅为针尖大小的点，若工作条件未加以改善，则这些点将逐渐扩大甚至连成一片，形成明显的齿面损伤，如图9-4所示。

齿面点蚀通常首先出现在靠近节线附近的齿根面上，然后逐渐向齿根和齿顶方向扩展。这是由于轮齿在啮合过程中，齿面间的相对滑动有利于形成润滑油膜，当轮齿在靠近节线处啮合时，由于相对滑动速度为零，形成油膜的条件差，润滑不良，特别是直齿轮传动，通常这时只有一对齿啮合，轮齿受力最大。

图9-4 齿面点蚀

齿面点蚀是润滑良好的闭式齿轮传动常见的失效形式，齿面出现较严重的点蚀后，将影响齿轮传动的平稳性并产生振动和噪声。

提高抗齿面点蚀能力的主要措施有：

1）提高齿面材料的硬度，以便提高齿面材料的接触疲劳强度。

2）改善齿轮润滑条件可以减小摩擦，延缓点蚀的出现。

3）适当增大齿轮的分度圆直径，以减少齿面接触应力。

4）适当选用黏度较高的润滑油，以避免润滑油挤入疲劳裂纹，加速裂纹扩展。

在开式齿轮传动中，由于齿面磨损较快，很少出现点蚀现象。

**3. 齿面磨损**

当啮合齿面间落入磨料性物质（如砂粒、铁屑等）时，齿面即被逐渐磨损而致报废。齿面出现严重的磨损后，渐开线齿廓形状将遭到破坏，降低齿轮传动的工作平稳性；齿根厚度因磨损而减薄，容易导致轮齿折断。齿面磨损是开式齿轮传动的主要失效形式之一。

提高齿面抗磨损能力的主要措施有：

1）提高齿面材料的硬度。

2）采用闭式齿轮传动，改善润滑条件。

3）尽量为齿轮传动保持清洁的工作环境。

**4. 齿面胶合**

由于相互啮合的轮齿齿面间未能形成润滑油膜，导致金属表面直接接触，而后又因相对滑动，粘连的金属被撕开，在金属表面沿相对滑动方向形成一条条沟痕，这种现象称为齿面胶合。齿面胶合会引起振动和噪声，导致齿轮传动工作性能下降。

高速重载条件下工作的齿轮，由于其相对滑动速度大，因摩擦导致局部温度上升，致使润滑油膜破裂而产生的胶合，称为热胶合。

低速重载的齿轮传动，由于齿面间压力很高，导致油膜遭到破坏，也会使金属发生黏着而产生胶合，称为冷胶合。

提高齿面抗胶合能力的主要措施有：

1）提高齿面材料的硬度。

2）适当减小模数，降低齿高以减小滑动速度。

3）降低齿面表面粗糙度值，采用抗胶合能力强的齿轮材料。

4）在润滑油中加入极压添加剂。

**5. 齿面塑性变形**

由于接触应力过大，较软的齿面材料在摩擦力作用下，发生塑性变形，导致齿面形状破坏而失效，这种现象称为齿面塑性变形。

材料的塑性流动方向和齿面上所受到的摩擦力的方向是一致的。在主动齿轮齿面上，摩擦力的方向是背离节线，齿面金属的塑性流动导致节线处下凹而形成凹沟；在从动齿轮齿面上，摩擦力的方向是指向节线，齿面金属的塑性流动导致节线处凸起而形成凸脊，如图9-5所示。

提高轮齿齿面硬度，采用高黏度的或加有极压添加剂的润滑油，均有助于减缓或防止轮齿产生塑性变形。

## 9.2.2 设计准则

齿轮传动必须具有足够的、相应的工作能力，以保证在整个工作寿命期间不致失效。因此，针对上述各种工作情况及失效形式，都应分别确立相应的设计准则。但是对于齿面磨损、塑性变形等失效形式，目前尚未建立起广为工程实际使用而且行之有效的计算方法。

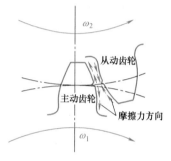

图9-5 齿面塑性变形

对一般工况下的齿轮传动，通常采用的设计准则是：

1）保证足够的齿根弯曲强度，以免发生齿根折断。

2）保证足够的齿面接触强度，以免发生齿面点蚀。

3）对高速重载齿轮传动，除以上两个设计准则外，还应按齿面抗胶合能力的准则进行设计。

由实践得知：闭式软齿面齿轮传动，以保证齿面接触强度为主；闭式硬齿面齿轮传动，以保证齿根弯曲强度为主；对开式齿轮传动，目前仅以保证齿根弯曲强度作为设计准则，但为了延长开式齿轮传动的寿命，可将所得的模数适当增大。

## 9.2.3 常用的齿轮材料

选择合适的齿轮材料和热处理方法对提高齿轮传动的承载能力具有重要意义。为了提高齿轮齿面在工作过程中抗点蚀、抗胶合、抗磨损、抗塑性变形的能力，设计齿轮传动时，应使齿面具有足够的硬度；为了提高轮齿抗折断的能力，应使轮齿心部具有足够的韧性。因此，对齿轮材料性能的基本要求是：齿面要硬、齿心要韧。表9-1中列出了常用齿轮材料及其力学性能。

**1. 钢**

由于钢材具有良好的韧性和耐冲击性，而且还可以通过热处理或化学热处理使其满足对齿轮材料的基本要求，所以钢是最常用的齿轮材料。

表 9-1 常用齿轮材料及其力学性能

| 材料牌号 | 热处理方法 | 抗拉强度 $R_m$/MPa | 屈服强度 $R_{eL}$/MPa | 硬度 | |
|---|---|---|---|---|---|
| | | | | 齿心硬度 | 齿面硬度 |
| 45 | 正火 | 580 | 290 | 162～217HBW | |
| | 调质 | 650 | 360 | 217～255HBW | |
| | 调质后表面淬火 | | | 217～255HBW | 40～50HRC |
| 40Gr | 调质 | 700 | 500 | 241～286HBW | |
| | 调质后表面淬火 | | | 241～286HBW | 48～55HRC |
| 30CrMnSi | 调质 | 1100 | 900 | 310～360HBW | |
| 35SiMn | 调质 | 750 | 450 | 217～269HBW | |
| 20Cr | 表面渗碳后淬火 | 650 | 400 | 300HBW | 58～62HRC |
| 20CrMnTi | 表面渗碳后淬火 | 1100 | 850 | 300HBW | 58～62HRC |
| 38CrMoAlA | 调质后氮化(氮化层厚 $\delta \geqslant 0.3～0.5mm$) | 1000 | 850 | 255～321HBW | >850HV |
| ZG310-570 | 正火 | 580 | 320 | 156～217HBW | |
| ZG340-640 | 正火 | 650 | 350 | 169～229HBW | |
| | 调质 | 700 | 380 | 241～269HBW | |
| HT250 | 人工时效 | 250 | | 170～241HBW | |
| HT300 | 人工时效 | 300 | | 187～255HBW | |
| HT350 | 人工时效 | 350 | | 197～269HBW | |
| QT500-7 | 正火 | 500 | | 147～241HBW | |
| QT600-3 | 正火 | 600 | | 229～302HBW | |

（1）锻钢　对于中小尺寸且结构不太复杂的齿轮，通常都用锻钢作为齿轮材料。锻钢既可用于制造软齿面齿轮，也可用于制造硬齿面齿轮。用锻钢制造软齿面齿轮时，应先将齿轮毛坯进行正火或调质处理，然后切齿，加工后齿轮精度一般为8级，精切时可达7级。用锻钢制造硬齿面齿轮时，应先切齿，再做表面淬火或渗碳淬火等表面硬化处理，最后进行精加工，加工后齿轮精度一般达到5级或4级。

由于硬齿面齿轮具有精度高、力学性能好、结构尺寸小等优点，因而得到了越来越广泛的应用。

（2）铸钢　对于尺寸较大的齿轮，通常用铸钢作为齿轮材料，其毛坯应进行正火处理，必要时也可进行调质处理。

2. 铸铁

铸铁的铸造性能和切削性能好且价格便宜。灰铸铁性质较脆，抗冲击能力较差，但抗胶合及抗点蚀能力较强。铸铁常用于制造对尺寸和质量无严格要求，无冲击、尺寸大、形状复杂的齿轮。球墨铸铁的力学性能和抗冲击性能优于灰铸铁。

3. 非金属材料

对于高速、轻载及精度要求不高的齿轮传动，为了降低噪声，可选用夹布塑胶、尼龙等非金属材料作为齿轮材料。

### 9.2.4 齿轮材料的选择原则

在选择齿轮材料时应考虑的因素很多，具体可参考以下原则进行选择。

（1）满足工作条件要求 选择齿轮材料时首先要考虑的是满足工作条件要求。例如：用于飞行器上的齿轮，要满足质量小、传递功率大和可靠性高的要求，因此必须选择力学性能好的合金钢。

（2）满足毛坯成型及热处理工艺要求 大尺寸的齿轮一般采用铸造毛坯，可选用铸钢或铸铁作为齿轮材料。中等或中等以下尺寸、要求较高的齿轮常选用锻造毛坯，可选择锻钢制作。尺寸较小而又要求不高时，可选用圆钢做毛坯。

为提高齿面硬度而采用渗碳工艺时，应选用低碳钢或低碳合金钢作为齿轮材料。对于正火碳钢，不论毛坯的制作方法如何，只能用于制作在载荷平稳或轻度冲击下工作的齿轮，不能承受大的冲击载荷；调质碳钢可用于制作在中等冲击载荷下工作的齿轮。合金钢常用于制作高速、重载并在冲击载荷下工作的齿轮。

（3）满足齿面硬度差的要求 对于大、小齿轮均为软齿面的齿轮传动，由于单位时间内小齿轮应力循环次数多，且小齿轮齿根厚度比大齿轮小，小齿轮齿根弯曲应力比大齿轮齿根弯曲应力大，为了提高小齿轮的强度，常取小齿轮的齿面硬度值比大齿轮高 30~50HBW 或更多。

## 9.3 圆柱齿轮传动的计算载荷

根据齿轮所传递的功率和转矩确定的作用在轮齿上的法向载荷 $F_n$ 称为名义载荷。考虑到齿轮传动在实际使用过程中受多种因素影响，作用在轮齿上的实际法向载荷大于名义载荷。在进行齿轮强度计算时，应将名义载荷适当加大，并称为计算载荷，即

$$F_{ca} = KF_n \tag{9-1}$$

式中，$K$ 为载荷系数（在齿根弯曲强度计算时记为 $K_F$，在齿面接触强度计算时记为 $K_H$），其值为

$$K = K_A K_v K_\alpha K_\beta \tag{9-2}$$

式中：$K_A$ 为使用系数；$K_v$ 为动载系数；$K_\alpha$ 为齿间载荷分配系数；$K_\beta$ 为齿向载荷分布系数。

1. 使用系数 $K_A$

使用系数 $K_A$ 是考虑齿轮啮合时外部因素引起的附加载荷影响的系数。这种附加载荷取决于原动机和工作机的特性、质量比、联轴器类型以及运行状态的影响，$K_A$ 一般可按表9-2选定。若有条件应尽量通过实测确定齿轮的实际载荷。

2. 动载系数 $K_v$

动载系数 $K_v$ 是考虑齿轮制造误差和变形而产生的内部附加动载荷影响的系数。影响动载系数 $K_v$ 的主要因素有：基节和齿形误差、啮合刚度及其在啮合过程中的变化等。

齿轮的制造精度及圆周速度对轮齿啮合过程中产生动载荷的大小影响很大，提高制造精度，减小齿轮直径以降低圆周速度，均可减小动载荷。

对于一般齿轮传动的动载系数 $K_v$，可参考图9-6选用。图中，$v$ 为齿轮分度圆处的圆周

速度；$C$ 为齿轮传动的精度系数，它与齿轮（第Ⅱ公差组）的精度有关。如将精度系数值当作齿轮精度查取 $K_v$ 值，查得的结果偏于安全。

表 9-2　使用系数 $K_A$

| 工作机工作特性 | 工作机 | 原动机工作特性 | | | |
| --- | --- | --- | --- | --- | --- |
| | | 均匀平稳 | 轻微振动 | 中等振动 | 强烈振动 |
| | | 电动机、均匀运转的蒸汽机和燃气轮机 | 蒸汽机、燃气轮机、液压装置 | 多缸内燃机 | 单缸内燃机 |
| 均匀平稳 | 发电机、均匀传送的带式输送机、螺旋输送机、包装机、通风机、轻型离心机、离心泵、均匀密度材料搅拌机、轻型升降机等 | 1.00 | 1.10 | 1.25 | 1.50 |
| 轻微振动 | 不均匀传送的带式输送机、重型升降机、工业与矿用风机、重型离心机、机床主驱动装置、多缸活塞泵等 | 1.25 | 1.35 | 1.50 | 1.75 |
| 中等振动 | 橡胶挤压机、连续工作的橡胶和塑料混料机、轻型球磨机、木工机械、单缸活塞泵等 | 1.50 | 1.60 | 1.75 | 2.00 |
| 强烈振动 | 挖掘机、重型球磨机、橡胶揉和机、破碎机、重型给水泵、旋转式钻探装置、压砖机、带材冷轧机、轮碾机等 | 1.75 | 1.85 | 2.00 | 2.25 |

注：表中所列 $K_A$ 值仅适用于减速传动；若为增速传动，$K_A$ 值为表值的 1.1 倍；当外部机械与齿轮装置间有挠性连接时，通常 $K_A$ 值可适当减小。

### 3. 齿间载荷分配系数 $K_\alpha$

齿间载荷分配系数 $K_\alpha$ 是考虑同时啮合的各对轮齿间载荷分配不均匀影响的系数。在齿根弯曲强度计算中记为 $K_{F\alpha}$，在齿面接触强度计算中记为 $K_{H\alpha}$。

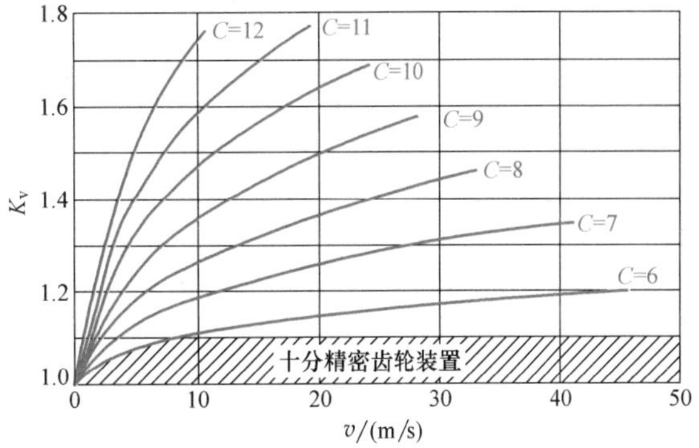

影响齿间载荷分配系数 $K_\alpha$ 的主要因素有：受载后轮齿变形、轮齿制造误差、齿廓修形以及跑合效果等。$K_\alpha$ 值一般可由表 9-3 查取。若为直齿锥齿轮传动，考虑其精度较低，可取 $K_{H\alpha} = K_{F\alpha} = 1$。

图 9-6　动载系数 $K_v$

### 4. 齿向载荷分布系数 $K_\beta$

齿向载荷分布系数 $K_\beta$ 是考虑沿齿宽方向载荷分配不均匀影响的系数。在齿根弯曲强度计算中记为 $K_{F\beta}$，在齿面接触强度计算中记为 $K_{H\beta}$。

表 9-3　齿间载荷分配系数 $K_\alpha$

| $K_A F_t/b$ | | | ≥100N/mm | | | | <100N/mm |
|---|---|---|---|---|---|---|---|
| 齿轮精度等级Ⅱ组 | | | 5 | 6 | 7 | 8 | 5级或更低 |
| 直齿轮 | 硬齿面 | $K_{H\alpha}$ | 1.0 | | 1.1 | 1.2 | ≥1.2 |
| | | $K_{F\alpha}$ | | | | | |
| | 软齿面 | $K_{H\alpha}$ | 1.0 | | | 1.1 | ≥1.2 |
| | | $K_{F\alpha}$ | | | | | |
| 斜齿轮 | $K_{H\alpha}$ | | 1.0 | 1.1 | 1.2 | 1.4 | ≥1.4 |
| | $K_{F\alpha}$ | | | | | | |

注：1. 当大、小齿轮精度等级不同时，按精度等级较低者取值。
　　2. $F_t$ 为轮齿受到的圆周力，$b$ 为齿轮的设计工作宽度。

齿向载荷分布系数 $K_\beta$ 与齿宽、齿轮精度、齿轮刚度、轴承相对于齿轮的布置方式、轴的变形、轴承和支座的变形以及制造、装配误差等因素有关。

为了改善载荷沿接触线分布不均的程度，可以采取增大轴、轴承及支座的刚度，对称地配置轴承，以及适当地限制轮齿的宽度等措施。同时应尽可能避免齿轮做悬臂布置。除上述一般措施外，也可把一个齿轮的轮齿做成鼓形齿，当轴产生弯曲变形而导致齿轮偏斜时，鼓形齿可以改善载荷偏向齿轮一端的现象。

表 9-4 给出了圆柱齿轮（包括直齿及斜齿）的齿向载荷分布系数 $K_{H\beta}$ 的值，可根据齿轮在轴上的支承情况、齿轮的精度等级、齿宽 $b$（单位为 mm）与齿宽系数 $\Phi_d$ 查取该值，其中，齿宽系数 $\Phi_d = b/d_1$，$d_1$ 为小齿轮分度圆直径（单位为 mm），若为直齿锥齿轮传动，表中的齿宽系数按平均分度圆直径 $d_{m1}$ 计算。

表 9-4　接触疲劳强度用的齿向载荷分布系数 $K_{H\beta}$

| 小齿轮支承位置 | | 软齿面齿轮 | | | | | | | | | 硬齿面齿轮 | | | | | |
|---|---|---|---|---|---|---|---|---|---|---|---|---|---|---|---|---|
| | | 对称布置 | | | 非对称布置 | | | 悬臂布置 | | | 对称布置 | | 非对称布置 | | 悬臂布置 | |
| | | 精度等级 | | | | | | | | | | | | | | |
| $\Phi_d$ | $b$/mm | 6 | 7 | 8 | 6 | 7 | 8 | 6 | 7 | 8 | 5 | 6 | 5 | 6 | 5 | 6 |
| 0.4 | 40 | 1.15 | 1.16 | 1.19 | 1.15 | 1.16 | 1.19 | 1.18 | 1.19 | 1.22 | 1.10 | 1.10 | 1.10 | 1.10 | 1.14 | 1.14 |
| | 80 | 1.15 | 1.17 | 1.20 | 1.15 | 1.17 | 1.21 | 1.18 | 1.20 | 1.23 | 1.10 | 1.10 | 1.10 | 1.11 | 1.14 | 1.15 |
| | 120 | 1.16 | 1.18 | 1.22 | 1.16 | 1.18 | 1.22 | 1.19 | 1.21 | 1.25 | 1.10 | 1.11 | 1.11 | 1.12 | 1.15 | 1.16 |
| | 160 | 1.16 | 1.19 | 1.23 | 1.17 | 1.19 | 1.23 | 1.20 | 1.22 | 1.26 | 1.11 | 1.11 | 1.12 | 1.12 | 1.15 | 1.16 |
| | 200 | 1.17 | 1.20 | 1.24 | 1.17 | 1.20 | 1.24 | 1.20 | 1.23 | 1.27 | 1.11 | 1.12 | 1.12 | 1.13 | 1.16 | 1.17 |
| 0.6 | 40 | 1.18 | 1.19 | 1.23 | 1.20 | 1.21 | 1.24 | 1.34 | 1.35 | 1.38 | 1.15 | 1.15 | 1.17 | 1.17 | 1.37 | 1.38 |
| | 80 | 1.19 | 1.20 | 1.24 | 1.21 | 1.22 | 1.25 | 1.34 | 1.36 | 1.40 | 1.15 | 1.16 | 1.17 | 1.18 | 1.38 | 1.38 |
| | 120 | 1.19 | 1.21 | 1.25 | 1.21 | 1.23 | 1.27 | 1.35 | 1.37 | 1.41 | 1.16 | 1.16 | 1.18 | 1.18 | 1.38 | 1.39 |
| | 160 | 1.20 | 1.22 | 1.26 | 1.21 | 1.24 | 1.28 | 1.36 | 1.38 | 1.42 | 1.16 | 1.17 | 1.18 | 1.19 | 1.39 | 1.40 |
| | 200 | 1.21 | 1.23 | 1.28 | 1.22 | 1.25 | 1.29 | 1.36 | 1.39 | 1.43 | 1.16 | 1.18 | 1.18 | 1.20 | 1.39 | 1.40 |

（续）

| 小齿轮支承位置 | | 软齿面齿轮 | | | | | | | | 硬齿面齿轮 | | | | | |
| --- | --- | --- | --- | --- | --- | --- | --- | --- | --- | --- | --- | --- | --- | --- | --- |
| | | 对称布置 | | | 非对称布置 | | | 悬臂布置 | | | 对称布置 | | 非对称布置 | | 悬臂布置 | |
| | | 精度等级 | | | | | | | | | | | | | | |
| $\Phi_d$ | $b/\mathrm{mm}$ | 6 | 7 | 8 | 6 | 7 | 8 | 6 | 7 | 8 | 5 | 6 | 5 | 6 | 5 | 6 |
| 0.8 | 40 | 1.23 | 1.24 | 1.28 | 1.28 | 1.29 | 1.32 | 1.73 | 1.74 | 1.77 | 1.22 | 1.22 | 1.28 | 1.29 | 1.93 | 1.94 |
| | 80 | 1.24 | 1.25 | 1.29 | 1.28 | 1.30 | 1.33 | 1.73 | 1.75 | 1.78 | 1.22 | 1.23 | 1.29 | 1.29 | 1.94 | 1.94 |
| | 120 | 1.24 | 1.26 | 1.30 | 1.29 | 1.31 | 1.35 | 1.74 | 1.76 | 1.80 | 1.23 | 1.24 | 1.29 | 1.30 | 1.94 | 1.95 |
| | 160 | 1.25 | 1.27 | 1.31 | 1.30 | 1.32 | 1.36 | 1.74 | 1.77 | 1.81 | 1.23 | 1.24 | 1.30 | 1.31 | 1.95 | 1.96 |
| | 200 | 1.26 | 1.28 | 1.33 | 1.30 | 1.33 | 1.37 | 1.75 | 1.78 | 1.82 | 1.24 | 1.25 | 1.30 | 1.31 | 1.95 | 1.96 |
| 1.0 | 40 | 1.30 | 1.31 | 1.34 | 1.40 | 1.42 | 1.45 | 2.50 | 2.52 | 2.55 | 1.31 | 1.32 | 1.49 | 1.50 | 3.06 | 3.06 |
| | 80 | 1.30 | 1.32 | 1.36 | 1.41 | 1.43 | 1.46 | 2.51 | 2.52 | 2.56 | 1.32 | 1.32 | 1.50 | 1.51 | 3.06 | 3.07 |
| | 120 | 1.31 | 1.33 | 1.37 | 1.42 | 1.44 | 1.48 | 2.51 | 2.53 | 2.57 | 1.32 | 1.33 | 1.50 | 1.52 | 3.06 | 3.07 |
| | 160 | 1.31 | 1.34 | 1.38 | 1.42 | 1.45 | 1.49 | 2.52 | 2.54 | 2.59 | 1.33 | 1.34 | 1.51 | 1.53 | 3.07 | 3.08 |
| | 200 | 1.32 | 1.35 | 1.39 | 1.43 | 1.45 | 1.50 | 2.53 | 2.55 | 2.60 | 1.33 | 1.35 | 1.51 | 1.53 | 3.07 | 3.08 |

齿轮的 $K_{F\beta}$ 可根据 $K_{H\beta}$ 的值按下式计算，即

$$\left.\begin{aligned} K_{F\beta} &= (K_{H\beta})^N \\ N &= \frac{(b/h)^2}{1+b/h+(b/h)^2} \end{aligned}\right\} \qquad (9\text{-}3)$$

式中，$b$ 为齿宽（mm）；$h$ 为齿高（mm）。

若为直齿锥齿轮传动，可取 $K_{F\beta} = K_{H\beta}$。

# 🔩 9.4 直齿轮传动的受力分析和强度计算

## 9.4.1 直齿轮传动的受力分析

齿轮受力分析的主要目的是为齿轮传动的强度计算提供必要的依据，其次，也是为轴的强度计算及轴承寿命计算打下必要的基础。

齿轮传动工作时一般均加以润滑，啮合轮齿间的摩擦力通常很小，计算轮齿受力时，可以忽略摩擦力的影响。

作用在节点 $P$ 处的法向载荷 $F_n$ 可以分解为两个相互垂直的分力，即圆周力 $F_t$ 和径向力 $F_r$，如图9-7所示。主动轮上所受力的计算公式为

$$\left.\begin{aligned} F_{t1} &= 2T_1/d_1 \\ F_{r1} &= F_{t1}\tan\alpha \\ F_n &= F_{t1}/\cos\alpha \end{aligned}\right\} \qquad (9\text{-}4)$$

式中，$T_1$ 为主动齿轮传递的转矩（N·mm）；$d_1$ 为主动齿轮的节圆直径（mm），对标准齿轮即为分度圆直径；$\alpha$ 为啮合角，对于标准齿轮传动，$\alpha = 20°$。

式（9-4）中各力的单位为 N。

各分力力方向按如下方法确定：

主动轮圆周力 $F_{t1}$ 的方向与节点圆周速度方向相反，从动轮圆周力 $F_{t2}$ 的方向与节点圆周速度方向相同；外齿轮的径向力方向由节点分别指向各自轮心。

两齿轮齿面所受法向力大小相等、方向相反，则圆周力、径向力也满足大小相等、方向相反的关系。

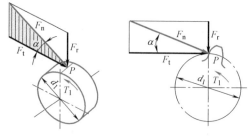

图 9-7　直齿轮受力分析

### 9.4.2　齿根弯曲强度计算

当轮齿在受载时，齿根所受的弯矩最大，因此，齿根处的弯曲强度最弱。当轮齿在齿顶处啮合时，处于双对齿啮合区，载荷由两对齿分担，此时力臂虽然最大，但力并不是最大，因此弯矩并不是最大。根据分析，齿根所受的最大弯矩发生在轮齿啮合点位于单对齿啮合区最高点时。因此，齿根弯曲强度也应按载荷作用于单对齿啮合区最高点来计算。但这种算法比较复杂，为简化计算，在对齿根进行弯曲强度计算时，假设载荷全部由在齿顶啮合的一对轮齿承担。对于由此产生的误差，可用重合度系数 $Y_\varepsilon$ 加以修正。采用这样的算法，得到的设计结果仍然偏于安全。

轮齿可看作为变截面的悬臂梁，齿根部位弯曲应力最大，齿根危险截面可通过 30° 切线法确定，如图 9-8 所示。危险截面处的理论弯曲应力为

$$\sigma_{F0} = \frac{M}{W} = \frac{F_n h \cos\gamma}{\dfrac{bs^2}{6}} = \frac{6 F_n h \cos\gamma}{bs^2}$$

将 $F_n = F_{t1}/\cos\alpha$ 代入上式，并引入齿根弯曲强度计算用载荷系数 $K_F$，则危险截面处的弯曲应力为

$$\sigma_{F0} = \frac{K_F F_{t1}}{bm} \cdot \frac{6 \dfrac{h}{m} \cos\gamma}{\left(\dfrac{s}{m}\right)^2 \cos\alpha} = \frac{K_F F_{t1}}{bm} Y_{Fa}$$

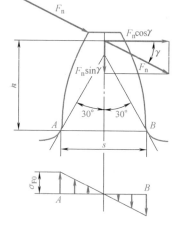

图 9-8　齿根弯曲应力图

式中，$K_F$ 为齿根弯曲强度计算用的载荷系数，$K_F = K_A K_v K_{F\alpha} K_{F\beta}$；$Y_{Fa}$ 为齿形系数，该系数只与齿廓形状有关，与模数无关，标准外齿轮齿形系数见表 9-5。

考虑齿根危险截面处的过渡圆角所引起的应力集中作用以及弯曲应力以外的压应力和切应力对齿根应力的影响，引入应力修正系数对 $\sigma_{F0}$ 进行修正，从而得到直齿轮的齿根危险截面的弯曲强度条件为

$$\sigma_F = \sigma_{F0} Y_{Sa} Y_\varepsilon = \frac{K_F F_t Y_{Fa} Y_{Sa} Y_\varepsilon}{bm} \leqslant [\sigma_F] \tag{9-5}$$

式中，$Y_{Sa}$ 为载荷作用在齿顶时的应力修正系数，标准外齿轮应力修正系数见表 9-5。

弯曲强度计算的重合度系数 $Y_\varepsilon$ 的计算式为

$$Y_\varepsilon = 0.25 + \frac{0.75}{\varepsilon_\alpha} \qquad (1 < \varepsilon_\alpha < 2) \tag{9-6}$$

式中，$\varepsilon_\alpha$ 为直齿轮的重合度。

表 9-5　标准外齿轮齿形系数 $Y_{Fa}$ 和应力修正系数 $Y_{Sa}$

| $z(z_v)$ | 17 | 18 | 19 | 20 | 21 | 22 | 23 | 24 | 25 | 26 | 27 | 28 | 29 |
|---|---|---|---|---|---|---|---|---|---|---|---|---|---|
| $Y_{Fa}$ | 2.97 | 2.91 | 2.85 | 2.80 | 2.76 | 2.72 | 2.69 | 2.65 | 2.62 | 2.60 | 2.57 | 2.55 | 2.53 |
| $Y_{Sa}$ | 1.52 | 1.53 | 1.54 | 1.55 | 1.56 | 1.57 | 1.575 | 1.58 | 1.59 | 1.595 | 1.60 | 1.61 | 1.62 |
| $z(z_v)$ | 30 | 35 | 40 | 45 | 50 | 60 | 70 | 80 | 90 | 100 | 150 | 200 | $\infty$ |
| $Y_{Fa}$ | 2.52 | 2.45 | 2.40 | 2.35 | 2.32 | 2.28 | 2.24 | 2.22 | 2.20 | 2.18 | 2.14 | 2.12 | 2.06 |
| $Y_{Sa}$ | 1.625 | 1.65 | 1.67 | 1.68 | 1.70 | 1.73 | 1.75 | 1.77 | 1.78 | 1.79 | 1.83 | 1.865 | 1.97 |

将 $\Phi_d = b/d_1$、$F_{t1} = 2T_1/d_1$ 及 $m = d_1/z_1$ 代入式（9-5），得齿根弯曲强度校核公式，即

$$\left. \begin{aligned} \sigma_{F1} &= \frac{2K_F T_1 Y_{Fa1} Y_{Sa1} Y_\varepsilon}{\Phi_d m^3 z_1^2} \leqslant [\sigma_F]_1 \\ \sigma_{F2} &= \frac{2K_F T_1 Y_{Fa2} Y_{Sa2} Y_\varepsilon}{\Phi_d m^3 z_1^2} = \sigma_{F1} \frac{Y_{Fa2} Y_{Sa2}}{Y_{Fa1} Y_{Sa1}} \leqslant [\sigma_F]_2 \end{aligned} \right\} \tag{9-7}$$

变换后可得齿根弯曲强度设计公式，即

$$m \geqslant \sqrt[3]{\frac{2K T_1 Y_\varepsilon}{\Phi_d z_1^2} \left( \frac{Y_{Fa} Y_{Sa}}{[\sigma_F]} \right)} \tag{9-8}$$

以上两式中，$\sigma_F$、$[\sigma_F]$ 的单位为 MPa，$m$ 的单位为 mm，$T_1$ 的单位为 N·mm。

由式（9-7）可知，影响齿根弯曲强度的主要因素有：

（1）模数 $m$　在其他参数不变的情况下，模数 $m$ 越大，齿根危险截面的弯曲应力 $\sigma_F$ 越小，齿轮的弯曲强度越高。

（2）齿宽 $b$　在其他参数不变的情况下，齿宽 $b$ 越大，齿宽系数 $\Phi_d$ 也越大，齿根危险截面的弯曲应力 $\sigma_F$ 越小，齿轮的弯曲强度越高，但应注意齿宽 $b$ 增加时会使齿向载荷分布系数 $K_{F\beta}$ 加大，因此，齿宽不宜过大。

（3）齿数 $z$　由表 9-5 可知，在其他参数不变的情况下，齿数 $z$ 越大，$Y_{Fa} Y_{Sa}$ 越小，齿根危险截面的弯曲应力 $\sigma_F$ 越小，齿轮的弯曲强度越高。在外啮合齿轮传动中，大、小齿轮模数 $m$ 相等，因此，小齿轮齿根危险截面的弯曲应力大于大齿轮齿根危险截面的弯曲应力。

（4）齿轮材料、热处理方法及加工精度　在载荷及几何尺寸不变的情况下，改善齿轮材料、选择合适的热处理方法、提高加工精度均有利于提高齿轮的许用应力 $[\sigma_F]$，从而提高齿轮的弯曲强度。

在使用式（9-8）计算齿轮模数时，式中的 $\dfrac{Y_{Fa} Y_{Sa}}{[\sigma_F]}$ 应取 $\dfrac{Y_{Fa1} Y_{Sa1}}{[\sigma_F]_1}$ 和 $\dfrac{Y_{Fa2} Y_{Sa2}}{[\sigma_F]_2}$ 中的较大者。

### 9.4.3　齿面接触强度计算

齿面接触强度计算是以赫兹公式为基础的，接触应力计算公式为

$$\sigma_{\mathrm{H}} = \sqrt{\dfrac{F_{\mathrm{n}}\left(\dfrac{1}{\rho_1} \pm \dfrac{1}{\rho_2}\right)}{\pi\left(\dfrac{1-\mu_1^2}{E_1} + \dfrac{1-\mu_2^2}{E_2}\right)L}} = \sqrt{\dfrac{F_{\mathrm{n}}}{\rho_{\Sigma}L}} Z_{\mathrm{E}} \qquad (9\text{-}9)$$

式中，$\rho_{\Sigma}$ 为综合曲率半径（mm），$\dfrac{1}{\rho_{\Sigma}} = \dfrac{1}{\rho_1} \pm \dfrac{1}{\rho_2}$；$L$ 为接触线长度（mm）；$Z_{\mathrm{E}}$ 为弹性系数

（$\mathrm{MPa}^{1/2}$），$Z_{\mathrm{E}} = \sqrt{\dfrac{1}{\pi\left(\dfrac{1-\mu_1^2}{E_1} + \dfrac{1-\mu_2^2}{E_2}\right)}}$，常用齿轮材料的弹性系数见表9-6。

表 9-6　常用齿轮材料的弹性系数 $Z_{\mathrm{E}}$ 　　　　　　　（单位：$\mathrm{MPa}^{1/2}$）

| 齿轮材料 | 配对齿轮材料 | | | | |
| --- | --- | --- | --- | --- | --- |
| | 灰铸铁 | 球墨铸铁 | 铸钢 | 锻钢 | 夹布塑胶 |
| 锻钢 | 162.0 | 181.4 | 188.9 | 189.8 | 56.4 |
| 铸钢 | 161.4 | 180.5 | 188 | | |
| 球墨铸铁 | 156.6 | 173.9 | — | — | |
| 灰铸铁 | 143.7 | — | | | |

在节点啮合时，接触应力较大，故以节点处的接触应力为代表进行齿面接触强度计算。标准直齿轮传动节点处的综合曲率半径为

$$\rho_{\Sigma} = \dfrac{d_1 \sin\alpha}{2} \dfrac{u}{u \pm 1}$$

标准直齿轮传动接触线长度 $L$ 的计算式为

$$L = \dfrac{b}{Z_{\varepsilon}^2}$$

式中，$Z_{\varepsilon}$ 为接触强度计算的重合度系数，其表达式为

$$Z_{\varepsilon} = \sqrt{\dfrac{4-\varepsilon_{\alpha}}{3}} \qquad (9\text{-}10)$$

引入载荷系数 $K_{\mathrm{H}}$，并将综合曲率半径、接触线长度及 $F_{\mathrm{n}} = F_{\mathrm{t1}}/\cos\alpha$ 代入式（9-9），得标准直齿轮传动接触应力计算公式，即

$$\sigma_{\mathrm{H}} = \sqrt{\dfrac{K_{\mathrm{H}}F_{\mathrm{t1}}}{bd_1}\dfrac{u \pm 1}{u}\dfrac{2}{\sin\alpha\cos\alpha}} Z_{\mathrm{E}} Z_{\varepsilon} = \sqrt{\dfrac{K_{\mathrm{H}}F_{\mathrm{t1}}}{bd_1}\dfrac{u \pm 1}{u}} Z_{\mathrm{H}} Z_{\mathrm{E}} Z_{\varepsilon}$$

式中，$K_{\mathrm{H}}$ 为齿面接触强度计算用的载荷系数，$K_{\mathrm{H}} = K_{\mathrm{A}} K_{\mathrm{v}} K_{\mathrm{H}\alpha} K_{\mathrm{H}\beta}$；$Z_{\mathrm{H}}$ 为区域系数，$Z_{\mathrm{H}} = \sqrt{\dfrac{2}{\sin\alpha\cos\alpha}}$，对于标准直齿轮，$Z_{\mathrm{H}} = 2.5$；$u$ 为齿数比，$u = z_2/z_1$，即大齿轮齿数与小齿轮齿数之比。

将 $\Phi_{\mathrm{d}} = b/d_1$、$F_{\mathrm{t1}} = 2T_1/d_1$ 代入上式，得齿面接触强度校核公式，即

$$\sigma_{\mathrm{H}} = \sqrt{\dfrac{2K_{\mathrm{H}}T_1}{\Phi_{\mathrm{d}}d_1^3}\dfrac{u \pm 1}{u}} Z_{\mathrm{H}} Z_{\mathrm{E}} Z_{\varepsilon} \leqslant [\sigma_{\mathrm{H}}] \qquad (9\text{-}11)$$

变换后可得齿面接触强度的设计式，即

$$d_1 \geqslant \sqrt[3]{\frac{2K_H T_1}{\Phi_d} \frac{u \pm 1}{u} \left( \frac{Z_H Z_E Z_\varepsilon}{[\sigma_H]} \right)^2} \qquad (9-12)$$

以上两式中，$\sigma_H$、$[\sigma_H]$ 的单位为 MPa，$d_1$ 单位为 mm，$T_1$ 单位为 N·mm。

由式（9-11）可知，影响齿面接触强度的主要因素有：

（1）小齿轮分度圆直径 $d_1$　在其他参数不变的情况下，小齿轮分度圆直径 $d_1$ 越大，齿面节点处赫兹应力 $\sigma_H$ 越小，齿轮的齿面接触强度越高。

（2）齿宽 $b$　在其他参数不变的情况下，齿宽 $b$ 越大，齿宽系数 $\Phi_d$ 也越大，齿面节点处接触应力 $\sigma_H$ 越小，齿轮的齿面接触强度越高，但应注意齿宽 $b$ 增加时会使齿向载荷分布系数 $K_{H\beta}$ 加大，因此，齿宽不宜过大。

（3）齿轮材料、热处理方法及加工精度　在载荷及几何尺寸不变的情况下，改善齿轮材料、选择合适的热处理方法、提高加工精度均有利于提高齿轮的许用应力 $[\sigma_H]$，从而提高齿轮的齿面接触强度。

在使用式（9-12）计算小齿轮分度圆直径 $d_1$ 时，应注意以下几点：

1）因为大、小齿轮在接触点处的接触应力是相等的，即 $\sigma_{H1} = \sigma_{H2}$，式中 $[\sigma_H]$ 应取 $[\sigma_H]_1$ 和 $[\sigma_H]_2$ 中的较小者。

2）当用设计公式初步计算小齿轮的分度圆直径 $d_1$ 时，载荷系数 $K_H$ 不能预先确定，此时可试选一载荷系数 $K_{Ht}$（可根据齿轮精度的高低在 1.2~1.8 之间试取一值，精度高时取较小值），则算出来的分度圆直径也是一个试算值 $d_{1t}$，然后按试算值计算齿轮的计算载荷系数 $K_H$，若算得的 $K_H$ 值与试选的 $K_{Ht}$ 值相差不大，可不必再修改原计算；若两者相差较大，应按下式校正试算所得的分度圆直径 $d_{1t}$：

$$d_1 = d_{1t} \sqrt[3]{\frac{K_H}{K_{Ht}}} \qquad (9-13)$$

设计齿轮传动时，小齿轮的分度圆直径 $d_1$ 应根据齿面接触强度计算确定；模数 $m$ 的最小允许值应根据齿根弯曲强度计算确定。首先按齿面接触强度计算出小齿轮的分度圆直径 $d_1$，根据初选的齿数 $z_1$ 计算出模数 $m$，并由此计算出齿根弯曲强度计算用载荷系数 $K_F$，然后按齿根弯曲强度计算出齿轮模数 $m$ 的最小允许值，取标准模数后作为计算结果。根据最终确定的模数和小齿轮的分度圆直径 $d_1$ 确定最终齿数 $z_1$。考虑圆柱齿轮的轴向安装误差，通常选择大齿轮齿宽 $b_2$ 等于设计齿宽 $b$，小齿轮齿宽 $b_1$ 略大于大齿轮齿宽 $b_2$（如 $b_1$ 比 $b_2$ 大 5~10mm）。

## 9.5　圆柱齿轮传动的参数选择和许用应力

### 9.5.1　圆柱齿轮传动的参数选择

#### 1. 齿数比 $u$

齿数比 $u = z_2/z_1$，减速传动时 $u = i$（$i$ 为传动比，$i = n_1/n_2$，$n_1$、$n_2$ 分别为主、从动轮的转速）；增速传动时 $u = 1/i$。

一般闭式齿轮传动，可取 $u \leqslant 5~8$（最大可到 12.5），齿数比过大，则大小齿轮的尺寸相差较大，会使传动的总体尺寸增大。

开式传动或手动机械，有时 $u$ 可达 $15 \sim 20$。

**2. 齿数 $z_1$**

当小齿轮分度圆直径 $d_1$ 一定时，取多一些的小齿轮齿数 $z_1$，能增大重合度、改善传动的平稳性；可减小模数，降低齿高，使齿轮齿顶圆直径减小，从而减小小齿轮毛坯直径、减小金属切削量，节省制造费用。另外，降低齿高还能降低滑动速度，以减小磨损及胶合的危险性。但模数减小，齿厚会随之减小，降低了轮齿的弯曲强度。因此，应根据传动类型，在一定范围内合理选择齿数 $z_1$。

闭式齿轮传动，一般取 $z_1 = 20 \sim 40$（对软齿面齿轮，$z_1$ 取多些较好；对硬齿面齿轮，$z_1$ 取少些较好）。

开式齿轮传动，一般可取 $z_1 = 17 \sim 20$。如有必要允许小于不发生根切的最少齿数，如取 $z_1 = 12 \sim 14$。

**3. 齿宽系数 $\Phi_d$**

齿宽系数 $\Phi_d$ 选大值时，齿宽 $b$ 就会加大，从而可减小两齿轮的分度圆直径、传动中心距和齿轮的径向尺寸，能在一定程度上减小传动装置的质量，但会使轴向尺寸增大，而且齿宽增大后，增大了齿向载荷分布不均匀的程度。

对于一般的圆柱齿轮传动，齿宽系数 $\Phi_d$ 可参照表 9-7 选取。

表 9-7　圆柱齿轮的齿宽系数 $\Phi_d$

| 布置状况 | 两支承相对于小齿轮做对称布置 | 两支承相对于小齿轮做非对称布置 | 小齿轮做悬臂布置 |
|---|---|---|---|
| $\Phi_d$ | $0.9 \sim 1.4 (1.2 \sim 1.9)$ | $0.7 \sim 1.15 (1.1 \sim 1.65)$ | $0.4 \sim 0.6$ |

注：1. 大小齿轮均为硬齿面时，$\Phi_d$ 应取表中偏下限值；大、小齿轮均为软齿面或仅大齿轮为软齿面时，$\Phi_d$ 取表中偏上限值。
2. 括号内的数值用于人字齿轮，此时 $b$ 为人字齿轮的总宽度。

## 9.5.2　齿轮传动的精度

GB/T 10095.1—2008 规定了渐开线圆柱齿轮传动共分 13 个精度等级，按精度由高至低依次为 0、1、2、…、12。

齿轮精度等级的选择应以传动的用途、使用条件、传递功率、圆周速度以及其他经济、技术要求为依据（有时还要考虑加工条件）而确定。常用精度等级的加工方法和应用范围列于表 9-8 中。

表 9-8　常用精度等级的加工方法和应用范围

| 精度等级 | 5 级 | 6 级 | 7 级 | 8 级 | 9 级 | 10 级 |
|---|---|---|---|---|---|---|
| 加工方法 | 在周期性误差非常小的精密机床上展成加工 | 在高精度的齿轮机床上展成加工 | 在高精度的齿轮机床上展成加工 | 用展成法或仿形法来加工 | 用任意的方法加工 | |
| 齿面最终精加工 | 精密磨齿。大型齿轮用精密滚齿滚切后，再研磨或剃齿 | 精密磨齿或剃齿 | 不淬火的齿轮推荐用高精度的刀具切制。淬火的齿轮需要精加工（磨齿、剃齿、研磨、珩齿） | 不磨齿。必要时剃齿或研磨 | 不需要精加工 | |

（续）

| 精度等级 | 5 级 | 6 级 | 7 级 | 8 级 | 9 级 | 10 级 |
|---|---|---|---|---|---|---|
| 应用范围 | 精密的分度机构用齿轮；用于高速并对运转平稳性和噪声有比较高要求的齿轮；高速汽轮机用齿轮 | 用于在高速下平稳地回转，并要求有最高的效率和低噪声的齿轮；分度机构用齿轮；高速减速器的齿轮；飞机、汽车和机床中的重要齿轮 | 用于高速、载荷小或反转的齿轮；机床的进给齿轮；需要运动有配合的齿轮；中速减速器的齿轮；飞机、汽车制造中的齿轮 | 对精度没有特别要求的一般机械用齿轮；机床齿轮（分度机构除外）；拖拉机齿轮；起重机、农业机械、普通减速器用齿轮 | 用于对精度要求不高，并且在低速下工作的齿轮 | |
| 效率 | 0.99 以上 | 0.99 以上 | 0.98 以上 | 0.97 以上 | 0.96 以上 | |

### 9.5.3　齿轮的许用应力

对一般的齿轮传动，因绝对尺寸、齿面表面粗糙度、圆周速度及润滑等对实际所用齿轮的疲劳极限的影响不大，可不予考虑。通常只要考虑应力循环次数对疲劳极限的影响即可。齿轮的许用应力计算式为

$$[\sigma] = \frac{K_N \sigma_{lim}}{S} \tag{9-14}$$

式中，$\sigma_{lim}$ 为齿轮的疲劳极限；$K_N$ 为寿命系数；$S$ 为疲劳安全系数。

$\sigma_{Hlim}$ 为接触疲劳极限，是某种材料的齿轮经长期持续的重复载荷作用后，齿面保持不出现进展性点蚀的极限应力。

$\sigma_{Hlim}$ 可按图 9-9～图 9-13 查取。弯曲疲劳极限 $\sigma_{Flim}$ 可按图 9-14～图 9-19 查取，图中的 $\sigma_{Flim}$ 值是对试验齿轮的弯曲疲劳极限进行应力校正后的结果。图中，ML 表示对于齿轮的材料和热处理质量的最低要求；MQ 表示可以由有经验的工业齿轮制造者以合理的生产成本来达到的中等质量要求；ME 表示制造最高承载能力齿轮对材料和热处理的质量要求。对于工业齿轮，通常按 MQ 级质量要求选取 $\sigma_{Hlim}$ 和 $\sigma_{Flim}$ 值。当齿轮材料和热处理的质量达不到中等质量要求时，也可在 MQ 和 ML 中间选值。当齿轮承受对称循环应力时，应将所查得的 $\sigma_{Flim}$ 值乘以 0.7。

疲劳安全系数 $S$。对接触强度进行计算时，由于点蚀破坏发生后只引起噪声，振动增大，并不立即导致传动中断，故可取 $S = S_H = 1$。但如果一旦发生轮齿折断，就会引起严重的事故，因此，在进行齿根弯曲强度计算时，取 $S = S_F = 1.25 \sim 1.5$。

寿命系数 $K_N$。齿轮的应力循环次数 $N$ 不同于试验齿轮的循环次数 $N_0$ 时，需用寿命系数修正试验齿轮的疲劳极限。弯曲疲劳寿命系数 $K_{FN}$ 查图 9-20，接触疲劳寿命系数 $K_{HN}$ 查图 9-21。齿轮的应力循环次数 $N$ 的计算式为

$$N = 60njL_h \tag{9-15}$$

式中，$n$ 为齿轮的转速（r/min）；$j$ 为齿轮每转一圈时，同一齿面啮合的次数；$L_h$ 为齿轮的工作寿命（h）。

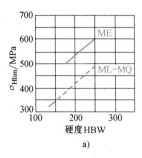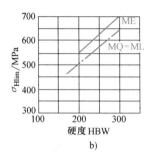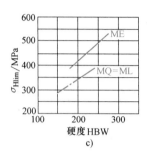

图 9-9  铸铁的 $\sigma_{Hlim}$

a) 可锻铸铁    b) 球墨铸铁    c) 灰铸铁

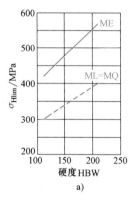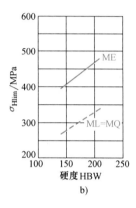

图 9-10  正火处理的结构钢和铸钢的 $\sigma_{Hlim}$

a) 结构钢    b) 铸钢

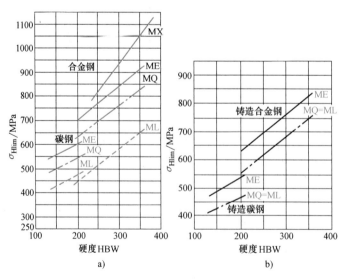

图 9-11  调质处理钢的 $\sigma_{Hlim}$

a) 碳钢和合金钢    b) 铸造碳钢和铸造合金钢

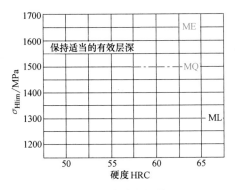

图 9-12　渗碳淬火钢的 $\sigma_{Hlim}$

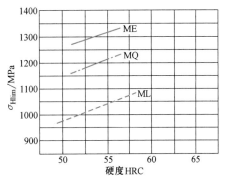

图 9-13　表面硬化（火焰或感应淬火）钢的 $\sigma_{Hlim}$

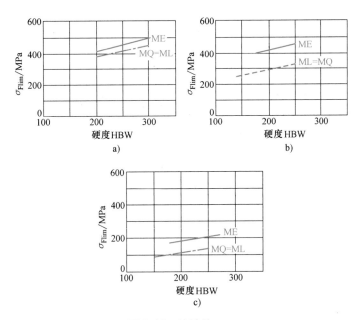

图 9-14　铸铁的 $\sigma_{Flim}$

a）可锻铸铁　b）球墨铸铁　c）灰铸铁

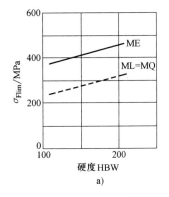

a)

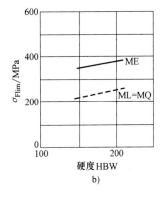

b)

图 9-15　正火处理的结构钢和铸钢的 $\sigma_{Flim}$

a）结构钢　b）铸钢

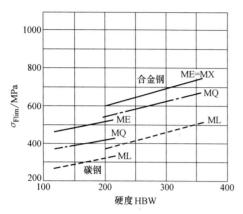

图 9-16 调质处理的碳钢、合金钢的 $\sigma_{Flim}$

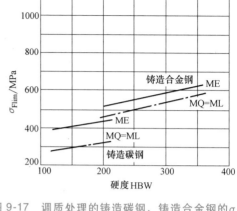

图 9-17 调质处理的铸造碳钢、铸造合金钢的 $\sigma_{Flim}$

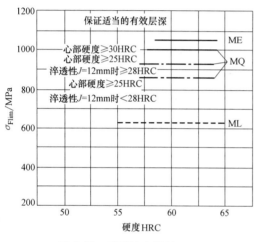

图 9-18 渗碳淬火钢的 $\sigma_{Flim}$

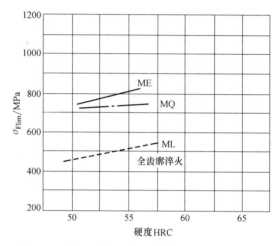

图 9-19 表面硬化（火焰或感应淬火）钢的 $\sigma_{Flim}$

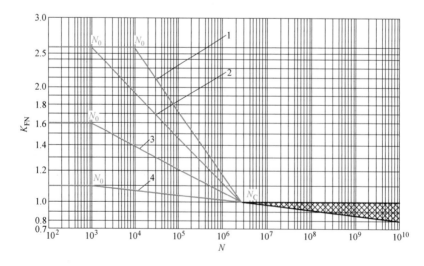

图 9-20 弯曲疲劳寿命系数 $K_{FN}$（当 $N > N_c$ 时，可在网纹区内取值）

1—调质钢、球墨铸铁（珠光体、贝氏体）、珠光体可锻铸铁　2—渗碳淬火钢、表面淬火钢
3—渗氮钢、铁素体球墨铸铁、灰铸铁　4—氮碳共渗的调质钢

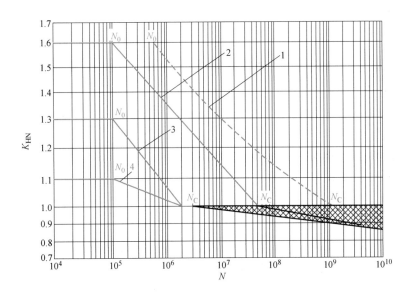

图 9-21　接触疲劳寿命系数 $K_{HN}$（当 $N > N_c$ 时，可在网纹区内取值）

1—允许一定点蚀的调质钢、球墨铸铁（珠光体、贝氏体）、珠光体可锻铸铁、渗碳淬火钢

2—调质钢、球墨铸铁（珠光体、贝氏体）、珠光体可锻铸铁、渗碳淬火钢、表面淬火钢

3—渗氮钢、铁素体球墨铸铁、灰铸铁　4—氮碳共渗的调质钢

## 9.6　斜齿轮传动的受力分析和强度计算

### 9.6.1　轮齿的受力分析

在斜齿轮传动中，作用在节点 $P$ 处的法向载荷 $F_n$ 可以分解为三个相互垂直的分力，即圆周力 $F_t$、径向力 $F_r$ 和轴向力 $F_a$，如图 9-22 所示。主动轮上所受力的计算式为

$$
\left.\begin{aligned}
F_{t1} &= 2T_1 / d_1 \\
F_{r1} &= F_{t1} \tan\alpha = F_{t1} \tan\alpha_n / \cos\beta \\
F_{a1} &= F_{t1} \tan\beta \\
F_n &= F_{t1} / (\cos\alpha_n \cos\beta) = F_{t1} / (\cos\alpha_t \cos\beta_b)
\end{aligned}\right\} \tag{9-16}
$$

式中，$\beta$ 为螺旋角；$\alpha_t$ 为端面压力角；$\alpha_n$ 为法向压力角，$\tan\alpha_n = \tan\alpha_t \cos\beta$；

$\beta_b$ 为基圆螺旋角，$\tan\beta_b = \tan\beta \cos\alpha_t$。

各分力方向按如下方法确定：

圆周力和径向力的方向判断方法与直齿轮圆周力和径向力的方向判断方法相同；主动轮轴向力 $F_a$ 的方向可按照左、右手定则判断，即主动轮螺旋线方向为左旋时用左手，主动轮螺旋线方向为右旋时用右手，四指的指向与主动齿轮转向一致，并环绕齿轮轴线，拇指指向即为主动轮轴向力的方向。

两齿轮齿面所受法向力大小相等、方向相反，则圆周力、径向力和轴向力也满足大小相等、方向相反的关系。

由式（9-16）可知，轴向力随着螺旋角的增大而增大，为了不使轴承承受的轴向力过大，螺旋角 $\beta$ 不宜选得过大，常在 $8°\sim20°$ 之间选择。

### 9.6.2　斜齿轮齿根弯曲疲劳强度计算

斜齿轮的齿根弯曲强度计算以直齿轮的强度计算为基础，将斜齿轮转化为当量齿轮来进行，除引入应力修正系数、重合度系数外，考虑斜齿轮的特点引入螺旋角系数 $Y_\beta$。

斜齿轮齿根弯曲强度校核公式为

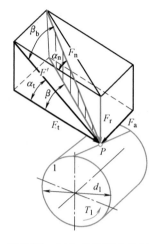

图 9-22　斜齿轮的受力分析

$$\left.\begin{array}{l} \sigma_{F1} = \dfrac{2K_F T_1 Y_{Fa1} Y_{Sa1} Y_\varepsilon\, Y_\beta\, \cos^2\beta}{\varPhi_d m_n^3 z_1^2} \leqslant [\sigma_F]_1 \\[4mm] \sigma_{F2} = \dfrac{2K_F T_1 Y_{Fa2} Y_{Sa2} Y_\varepsilon\, Y_\beta\, \cos^2\beta}{\varPhi_d m_n^3 z_1^2} = \sigma_{F1} \dfrac{Y_{Fa2} Y_{Sa2}}{Y_{Fa1} Y_{Sa1}} \leqslant [\sigma_F]_2 \end{array}\right\}$$

$$(9\text{-}17)$$

变换后可得齿根弯曲强度设计公式，即

$$m \geqslant \sqrt[3]{\frac{2K_F T_1 Y_\varepsilon Y_\beta\, \cos^2\beta\, Y_{Fa} Y_{Sa}}{\varPhi_d z_1^2 \quad [\sigma_F]}} \tag{9-18}$$

式中，$Y_{Sa}$ 为应力修正系数，可按照当量齿轮的齿数 $z_v = z/\cos^3\beta$ 查表 9-5 得出；$Y_\varepsilon$ 为弯曲强度计算的重合度系数，可按式（9-19）计算；$Y_\beta$ 为弯曲强度计算的螺旋角系数，可按式（9-20）计算。

$$Y_\varepsilon = 0.25 + \frac{0.75}{\varepsilon_{\alpha v}} \tag{9-19}$$

$$Y_\beta = 1 - \varepsilon_\beta \frac{\beta}{120°} \tag{9-20}$$

式中，$\varepsilon_{\alpha v}$ 为斜齿圆柱齿轮的当量重合度，$\varepsilon_{\alpha v} = \varepsilon_\alpha/\cos^2\beta_b$；$\varepsilon_\beta$ 为斜齿圆柱齿轮的轴面重合度，$\varepsilon_\beta = \varPhi_d z_1 \tan\beta/\pi$。

### 9.6.3　斜齿轮齿面接触强度计算

标准斜齿轮齿面接触应力计算仍以节点处的接触应力为代表，并仍可按式（9-11）计算。

标准斜齿轮传动节点处的综合曲率半径为

$$\rho_\Sigma = \frac{d_1 \sin\alpha_t}{2\cos\beta_b} \frac{u}{u \pm 1}$$

标准斜齿轮传动接触线长度 $L$ 的计算式为

$$L = \frac{b}{Z_\varepsilon^2 \cos\beta_b}$$

式中，$Z_\varepsilon$ 为接触强度计算的重合度系数，可按式（9-21）计算。

$$Z_\varepsilon = \sqrt{\frac{4-\varepsilon_\alpha}{3}(1-\varepsilon_\beta)+\frac{\varepsilon_\beta}{\varepsilon_\alpha}} \tag{9-21}$$

引入载荷系数 $K_H$，并将综合曲率半径、接触线长度及 $F_n = F_{t1}/(\cos\alpha_t\cos\beta_b)$ 代入式（9-7），得标准斜齿轮传动接触应力计算公式，即

$$\sigma_H = \sqrt{\frac{K_H F_{t1}}{bd_1}\frac{u\pm1}{u}\frac{2\cos\beta_b}{\sin\alpha_t\cos\alpha_t}}Z_E Z_\varepsilon = \sqrt{\frac{K_H F_{t1}}{bd_1}\frac{u\pm1}{u}}Z_H Z_E Z_\varepsilon$$

式中，$K_H$ 为齿面接触强度计算用载荷系数，$K_H = K_A K_v K_{H\alpha} K_{H\beta}$；$Z_H$ 为区域系数，$Z_H =$ $\sqrt{\dfrac{2\cos\beta_b}{\sin\alpha_t\cos\alpha_t}}$，对于 $\alpha_n = 20°$ 的标准斜齿圆柱齿轮，$Z_H$ 可查图 9-23 得出；$u$ 为齿数比，$u =$ $z_2/z_1$，即大齿轮齿数与小齿轮齿数之比。

将 $\Phi_d = b/d_1$、$F_{t1} = 2T_1/d_1$ 代入上式，并考虑螺旋角的影响，则标准斜齿轮齿面接触强度校核公式为

$$\sigma_H = \sqrt{\frac{2K_H T_1}{\Phi_d d_1^3}\frac{u\pm1}{u}}Z_H Z_E Z_\varepsilon Z_\beta \leqslant [\sigma_H] \tag{9-22}$$

式中，$Z_\beta$ 为接触强度计算的螺旋角系数，可按式（9-23）计算。

$$Z_\beta = \sqrt{\cos\beta} \tag{9-23}$$

式（9-22）变换后可得齿面接触强度的设计式，即

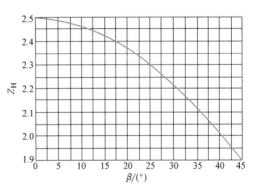

图 9-23　区域系数 $Z_H$

$$d_1 \geqslant \sqrt[3]{\frac{2K_H T_1}{\Phi_d}\frac{u\pm1}{u}\left(\frac{Z_H Z_E Z_\varepsilon Z_\beta}{[\sigma_H]}\right)^2} \tag{9-24}$$

## 🔖 9.7　直齿锥齿轮传动的受力分析和强度计算

### 9.7.1　设计参数

直齿锥齿轮传动以大端参数为标准值，强度计算时，以直齿锥齿轮齿宽中点处的当量齿轮作为依据。

对轴交角为 90° 的直齿锥齿轮传动，直齿锥齿轮的几何参数如图 9-24 所示。锥距、齿数比的计算公式为

$$R = \sqrt{\left(\frac{d_1}{2}\right)^2+\left(\frac{d_2}{2}\right)^2} = d_1\frac{\sqrt{u^2+1}}{2}$$

$$u = \frac{z_2}{z_1} = \frac{d_2}{d_1} = \cot\delta_1 = \tan\delta_2$$

齿轮大端与齿宽中点、齿宽中点与该处当量齿轮的几何参数之间的关系为

$$m_m = m(1 - 0.5\Phi_R)$$
$$d_m = d(1 - 0.5\Phi_R)$$
$$d_v = \frac{d_m}{\cos\delta} = \frac{d(1 - 0.5\Phi_R)}{\cos\delta}$$
$$z_v = \frac{z}{\cos\delta}$$
$$u_v = \frac{z_{v2}}{z_{v1}} = u^2$$

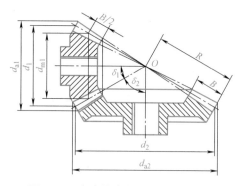

图 9-24　直齿锥齿轮传动的几何参数

式中，下标 m 表示齿宽中点，下标 v 表示当量齿轮；$\Phi_R = b/R$ 为直齿锥齿轮传动的齿宽系数，设计中常取 $\Phi_R = 0.25 \sim 0.35$。

### 9.7.2　受力分析

直齿锥齿轮的轮齿受力分析模型如图 9-25 所示，将总法向载荷集中作用于齿宽中点处的法向截面内。小锥齿轮齿面上所受的法向载荷 $F_n$ 可分解为圆周力 $F_{t1}$、径向力 $F_{r1}$ 和轴向力 $F_{a1}$ 三个分力。

$$\left.\begin{array}{l} F_{t1} = 2T_1/d_{m1} \\ F_{r1} = F_{t1}\tan\alpha\cos\delta_1 \\ F_{a1} = F_{t1}\tan\alpha\sin\delta_1 \\ F_n = F_{t1}/\cos\alpha \end{array}\right\} \quad (9\text{-}25)$$

对轴交角为 90° 的直齿锥齿轮传动，各分力方向按如下方法确定：

圆周力和径向力的方向判断方法与直齿轮圆周力和径向力的方向判断方法相同；轴向力 $F_a$ 的方向均沿轴线方向由小端指向大端。

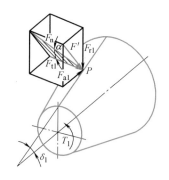

图 9-25　直齿锥齿轮的受力分析

两齿轮齿面所受法向力大小相等、方向相反，则两齿轮圆周力大小相等、方向相反；主动轮径向力和从动轮轴向力、主动轮轴向力和从动轮径向力也满足大小相等、方向相反的关系。

### 9.7.3　齿根弯曲疲劳强度计算

直齿锥齿轮的弯曲强度可近似地按齿宽中点处的当量圆柱齿轮进行计算。采用直齿轮强度计算公式，并考虑直齿锥齿轮传动一般用于不重要的场合，其精度较低，取 $Y_\varepsilon = 1$，得直齿锥齿轮弯曲强度校核公式为

$$\left.\begin{array}{l} \sigma_{F1} = \dfrac{4K_F T_1 Y_{Fa1} Y_{Sa1}}{\Phi_R m^3 z_1^2 (1 - 0.5\Phi_R)^2 \sqrt{u^2+1}} \leqslant [\sigma_F]_1 \\[4mm] \sigma_{F2} = \dfrac{4K_F T_1 Y_{Fa2} Y_{Sa2}}{\Phi_R m^3 z_1^2 (1 - 0.5\Phi_R)^2 \sqrt{u^2+1}} = \sigma_{F1}\dfrac{Y_{Fa2} Y_{Sa2}}{Y_{Fa1} Y_{Sa1}} \leqslant [\sigma_F]_2 \end{array}\right\} \quad (9\text{-}26)$$

变换后可得齿根弯曲强度设计公式，即

$$m \geqslant \sqrt[3]{\frac{4K_F T_1}{\Phi_R z_1^2 (1-0.5\Phi_R)^2 \sqrt{u^2+1}} \frac{Y_{Fa}Y_{Sa}}{[\sigma_F]}} \qquad (9-27)$$

式中，各符号的意义与单位均与直齿轮类似；$Y_{Fa}$、$Y_{Sa}$ 按照当量齿轮的齿数由表 9-5 查取。

### 9.7.4 齿面接触疲劳强度计算

直齿锥齿轮的齿面接触强度，仍按齿宽中点处的当量圆柱齿轮计算。考虑直齿锥齿轮传动的精度较低，取重合度系数 $Z_\varepsilon = 1$，得直齿锥齿轮接触强度校核公式为

$$\sigma_H = \sqrt{\frac{4K_H T_1}{\Phi_R (1-0.5\Phi_R)^2 d_1^3 u}} Z_H Z_E \leqslant [\sigma_H] \qquad (9-28)$$

变换后可得齿面接触强度设计公式为

$$d_1 \geqslant \sqrt[3]{\frac{4K_H T_1}{\Phi_R (1-0.5\Phi_R)^2 u} \left(\frac{Z_H Z_E}{[\sigma_H]}\right)^2} \qquad (9-29)$$

式中，各符号的意义与单位均与直齿轮类似。

## 9.8 齿轮的结构设计

齿轮的齿数 $z$、模数 $m$、齿宽 $b$、螺旋角 $\beta$、分度圆直径 $d$ 等主要尺寸通过强度计算和几何尺寸计算确定，而齿轮的轮缘、轮辐、轮毂等结构形式及尺寸大小则通过齿轮的结构设计确定。

在综合考虑齿轮几何尺寸、毛坯、材料、加工方法、使用要求及经济性等各方面因素的基础上，按齿轮的直径大小，选定合适的结构形式，再根据推荐的经验数据进行结构尺寸计算。

常见的结构形式有齿轮轴、实心式齿轮、腹板式齿轮、轮辐式齿轮。

对于图 9-26 所示的直径较小的锻造圆柱齿轮，若齿根圆到齿轮键槽底部的距离 $\delta < 2.5 m_t$（$m_t$ 为齿轮端面模数），为避免出现轮缘断裂，应将轴和齿轮做成一体，并称其为齿轮轴，如图 9-27 所示。而对于图 9-28 所示的直径较小的锻造锥齿轮，当 $\delta < 1.6m$（$m$ 为大端模数）时，也需要做成图 9-29 所示的锥齿轮轴。

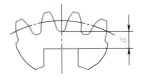

图 9-26 圆柱齿轮结构尺寸 $\delta$

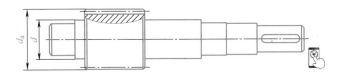

图 9-27 圆柱齿轮轴

对于直径较大的锻造圆柱齿轮，可根据齿轮齿顶圆直径 $d_a$ 的大小选择不同的结构形式。当齿顶圆直径 $d_a \leqslant 200mm$ 时，可做成图 9-30 所示的实心式齿轮；当齿顶圆直径 $d_a \leqslant 500mm$ 时，可做成图 9-31 所示的腹板式齿轮。

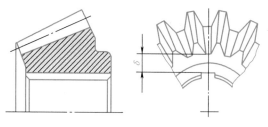

图 9-28　锥齿轮结构尺寸 $\delta$

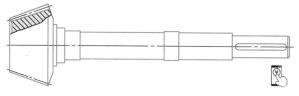

图 9-29　锥齿轮轴

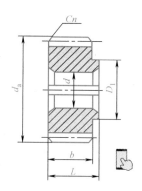

图 9-30　实心式齿轮

$D_1 = 1.6d$; $L = (1.2 \sim 1.5)d \geqslant b$; $n = 0.5m_n$

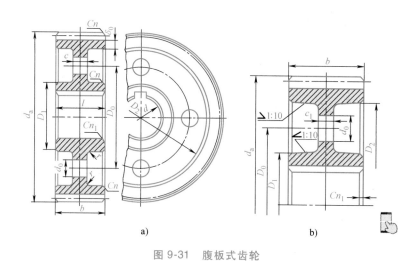

a)　　　　　　　　　　　　b)

图 9-31　腹板式齿轮

a）自由锻　b）模锻

$D_1 = 1.6d$; $l = (1.2 \sim 1.5)d \geqslant b$; $n = 0.5m_n$; $\delta_0 = (2.5 \sim 4)m_n \geqslant 8 \sim 10\text{mm}$; $c = 0.3b$;

$D_0 = 0.5(D_2 + D_1)$; $d_0 = 0.25(D_2 - D_1)$; $r = 5\text{mm}$; $c_1 = (0.2 \sim 0.3)b$, $n_1$ 根据轴过渡圆角确定

　　对于直径较大的锻造锥齿轮，也可根据齿轮齿顶圆直径 $d_a$ 的大小选择不同的结构形式。当齿顶圆直径 $d_a \leqslant 200\text{mm}$ 时，可做成图 9-32 所示的实心式锥齿轮；当齿顶圆直径 $d_a \leqslant 500\text{mm}$ 时，可做成图 9-33 所示的腹板式锥齿轮。

图 9-32　实心式锥齿轮

对于铸造圆柱齿轮，当齿顶圆直径 $d_a \leqslant 400\text{mm}$ 时，可做成图 9-34 所示的腹板式齿轮；当齿顶圆直径 $400 < d_a < 1000\text{mm}$ 时，可做成图 9-35 所示的轮辐式齿轮。

对于铸造锥齿轮，当齿顶圆直径 $300 < d_a < 400\text{mm}$ 时，可做成图 9-36 所示的带加强筋的腹板式齿轮。

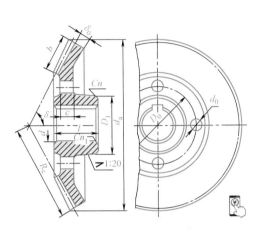

图 9-33　腹板式锥齿轮

$D_1 = 1.6d, l = (1.0 \sim 1.2)d, n = 1 \sim 3\text{mm},$

$\delta_0 = (3 \sim 4)m \geqslant 10\text{mm}, c = (0.1 \sim 0.17)$

$l \geqslant 10\text{mm}, d_a, d_0, n_1$ 根据结构确定

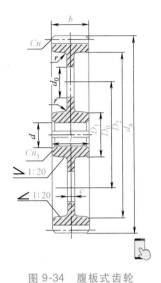

图 9-34　腹板式齿轮

$D_1 = 1.6d(\text{铸钢}), D_1 = 1.8d(\text{铸铁}); l = (1.2 \sim 1.5)d \geqslant b;$

$D_2 = d_a - 10m_n; D_0 = 0.5(D_2 + D_1); d_0 = 0.25(D_2 - D_1);$

$n = 0.5m_n; c = 0.2b \geqslant 10\text{mm}; r, n_1$ 根据结构确定

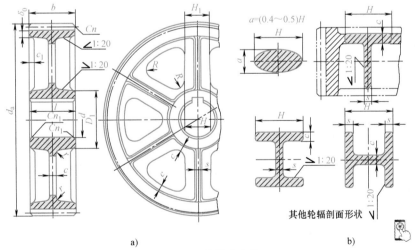

a)　　　　　　　　　　　　　　　b)

图 9-35　轮辐式齿轮

a）铸造轮辐式齿轮　b）其他轮辐剖面形状

$D_1 = 1.6d(\text{铸钢}), D_1 = 1.8d(\text{铸铁}); l = (1.2 \sim 1.5)d \geqslant b;$

$\delta_0 = 2.5m_n; n = 0.5m_n; H = 0.8d;$

$H_1 = 0.8H; c = 0.25H \geqslant 10\text{mm}; s = 0.17H \geqslant 10\text{mm};$

$e = 0.8\delta_0; R, r, n$ 根据结构确定

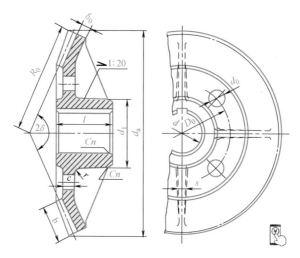

图 9-36　带加强筋的腹板式齿轮

$D_1 = 1.6d$（铸钢）, $D_1 = 1.8d$（铸铁）; $l = (1.0 \sim 1.2)d$; $\delta_0 = (3 \sim 4)m \geqslant 10\mathrm{mm}$;

$c = (0.1 \sim 0.17)l \geqslant 10\mathrm{mm}$; $s = 0.8c$; $r = 3 \sim 10\mathrm{mm}$; $D_0$、$d_0$、$n$ 根据结构确定

## 🔩 9.9　典型例题

**例 9-1**　设计图 9-37 所示的带式输送机中二级斜齿轮减速器高速级斜齿轮传动，已知小齿轮的输入转矩 $T_1 = 48880\mathrm{N \cdot mm}$，小齿轮转速 $n_1 = 476.67\mathrm{r/min}$，传动比 $i = 5.18$，工作寿命为 10 年（每年工作 300 天），两班制，带式输送机工作平稳，转向不变。

**解**　1. 选择齿轮的类型、材料、精度及齿数

（1）选用斜齿圆柱齿轮传动。

（2）选用齿轮材料。选取大小齿轮材料均为 45 钢，小齿轮调质处理齿面硬度取 240HBW；大齿轮正火处理齿面硬度取 200HBW。

（3）选取齿轮为 7 级精度（GB/T 10095.1—2008）。

（4）初选 $z_1 = 25$，$\beta \approx 14°$。$z_2 = iz_1 = 5.18 \times 25 = 129.5$，取 $z_2 = 130$。

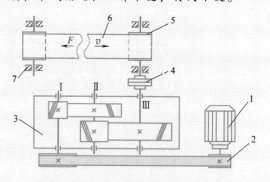

图 9-37　例 9-1 图

1—电动机　2—V 带传动　3—减速器　4—联轴器
5—鼓轮　6—输送带　7—滑动轴承

2. 按齿面接触强度设计

（1）由式（9-24）试算小齿轮分度圆直径。

$$d_{\mathrm{ct}} \geqslant \sqrt[3]{\frac{2K_{Ht}T_1}{\Phi_{\mathrm{d}}} \cdot \frac{u+1}{u} \left( \frac{Z_H Z_E Z_\varepsilon Z_\beta}{[\sigma_H]} \right)^2}$$

1）确定公式中的各参数。

① 由表 9-6 知 $Z_E = 189.8 \mathrm{MPa}^{1/2}$。

② 选 $K_{Ht} = 1.6$，由图 9-23 选取区域系数 $Z_H = 2.433$。

③ 由表 9-7 选取齿宽系数 $\Phi_d = 1.0$。

④ 由式（9-21）计算接触强度用重合度系数 $Z_\varepsilon$。

$\alpha_t = \arctan(\tan\alpha_n/\cos\beta) = \arctan(\tan 20°/\cos 14°) = 20.562°$

$\alpha_{at1} = \arccos[z_1\cos\alpha_t/(z_1 + 2h_{an}^*\cos\beta)] = \arccos[25 \times \cos 20.562°/(25 + 2 \times 1 \times \cos 14°)]$

$\qquad = 29.674°$

$\alpha_{at2} = \arccos[z_2\cos\alpha_t/(z_2 + 2h_{an}^*\cos\beta)]$

$\qquad = \arccos[130 \times \cos 20.562°/(130 + 2 \times 1 \times \cos 14°)] = 22.702°$

$\varepsilon_\alpha = [z_1(\tan\alpha_{at1} - \tan\alpha_t') + z_2(\tan\alpha_{at2} - \tan\alpha_t')]/2\pi$

$\qquad = [25(\tan 29.674° - \tan 20.562°) + 130(\tan 22.702° - \tan 20.562°)]/2\pi$

$\qquad = 1.670$

$\varepsilon_\beta = \Phi_d z_1 \tan\beta/\pi = 1 \times 25 \times \tan 14°/\pi = 1.98$

$$Z_\varepsilon = \sqrt{\frac{4 - \varepsilon_\alpha}{3}(1 - \varepsilon_\beta) + \frac{\varepsilon_\beta}{\varepsilon_\varepsilon}} = \sqrt{\frac{4 - 1.670}{3} \times (1 - 1.98) + \frac{1.98}{1.670}} = 0.652$$

⑤ 许用接触应力。

$$N_1 = 60n_1 j L_h = 60 \times 476.67 \times 1 \times (2 \times 8 \times 300 \times 10) = 1.37 \times 10^9$$

$$N_2 = N_1/i = N_1/5.18 = 1.37 \times 10^9/5.18 = 2.65 \times 10^8$$

由图 9-21 查得 $K_{HN_1} = 0.92$、$K_{HN_2} = 0.95$，由图 9-11a 和图 9-10a 查得 $\sigma_{Hlim_1} = 580\mathrm{MPa}$、$\sigma_{Hlim_2} = 380\mathrm{MPa}$，故

$$[\sigma_H]_1 = \frac{K_{HN_1}\sigma_{Hlim_1}}{S} = \frac{0.92 \times 580}{1}\mathrm{MPa} = 533.6\mathrm{MPa}$$

$$[\sigma_H]_2 = \frac{K_{HN_2}\sigma_{Hlim_2}}{S} = \frac{0.95 \times 380}{1}\mathrm{MPa} = 361\mathrm{MPa}$$

⑥ 由式（9-23）可得螺旋角系数 $Z_\beta$：

$$Z_\beta = \sqrt{\cos\beta} = \sqrt{\cos 14°} = 0.985$$

$$[\sigma_H] = [\sigma_H]_2 = 361\mathrm{MPa}$$

2）试计算小齿轮分度圆直径。

$$d_{1t} \geqslant \sqrt[3]{\frac{2K_{Ht}T_1}{\Phi_d}\frac{u+1}{u}\left(\frac{Z_H Z_E Z_\varepsilon Z_\beta}{[\sigma_H]}\right)^2}$$

$$= \sqrt[3]{\frac{2 \times 1.6 \times 48880}{1} \times \frac{5.18 + 1}{5.18} \times \left(\frac{2.433 \times 189.8 \times 0.652 \times 0.985}{361}\right)^2}\mathrm{mm}$$

$$= 50.125\mathrm{mm}$$

（2）调整小齿轮分度圆直径。

1）计算实际载荷前的数据准备。

圆周速度 $\qquad v = \dfrac{\pi d_{1t} n_1}{60 \times 1000} = \dfrac{3.14 \times 50.125 \times 476.67}{60 \times 1000}\mathrm{m/s} = 1.25\mathrm{m/s}$

齿宽
$$b = \Phi_d d_{1t} = 50.125\text{mm}$$

模数
$$m_{nt} = \frac{d_{1t}\cos\beta}{z_1} = \frac{50.125 \times \cos 14°}{25}\text{mm} = 1.95\text{mm}$$

齿高 $h$ 及宽高比 $b/h$
$$h = 2.25 m_{nt} = 2.25 \times 1.95\text{mm} = 4.39\text{mm}$$

所以
$$b/h = 50.125/4.39 = 11.42$$

2) 计算载荷系数 $K$。

① 由表 9-2 查得使用系数 $K_A = 1$。

② 根据 $v = 1.25\text{m/s}$，7 级精度，由图 9-6 得 $K_v = 1.05$。

③ 由表 9-4 查得 $K_{H\beta} = 1.425$，由式 9-3 可得

$$N = \frac{(b/h)^2}{1 + (b/h) + (b/h)^2} = \frac{11.42^2}{1 + 11.42 + 11.42^2} = 0.913$$

$$K_{F\beta} = (K_{H\beta})^N = 1.425^{0.913} = 1.38$$

④ 齿轮的圆周力。

$$F_t = \frac{2T_1}{d_{1t}} = \frac{2 \times 48880}{50.125}\text{N} = 1950.32\text{N}$$

$$\frac{K_A F_{t1}}{b} = \frac{1 \times 1950.32}{50.125}\text{N/mm} = 38.91\text{N/mm} < 100\text{N/mm}$$

查表 9-3 得
$$K_{H\alpha} = K_{F\alpha} = 1.4$$

所以
$$K_H = K_A K_v K_{H\alpha} K_{H\beta} = 1 \times 1.05 \times 1.4 \times 1.425 = 2.09$$

⑤ 按实际的载荷系数校正所得的分度圆直径。
$$d_1 = d_{1t}\sqrt[3]{K_H/K_{Ht}} = 50.125 \times \sqrt[3]{2.09/1.6}\text{mm} = 54.79\text{mm}$$

⑥ 模数。

$$m_{nt} = \frac{d_1\cos\beta}{z_1} = \frac{54.79 \times \cos 14°}{25}\text{mm} = 2.13\text{mm}$$

## 3. 按齿根弯曲强度设计

由式（9-18）试计算齿轮模数，即

$$m_n \geqslant \sqrt[3]{\frac{2K_F T_1 Y_\varepsilon Y_\beta \cos^2\beta Y_{Fa} Y_{Sa}}{\Phi_d z_1^2} \frac{}{[\sigma_F]}}$$

1) 确定公式中的各参数值。

① 载荷系数
$$K_F = K_A K_v K_{F\alpha} K_{F\beta} = 1 \times 1.05 \times 1.4 \times 1.38 = 2.03$$

② 由式（9-19），可得弯曲强度的重合度系数 $Y_\varepsilon$。

$$\beta_b = \arctan(\tan\beta\cos\alpha_t) = \arctan(\tan 14°\cos 20.562°) = 13.140°$$

$$\varepsilon_{\alpha v}=\varepsilon_{\alpha}/\cos^2\beta_b=1.670/\cos^2 13.140^\circ=1.761$$

$$Y_\varepsilon=0.25+0.75/\varepsilon_{\alpha v}=0.25+0.75/1.76=0.676$$

由式（9-20）得螺旋角系数。

$$Y_\beta=1-\varepsilon_\beta\frac{\beta}{120^\circ}=1-1.98\times\frac{14^\circ}{120^\circ}=0.769$$

③ 当量齿数。

$$z_{v1}=\frac{z_1}{\cos^3\beta}=\frac{25}{\cos^3 14^\circ}=27.37,\quad z_{v2}=\frac{z_2}{\cos^3\beta}=\frac{130}{\cos^3 14^\circ}=142.31$$

④ 查齿形系数，由表9-5得：$Y_{Fa1}=2.57$，$Y_{Fa2}=2.15$。

⑤ 查应力校正系数，由表9-5得：$Y_{Sa1}=1.60$，$Y_{Sa2}=1.82$。

⑥ 由图9-20得：$K_{FN1}=0.90$，$K_{FN2}=0.92$，取 $s=1.4$。

由图9-16和图9-15a得：$\sigma_{Flim1}=420MPa$，$\sigma_{Flim2}=320MPa$。

$$[\sigma_F]_1=\frac{K_{FN1}\sigma_{Flim1}}{s}=\frac{0.90\times420}{1.4}MPa=270MPa$$

$$[\sigma_F]_2=\frac{K_{FN2}\sigma_{Flim2}}{s}=\frac{0.92\times320}{1.4}MPa=210.29MPa$$

⑦ 计算大小齿轮的 $\dfrac{Y_{Fa}Y_{Sa}}{[\sigma_F]}$ 并比较。

$$\frac{Y_{Fa1}Y_{Sa1}}{[\sigma_F]_1}=\frac{2.57\times1.60}{270}=0.0152,\quad \frac{Y_{Fa2}Y_{Sa2}}{[\sigma_F]_2}=\frac{2.15\times1.82}{210.29}=0.0186$$

因为大齿轮较大，所以取 $\dfrac{Y_{Fa}Y_{Sa}}{[\sigma_F]}=0.0186$。

2）计算齿轮模数。

$$m_n\geqslant\sqrt[3]{\frac{2K_F T_1 Y_\varepsilon Y_\beta\cos^2\beta Y_{F\alpha}Y_{S\alpha}}{\Phi_d z_1^2}[\sigma_F]}$$

$$=\sqrt[3]{\frac{2\times2.03\times48880\times0.676\times0.769\times\cos^2 14^\circ}{1\times25^2}\times0.0186}\,mm=1.42mm$$

对比计算结果，由齿面接触强度计算的法向模数 $m_n$ 大于由齿根弯曲强度计算的法向模数，将齿根弯曲强度计算的法向模数 $m_n$ 向上圆整并取标准模数2.0mm，满足齿根弯曲强度。为了同时满足接触强度，需按接触强度算得的分度圆直径 $d_1=54.79mm$ 来计算应有的齿数，于是得

$$z_1=\frac{d_1\cos\beta}{m_n}=\frac{54.79\times\cos 14^\circ}{2}=26.6$$

取27，所以
$$z_1=27,\quad z_2=5.18\times27=140$$

### 4. 计算几何尺寸

1）计算中心距。

$$a = \frac{(z_1 + z_2) m_n}{2\cos\beta} = \frac{(27 + 140) \times 2}{2\cos 14°} \text{mm} = 172.1 \text{mm}$$

圆整后取 $a = 175 \text{mm}$。

2）按圆整后中心距修正螺旋角。

$$\beta = \arccos\frac{(z_1 + z_2) m_n}{2a} = \arccos\frac{(27 + 140) \times 2}{2 \times 175} = 17.39°$$

$\beta$ 在 $8° \sim 20°$ 之间，满足要求。

3）计算大小齿轮的分度圆直径。

$$d_1 = \frac{z_1 m_n}{\cos\beta} = \frac{27 \times 2}{\cos 17.39°} \text{mm} = 56.586 \text{mm}$$

$$d_2 = \frac{z_2 m_n}{\cos\beta} = \frac{140 \times 2}{\cos 17.39°} \text{mm} = 293.411 \text{mm}$$

4）齿宽。

$$b = \Phi_d d_1 = 56.586 \text{mm}$$

圆整后取 $b_1 = 62 \text{mm}$，$b_2 = 57 \text{mm}$。

**5. 结构设计及绘制齿轮零件图（从略）**

**例 9-2** 有两对标准直齿轮传动。第一对齿轮：$z_1 = 18$，$z_2 = 41$，$m_{\text{I}} = 4 \text{mm}$，齿宽 $b_{\text{I}} = 50 \text{mm}$；第二对齿轮：$z_1 = 36$，$z_2 = 82$，$m_{\text{II}} = 2 \text{mm}$，齿宽 $b_{\text{II}} = 50 \text{mm}$。1、3 齿轮为 45 钢调质处理，$[\sigma_H]_1 = [\sigma_H]_3 = 610 \text{MPa}$，$[\sigma_F]_1 = [\sigma_F]_3 = 330 \text{MPa}$；2、4 齿轮为 45 钢正火处理，$[\sigma_H]_2 = [\sigma_H]_4 = 490 \text{MPa}$，$[\sigma_F]_2 = [\sigma_F]_4 = 300 \text{MPa}$。两对齿轮的载荷系数和重合度系数近似相等。试按接触强度和弯曲强度分别求两对齿轮所能传递的转矩的比值。

**解** **1. 按齿面接触强度计算**

由式（9-11）得齿面接触强度校核计算式为

$$\sigma_H = \sqrt{\frac{2K_H T_1}{bd_1^2} \cdot \frac{u+1}{u}} Z_H Z_E Z_\varepsilon \leqslant [\sigma_H]$$

按接触强度求得的齿轮所能传递的最大转矩为

$$T_1 = \left(\frac{[\sigma_H]}{Z_E Z_H Z_\varepsilon}\right)^2 \frac{bd_1^2}{2K_H} \cdot \frac{u}{u+1}$$

对于第一对齿轮

因为 $\quad\quad\quad\quad [\sigma_H]_1 = 610 \text{MPa} > [\sigma_H]_2 = 490 \text{MPa}$

所以 $\quad\quad\quad\quad\quad\quad [\sigma_H]_{\text{I}} = 490 \text{MPa}$

对于第二对齿轮

因为 $\quad\quad\quad\quad [\sigma_H]_3 = 610 \text{MPa} > [\sigma_H]_4 = 490 \text{MPa}$

所以 $\quad\quad\quad\quad\quad\quad [\sigma_H]_{\text{II}} = 490 \text{MPa}$

由于两对齿轮均为钢制标准齿轮，故

$$Z_{E\,I} = Z_{E\,II}, \quad Z_{H\,I} = Z_{H\,II}$$

$$u_I = \frac{41}{18}, \quad u_{II} = \frac{82}{36}$$

所以

$$u_I = u_{II}, \quad b_I = b_{II}$$

由于 $K_{H\,I} \approx K_{H\,II}$，$Z_{\varepsilon\,I} \approx Z_{\varepsilon\,II}$，所以按接触强度求得的两对齿轮所能传递的转矩的比值为

$$\frac{T_{1\,I}}{T_{1\,II}} = \frac{\left(\dfrac{[\sigma_H]_I}{Z_{E\,I}Z_{H\,I}}\right)^2 \dfrac{b_I d_{1\,I}^2}{2K_I} \dfrac{u_I}{u_I+1}}{\left(\dfrac{[\sigma_H]_{II}}{Z_{E\,II}Z_{H\,II}}\right)^2 \dfrac{b_{II} d_{1\,II}^2}{2K_{II}} \dfrac{u_{II}}{u_{II}+1}} = \frac{d_{1\,I}^2}{d_{1\,II}^2} = \frac{(4\times18)^2}{(2\times36)^2} = 1$$

**2. 按弯曲强度计算**

由式（9-7）得齿根弯曲强度校核计算公式为

$$\sigma_F = \frac{2KT_1 Y_{Fa} Y_{Sa} Y_\varepsilon}{bmd_1} \leqslant [\sigma_F]$$

按弯曲强度求得的齿轮所能传递的最大转矩为

$$T_1 = \left(\frac{[\sigma_F]}{Y_{Fa} Y_{Sa}}\right) \frac{bmd_1}{2K_F Y_\varepsilon}$$

所以弯曲强度求得的两对齿轮所能传递的转矩的比值为

$$\frac{T_{1\,I}}{T_{1\,II}} = \frac{\dfrac{[\sigma_F]_I}{Y_{Fa\,I} Y_{Sa\,I}} \dfrac{b_I m_I d_{1\,I}}{2K_{F\,I} Y_{\varepsilon\,I}}}{\dfrac{[\sigma_F]_{II}}{Y_{Fa\,II} Y_{Sa\,II}} \dfrac{b_{II} m_{II} d_{1\,II}}{2K_{F\,II} Y_{\varepsilon\,II}}}$$

对于第一对齿轮

$$\frac{[\sigma_F]_1}{Y_{Fa1} Y_{Sa1}} = \frac{330}{2.9\times1.53} = 74.4 \text{MPa}$$

$$\frac{[\sigma_F]_2}{Y_{Fa2} Y_{Sa2}} = \frac{300}{2.39\times1.67} = 75.2 \text{MPa} > 74.4 \text{MPa}$$

故取

$$\frac{[\sigma_F]_I}{Y_{Fa\,I} Y_{Sa\,I}} = 74.4 \text{MPa}$$

对于第二对齿轮

$$\frac{[\sigma_F]_3}{Y_{Fa3} Y_{Sa3}} = \frac{330}{2.43\times1.65} = 82.3 \text{MPa}$$

$$\frac{[\sigma_F]_4}{Y_{Fa4} Y_{Sa4}} = \frac{300}{2.21\times1.77} = 76.7 \text{MPa} < 82.3 \text{MPa}$$

故取

$$\frac{[\sigma_F]_{II}}{Y_{Fa\,II}\,Y_{Sa\,II}} = 76.7\text{MPa}$$

因为

$$b_I = b_{II},\quad K_{F\,I} \approx K_{F\,II},\quad d_{1\,I} = d_{1\,II},\quad Y_{\varepsilon\,I} = Y_{\varepsilon\,II}$$

所以

$$\frac{T_{1\,I}}{T_{1\,II}} = \frac{\dfrac{[\sigma_F]_I}{Y_{Fa\,I}\,Y_{Sa\,I}}m_I}{\left(\dfrac{[\sigma_F]_{II}}{Y_{Fa\,II}\,Y_{Sa\,II}}\right)m_{II}} = \frac{74.4 \times 4}{76.7 \times 2} = 1.94$$

**例 9-3** 一标准直齿轮传动，已知 $z_1 = 20$，$z_2 = 60$，$m = 4\text{mm}$，齿宽 $b_2 = 40\text{mm}$，齿轮材料为锻钢，许用接触应力 $[\sigma_H]_1 = 500\text{MPa}$，$[\sigma_H]_2 = 430\text{MPa}$，许用弯曲应力 $[\sigma_F]_1 = 340\text{MPa}$，$[\sigma_F]_2 = 280\text{MPa}$；弯曲载荷系数 $K_F = 1.85$，接触载荷系数 $K_H = 1.40$。求大齿轮允许的输出转矩 $T_2$（不计功率损失）。

**解** 1. 按齿面接触强度计算允许的输出转矩

由式（9-21）计算接触强度用重合度系数 $Z_\varepsilon$。

$$\alpha_{a1} = \arccos[z_1\cos\alpha/(z_1 + 2h_a^*)] = \arccos[20 \times \cos20°/(20 + 2 \times 1)] = 31.321°$$

$$\alpha_{a2} = \arccos[z_2\cos\alpha/(z_2 + 2h_a^*)] = \arccos[60 \times \cos20°/(60 + 2 \times 1)] = 24.580°$$

$$\varepsilon_\alpha = [z_1(\tan\alpha_{a1} - \tan\alpha') + z_2(\tan\alpha_{a2} - \tan\alpha')]/2\pi$$
$$= [20(\tan31.321° - \tan20°) + 60(\tan24.580° - \tan20°)]/2\pi$$
$$= 1.672$$

$$Z_\varepsilon = \sqrt{\frac{4 - \varepsilon_\alpha}{3}} = \sqrt{\frac{4 - 1.672}{3}} = 0.881$$

由表 9-6 知 $Z_E = 189.8\text{MPa}^{1/2}$。

因为

$$[\sigma_H]_1 = 500\text{MPa} > [\sigma_{II}]_2 = 430\text{MPa}$$

所以

$$[\sigma_H] = 430\text{MPa}$$

传动比 $i = z_2/z_1 = 60/20 = 3$，$b = b_2 = 40\text{mm}$。

将 $T_1 = T_2/i$ 代入式（9-11）得

$$\sigma_H = \sqrt{\frac{2K_H T_2}{bid_1^2}\frac{u+1}{u}}\,Z_H Z_E Z_\varepsilon \leqslant [\sigma_H]$$

$$T_2 \leqslant \frac{bid_1^2}{2K_H}\frac{u}{u+1}\left(\frac{[\sigma_H]}{Z_H Z_E Z_\varepsilon}\right)^2$$

$$= \frac{40 \times 3 \times (4 \times 20)^2}{2 \times 1.4} \times \frac{3}{3+1}\left(\frac{430}{2.5 \times 189.8 \times 0.881}\right)^2\text{N}\cdot\text{mm}$$

$$= 217659\text{N}\cdot\text{mm} \approx 217.66\text{N}\cdot\text{m}$$

**2. 计算弯曲强度允许的输出转矩**

由表 9-5 得

$$Y_{Fa1}=2.8, \quad Y_{Sa1}=1.55, \quad Y_{Fa2}=2.28, \quad Y_{Sa2}=1.73$$

由式（9-6）得弯曲强度的重合度系数 $Y_\varepsilon$：

$$Y_\varepsilon = 0.25+0.75/\varepsilon_\alpha = 0.25+0.75/1.672 = 0.699$$

将 $T_1 = T_2/i$ 及 $\Phi_d = b/d_1$ 代入式（9-7）得

$$T_2 \leqslant \frac{biz_1 m^2 [\sigma_F]}{2K_F Y_\varepsilon Y_{Fa} Y_{Sa}}$$

对于齿轮 1

$$\frac{[\sigma_F]_1}{Y_{Fa1} Y_{Sa1}} = \frac{340}{2.80 \times 1.55} = 78.34$$

对于齿轮 2

$$\frac{[\sigma_F]_2}{Y_{Fa2} Y_{Sa2}} = \frac{280}{2.28 \times 1.73} = 70.99$$

取 $\dfrac{[\sigma_F]}{Y_{Fa} Y_{Sa}} = 70.99$，则

$$T_2 \leqslant \frac{biz_1 m^2 [\sigma_F]}{2K_F Y_\varepsilon Y_{Fa} Y_{Sa}} = \frac{40 \times 3 \times 20 \times 4^2}{2 \times 1.85 \times 0.699} \times 70.99 \text{N} \cdot \text{mm} = 1053972.8 \text{N} \cdot \text{mm} \approx 1054 \text{N} \cdot \text{m}$$

故大齿轮允许的输出转矩 $T_2 = 217.66 \text{N} \cdot \text{m}$。

## 9.10　圆弧圆柱齿轮传动简介

圆弧圆柱齿轮简称圆弧齿轮，因其轮齿工作齿廓曲线为圆弧而得名。圆弧齿轮分为单圆弧齿轮和双圆弧齿轮。单圆弧齿轮轮齿的工作齿廓曲线为一段圆弧，相啮合的一对齿轮副，一个齿轮的轮齿制成凸齿，配对的另一个齿轮的轮齿制成凹齿，凸齿的工作齿廓在节圆柱以外，凹齿的工作齿廓在节圆柱以内。为了不降低小齿轮的强度和刚度，通常把配对的小齿轮制成凸齿，大齿轮制成凹齿。双圆弧齿轮轮齿的工作齿廓曲线为凹、凸两段圆弧。工作时，从一个端面看，先是主动轮齿的凹部推动从动轮齿的凸部，离开后，再以主动轮的凸部推动对从动轮的凹部，故双圆弧齿轮传动在理论上同时有两个接触点，经跑合后，这种传动实际上有两条接触线，因此可以实现多对齿和多点啮合。此外，由于其齿根厚度较大，双圆弧齿轮传动不仅承载能力比单圆弧齿轮传动高 30% 以上，而且传动较平稳，振动和噪声较小，并且可用同一把滚刀加工相配对的两个齿轮。因此，高速重载时，双圆弧齿轮传动有取代单圆弧齿轮传动的趋向。

单圆弧齿轮传动已用于高速重载的汽轮机、压缩机和低速重载的轧钢机等设备上；双圆弧齿轮传动已用于大型轧钢机的主传动。

圆弧齿轮传动与渐开线齿轮传动相比有下列特点：

1）如果圆弧齿轮和渐开线齿轮的几何尺寸相同，由于圆弧齿轮的综合曲率半径比渐开线齿轮的综合曲率半径大数十倍，因此其接触应力将大幅度下降，接触强度将大大提高。

2）圆弧齿轮传动具有良好的磨合性能。经磨合之后，圆弧齿轮传动相啮合的齿面能紧密贴合，实际啮合面积较大。而且轮齿在啮合过程中主要是滚动摩擦，啮合点又以相当高的速度沿啮合线移动，易于形成轮齿间的动力润滑，因而啮合齿面间的油膜较厚，这不仅有助于提高齿面的接触强度及耐磨性，而且啮合摩擦损失也大为减少，传动效率较高。

3）圆弧齿轮传动轮齿没有根切现象，故齿数可少到 6~8，但应视小齿轮轴的强度及刚度而定。

4）圆弧齿轮不能做成直齿，并为确保传动的连续性，必须具有一定的齿宽。但是对不同的要求（如承载能力、效率、磨损、噪声等），可通过选取不同的参数，设计出不同的齿形来实现。

5）圆弧齿轮传动的中心距及切齿深度的偏差对轮齿沿齿高的正常接触影响很大，因而这种传动对中心距及切齿深度的精度要求较高。

## 习　　题

9-1　标准直齿轮传动，若传动比 $i$、转矩 $T_1$、齿宽 $b$ 均保持不变，试问在下列条件下齿轮的弯曲应力和接触应力各将发生什么变化？

（1）模数 $m$ 不变，齿数 $z_1$ 增加。

（2）齿数 $z_1$ 不变，模数 $m$ 增大。

（3）齿数 $z_1$ 增加一倍，模数 $m$ 减小一半。

9-2　两级展开式齿轮减速器如图 9-38 所示。已知主动轮 1 为左旋，转向 $n_1$ 如图中所示，为使中间轴上两齿轮所受的轴向力相互抵消一部分，试在图中标出各齿轮的螺旋线方向，并在各齿轮分离体的啮合点处标出齿轮的轴向力 $F_a$、径向力 $F_r$ 和圆周力 $F_t$ 的方向（圆周力的方向分别用符号 $\otimes$ 或 $\odot$ 表示向内或向外）。

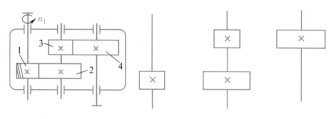

图 9-38　题 9-2 图

9-3　设计一用于带式运输机的单级齿轮减速器中的斜齿轮传动。已知：传递功率 $P_1 = 10\text{kW}$，转速 $n_1 = 1450\text{r/min}$，$n_2 = 340\text{r/min}$，允许转速误差为 $\pm3\%$，电动机驱动，单向转动，载荷平稳，两班制工作，要求使用寿命为 10 年。

9-4　现欲设计一闭式直齿轮传动。已知：传递功率 $P_1 = 30\text{kW}$，转速 $n_1 = 970\text{r/min}$，传动比 $i = 2.8$，齿轮在轴上非对称布置，但轴刚性较大，电动机驱动，工作机载荷有中等振动，单向转动，要求使用寿命 $L_h = 24000h$。若已选定齿数 $z_1 = 21$，$z_2 = 59$，模数 $m = 4mm$，制造精度为 6 级，大、小齿轮均用 45 钢，表面淬火硬度为 50HRC，试确定该齿轮传动的齿宽。

9-5 设计一对标准直齿轮，已知齿轮的模数 $m = 5mm$，大、小齿轮的参数分别为：应力修正系数 $Y_{Sa1} = 1.56$，$Y_{Sa2} = 1.76$；齿形系数 $Y_{Fa1} = 2.8$，$Y_{Fa2} = 2.28$；许用应力 $[\sigma_F]_1 = 314MPa$，$[\sigma_F]_2 = 286MPa$，并算得小齿轮的齿根弯曲应力 $\sigma_{F1} = 306MPa$。试问：

（1）哪一个齿轮的弯曲强度较大？

（2）齿轮的弯曲强度是否均满足要求？

9-6 有一对直齿轮传动，传递功率 $P_1 = 22kW$。小齿轮材料为 40Cr（调质），$[\sigma_H]_1 = 500MPa$；大齿轮材料为 45 钢（正火），$[\sigma_H]_2 = 420MPa$。如果通过热处理方法将材料的力学性能分别提高到 $[\sigma_H]_1' = 680MPa$，$[\sigma_H]_2' = 600MPa$，试问此传动在不改变工作条件及其他设计参数的情况下，它的计算转矩（$KT_1$）能提高百分之几？

9-7 有一对标准直齿轮传动，若齿轮材料及热处理硬度、齿数、中心距、传递的功率和载荷性质均不变，而仅将小齿轮转速从 $960r/min$ 降低到 $720r/min$，保证齿根弯曲强度不变，不考虑载荷系数的微小改变，无限寿命设计，须改变哪个参数才能实现？如何改变？

# 第 10 章

# 蜗杆传动

## 10.1 蜗杆传动的类型、特点及应用

### 10.1.1 蜗杆传动的类型

蜗杆传动主要用于传递交错轴之间的运动和动力，通常两轴在空间是互相垂直交错的。

根据蜗杆形状不同，蜗杆传动可分为圆柱蜗杆传动、环面蜗杆传动、锥蜗杆传动三类（图 10-1）。

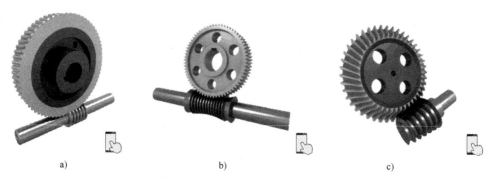

a)  b)  c)

图 10-1  蜗杆传动的类型

a）圆柱蜗杆传动  b）环面蜗杆传动  c）锥蜗杆传动

通过蜗杆轴线并与蜗轮轴线相垂直的平面称为中间平面，对蜗杆齿廓及参数分析常借助于中间平面。

1. 圆柱蜗杆传动

圆柱蜗杆根据车刀安装位置和齿廓形状不同，分为阿基米德蜗杆（ZA 蜗杆）、渐开线蜗杆（ZI 蜗杆）、法向直廓蜗杆（ZN 蜗杆）和锥面包络圆柱蜗杆（ZK 蜗杆）等多种（图 10-2）。

（1）阿基米德蜗杆（ZA 蜗杆） 这种蜗杆是用直线切削刃的梯形车刀在车床上切削而成的，切削刃通过蜗杆的轴平面。蜗杆端面上的齿廓为阿基米德螺旋线，在中间平面上的齿形为直线，其齿形角 $\alpha_0 = 20°$（图 10-2a）。这种蜗杆车削工艺好，但精度低且磨削困难，当导程角 $\gamma$ 较大时加工不便，只用于中小载荷、中小速度及间歇工作的场合。

（2）渐开线蜗杆（ZI蜗杆）　加工这种蜗杆时，切削刃顶面与蜗杆的基圆柱相切。蜗杆端面齿形为渐开线，在中间平面和法平面上的齿形为凸廓，在与基圆柱相切平面上的齿廓一侧是直线，另一侧是曲线（图10-2b）。这种蜗杆可在专用机床上磨削，承载能力高，用于传递载荷和功率较大的场合。

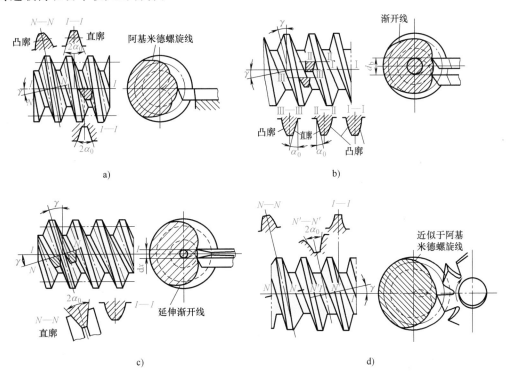

图10-2　普通圆柱蜗杆传动类型

a）阿基米德蜗杆　b）渐开线蜗杆　c）法向直廓蜗杆　d）锥面包络圆柱蜗杆

（3）法向直廓蜗杆（ZN蜗杆）　加工这种蜗杆时，将直线切削刃放在垂直于齿槽（或齿厚）中点螺旋线的法平面内。这种蜗杆的磨削是用直素线的砂轮在普通螺纹磨床上进行的。在蜗杆法平面内齿形是直线，在端面上是延伸渐开线（图10-2c）。这种蜗杆磨削比较困难，多用于分度蜗杆传动。

（4）锥面包络圆柱蜗杆（ZK蜗杆）　这种蜗杆是一种非线性螺旋齿面蜗杆，不能在车床上加工，只能在铣床和磨床上加工。加工时，梯形圆盘铣刀在蜗杆的法面内绕其轴线做回转运动，蜗杆做螺旋运动。这时刀具回转曲面的包络面即为蜗杆的螺旋齿面。在任意截面内，蜗杆的齿形都是曲线（图10-2d）。这种蜗杆便于磨削，蜗杆的精度较高，应用日渐广泛。

2. 环面蜗杆传动

环面蜗杆在轴向的外形是以凹圆弧为母线所形成的旋转曲面，所以称作环面蜗杆传动（图10-1b）。在这种传动的啮合带内，蜗杆的节弧沿蜗轮的节圆包着蜗轮。在中间平面内，蜗杆和蜗轮都是直线齿廓。由于同时相啮合的齿数多，而且轮齿的接触线与蜗杆齿运动的方向近似于垂直，轮齿受力情况和润滑油膜形成的条件良好，所以其承载能力为阿基米德蜗杆传动的2~4倍，效率达85%~90%。但它需要较高的制造和安装精度。

### 3. 锥蜗杆传动

锥蜗杆传动的两轴交错角通常为90°。蜗杆的螺旋在节锥上分布的导程角相同，而蜗轮在外观上就像一个曲线齿锥齿轮。锥蜗杆传动的特点是：同时啮合的齿数多，重合度大；传动比范围大（一般为10~360）；承载能力和效率高；侧隙便于控制和调整；蜗轮能用淬火钢制造，可节约有色金属；制造安装简便，工艺性好。但由于结构上的原因，传动具有不对称性，因而正、反转时受力不同，承载能力和效率也不同。

## 10.1.2 蜗杆传动的特点及应用

蜗杆传动广泛应用在汽车、机床、仪器、起重运输机械、冶金机械等领域，最大传动功率可达750kW，通常用在50kW以下，最高滑动速度 $v_s$ 可达35m/s，通常用在15m/s以下。蜗杆传动的特点是：

（1）传动比大，结构紧凑　在动力传动中，一般传动比 $i = 5~80$；在分度机构或手动机构的传动中，传动比可达300；若只传递运动，传动比可达1000，因此结构非常紧凑。

（2）传动平稳，噪声低　由于蜗杆齿是连续不断的螺旋齿，它和蜗轮齿是逐渐进入啮合及逐渐退出啮合的，同时啮合的齿数又较多，故冲击载荷小，传动平稳，噪声低。

（3）具有自锁性　当蜗杆的螺旋线升角小于啮合面的当量摩擦角时，能够自锁。

（4）摩擦损失较大，效率低　因蜗轮和蜗杆在啮合处有相对滑动，当滑动速度很大、工作条件不够好时，会产生较严重的摩擦磨损，从而引起过分发热并使润滑恶化。当传动具有自锁性时，效率仅为0.4左右。由于摩擦与磨损严重，蜗轮一般需用有色金属制造。

蜗杆传动通常用于减速装置，但也有个别机器用作增速装置。本章主要介绍减速蜗杆传动。

# 10.2　圆柱蜗杆传动的主要参数及几何尺寸计算

在中间平面上，圆柱蜗杆传动相当于齿轮与齿条的啮合传动，因此设计蜗杆传动时，以中间平面上的参数（如模数、压力角等）作为基准，并沿用齿轮传动的计算关系。

## 10.2.1 圆柱蜗杆传动的主要参数

圆柱蜗杆传动的主要参数有模数 $m$、压力角 $\alpha$、蜗杆头数 $z_1$、蜗杆导程角 $\gamma$、蜗杆的分度圆直径 $d_1$ 和直径系数 $q$ 等。

### 1. 模数 $m$ 和压力角 $\alpha$

在中间平面上为保证蜗杆和蜗轮的正确啮合，蜗杆的轴向模数 $m_{x1}$、压力角 $\alpha_{x1}$ 应分别与蜗轮的端面模数 $m_{t2}$、压力角 $\alpha_{t2}$ 相等，即

$$\left.\begin{array}{l} m_{x1} = m_{t2} = m \\ \alpha_{x1} = \alpha_{t2} = \alpha \end{array}\right\}$$

阿基米德蜗杆（ZA蜗杆）的轴向压力角 $\alpha_{x1}$ 为标准值（20°），渐开线蜗杆（ZI蜗杆）、法向直廓蜗杆（ZN蜗杆）和锥面包络圆柱蜗杆（ZK蜗杆）的压力角在法平面上，ZI、ZN、ZK法向压力角均为标准值（20°），蜗杆轴向压力角与法向压力角的关系为

$$\tan\alpha_x = \frac{\tan\alpha_n}{\cos\gamma}$$

式中，$\gamma$ 为导程角。

**2. 蜗杆的分度圆直径 $d_1$ 和直径系数 $q$**

在蜗杆传动中，为了保证蜗杆与配对蜗轮的正确啮合，常用与蜗杆具有同样尺寸的蜗轮滚刀来加工与其配对的蜗轮。这样每一种尺寸的蜗杆就要有一种对应的蜗轮滚刀。由于同一模数可能有很多不同直径的蜗杆，因此，对每一模数就要配备很多蜗轮滚刀。为了限制蜗轮滚刀的数目及便于滚刀的标准化，GB/T 10088—1988 对每一标准模数规定了一定数量的蜗杆分度圆直径 $d_1$，把比值

$$q = \frac{d_1}{m} \tag{10-1}$$

称为蜗杆的直径系数。由于 $d_1$ 和 $m$ 均为标准值，故 $q$ 为导出值，不一定是整数。对于动力蜗杆传动，$q$ 取 $7 \sim 18$；对于分度蜗杆传动，$q$ 取 $16 \sim 30$。

**3. 蜗杆头数 $z_1$ 和蜗轮齿数 $z_2$**

常用的蜗杆头数为 1、2、4、6，一般根据要求的传动比和效率来选定。蜗杆头数少，易于得到大传动比，但导程角小，其效率低、发热多，因此重载传动不宜采用单头蜗杆。当要求反行程自锁时，可取 $z_1 = 1$。蜗杆头数多，效率高，但头数过多，导程角大，加工困难。

蜗轮齿数 $z_2$ 根据传动比和蜗杆头数决定：$z_2 = iz_1$。为避免根切，理论上应使 $z_2 \geqslant 17$。若 $z_2 \geqslant 30$，可始终保持有两对以上的齿啮合，有利于传动趋于平稳。因此，蜗轮齿数宜取多些，通常规定 $z_2 \geqslant 28$。齿数越多，蜗轮尺寸越大，蜗杆轴越长而刚度越小。所以对于动力传动，$z_2$ 不宜多于 100，一般取 $z_2 = 32 \sim 80$。$z_1$ 和 $z_2$ 最好互质以利于均匀磨损。$z_1$ 和 $z_2$ 数值可参考表 10-1 的推荐值选取。

表 10-1　蜗杆头数 $z_1$ 与蜗轮齿数 $z_2$ 的推荐值

| $i=z_2/z_1$ | $z_1$ | $z_2$ | $i=z_2/z_1$ | $z_1$ | $z_2$ |
|---|---|---|---|---|---|
| $\approx 5$ | 6 | $29 \sim 31$ | $14 \sim 30$ | 2 | $29 \sim 61$ |
| $7 \sim 15$ | 4 | $29 \sim 61$ | $29 \sim 82$ | 1 | $29 \sim 82$ |

**4. 蜗杆导程角 $\gamma$**

蜗杆分度圆柱上的导程角 $\gamma$ 计算下式为

$$\tan\gamma = \frac{p_z}{\pi d_1} = \frac{z_1 p_x}{\pi d_1} = \frac{z_1 m}{d_1} = \frac{z_1}{q} \tag{10-2}$$

式中，$p_z$ 为蜗杆导程，$p_z = z_1 p_x$；$p_x$ 为蜗杆轴向齿距。$\gamma$ 的范围为 $3.5° \sim 33°$，导程角大，传动效率高；导程角小，传动效率低。一般认为，$\gamma \leqslant 3°40'$ 的蜗杆传动具有自锁性。

**5. 传动比 $i$ 和齿数比 $u$**

蜗杆传动的传动比 $i$ 为

$$i = \frac{n_1}{n_2}$$

式中，$n_1$、$n_2$ 分别为蜗杆和蜗轮的转速（r/min）。

齿数比 $u$ 为

$$u = \frac{z_2}{z_1}$$

当蜗杆为主动时，$i=u$。应当注意，蜗杆传动的传动比不等于蜗轮、蜗杆的直径比。

**6. 中心距 $a$**

蜗杆传动的中心距为

$$a = \frac{1}{2}(d_1 + d_2) = \frac{1}{2}(q + z_2)m \tag{10-3}$$

标准圆柱蜗杆传动的基本参数列于表 10-2 中。

表 10-2　圆柱蜗杆基本参数（轴交角 $\Sigma = 90°$）

| 模数 $m$/mm | 分度圆直径 $d_1$/mm | $m^2 d_1$/mm³ | 蜗杆头数 $z_1$ | 导程角 $\gamma$ | 模数 $m$/mm | 分度圆直径 $d_1$/mm | $m^2 d_1$/mm³ | 蜗杆头数 $z_1$ | 导程角 $\gamma$ |
|---|---|---|---|---|---|---|---|---|---|
| 1 | 18 | 18 | 1 | 3°10′47″ | 5 | 50 | 1250 | 1 | 5°42′38″ |
| 1.25 | 20 | 31.25 | 1 | 3°34′35″ | | | | 2 | 11°18′36″ |
| | 22.4 | 35 | | 3°11′38″ | | | | 4 | 21°48′05″ |
| 1.6 | 20 | 51.2 | 1 | 4°34′26″ | | | | 6 | 30°57′50″ |
| | | | 2 | 9°05′25″ | | 90 | 2250 | 1 | 3°10′47″ |
| | | | 4 | 17°44′41″ | 6.3 | 63 | 2500.5 | 1 | 5°42′38″ |
| | 28 | 71.68 | 1 | 3°16′14″ | | | | 2 | 11°18′36″ |
| 2 | 22.4 | 89.6 | 1 | 5°06′08″ | | | | 4 | 21°48′05″ |
| | | | 2 | 10°07′29″ | | | | 6 | 30°57′50″ |
| | | | 4 | 19°39′14″ | | 112 | 4445.3 | 1 | 3°13′10″ |
| | | | 6 | 28°10′43″ | 8 | 80 | 5120 | 1 | 5°42′38″ |
| | 35.5 | 142 | 1 | 3°13′28″ | | | | 2 | 11°18′36″ |
| 2.5 | 28 | 175 | 1 | 5°06′08″ | | | | 4 | 21°48′05″ |
| | | | 2 | 10°07′29″ | | | | 6 | 30°57′50″ |
| | | | 4 | 19°39′14″ | | 140 | 8960 | 1 | 3°16′14″ |
| | | | 6 | 28°10′43″ | 10 | 90 | 9000 | 1 | 6°20′25″ |
| | 45 | 281.25 | 1 | 3°10′47″ | | | | 2 | 12°31′44″ |
| 3.15 | 35.5 | 352.25 | 1 | 5°04′15″ | | | | 4 | 23°57′45″ |
| | | | 2 | 10°03′48″ | | | | 6 | 33°41′24″ |
| | | | 4 | 19°32′29″ | | 160 | 16000 | 1 | 3°34′35″ |
| | | | 6 | 28°01′50″ | 12.5 | 112 | 17500 | 1 | 6°22′06″ |
| | 56 | 555.26 | 1 | 3°13′10″ | | | | 2 | 12°34′59″ |
| 4 | 40 | 640 | 1 | 5°42′38″ | | | | 4 | 24°03′26″ |
| | | | 2 | 11°18′36″ | | 200 | 31250 | 1 | 3°34′35″ |
| | | | 4 | 21°48′05″ | 16 | 140 | 35840 | 1 | 6°31′11″ |
| | | | 6 | 30°57′50″ | | | | 2 | 12°52′30″ |
| | 71 | 1136 | 1 | 3°13′28″ | | | | 4 | 24°34′02″ |

## 10.2.2　圆柱蜗杆传动的几何尺寸计算

圆柱蜗杆传动的基本几何尺寸如图10-3所示，几何尺寸计算公式见表10-3。

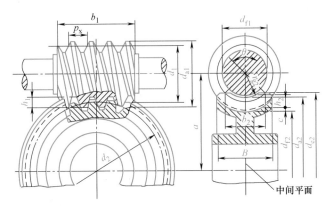

图 10-3　圆柱蜗杆传动的基本几何尺寸

表 10-3　圆柱蜗杆传动主要几何尺寸计算公式

| 名称 | 符号 | 计算公式 | |
| --- | --- | --- | --- |
| | | 蜗杆 | 蜗轮 |
| 分度圆直径 | $d$ | $d_1 = mq$ | $d_2 = mz_2 = 2a - d_1 - 2x_2 m$ |
| 节圆直径 | $d'$ | $d'_1 = d_1 + 2xm = (q + 2x)m$ | $d'_2 = d_2$ |
| 齿顶圆直径 | $d_a$ | $d_{a1} = d_1 + 2h_{a1} = d_1 + 2h_a^* m$ | $d_{a2} = d_2 + 2(h_a^* + x_2)m$ |
| 齿根圆直径 | $d_f$ | $d_{f1} = d_1 - 2(h_a^* + c^*)m$ | $d_{f2} = d_2 - 2(h_a^* - x_2 + c^*)m$ |
| 中心距 | $a$ | $a = m(q + z_2 + 2x)/2$ | |
| 压力角 | $\alpha$ | $\alpha_x = 20°$ 或 $\alpha_n = 20°$（按蜗杆类型确定） | |
| 导程角 | $\gamma$ | $\gamma = \arctan(z_1/q)$ | |
| 蜗杆基圆柱导程角 | $\gamma_b$ | $\cos\gamma_b = \cos\gamma\cos\alpha_n$ | |
| 蜗杆轴向齿距 | $p_x$ | $p_x = \pi m$ | |
| 蜗杆导程 | $p_z$ | $p_z = z_1 p_x = \pi m z_1$ | |
| 蜗轮齿宽角 | $\theta$ | | $\theta = 2\arcsin(b_2/d_1)$ |
| 蜗轮咽喉母圆半径 | $r_{g2}$ | | $r_{g2} = a - d_{a2}/2$ |

# 10.3　蜗杆传动的失效形式、计算准则及常用材料

## 10.3.1　失效形式

蜗杆传动的失效形式和齿轮传动一样，有疲劳点蚀、轮齿折断、齿面胶合及磨损等。一般情况下蜗轮轮齿的强度弱于蜗杆螺旋齿的强度，所以失效总是发生在蜗轮轮齿上。又由于蜗轮和蜗杆之间的相对滑动较大，容易产生胶合和磨粒磨损。而蜗轮轮齿的材料通常比蜗杆材料软得多，发生胶合时蜗轮表面的金属黏到蜗杆的螺旋面上，使蜗轮的工作齿面形成沟

痕，疲劳点蚀也通常只出现在蜗轮轮齿上。

蜗轮轮齿的磨损比齿轮传动严重得多，这是因为啮合处的相对滑动较大所致。在开式传动和润滑油不清洁的闭式传动中，磨损尤其显著。因此，蜗杆齿面的表面粗糙度值宜小些，在闭式传动中还应注意润滑油的清洁。

### 10.3.2 计算准则

在闭式传动中，蜗杆副多因齿面胶合或点蚀而失效。因此，设计准则是按蜗轮齿面接触强度进行设计，而按蜗轮齿根弯曲疲劳强度进行校核。另外，闭式蜗杆传动由于散热较为困难，还应做热平衡计算。

在开式传动中，多发生蜗轮的齿面磨损和轮齿折断，因此，应以保证蜗轮齿根弯曲疲劳强度作为开式蜗杆传动的主要设计准则。

### 10.3.3 常用材料

蜗轮和蜗杆的材料除了要求具有足够的强度，更重要的是配对的材料要具有良好的减磨和耐磨性能。蜗杆的齿面硬度应高于蜗轮。

#### 1. 蜗杆材料

蜗杆一般用碳钢或合金钢制成。高速重载蜗杆常用低碳合金钢（如 15Cr 或 20 Cr）并经渗碳淬火，或用中碳钢（如 40 钢、45 钢）或中碳合金钢（如 40Cr）并经表面或整体淬火。这样可以获得较高的硬度，增加耐磨性。通常要求蜗杆淬火后的硬度为 40~55HRC，经氮化处理后的硬度为 55~62HRC。不太重要的低速中载的蜗杆，可采用 40 钢或 45 钢，并经调质处理，其硬度为 220~300HBW。

#### 2. 蜗轮材料

常用的蜗轮材料有铸造锡青铜（如 ZCuSn10P1、ZCuSn5Pb5Zn5）、铸造铝铁青铜（如 ZCuAl10Fe3）及灰铸铁（如 HT150、HT200）等。铸造锡青铜耐磨性最好，但价格较高，用于滑动速度 $v_s \geqslant 3m/s$ 和持续运转的重要传动；铝铁青铜的耐磨性稍差一些，但价格便宜，一般用于滑动速度 $v_s \leqslant 4m/s$ 的传动；灰铸铁价格便宜，用于滑动速度不高（$v_s < 2m/s$）且对效率要求也不高的场合，直径较大的蜗轮常用灰铸铁。

## 🔩 10.4 圆柱蜗杆传动的受力分析和计算载荷

### 10.4.1 圆柱蜗杆传动的受力分析

蜗杆传动的受力分析和斜齿圆柱齿轮传动相似。一对啮合的蜗杆和蜗轮的旋向相同，蜗杆传动有左旋和右旋两种，常采用右旋。

以右旋主动蜗杆为例，其受力情况如图 10-4 所示，作用在齿面上的法向力 $F_n$ 可分解为三个互相垂直的分力，即圆周力 $F_t$、径向力 $F_r$ 和轴向力 $F_a$（蜗杆传动的受力分析时，通常不考虑摩擦力的影响）。由于蜗杆蜗轮两轴线垂直交错，显然，分别作用在蜗杆和蜗轮上的 $F_{t1}$ 与 $F_{a2}$、$F_{r1}$ 与 $F_{r2}$、$F_{a1}$ 与 $F_{t2}$，大小相等、方向相反。

各力的大小的计算式为

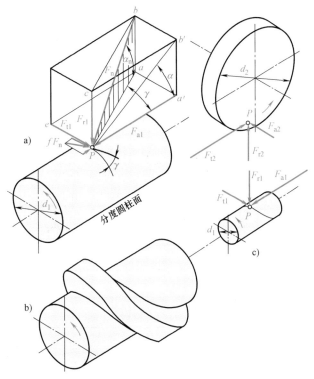

图 10-4 蜗杆传动的受力分析

$$F_{t1} = F_{a2} = \frac{2T_1}{d_1}$$

$$F_{a1} = F_{t2} = \frac{2T_2}{d_2}$$

$$F_{r1} = F_{r2} = F_{t2} \tan\alpha$$

$$F_n = \frac{F_{a1}}{\cos\alpha_n \cos\gamma} = \frac{F_{t2}}{\cos\alpha_n \cos\gamma} = \frac{2T_2}{d_2 \cos\alpha_n \cos\gamma}$$

式中，$T_1$、$T_2$ 分别为蜗杆和蜗轮上的公称转矩（N·mm）。蜗杆主动时，$T_2 = T_1 i \eta_1$（$\eta_1$ 为传动啮合效率）。

各力的方向主要根据蜗杆的转向和旋向来判断。当蜗杆主动时，蜗杆的圆周力 $F_{t1}$ 与蜗杆在啮合点的运动方向相反；蜗杆的径向力 $F_{r1}$ 指向蜗杆的轴心；蜗杆的轴向力 $F_{a1}$ 可用左右手法则确定，即右（左）旋蜗杆用右（左）手，握拳时以四指指向蜗杆回转方向，则拇指伸直所指方向即为蜗杆轴向力 $F_{a1}$ 的方向。

### 10.4.2 圆柱蜗杆传动的计算载荷

与齿轮传动类似，蜗杆传动齿面上单位接触线长度的计算载荷 $P_c$ 为

$$P_c = \frac{KF_n}{L_0} \tag{10-4}$$

式中，$K$ 为载荷系数；$L_0$ 为蜗轮齿面的接触线长度（mm），考虑到重合度的影响，$L_0 = 1.31$

$d_1/\cos\gamma \approx 1.38d_1$（一般取 $\gamma = 5° \sim 25°$，$\cos\gamma$ 的平均值约为 0.95）。

其中 $$K = K_A K_\beta K_v$$

式中，$K_A$ 为使用系数，见表 10-4；$K_\beta$ 为齿向载荷分布系数，当蜗杆传动的载荷平稳时，载荷分布不均现象将由于工作表面良好的磨合而得到改善，可取 $K_\beta = 1$，当载荷变化较大或有冲击、振动时，取 $K_\beta = 1.3 \sim 1.6$；$K_v$ 为动载系数，由于蜗杆传动一般较平稳，其动载荷比齿轮动载荷小得多，故精确制造且蜗轮圆周速度 $v_2 \leqslant 3\text{m/s}$ 时，$K_v = 1.0 \sim 1.1$，当 $v_2 > 3\text{m/s}$ 时，$K_v = 1.1 \sim 1.2$。

表 10-4　使用系数 $K_A$

| 工作类型 | I | II | III |
|---|---|---|---|
| 载荷性质 | 均匀、无冲击 | 不均匀、小冲击 | 不均匀、大冲击 |
| 每小时起动次数 | <25 | 25～50 | >50 |
| 起动载荷 | 小 | 较大 | 大 |
| $K_A$ | 1 | 1.15 | 1.2 |

# 10.5　圆柱蜗杆传动的承载能力计算

### 10.5.1　蜗轮齿面接触强度计算

根据赫兹公式，圆柱蜗轮齿面接触应力 $\sigma_H$ 为

$$\sigma_H = \sqrt{\frac{KF_n}{L_0\rho_\Sigma}} Z_E$$

式中，$Z_E$ 为材料的弹性系数（$\text{MPa}^{1/2}$），青铜或铸铁蜗轮与钢蜗杆配对时，取 $Z_E = 160\text{MPa}^{1/2}$；$\rho_\Sigma$ 为综合曲率半径，借用斜齿轮的曲率半径公式，则在节点处综合曲率半径为 $\dfrac{1}{\rho_\Sigma} \approx \dfrac{2\cos\gamma}{mz_2\sin\alpha_n}$。

将法向载荷 $F_n$ 用蜗轮分度圆直径 $d_2$、蜗轮转矩 $T_2$ 等参数表示，即 $F_n = \dfrac{2T_2}{d_2\cos\alpha_n\cos\gamma}$，再将 $d_2 = mz_2$、$L_0 \approx 1.38d_1$、$\dfrac{1}{\rho_\Sigma} \approx \dfrac{2\cos\gamma}{mz_2\sin\alpha_n}$ 代入以上公式，得蜗轮齿面接触强度的验算公式为

$$\sigma_H = 480\sqrt{\frac{KT_2}{d_1 m^2 z_2^2}} \leqslant [\sigma_H] \tag{10-5}$$

式中，$[\sigma_H]$ 为蜗轮齿面的许用接触应力（MPa），其值与蜗轮的材料和失效形式有关。

当蜗轮材料为铸锡青铜时，蜗杆传动主要因接触疲劳点蚀而失效，蜗轮的许用应力与应力循环次数有关，即

$$[\sigma_H] = K_{HN}[\sigma_H]'$$

式中，$[\sigma_H]'$ 为基本许用接触应力（MPa），其值见表 10-5；$K_{HN}$ 为接触疲劳寿命系数，

$K_{HN} = \sqrt[8]{\dfrac{10^7}{N}}$，其中应力循环次数 $N = 60jn_2 L_h$，$j$ 为蜗轮每转一转每个轮齿啮合的次数；$n_2$ 为蜗轮转速（r/min）；$L_h$ 为工作寿命（h）。

应力循环次数 $N$ 计算完成后应注意：当 $N > 25 \times 10^7$ 时，取 $N = 25 \times 10^7$；当 $N < 2.6 \times 10^5$ 时，取 $N = 2.6 \times 10^5$；当 $2.6 \times 10^5 < N < 25 \times 10^7$ 时，将计算的 $N$ 值代入寿命系数公式。

表 10-5　铸造锡青铜蜗轮的基本许用接触应力 $[\sigma_H]'$　　　（单位：MPa）

| 蜗轮材料 | 铸造方法 | 蜗杆螺旋面的硬度 | |
|---|---|---|---|
| | | ≤45HRC | >45HRC |
| ZCuSn10P1 | 砂型铸造 | 150 | 180 |
| | 金属型铸造 | 220 | 268 |
| ZCuSn5Pb5Zn5 | 砂型铸造 | 113 | 135 |
| | 金属型铸造 | 128 | 140 |

当蜗轮材料为铸造铝铁青铜（$R_m \geqslant 300\text{MPa}$）或灰铸铁时，蜗杆传动的主要失效形式是齿面胶合。但因目前尚无完善的胶合强度计算公式，因此采用接触强度的条件计算。齿面上的相对滑动速度越大越容易胶合，许用接触应力 $[\sigma_H]$ 越小。此外，胶合不属于疲劳失效，$[\sigma_H]$ 与应力循环次数 $N$ 无关。许用接触应力 $[\sigma_H]$ 可直接从表 10-6 中查出。

表 10-6　灰铸铁及铸造铝铁青铜蜗轮的许用接触应力 $[\sigma_H]$　　　（单位：MPa）

| 材料 | | 滑动速度 $v_s /(\text{m/s})$ | | | | | | |
|---|---|---|---|---|---|---|---|---|
| 蜗杆 | 蜗轮 | <0.25 | 0.25 | 0.5 | 1 | 2 | 3 | 4 |
| 20 或 20Cr 渗碳、淬火，45 淬火，齿面硬度大于 45HRC | 灰铸铁 HT150 | 206 | 166 | 150 | 127 | 95 | — | — |
| | 灰铸铁 HT200 | 250 | 202 | 182 | 154 | 115 | — | — |
| | 铸造铝铁青铜 ZCuAl10Fe3 | — | — | 250 | 230 | 210 | 180 | 160 |
| 45 或 Q275 | 灰铸铁 HT150 | 172 | 139 | 125 | 106 | 79 | — | — |
| | 灰铸铁 HT200 | 208 | 168 | 152 | 128 | 96 | — | — |

将式（10-5）整理成按蜗轮接触强度条件设计计算的公式，有

$$m^2 d_1 \geqslant KT_2 \left( \frac{480}{z_2 [\sigma_H]} \right)^2 \tag{10-6}$$

根据上式计算出蜗杆传动的 $m^2 d_1$ 后，参考 $z_1$ 从表 10-2 中选择合适的 $m^2 d_1$ 值以及对应的蜗杆参数。

## 10.5.2　蜗轮齿根弯曲强度计算

蜗轮轮齿的弯曲变形直接影响到蜗杆副的运动平稳性精度，因此，需要对闭式蜗杆传动做弯曲强度的校核计算。由于蜗轮齿形复杂，要精确计算齿根的弯曲应力比较困难，常把蜗轮近似地当作斜齿圆柱齿轮进行条件性计算。仿照斜齿轮的弯曲强度校核公式，得蜗轮齿根的弯曲应力为

$$\sigma_F = \frac{KF_{t2}}{b_2 m_n} Y_{Fa2} Y_{Sa2} Y_\varepsilon Y_\beta = \frac{2KT_2}{b_2 d_2 m_n} Y_{Fa2} Y_{Sa2} Y_\varepsilon Y_\beta$$

式中，$b_2$ 为蜗轮轮齿弧长，$b_2 = \dfrac{\pi d_1 \theta}{360° \cos\gamma}$，其中 $\theta$ 为蜗轮齿宽角（图 10-3），取 $\theta = 100°$；$m_n$ 为法向模数（mm），$m_n = m\cos\gamma$；$Y_{\mathrm{Sa2}}$ 为齿根应力修正系数，在蜗轮的许用弯曲应力 $[\sigma_F]$ 中考虑；$Y_{\mathrm{Fa2}}$ 为蜗轮齿形系数，由蜗轮的当量齿数 $z_{v2} = \dfrac{z_2}{\cos^3\gamma}$ 及蜗轮的变位系数 $x_2$ 从图 10-5 中查得；$Y_\varepsilon$ 为弯曲强度的重合度系数，取 $Y_\varepsilon = 0.667$；$Y_\beta$ 为螺旋角系数，$Y_\beta = 1 - \dfrac{\gamma}{140°}$。

将以上参数代入上式得蜗轮弯曲强度的校核公式，即

$$\sigma_F = \frac{1.53 K T_2}{d_1 d_2 m} Y_{\mathrm{Fa2}} Y_\beta \leqslant [\sigma_F] \tag{10-7}$$

式中，$\sigma_F$ 为蜗轮齿根弯曲应力（MPa）；$[\sigma_F]$ 为蜗轮的许用弯曲应力（MPa），$[\sigma_F] = [\sigma_F]' K_{\mathrm{FN}}$，其中 $[\sigma_F]'$ 为考虑齿根应力修正系数 $Y_{\mathrm{Sa2}}$ 后蜗轮的基本许用弯曲应力，见表 10-7，$K_{\mathrm{FN}}$ 为寿命系数，$K_{\mathrm{FN}} = \sqrt[9]{\dfrac{10^6}{N}}$，其中，应力循环次数 $N = 60 j n_2 L_h$，各参数计算方法及取值同前所述。应力循环次数 $N$ 计算完成后应注意：当 $N > 25 \times 10^7$ 时，取 $N = 25 \times 10^7$；当 $N < 10^5$ 时，取 $N = 10^5$；当 $10^5 < N < 25 \times 10^7$ 时，将计算的 $N$ 值代入寿命系数公式。

将式（10-7）整理后可得蜗轮轮齿按弯曲强度条件的设计公式，即

$$m^2 d_1 \geqslant \frac{1.53 K T_2}{z_2 [\sigma_F]} Y_{\mathrm{Fa2}} Y_\beta \tag{10-8}$$

式（10-8）常用于蜗轮齿数较多（如 $z_2 > 90$）或开式蜗杆传动时。在蜗轮齿数较少（如 $z_2 < 90$）的闭式蜗杆传动中常采用式（10-7）进行弯曲强度校核计算。

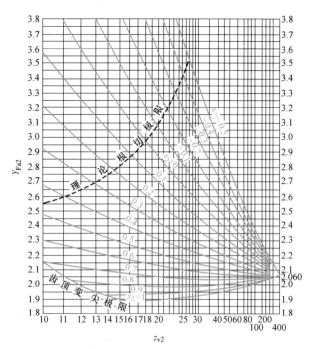

图 10-5　蜗轮的齿形系数 $Y_{\mathrm{Fa2}}$（$\alpha = 20°$，$h_a^* = 1$，$\rho_{a0} = 0.3 m_n$）

表 10-7　蜗轮的基本许用弯曲应力 $[\sigma_F]'$ 　　　　（单位：MPa）

| 蜗轮材料 | | 铸造方法 | 单侧工作 $[\sigma_{0F}]'$ | 双侧工作 $[\sigma_{-1F}]'$ |
|---|---|---|---|---|
| 铸造锡青铜 | ZCuSn10P1 | 砂型铸造 | 40 | 29 |
| | | 金属型铸造 | 56 | 40 |
| | ZCuSn5Ph5Zn5 | 砂型铸造 | 26 | 22 |
| | | 金属型铸造 | 32 | 26 |
| | ZCuAl10Fe3 | 砂型铸造 | 80 | 57 |
| | | 金属型铸造 | 90 | 64 |
| 灰铸铁 | HT150 | 砂型铸造 | 40 | 28 |
| | HT200 | 砂型铸造 | 48 | 34 |

### 10.5.3　蜗杆的刚度计算

蜗杆啮合部位受力后易产生挠曲变形，影响蜗杆蜗轮的正确啮合，所以需要对蜗杆进行刚度校核。校核蜗杆的刚度时，通常是把蜗杆看作以蜗杆齿根圆直径为直径的轴段。引起挠曲变形的力主要是蜗杆的圆周力 $F_{t1}$ 和径向力 $F_{r1}$（轴向力 $F_a$ 忽略不计），假设蜗杆轴的支点为自由支承，则蜗杆的最大挠度应满足

$$y = \frac{\sqrt{F_{t1}^2 + F_{r1}^2}}{48EI} L'^3 \leqslant [y] \tag{10-9}$$

式中，$E$ 为蜗杆材料的弹性模量（MPa）；$I$ 为蜗杆危险截面的惯性矩（$mm^4$），$I = \dfrac{\pi d_{f1}^4}{64}$，其中 $d_{f1}$ 为蜗杆齿根圆直径（mm）；$L'$ 为蜗杆两端支承间的跨距（mm），初步计算时可取 $L' \approx 0.9d_2$，其中 $d_2$ 为蜗轮分度圆直径；$[y]$ 为许用最大挠度（mm），$[y] = \dfrac{d_1}{1000}$，其中 $d_1$ 为蜗杆分度圆直径（mm）。

### 10.5.4　圆柱蜗杆传动的精度等级选择

GB/T 10089—1988 对圆柱蜗杆传动规定了 12 个精度等级，其中 1 级精度最高，12 级精度最低。与齿轮公差相仿，公差也分成三个公差组。普通圆柱蜗杆传动常用 6~9 级精度。6 级精度的传动可用于中等精度机床的分度机构、发动机调整器的传动，允许的蜗轮蜗杆齿面滑动速度 $v_s > 10 m/s$；7 级精度常用于中等精度的运输机和一般工业中的中等速度（$v_s < 10 m/s$）的动力传动；8 级精度常用于圆周速度较低，每天工作时间很短的不重要传动；9 级精度常用于不重要的低速或手动传动。

## 10.6　蜗杆传动的效率、润滑及热平衡计算

### 10.6.1　蜗杆传动的效率

闭式蜗杆传动的效率由三部分组成，即啮合效率 $\eta_1$、浸入油池中的零件搅油损耗效率

$\eta_2$ 及轴承摩擦损耗效率 $\eta_3$。因此，蜗杆传动总效率为

$$\eta = \eta_1 \eta_2 \eta_3 \tag{10-10}$$

式中，一般取 $\eta_2 \eta_3 = 0.95 \sim 0.96$。

当蜗杆主动时，则

$$\eta_1 = \frac{\tan\gamma}{\tan(\gamma + \varphi_v)} \tag{10-11}$$

式中，$\gamma$ 为圆柱蜗杆分度圆柱上的导程角；$\varphi_v$ 为蜗杆和蜗轮间的当量摩擦角，$\varphi_v = \arctan f_v$（$f_v$ 为当量摩擦因数），它取决于蜗杆蜗轮的材料、润滑条件和齿面相对滑动速度 $v_s$ 等。$f_v$ 和 $\varphi_v$ 的选用见表 10-8。

表 10-8　圆柱蜗杆传动的当量摩擦因数 $f_v$ 和当量摩擦角 $\varphi_v$

| 蜗轮齿圈材料 | 锡青铜 | | | | 无锡青铜 | | 灰铸铁 | | | |
|---|---|---|---|---|---|---|---|---|---|---|
| 蜗杆齿面硬度 | ≥45HRC | | 其他 | | ≥45HRC | | ≥45HRC | | 其他 | |
| 滑动速度 $v_s$/(m/s) | $f_v$ | $\varphi_v$ | $f_v$ | $\varphi_v$ | $f_v$ | $\varphi_v$ | $f_v$ | $\varphi_v$ | $f_v$ | $\varphi_v$ |
| 0.01 | 0.110 | 6°17′ | 0.120 | 6°51′ | 0.180 | 10°12′ | 0.180 | 10°12′ | 0.190 | 10°45′ |
| 0.05 | 0.090 | 5°09′ | 0.100 | 5°43′ | 0.140 | 7°58′ | 0.140 | 7°58′ | 0.160 | 9°05′ |
| 0.10 | 0.080 | 4°34′ | 0.090 | 5°09′ | 0.130 | 7°24′ | 0.130 | 7°24′ | 0.140 | 7°58′ |
| 0.25 | 0.065 | 3°43′ | 0.075 | 4°17′ | 0.100 | 5°43′ | 0.100 | 5°43′ | 0.120 | 6°51′ |
| 0.50 | 0.055 | 3°09′ | 0.065 | 3°43′ | 0.090 | 5°09′ | 0.090 | 5°09′ | 0.100 | 5°43′ |
| 1.0 | 0.045 | 2°35′ | 0.055 | 3°09′ | 0.070 | 4°00′ | 0.070 | 4°00′ | 0.090 | 5°09′ |
| 1.5 | 0.040 | 2°35′ | 0.050 | 2°52′ | 0.065 | 3°43′ | 0.065 | 3°43′ | 0.080 | 4°34′ |
| 2.0 | 0.035 | 2°00′ | 0.045 | 2°35′ | 0.055 | 3°09′ | 0.055 | 3°09′ | 0.070 | 4°00′ |
| 2.5 | 0.030 | 1°43′ | 0.040 | 2°17′ | 0.050 | 2°52′ | | | | |
| 3.0 | 0.028 | 1°36′ | 0.035 | 2°00′ | 0.045 | 2°35′ | | | | |
| 4 | 0.024 | 1°22′ | 0.031 | 1°47′ | 0.040 | 2°17′ | | | | |
| 5 | 0.022 | 1°16′ | 0.029 | 1°40′ | 0.035 | 2°00′ | | | | |
| 8 | 0.018 | 1°02′ | 0.026 | 1°29′ | 0.030 | 1°43′ | | | | |
| 10 | 0.016 | 0°55′ | 0.024 | 1°22′ | | | | | | |
| 15 | 0.014 | 0°48′ | 0.020 | 1°09′ | | | | | | |
| 24 | 0.013 | 0°45′ | | | | | | | | |

当蜗轮主动时，则

$$\eta_1 = \frac{\tan(\gamma - \varphi_v)}{\tan\gamma}$$

由上式可知，当蜗轮主动且 $\gamma > \varphi_v$ 时，$\eta_1 > 0$，蜗杆机构可以运动；当 $\gamma \leqslant \varphi_v$ 时 $\eta_1 < 0$，则机构自锁。因此，蜗杆传动的自锁条件为 $\gamma \leqslant \varphi_v$。

蜗杆传动效率比齿轮传动低的主要原因是齿面的啮合效率 $\eta_1$ 低。一般说来，当导程角 $\gamma$ 小于 $28°$ 时，$\eta_1$ 随 $\gamma$ 的增大而明显增加。但当 $\gamma$ 大于 $28°$ 后，$\eta_1$ 随 $\gamma$ 的增大提高缓慢，且大的导程角会给加工带来困难，所以 $\gamma$ 一般小于 $28°$，滑动速度 $v_s$ 由图 10-6 得

$$v_s = \frac{v_1}{\cos\gamma} = \frac{\pi d_1 n_1}{60 \times 1000 \cos\gamma} \tag{10-12}$$

式中，$v_1$ 为蜗杆分度圆的圆周速度（m/s）；$d_1$ 为蜗杆分度圆直径（mm）；$n_1$ 为蜗杆的转速（r/min）。

在设计之初，蜗杆传动的总效率 $\eta$ 值可根据 $z_1$ 近似选取：

| 蜗杆头数 $z_1$ | 1 | 2 | 4 | 6 |
|---|---|---|---|---|
| 总效率 $\eta$ | 0.7~0.75 | 0.75~0.84 | 0.84~0.92 | 0.92~0.97 |

开式蜗杆传动时，$z_1 = 1$、2，$\eta = 0.6 \sim 0.7$。

### 10.6.2 蜗杆传动的润滑

润滑对蜗杆传动来说，具有特别重要的意义。由于蜗杆传动的齿面相对滑动速度大，良好的润滑对于防止齿面过早发生齿面磨损、胶合和点蚀，提高传动的承载能力具有重要意义。蜗杆传动的润滑油必须具有较高的黏度和足够的极压性，在一些不重要的场合往往采用黏度大的矿物油。为减少胶合还常加入添加剂。应当注意，青铜蜗轮不允许采用抗胶合能力强的活性润滑油，以免腐蚀青铜。

对于闭式蜗杆传动，主要是根据相对滑动速度和载荷类型按表 10-9 选取润滑油黏度及润滑方式；对于开式蜗杆传动，则采用黏度较高的齿轮油或润滑脂进行定期供油润滑。

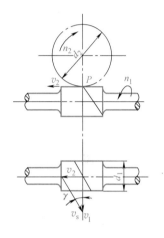

图 10-6 蜗杆传动的滑动速度

表 10-9 蜗杆传动的润滑油黏度荐用值及给油方法

| 蜗杆传动的滑动速度 $v_s$/(m/s) | 0~1 | 0~2.5 | 0~5 | >5~10 | >10~15 | >15~25 | >25 |
|---|---|---|---|---|---|---|---|
| 载荷类型 | 重 | 重 | 中 | （不限） | （不限） | （不限） | （不限） |
| 运动黏度 $v_{40}$/(mm²/s) | 900 | 500 | 350 | 220 | 150 | 100 | 80 |
| 给油方法 | 油池润滑 | | | 喷油润滑或油池润滑 | 喷油润滑时的喷油压力/MPa | | |
| | | | | | 0.7 | 2 | 3 |

注：$1\text{cSt} = 1\text{mm}^2/\text{s}$。

蜗杆传动有蜗杆上置和蜗杆下置两种。当采用浸油润滑时，蜗杆尽量下置；当蜗杆分度圆速度大于 4~5m/s 时，为避免搅油损失过大，采用蜗杆上置。如果采用浸油润滑，为利于散热，在搅油损失不致过大的情况下，应保持适当的油量，一般浸油深度为蜗杆的一个齿高，但不能超过轴承最低滚动体的中心；当蜗杆上置式时，浸油深度约为蜗轮外径的 1/3。一般情况下，考虑到沉淀油屑和冷却散热，浸油量大些比较好。速度高时，浸油量可少些。如果采用喷油润滑，喷油嘴要对准蜗杆啮入端；蜗杆正反转时，两边都要装有喷油嘴，而且要控制一定的油压。

### 10.6.3 蜗杆传动的热平衡计算

蜗杆传动由于效率低，工作时会产生较多的热量。所以，必须对闭式蜗杆传动进行热平衡计算，以保证油温稳定地处于规定的范围内。达到热平衡时，蜗杆传动单位时间内的发热量应等于同时间内的散热量。

单位时间内，由损耗的功率产生的发热量为

$$\Phi_1 = 1000P(1-\eta)$$

式中，$\Phi_1$ 为单位时间内产生的发热量（W）；$P$ 为蜗杆传递的功率（kW）。

单位时间内，自然冷却时从箱体外壁散发到空气中去的散热量 $\Phi_2$ 为

$$\Phi_2 = \alpha_d S(t_0 - t_a)$$

式中，$\Phi_2$ 为单位时间内的散热量（W）；$\alpha_d$ 为箱体的表面传热系数 $[W/(m^2 \cdot \text{℃})]$，可取 $\alpha_d = 8.15 \sim 17.45 W/(m^2 \cdot \text{℃})$，当空气流通良好时取大值；$S$ 为内表面能被润滑油所飞溅到，而外表面又可为周围空气所冷却的箱体散热面积（$m^2$）；$t_0$ 为润滑油的工作温度（℃），一般允许油温为 $60 \sim 70 \text{℃}$，最高不应超过 80℃；$t_a$ 为周围空气的温度（℃），常温情况可取为 20℃。

由热平衡条件 $\Phi_1 = \Phi_2$，可得在既定工作条件下的工作油温，即

$$t_0 = t_a + \frac{1000P(1-\eta)}{\alpha_d S} \qquad (10\text{-}13)$$

采用散热片时，保持正常工作温度所需要的散热面积，有

$$S = \frac{1000P(1-\eta)}{\alpha_d(t_0 - t_a)} \qquad (10\text{-}14)$$

在油温 $t_0$ 大于 80℃ 或有效散热面积不足时，必须采取措施以提高散热能力。通常采取的散热措施有：

1）加散热片，增加散热面积。

2）在蜗杆轴端加装风扇，加速空气的流通。

3）加装循环冷却设施，如循环冷却水管或外冷却喷油润滑。

## 10.7 蜗杆传动的结构设计

多数蜗杆因螺旋部分的直径不大，通常与轴做成一个整体，很少做成装配式的。常见的蜗杆结构形式如图 10-7 所示，其中图 10-7a 所示的结构无退刀槽，只能铣制；图 10-7b 所示的结构有退刀槽，可以车制，也可以铣制。铣制蜗杆轴的直径可大于蜗杆齿根圆直径，所以其刚度比车制蜗杆要大。

蜗轮根据尺寸大小可制成整体式或组合式的。整体式结构（图 10-8a）用于铸铁蜗轮或尺寸较小的青铜蜗轮。直径较大的蜗轮常采用组合式，即齿圈用青铜，轮心用铸铁或铸钢。组合方式有过盈配合式（图 10-8b）、螺栓连接式（图 10-8c）、拼铸式（图10-8d）。采用过盈配合时，为了提高过盈配合的可靠性，沿接合缝还应拧上螺钉，螺钉孔中心线

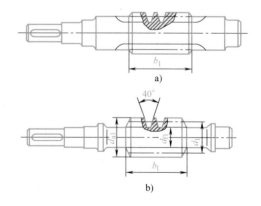

图 10-7　蜗杆轴的结构

a）铣制蜗杆　b）车制蜗杆

由接合缝向材料较硬的轮心一侧偏移 2~3mm。这种结构多用于尺寸不大或工作温度变化较小的地方，以免热胀冷缩影响配合的质量。采用螺栓连接时，最好用铰制孔螺栓连接，螺栓连接式蜗轮装拆比较方便，多用于尺寸较大或容易磨损的蜗轮。拼铸式只用于成批制造的蜗轮。

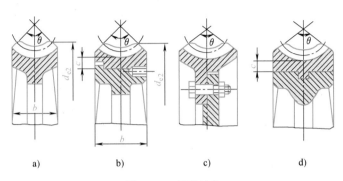

a)　　　　　b)　　　　　c)　　　　　d)

图 10-8　蜗轮结构

a) 整体式蜗轮　b) 过盈配合式蜗轮　c) 螺栓连接式蜗轮　d) 拼铸式蜗轮

## 10.8　典型例题

**例**　设计一闭式蜗杆减速器中的圆柱蜗杆传动。已知原动机为电动机，输入功率 $P = 5.5\text{kW}$，蜗杆转速 $n_1 = 1450\text{r/min}$，传动比 $i_{12} = 25$，大批量生产，单向转动，工作机载荷有轻微冲击，预期工作寿命 $L_h$ 为 12000h，估计散热面积 $S = 1.5\text{m}^2$，通风良好。

**解**　1. 选择蜗杆传动类型、材料和热处理

根据 GB/T 10085—1988 的推荐，采用渐开线蜗杆（ZI 蜗杆）。因传动功率不大且速度中等，故蜗杆采用 40Cr，轮齿表面淬火，硬度为 50~55HRC。为了节约贵重的有色金属，蜗轮齿圈采用铸锡磷青铜 ZCuSn10P1，金属型铸造，轮心用灰铸铁 HT150 制造。

2. 按蜗轮齿面接触强度设计

蜗轮接触强度条件设计计算的公式为

$$m^2 d_1 \geq KT_2 \left( \frac{480}{z_2 [\sigma_H]} \right)^2$$

（1）确定载荷系数 $K$

由表 10-4 选取使用系数 $K_A = 1.15$；取齿向载荷分布系数 $K_\beta = 1.3$；假设蜗轮圆周速度 $v_2 \leq 3\text{m/s}$，取动载系数 $K_v = 1.05$。则

$$K = K_A K_\beta K_v = 1.15 \times 1.3 \times 1.05 = 1.57$$

（2）确定作用在蜗轮上的转矩 $T_2$

按蜗杆头数 $z_1 = 2$，估取效率 $\eta = 0.8$，则

$$T_2 = 9.55 \times 10^6 \frac{P_2}{n_2} = 9.55 \times 10^6 \frac{P\eta}{n_1/i_{12}} = 9.55 \times 10^6 \times \frac{5.5 \times 0.8}{1450/25} \text{N} \cdot \text{mm} = 724482 \text{N} \cdot \text{mm}$$

（3）确定许用接触应力 $[\sigma_H]$

根据表 10-5 查得蜗轮的基本许用应力 $[\sigma_H]' = 268\text{MPa}$。

应力循环次数

$$N = 60jn_2L_h = 60 \times 1 \times \frac{1450}{25} \times 12000 = 4.18 \times 10^7$$

寿命系数

$$K_{HN} = \sqrt[8]{\frac{10^7}{4.18 \times 10^7}} = 0.836$$

则

$$[\sigma_H] = K_{HN}[\sigma_H]' = 0.836 \times 268\text{MPa} = 224\text{MPa}$$

（4）计算 $m^2d_1$ 值

蜗轮齿数

$$z_2 = i_{12}z_1 = 25 \times 2 = 50$$

$$m^2d_1 \geqslant KT_2\left(\frac{480}{z_2[\sigma_H]}\right)^2 = 1.57 \times 724482 \times \left(\frac{480}{50 \times 224}\right)^2 \text{mm}^3 = 2089 \text{ mm}^3$$

从表 10-2 中根据 $m^2d_1 = 2500.5\text{mm}^3 > 2089\text{mm}^3$，取模数 $m = 6.3\text{mm}$，蜗杆分度圆直径 $d_1 = 63\text{mm}$。

**3. 计算蜗杆传动的主要参数和几何尺寸**

（1）蜗杆

轴向齿距      $p_x = \pi m = 3.14 \times 6.3\text{mm} = 19.782\text{mm}$

直径系数      $q = d_1/m = 63\text{mm}/6.3\text{mm} = 10$

齿顶圆直径      $d_{a1} = d_1 + 2h_a^*m = (63 + 2 \times 1 \times 6.3)\text{mm} = 75.6\text{mm}$

齿根圆直径      $d_{f1} = d_1 - 2(h_a^* + c^*)m = [63 - 2 \times (1 + 0.25) \times 6.3]\text{mm} = 47.25\text{mm}$

分度圆导程角      $\gamma = 11°18'36'' = 11.31°$

（2）蜗轮

蜗轮分度圆直径      $d_2 = mz_2 = 6.3 \times 50\text{mm} = 315\text{mm}$

蜗轮齿顶圆直径      $d_{a2} = d_2 + 2h_a^*m = (315 + 2 \times 1 \times 6.3)\text{mm} = 327.6\text{mm}$

蜗轮齿根圆直径      $d_{f2} = d_2 - 2(h_a^* + c^*)m = [315 - 2 \times (1 + 0.25) \times 6.3]\text{mm} = 299.25\text{mm}$

（3）中心距

$$a = \frac{1}{2}(d_1 + d_2) = \frac{1}{2}(q + z_2)m = \frac{1}{2} \times (10 + 50) \times 6.3\text{mm} = 189\text{mm}$$

**4. 校核蜗轮齿根弯曲强度**

$$\sigma_F = \frac{1.53KT_2}{d_1d_2m}Y_{Fa2}Y_\beta \leqslant [\sigma_F]$$

（1）确定蜗轮齿形系数

当量齿数      $z_{v2} = \frac{z_2}{\cos^3\gamma} = \frac{50}{(\cos11.31°)^3} = 53.03$

从图 10-5 中可查得齿形系数，$Y_{Fa2} = 2.34$。

（2）确定蜗轮的螺旋角系数

$$Y_\beta = 1 - \frac{\gamma}{140°} = 1 - \frac{11.31°}{140°} = 0.9192$$

（3）确定许用弯曲应力

从表 10-7 中查得蜗轮的基本许用弯曲应力，$[\sigma_F]' = 56\text{MPa}$。

寿命系数
$$K_{FN} = \sqrt[9]{\frac{10^6}{N}} = \sqrt[9]{\frac{10^6}{4.18 \times 10^7}} = 0.660$$

则
$$[\sigma_F] = [\sigma_F]'K_{FN} = 56 \times 0.66\text{MPa} = 36.96\text{MPa}$$

$$\sigma_F = \frac{1.53KT_2}{d_1 d_2 m}Y_{Fa2}Y_\beta = \frac{1.53 \times 1.57 \times 724482}{63 \times 315 \times 6.3} \times 2.34 \times 0.9192\text{MPa} = 29.94\text{MPa} \leq [\sigma_F]$$

因此弯曲强度满足。

**5. 验算总效率**

$$\eta = \eta_1\eta_2\eta_3 = (0.95 \sim 0.96)\frac{\tan\gamma}{\tan(\gamma + \varphi_v)}$$

滑动速度
$$v_s = \frac{\pi d_1 n_1}{60 \times 1000\cos\gamma} = \frac{3.14 \times 63 \times 1450}{60 \times 1000\cos 11.31°}\text{m/s} = 4.875\text{m/s}$$

从表 10-8 用插值法查得 $\varphi_v = 1.279°$，则总效率为

$$\eta = 0.95 \times \frac{\tan 11.31°}{\tan(11.31° + 1.279°)} = 0.851$$

大于原估计值 0.8，由于 $m^2 d_1 = 2500.5\text{mm}^3$ 远大于 $2089\text{mm}^3$，因此不用重新计算。

**6. 精度等级选择**

根据 $v_s = 4.876\text{m/s}$，选用 8 级精度。

**7. 热平衡核算**

（1）确定室温、允许油温、表面传热系数

取室温 $t_a = 20℃$，允许油温 70℃，表面传热系数 $\alpha_d = 15\text{W/(m}^2 \cdot ℃)$。

（2）计算工作油温

$$t_0 = t_a + \frac{1000P(1-\eta)}{\alpha_d S} = 20 + \frac{1000 \times 5.5 \times (1 - 0.851)}{15 \times 1.5} = 56.4°$$

小于允许油温，合适。

**8. 蜗杆和蜗轮的结构设计，绘制工作图（略）**

# 10.9 圆弧圆柱蜗杆传动简介

## 10.9.1 概述

圆弧圆柱蜗杆（ZC 蜗杆）是一种非直纹面圆柱蜗杆。在圆弧圆柱蜗杆传动中间平面上，蜗杆齿廓为凹圆弧，与之相配的蜗轮齿廓为凸圆弧（图 11-9）。与圆柱蜗杆传动相比，

其承载能力大，传动效率高，使用寿命长。因此，圆弧圆柱蜗杆传动有逐渐代替圆柱蜗杆传动的趋势。

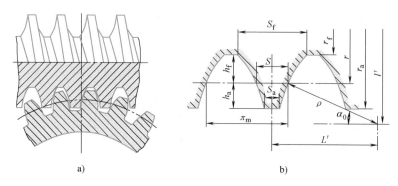

图 10-9　圆弧圆柱蜗杆传动

a）圆弧蜗杆传动　b）圆弧蜗杆齿廓

圆弧圆柱蜗杆传动的主要特点是：

1）传动比范围大，可实现 1：100 的大传动比传动。

2）蜗杆与蜗轮的齿廓接触线与滑动速度方向间的夹角大，有利于润滑油膜的形成。

3）当蜗杆主动时，啮合效率可达 95% 以上。

4）中心距难以调整，对中心距误差的敏感性较强。

### 10.9.2　圆弧圆柱蜗杆传动的参数及其选择

圆弧圆柱蜗杆传动参数及几何尺寸参见图 10-9，其主要参数有齿形角 $\alpha_0$ 及齿廓曲率半径 $\rho$。

（1）齿形角 $\alpha_0$　一般选取齿形角 $\alpha_0 = 23° \pm 2°$，推荐取 23°。

（2）蜗轮变位系数 $x_2$　一般推荐 $x_2 = 0.5 \sim 1.5$。代替圆柱蜗杆传动时，一般选 $x_2 = 0.5 \sim 1$。当传动的转速较高时，应尽量选取较大的蜗轮变位系数，推荐 $x_2 = 1 \sim 1.5$。此外，当 $z_1 > 2$ 时，取 $x_2 = 0.7 \sim 1.2$；当 $z_1 \leqslant 2$ 时，取 $x_2 = 1 \sim 1.5$。

（3）齿廓曲率半径 $\rho$　蜗杆分度圆上，螺旋线法截面内的齿廓曲率半径（mm）。$\rho$ 值可按下式估算，然后取整，即

$$\rho = (0.72 \pm 0.1) h_a^* \left( \frac{1}{\sin\alpha_0} \right)^{2.2}$$

实际应用中，推荐 $\rho = (5 \sim 5.5) m$（$m$ 为模数）。当 $z_1 = 1$、2 时，取 $\rho = 5m$；当 $z_1 = 3$ 时，取 $\rho = 5.3m$；当 $z_1 = 4$ 时，取 $\rho = 5.5m$。

圆弧圆柱蜗杆的齿形参数及几何尺寸计算见表 10-10。

表 10-10　圆弧圆柱蜗杆的齿形参数及几何尺寸计算

| 名称 | 符号 | 计算公式 |
|---|---|---|
| 齿形角 | $\alpha_0$ | 常取 $\alpha_0 = 23°$ |
| 蜗杆齿厚 | $s$ | $s = 0.4\pi m$ |
| 蜗杆齿槽宽 | $e$ | $e = 0.6\pi m$ |
| 蜗杆轴向齿距 | $p_x$ | $p_x = \pi m$ |

（续）

| 名称 | 符号 | 计算公式 |
|------|------|----------|
| 齿廓曲率半径 | $\rho$ | $\rho = (5 \sim 5.5)m$ |
| 齿廓圆弧中心到蜗杆轴线的距离 | $l'$ | $l' = \rho\sin\alpha_0 + 0.5qm$ |
| 齿廓圆弧中心到蜗杆齿对称线的距离 | $L'$ | $L' = \rho\cos\alpha_0 + 0.5s = \rho\cos\alpha_0 + 0.2\pi m$ |
| 齿顶高 | $h_a$ | $h_a = m$ |
| 齿根高 | $h_f$ | $h_f = 1.2m$ |
| 全齿高 | $h$ | $h = 2.2m$ |
| 顶隙 | $c$ | $c = 0.2m$ |
| 蜗杆齿顶厚度 | $s_a$ | $s_a = 2\left[L' - \sqrt{\rho^2 - (l' - r_{a1})^2}\right]$ |
| 蜗杆齿根厚度 | $s_f$ | $s_f = 2\left[L' - \sqrt{\rho^2 - (l' - r_{f1})^2}\right]$ |
| 蜗杆分度圆柱导程角 | $\gamma$ | $\gamma = \arctan(z_1/q)$ |
| 法向模数 | $m_n$ | $m_n = m\cos\gamma$ |
| 蜗杆法向齿厚 | $s_n$ | $s_n = s\cos\gamma$ |
| 齿廓曲率半径最小界限值 | $\rho_{min}$ | $\rho_{min} \geqslant \dfrac{h_a}{\sin\alpha_0} = \dfrac{h_a^* m}{\sin\alpha_0}$ |

注：表中 $m$ 为模数（mm）。

# 习　　题

10-1　图 10-10 所示蜗杆传动均是以蜗杆为主动件。试在图上标出蜗轮（或蜗杆）的转向，蜗轮齿的螺旋线方向，蜗杆、蜗轮所受各分力的方向。

10-2　蜗轮滑车如图 10-11 所示，起重量 $F = 10$kN，蜗杆为双头，模数 $m = 6.3$mm，分度圆直径 $d_1 = 63$mm，蜗轮齿数 $z_2 = 40$，卷筒直径 $D = 148$mm，蜗杆传动的当量摩擦因数 $f_v = 0.1$，轴承、溅油和链传动的功率损失为 8%，工人加在链上的作用力 $F' = 200$N。试求链轮直径 $D'$，并验算蜗杆传动是否自锁。

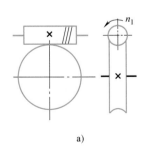

a)

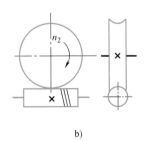

b)

图 10-10　题 10-1 图

a）蜗杆上置　b）蜗杆下置

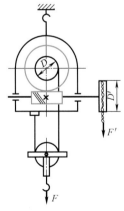

图 10-11　题 10-2 图

10-3　试设计一搅拌机用的闭式蜗杆减速器中的圆柱蜗杆传动。已知：输入功率 $P_1 = 9kW$，蜗杆转速 $n_1 = 1450r/min$，传动比 $i_{12} = 20$，搅拌机为大批量生产，传动不反向，工作载荷较稳定，但有不大的冲击，要求工作寿命 $L_h = 12000h$。

10-4　设计用于带式输送机的圆柱蜗杆传动，传递功率 $P_1 = 5.0kW$，$n_1 = 960r/min$，传动比 $i_{12} = 23$，由电动机驱动，载荷平稳。蜗杆材料为 20Cr，渗碳淬火，硬度 $\geqslant 58HRC$。蜗轮材料为 ZCuSn10P1，金属型铸造，蜗杆减速机每日工作 8h，要求工作寿命为 7 年（每年按 300 工作日计）。

# 第 11 章

# 滑 动 轴 承

## 11.1 滑动轴承的类型、特点和应用

轴承是支承轴颈的部件，有时也用来支承轴上的回转零件。根据轴承中摩擦性质的不同，可把轴承分为滑动摩擦轴承（简称滑动轴承）和滚动摩擦轴承（简称滚动轴承）两大类。滚动轴承具有摩擦因数小，起动阻力小，已标准化、系列化等优点，且选用、润滑、维护都很方便，在一般机器中广泛应用。但是，在某些特殊的场合，滑动轴承有其独特的优势，使得它也得到了广泛应用。

### 11.1.1 滑动轴承的类型

#### 1. 按承受载荷的方向分

滑动轴承按承受载荷的方向分为径向滑动轴承和推力滑动轴承。径向滑动轴承主要承受垂直于轴线方向的径向载荷 $F$，如图 11-1a 所示。推力滑动轴承主要承受沿轴线方向的轴向载荷 $F_a$，如图 11-1b 所示。

#### 2. 按其表面间润滑状态分

滑动轴承按其表面间润滑状态分为液体润滑滑动轴承和不完全液体润滑滑动轴承。

在液体润滑滑动轴承（完全液体润滑滑动轴承）中，轴颈与轴承的摩擦面间形成压力油膜，将轴颈和轴瓦表面完全隔开，处于流体摩擦状态，轴承的阻力只是润滑油内部的流体摩擦力，摩擦因数很小，一般为 $0.001 \sim 0.008$。由于始终能保持稳定的液体润滑状态，这种轴承适用于高速、高精度、重载和长期连续运转且维修困难等场合，但是制造精度要求也较高，并需要在一定条件下才能实现。

液体润滑滑动轴承按承载机理可分为液

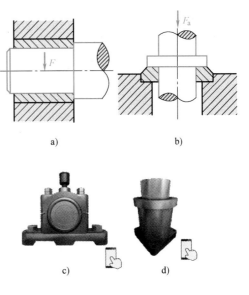

图 11-1　滑动轴承

a）径向滑动轴承　b）推力滑动轴承

c）径向滑动轴承 3D 模型　d）推力滑动轴承 3D 模型

体动力润滑滑动轴承（液体动载滑动轴承）和液体静润滑滑动轴承（液体静载滑动轴承）。

不完全液体润滑滑动轴承依靠吸附于轴颈和轴承表面的油膜进行润滑，虽然工作表面间有润滑油存在，但不能完全将两摩擦表面隔开，在表面局部突起部分仍有一部分金属直接接触，滑动表面处于边界摩擦或混合摩擦状态，因而摩擦因数较大，一般为 $0.1 \sim 0.3$。如果润滑油膜被破坏，将会出现剧烈摩擦、磨损，甚至发生胶合破坏。这种轴承结构简单，对制造精度和工作条件要求不高，故在机械设备中仍然有广泛的应用。

### 11.1.2 滑动轴承的性能特点

滑动轴承的性能特点有：面接触，承载能力高，轴承工作面上的油膜有良好的耐冲击性、吸振性、消除噪声的作用；处于液体摩擦状态下的滑动轴承，其摩擦因数非常小，寿命长；中间元件少，可以达到很高的回转精度；结构简单，径向尺寸小，可以制成剖分式结构以便于拆装；对大型轴承，其制造成本低于滚动轴承；维护复杂，对润滑条件要求高；对不完全液体润滑轴承，摩擦磨损较大。

### 11.1.3 滑动轴承的应用场合

滑动轴承常用于以下场合：

1）高速、高精度。如汽轮发电机、精密磨床等的主轴轴承。

2）承受特重型的载荷。如水轮发电机、汽轮机及低速巨型设备（如天文望远镜）等的轴承。

3）承受巨大的冲击与振动载荷。如轧钢机、破碎机、锻压设备、铁路机车及车辆等的轴承。

4）特殊结构。如内燃机曲轴轴承必须制成剖分式的，组合钻床径向尺寸受限制时的轴承。

5）特殊条件（水、腐蚀介质）。如军舰推进器的轴承。

6）低速、低精度。如农业机械、建筑机械等的轴承，这些轴承用灰铸铁或耐磨铸铁制造滑动轴承的轴套或轴瓦。

### 11.1.4 滑动轴承的设计内容

要正确地设计滑动轴承，必须合理地解决以下问题：轴承的形式和结构设计；轴瓦的结构和材料选择；轴承结构参数的确定；润滑剂的选择和供应；轴承的工作能力及热平衡计算。

## 11.2 滑动轴承的结构与材料

### 11.2.1 滑动轴承的结构形式

滑动轴承一般由轴承座、轴瓦、润滑和密封装置组成。径向滑动轴承按结构形式分为整体式和对开式等。

#### 1. 整体式径向滑动轴承

整体式径向滑动轴承的结构形式如图 11-2 所示。它由轴承座和由减摩材料制成的整体轴套组成。轴承座上设有安装润滑油杯的螺纹孔。在轴套上开有油孔,并在轴套的内表面上开有油槽。

整体式滑动轴承结构简单、成本低廉,但轴套磨损后,轴承间隙过大时无法调整。另外,只能从轴颈端部装拆,对于重型机器的轴或具有中间轴颈的轴,装拆很不方便或无法安装。所以,这种轴承多用在低速、轻载或间歇性工作的机器中,如某些农业机械、手动机械等。这种轴承所用的轴承座称为整体有衬正滑动轴承座,参见 JB/T 2560—2007。

**2. 对开式径向滑动轴承**

对开式径向滑动轴承如图 11-3 所示。它由轴承座、轴承盖、剖分式轴瓦和双头螺柱等组成。轴承盖和轴承座的剖分面常做成阶梯形,以便对中和防止横向错动。轴承盖上部开有螺纹孔,用以安装油杯或油管。剖分式轴瓦由上、下两半组成,通常是下轴瓦承受载荷,上轴瓦不承受载荷。为了节省贵重金属或因其他需要,常在轴瓦内表面上贴附一层轴承衬。在轴瓦内壁不承受载荷的表

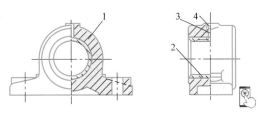

图 11-2 整体式径向滑动轴承
1—轴承座 2—整体轴套 3—油孔 4—螺纹孔

面上开设油槽,润滑油通过油孔和油槽流进轴承间隙,对轴承进行润滑。轴承剖分面最好与载荷方向近于垂直,多数轴承的剖分面是水平的(也有做成倾斜的,如倾斜 45°,以适应径向载荷作用线的倾斜度超出轴垂直中心线左右各 35°范围的情况)。

对开式径向滑动轴承装拆方便,并且轴瓦磨损后可以通过减小剖分面处的垫片厚度来调整轴承间隙(调整后应修刮轴瓦内孔)。这种轴承所用的轴承座称为对开式两螺柱正滑动轴承座,参见 JB/T 2561—2007;四螺柱的滑动轴承座参见 JB/T 2562—2007。

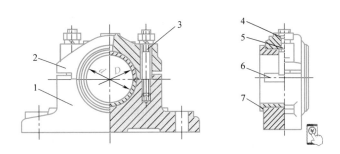

图 11-3 对开式径向滑动轴承
1—轴承座 2—轴承盖 3—双头螺柱 4—螺纹孔
5—油孔 6—油槽 7—剖分式轴瓦

另外,当轴承的宽度与轴颈直径之比(宽径比)大于 1.5 时,还可将轴瓦的瓦背制成凸球面,并将其支承面制成凹球面,从而组成调心轴承,用于支承挠度较大或多支点的长轴以适应轴颈在轴弯曲时所产生的偏斜,如图 11-4 所示。

**3. 推力滑动轴承**

推力滑动轴承用于承受轴向载荷,通常由轴承座和止推轴颈组成。常用的结构形式有空心式、单环式和多环式,其结构形式及尺寸见表 11-1。通常不用实心式轴颈,因其端面上

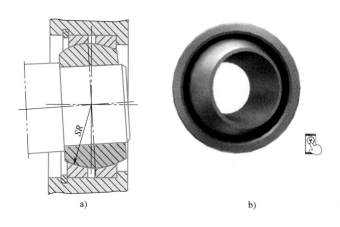

图 11-4　调心轴承

a）调心轴承结构　b）调心轴承 3D 模型

的压力分布极不均匀，靠近中心处的压力很高，对润滑极为不利。空心式轴颈接触面上压力分布较均匀，润滑条件较实心式有所改善。单环式是利用轴颈的环形端面止推，而且可以利用纵向油槽输入润滑油，结构简单，润滑方便，广泛用于低速、轻载的场合。多环式推力滑动轴承不仅能承受较大的轴向载荷，有时还可承受双向轴向载荷。

表 11-1　推力滑动轴承的结构形式及尺寸

| 空心式 | 单环式 | | 多环式 |
|---|---|---|---|
| $d_2$ 由轴的结构设计拟订<br>$d_1 = (0.4 \sim 0.6)d_2$<br>若结构上无限制，应取<br>$d_1 = 0.5d_2$ | $d_1$、$d_2$ 由轴的结构设计拟订 | $d$ 由轴的结构设计拟订<br>$d_2 = (1.2 \sim 1.6)d$<br>$d_1 = 1.1d$<br>$h_2 = (0.12 \sim 0.15)d$<br>$h_0 = (2 \sim 3)h$ | |

## 11.2.2　轴瓦结构

轴瓦是滑动轴承中的重要零件，根据摩擦设计要求，通常采用贵重金属材料制作，其结构设计是否合理对轴承性能影响很大。有时为了节省贵重合金材料或者由于结构上的需要，常在轴瓦的内表面上浇注或轧制一层轴承合金，称为轴承衬。轴瓦应具有一定的强度和刚度，在轴承中定位可靠，便于输入润滑剂，容易散热，并且装拆、调整方便。为此，轴瓦应在外形结构、定位、油槽开设和配合等方面采用不同的形式以适应不同的工作要求。

**1. 轴瓦的形式和构造**

轴瓦按结构形式可分为整体式和对开式两种结构。整体式轴瓦（俗称轴套）如图 11-5 所示。对开式轴瓦如图 11-6 所示。

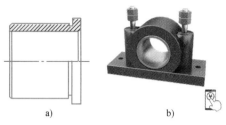

图 11-5　整体式轴瓦

a）整体式轴瓦结构　b）整体式轴瓦 3D 模型

图 11-6　对开式轴瓦

整体式轴瓦按材料及制法不同，分为整体轴套（图 11-5）和卷制轴套（图 11-7）。非金属整体式轴瓦既可以是整体非金属轴套，也可以是在钢套上镶衬非金属材料。整体式轴瓦结构尺寸的选用见 GB/T 18324—2001。

对开式轴瓦有厚壁轴瓦和薄壁轴瓦之分。厚壁轴瓦用铸造方法制造（图 11-8），内表面可附有轴承衬，常用离心铸造法将轴承合金浇注在铸铁、钢或青铜轴瓦的内表面上。轴瓦内表面上常制出各种形式的榫头、凹沟或螺纹，以保证轴承合金与轴瓦贴附牢固。

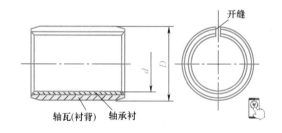

图 11-7　卷制轴套

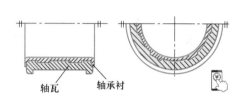

图 11-8　对开式厚壁轴瓦

薄壁轴瓦（图 11-9）由于能用双金属板连续轧制等新工艺进行大量生产，故质量稳定、成本低，但轴瓦刚性小，装配时不再修刮轴瓦内圆表面，轴瓦受力后，其形状完全取决于与之相配的轴承座的形状，因此，轴瓦和轴承座均需精密加工。薄壁轴瓦在汽车发动机、柴油机上得到广泛应用。薄壁不翻边轴瓦结构尺寸选用可参考 GB/T 7308—2008。

轴瓦按材料可分为单材料和多材料轴瓦。单材料轴瓦是用强度足够的材料直接做成的，如黄铜、灰铸铁。若轴瓦强度不足，可采用多材料制作轴瓦。

**2. 轴瓦的定位**

轴瓦和轴承座之间不允许有相对移动，即要求轴瓦在轴承座内进行轴向和周向固定。为了防止轴瓦沿轴向和周向移动，可将其两端做出凸缘来做轴向定位，也可用紧定螺钉（图 11-10a）或销钉（图 11-10b）将其固定在轴承座上，或在轴瓦剖分面上冲出定位唇（凸耳）以供定位用（图 11-10c）。

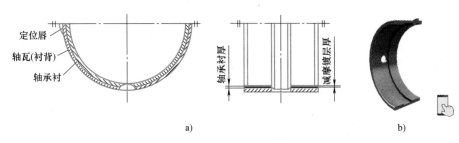

图 11-9　对开式薄壁轴瓦

a）对开式薄壁轴瓦结构　b）对开式薄壁轴瓦 3D 模型

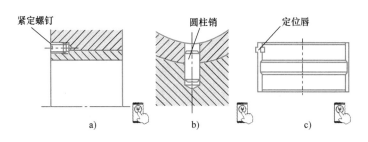

图 11-10　轴瓦的固定

a）紧定螺钉　b）圆柱销　c）定位唇

### 3. 油孔及油槽

为了把润滑油导入整个摩擦面间，轴瓦或轴颈上需开设油孔或油槽。油孔用来供油，油槽用来输送和分布润滑油。油孔和油槽的位置和形状对轴承的工作能力和寿命影响很大。对于液体动压径向轴承，有轴向油槽和周向油槽两种形式可供选择。轴向油槽分为单轴向油槽及双轴向油槽。

开设油槽和油孔时应注意：整体式径向轴承轴颈单向旋转时，载荷方向变化不大，单轴向油槽最好开在最大油膜厚度位置（图 11-11），以保证润滑油从压力最小的地方输入轴承。对开式径向轴承，常把轴向油槽开在轴承剖分面处（剖分面与载荷作用线成 90°），如果轴颈双向旋转，可在轴承剖分面上开设双轴向油槽（图 11-12），通常轴向油槽应较轴承宽度稍短，以便在轴瓦两端留出封油面，防止润滑油从端部大量流失。油沟不应该开在油膜承载区内，否则会降低油膜的承载能力（图 11-13）。周向油槽适用于载荷方向变动范围超过 180° 的场合，它常设在轴承宽度中部，把轴承分为两个独立部分；当宽度相同时，设有

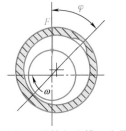

图 11-11　单轴向油槽开在最
大油膜厚度位置图

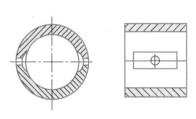

图 11-12　双轴向油槽开在轴承剖分面上

周向油槽轴承的承载能力低于设有轴向油槽的轴承（图 11-13b）。对于不完全液体润滑径向轴承，常用油槽形状如图 11-14 所示，设计时，可以将油槽从非承载区延伸到承载区。油槽尺寸选用见 GB/T 6403.2—2008。

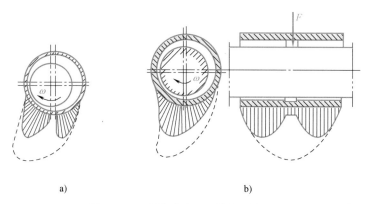

a)                                    b)

图 11-13　油槽对轴承承载能力的影响

a）轴向油槽的影响　b）周向油槽的影响

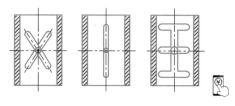

图 11-14　不完全液体润滑径向轴承常用油槽形式

## 11.2.3　滑动轴承的失效形式

### 1. 磨粒磨损

进入轴承间隙的硬颗粒（如灰尘、砂粒等）有的嵌入轴承表面，有的游离于间隙中并随轴一起转动，它们都将对轴颈和轴承表面起研磨作用。特别是在起动、停车或轴颈与轴承发生边缘接触时，轴承磨损加剧，几何形状改变、精度丧失，轴承间隙加大，轴承性能在预期寿命前急剧恶化。

### 2. 刮伤

进入轴承间隙中的硬颗粒或轴颈表面粗糙的轮廓峰顶，在轴承上划出线状伤痕，导致轴承因刮伤而失效。

### 3. 咬黏（胶合）

当轴承温升过高，载荷过大，油膜破裂时，或在润滑油供应不足条件下，轴颈和轴承的相对运动表面材料发生黏附和迁移，从而造成轴承损坏。咬黏有时甚至可能导致轴与轴承的相对运动中止。

### 4. 疲劳剥落

在载荷反复作用下，轴承表面出现与滑动方向垂直的疲劳裂纹，当裂纹向轴承衬与衬背接合面扩展后，轴承衬材料发生疲劳剥落。疲劳剥落与轴承衬和衬背因接合不良或接合力不足造成轴承衬的剥离有些相似，但疲劳剥落周边不规则，接合不良造成的剥离则周边比较光滑。

**5. 腐蚀**

润滑剂在使用中会不断氧化，所生成的酸性物质对轴承材料有腐蚀性，特别是铸造铜铅合金中的铅，易受腐蚀从而在轴承表面形成点状的脱落。氧对锡基巴氏合金的腐蚀，会使轴承表面形成一层由 $SnO_2$ 和 $SnO$ 混合组成的黑色硬质覆盖层，它能擦伤轴颈表面，并使轴承间隙变小。此外，硫对含银或含铜的轴承材料的腐蚀，润滑油中水分对铜铅合金的腐蚀，都应予以注意。

以上列举了常见的几种失效形式，由于工作条件不同，滑动轴承还可能出现气蚀、流体侵蚀、电侵蚀和微动磨损等损伤。

### 11.2.4 轴承材料

**1. 轴承材料应具备的性能**

轴瓦和轴承衬的材料统称为轴承材料。针对上述失效形式，轴承材料性能应着重满足以下主要要求。

1）良好的减摩性、耐磨性和抗咬黏性。轴承材料应具有低的摩擦因数、高的耐磨性能以及好的耐热性和抗黏附性。

2）良好的摩擦顺应性、嵌入性和磨合性。良好的摩擦顺应性是指材料应具有通过表层弹塑性变形来补偿轴承滑动表面初始配合不良的能力。良好的嵌入性是指材料具有容纳硬质颗粒嵌入，以减轻轴承滑动表面发生刮伤或磨粒磨损的性能。良好的磨合性是指轴瓦与轴颈表面经短期轻载运转后，易于形成相互吻合的表面粗糙度。

3）足够的强度和抗腐蚀能力。

4）良好的导热性、工艺性、经济性等。

应该指出，没有一种轴承材料能够全面具备上述性能，因而必须针对各种具体情况，根据使用中对轴承材料最主要的要求合理选用。

**2. 常用材料**

常用的轴承材料可分为金属材料、多孔质金属材料、非金属材料。下面择其主要者略做介绍。

（1）轴承合金 轴承合金（也称巴氏合金或白合金）是锡、铅、锑、铜的合金，它以锡或铅作为软基体，其内含有锑锡（Sb-Sn）或铜锡（Cu-Sn）的硬晶粒。硬晶粒起抗磨作用，软基体则增加材料的塑性。按照基体材料的不同，轴承合金可分为锡基轴承合金和铅基轴承合金两类，锡基轴承合金具有摩擦因数小、抗胶合性能良好、对油的吸附性强、易跑合和耐腐蚀等优点，常用于高速、重载的场合。铅基轴承合金的各种性能与锡基轴承合金相近，但这种材料较脆，不宜承受较大的冲击载荷，一般用于中速、中载的轴承中。轴承合金的强度很低，不能单独制作轴瓦，只能贴附在青铜、钢或铸铁轴瓦上做轴承衬。

（2）铜合金 铜合金是铜与锡、铅、锌或铝的合金。铜合金具有较高的强度，较好的减摩性和耐磨性。由于青铜的减摩性和耐磨性比黄铜好，故青铜是最常用的材料。青铜有锡青铜、铅青铜和铝青铜等几种，其中锡青铜的减摩性和耐磨性最好，应用较广。但锡青铜比轴承合金硬度高，磨合性及嵌入性差，适用于重载及中速场合。铅青铜抗黏附能力强，适用于高速、重载轴承。铝青铜的强度及硬度较高，抗黏附能力较差，适用于低速、重载轴承。

黄铜类材料的减摩性能低于青铜，但黄铜具有良好的铸造及加工工艺性，并且价格低廉，可用于低速中载轴承的材料。

　　（3）铝基轴承合金　铝基轴承合金有相当好的耐蚀性和较高的疲劳强度，摩擦性能也较好。这些品质使铝基轴承合金在部分领域取代了较贵的轴承合金和青铜。铝基轴承合金可以制成单金属零件（如轴套、轴承等），也可制成双金属零件，双金属轴瓦以铝基轴承合金为轴承衬，以钢做衬背。

　　（4）灰铸铁及耐磨铸铁　普通灰铸铁、耐磨灰铸铁和球墨铸铁，都可以用作轴承材料。这类材料价格低廉，铸铁中的石墨可以在轴瓦工作表面形成一层起润滑作用的石墨层，故具有一定的减摩性和耐磨性。由于铸铁性脆、磨合性差，故只适用于轻载、低速和不受冲击载荷的场合。

　　（5）多孔质金属材料　多孔质金属材料是由铜、铁、石墨等粉末经压制、烧结而成的轴承材料。这种材料是多孔结构的。孔隙占体积的 $10\% \sim 35\%$。使用前先把轴瓦在热油中浸渍数小时，使孔隙中充满润滑油，因而通常把这种材料制成的轴承称为含油轴承。它具有自润滑性。工作时，由于轴颈转动的抽吸作用及轴承发热时油的膨胀作用，油便进入摩擦表面间起润滑作用；不工作时，因毛细管作用，油便被吸回到轴承内部，故在相当长时间内，即使不加润滑油仍能很好地工作。如果定期给以供油，则使用效果更佳。但由于其韧性较小，故宜用于平稳无冲击载荷及中低速度情况。常用的有多孔铁和多孔质青铜。多孔铁含油量大、强度高、耐磨损、应用较广，常用来制作磨粉机轴套、机床油泵衬套、内燃机凸轮轴衬套等。多孔质青铜常用来制作电唱机、电风扇、纺织机械及汽车发电机的轴承。近年来有发展了铝基粉末冶金材料，它具有重量轻、温升小和寿命长等优点。

　　（6）非金属材料　用于轴承的非金属材料主要有各种塑料（聚合物材料）、橡胶、碳-石墨等，其中塑料（聚合物材料）用得最多，主要有酚醛树脂、尼龙、聚四氟乙烯等。聚合物的特性是：与许多化学物质不起反应，抗腐蚀能力特别强，例如聚四氟乙烯（PTFE）能抗强酸弱碱；具有一定的自润滑性，可以在无润滑条件下工作，在高温条件下具有一定的润滑能力；具有包容异物的能力（嵌入性好），不易擦伤配偶表面；减摩性及耐磨性都比较好。相比于金属轴承，塑料轴承的优越之处在于其能用于腐蚀、污染和蒸发等恶劣环境，在许多场合能胜任金属轴承无法承担的工作。

　　选择聚合物做轴承材料时，必须注意下述一些问题：由于聚合物的热传导能力只有钢的百分之几，因此，必须考虑摩擦热的消散问题，它严格限制着聚合物轴承的工作转速及压力值。又因聚合物的线胀系数比钢大得多，因此，工作时聚合物轴承与钢制轴颈的间隙比金属轴承的间隙大。

　　碳石墨轴承材料是由不同量的碳和石墨构成的人造材料，石墨含量越多，材料越软，摩擦因数越小。可在碳石墨材料中加入金属、聚四氟乙烯或二硫化钼组分，也可以浸渍液体润滑剂。碳-石墨轴承具有自润性、耐蚀性和高温稳定性，常用于恶劣环境下工作的轴承。

　　橡胶轴承材料比较柔软，具有良好的弹性，能有效地隔振和降低噪音。其缺点是导热性差、温度过高时容易老化，耐腐蚀性和耐磨性也变差。橡胶轴承主要用于以水作为润滑剂且环境较脏污之处。橡胶轴承内壁上带有纵向沟槽，以利润滑剂的流通，加强冷却效果并冲走污物。

　　常用金属轴承材料性能见表 11-2。

表 11-2　常用金属轴承材料性能

| 材料名称 | 材料牌号 | 最大许用值 | | | 最高工作温度/℃ | 轴颈硬度HBW | 性能比较② | | | | 备注 |
|---|---|---|---|---|---|---|---|---|---|---|---|
| | | $[p]$/MPa | $[v]$/(m/s) | $[pv]$①/(MPa·m/s) | | | 抗咬黏性 | 顺应性、嵌入性 | 耐蚀性 | 疲劳强度 | |
| 锡基轴承合金 | ZSnSb11Cu6 ZSnSb8Cu4 | 平稳载荷 | | | 150 | 150 | 1 | 1 | 1 | 5 | 用于高速、重载下工作的重要轴承，变载荷下易疲劳，价格高 |
| | | 25 | 80 | 20 | | | | | | | |
| | | 冲击载荷 | | | | | | | | | |
| | | 20 | 60 | 15 | | | | | | | |
| 铅基轴承合金 | ZPbSb16Sn16Cu2 | 15 | 12 | 10 | 150 | 150 | 1 | 1 | 3 | 5 | 用于中速、中等载荷的轴承，不宜受显著冲击。可作为锡锑轴承合金的代用品 |
| | ZPbSb15Sn10 | 20 | 15 | 15 | | | | | | | |
| 锡青铜 | ZCuSn10P1 | 15 | 10 | 15 | 280 | 300~400 | 3 | 5 | 1 | 1 | 用于中速、重载及受变载荷的轴承 |
| | ZCuSn5Pb5Zn5 | 8 | 3 | 15 | | | | | | | 用于中速、中载的轴承 |
| 铅青铜 | ZCuPb30 | 25 | 12 | 30 | 280 | 300 | 3 | 4 | 4 | 2 | 用于高速、重载轴承，能承受变载和冲击 |
| 铝青铜 | ZCuAl10Fe3 | 15 | 4 | 12 | 280 | 300 | 5 | 5 | 5 | 2 | 最宜用于润滑充分的低速重载轴承 |
| 耐磨铸铁 | HT300 | 0.1~6 | 0.75~3 | 0.3~4.5 | 150 | <150 | 4 | 5 | 1 | 1 | 宜用于低速、轻载的不重要轴承，价廉 |
| 灰铸铁 | HT150~HT250 | 0.1~4 | 0.5~2 | — | | | 4 | 5 | 1 | 1 | |

①　$[pv]$ 为不完全液体润滑下的许用值，对于液体润滑，因与散热条件有很大关系，故限制 $[pv]$ 值无意义；
②　性能比较：1~5 依次由好到差。

## 11.3　不完全液体润滑滑动轴承设计计算

不完全液体润滑轴承设计时，常采用简化的条件性计算来确定轴承的尺寸。这种计算方法只适用于一般对工作可靠性要求不高的低速、重载或间歇工作的轴承。

### 11.3.1　径向滑动轴承的计算

已知条件：轴承所受径向载荷 $F$（N）、轴颈转速 $n$（r/min）及轴颈直径 $d$（mm），然后进行以下验算。

1. 验算轴承的平均压力 $p$（单位为 MPa）

限制轴承的平均压力主要是为了防止润滑油因压力过大被挤出摩擦表面而出现过度磨损。

$$p = \frac{F}{dB} \leqslant [p]$$

(11-1)

式中，$B$ 为轴承宽度（mm），根据宽径比 $B/d$ 确定；$[p]$ 为轴瓦材料的许用压力（MPa），其值见表 11-2。

2. 验算轴承的 $pv$ 值（单位为 MPa·m/s）

轴承的发热量与其单位面积上的摩擦功耗 $fpv$ 成正比（$f$ 是摩擦因数），限制 $pv$ 值就是限制轴承的温升，进而防止因边界油膜破裂而出现的胶合破坏。

$$pv = \frac{F}{Bd} \frac{\pi dn}{60 \times 1000} = \frac{Fn}{19100B} \leqslant [pv] \tag{11-2}$$

式中，$v$ 为轴颈圆周速度（m/s），即滑动速度；$[pv]$ 为轴承材料的 $pv$ 许用值（MPa·m/s），其值见表 11-2。

3. 验算滑动速度 $v$

对于 $p$ 和 $pv$ 的验算均合格的轴承，由于滑动速度过高，也会加速磨损而使轴承报废，故要求

$$v \leqslant [v] \tag{11-3}$$

式中，$[v]$ 为许用滑动速度（m/s），其值见表 11-2。

若 $p$、$pv$ 和 $v$ 的验算结果超出许用范围，可采用加大轴颈直径和轴承宽度，或选用较好的轴承材料的措施，以满足工作要求。

滑动轴承所选用的材料及尺寸经验算合格后，应选取恰当的配合，一般可选 $\frac{H9}{d9}$ 或 $\frac{H8}{f7}$、$\frac{H7}{f6}$。

### 11.3.2 推力滑动轴承的计算

对处于混合润滑状态下的推力轴承，计算时需要校核 $p$ 和 $pv$。在设计推力滑动轴承时，通常已知轴承所受轴向载荷 $F_a$（单位为 N）、轴颈转速 $n$（单位为 r/min）、轴环直径 $d_2$ 和轴承孔直径 $d_1$（单位为 mm）以及轴环数目（参考表 12-1 中的图），处于混合润滑状态下的推力滑动轴承需要校核 $p$ 和 $pv$。

1. 验算轴承的平均压力 $p$（单位为 MPa）

$$p = \frac{F_a}{A} = \frac{F_a}{z \frac{\pi}{4}(d_2^2 - d_1^2)} \leqslant [p] \tag{11-4}$$

式中，$d_1$ 为轴承孔直径（mm）；$d_2$ 为轴环直径（mm）；$F_a$ 为轴向载荷（N）；$z$ 为环的数目；$[p]$ 为许用压力（MPa），见表 11-5。

对于多环式推力滑动轴承，由于载荷在各环间分布不均，因此，许用压力 $[p]$ 比单环式的降低 50%。

2. 验算轴承的 $pv$（单位为 MPa·m/s）

因轴承的环形支承面平均直径处的圆周速度 $v$（单位为 m/s）为

$$v = \frac{\pi n(d_1 + d_2)}{60 \times 1000 \times 2}$$

故应满足
$$pv = \frac{4 F_n}{z\pi(d_2^2-d_1^2)} \frac{\pi n(d_1+d_2)}{60\times1000\times2} = \frac{n F_n}{30000z(d_2-d_1)} \leqslant [pv]$$
(11-5)

式中，$n$ 为轴颈的转速（r/min）；$[pv]$ 为 $pv$ 的许用值（MPa·m/s），见表 11-3。同样，由于多环式推力滑动轴承中的载荷在各环间分布不均，因此，$[pv]$ 值也应比单环式的降低 50%。

其余各符号的意义和单位同前。

表 11-3　推力滑动轴承的 $[p]$、$[pv]$ 值

| 轴（轴环端面、凸缘） | 轴承 | $[p]$/MPa | $[pv]$/(MPa·m/s) |
|---|---|---|---|
| 未淬火钢 | 铸铁<br>青铜<br>轴承合金 | 2.0~2.5<br>4.0~5.0<br>5.0~6.0 | 1~2.5 |
| 淬火钢 | 青铜<br>轴承合金<br>淬火钢 | 7.5~8.0<br>8.0~9.0<br>12~15 | 1~2.5 |

## 11.4　流体动力润滑原理

流体动力润滑轴承的润滑剂将轴与轴瓦隔离。流体动力润滑轴承的设计需要满足一定的几何与物理条件，而且轴承的性能也随物理条件的变化而变化。本节简要介绍流体动力润滑轴承的理论基础。

### 11.4.1　流体动力润滑理论的基本方程

流体动力润滑理论的基本方程是描述流体膜压力分布的微分方程，又称雷诺方程。它是从黏性流体动力学的基本方程出发，做了一些假设条件简化后得出的，这些假设条件是：流体为牛顿液体，流体膜中流体的流动是层流，忽略压力对流体黏度的影响，略去惯性力及重力的影响，认为流体不可压缩，流体膜中的压力沿膜厚方向保持不变。

如图 11-15 所示，两平板被润滑油隔开，设板 A 沿 $x$ 轴方向以速度 $v$ 移动，另一板 B 静止。再假定油在两平板间沿 $z$ 轴方向没有流动（可视此运动副在 $z$ 轴方向的尺寸为无限大）。现从层流运动的油膜中取一微单元体进行分析。

由图 11-15 可见，作用在此微单元体右面和左面的压力分别为 $p$ 及 $\left(p+\frac{\partial p}{\partial x}dx\right)$，作用在单元体上下两面的切应力分别为 $\tau$ 及 $\left(\tau+\frac{\partial \tau}{\partial y}dy\right)$。根据 $x$ 方向的受力平衡条件，得

$$pdydz+\tau dxdz-\left(p+\frac{\partial p}{\partial x}dx\right)dydz-\left(\tau+\frac{\partial \tau}{\partial y}dy\right)dxdz = 0$$

整理后得

$$\frac{\partial p}{\partial x} = -\frac{\partial \tau}{\partial y}$$
(11-6)

根据牛顿黏性流体摩擦定律，$\tau=-\eta\frac{\partial u}{\partial y}$，并对 $y$ 求导数，得

$$\frac{\partial \tau}{\partial y} = -\frac{\partial^2 u}{\partial y^2}$$

代入式（11-6）得

$$\frac{\partial p}{\partial x} = \eta \frac{\partial^2 u}{\partial y^2} \tag{11-7}$$

式（11-7）表示了压力沿 $x$ 轴方向的变化与速度沿 $y$ 轴方向的变化关系。

下面进一步介绍流体动力润滑理论的基本方程。

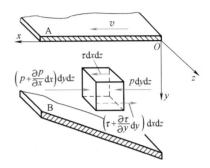

1. 油层的速度分布

将式（11-7）改写成

$$\frac{\partial^2 u}{\partial y^2} = \frac{1}{\eta} \frac{\partial p}{\partial x} \tag{11-8}$$

对 $y$ 积分后得

$$\frac{\partial u}{\partial y} = \frac{1}{\eta} \frac{\partial p}{\partial x} y + C_1 \tag{11-9}$$

$$u = \frac{1}{2\eta} \frac{\partial p}{\partial x} y^2 + C_1 y + C_2 \tag{11-10}$$

图 11-15　被油膜隔开的两平板的相对运动情况

下面根据边界条件决定积分常数 $C_1$ 及 $C_2$。

当 $y = 0$ 时，$u = v$；当 $y = h$（$h$ 为相应于所取单元体处的油膜厚度）时，$u = 0$，则得

$$C_1 = -\frac{h}{2\eta} \frac{\partial p}{\partial x} - \frac{v}{h}, \quad C_2 = v$$

代入式（11-10）后，即得

$$u = \frac{v(h-y)}{h} - \frac{y(h-y)}{2\eta} \frac{\partial p}{\partial x} \tag{11-11}$$

由式（11-11）可见，两平板间油层的速度 $u$ 由两部分组成：式中前一项表示速度呈线性分布，这就是直接由剪切流引起的；后一项表示速度呈抛物线分布，这是由油流沿 $x$ 方向的变化所产生的压力流所引起的。

2. 润滑油流量

当忽略侧泄时，润滑油在单位时间内流经任意截面上单位宽度面积的流量为

$$q = \int_0^h u\,\mathrm{d}y \tag{11-12}$$

将式（11-11）代入式（11-12）并积分后，得

$$q = \int_0^h \left[ \frac{v(h-y)}{h} - \frac{y(h-y)}{2\eta} \frac{\partial p}{\partial x} \right] \mathrm{d}y = \frac{vh}{2} - \frac{h^3}{12\eta} \frac{\partial p}{\partial x} \tag{11-13}$$

设在 $p = p_{max}$ 处的油膜厚度为 $h_0$（即 $\frac{\partial p}{\partial x} = 0$ 时，$h = h_0$），在该截面处的流量为

$$q = \frac{1}{2} v h_0 \tag{11-14}$$

3. 流体动力润滑基本方程

当润滑油连续流动时，各截面的流量相等，由此得

$$\frac{v\,h_0}{2} = \frac{vh}{2} - \frac{h^3}{12\eta}\frac{\partial p}{\partial x}$$

整理后得-维雷诺方程

$$\frac{\partial p}{\partial x} = \frac{6\eta v}{h^3}(h - h_0) \tag{11-15}$$

雷诺方程是计算流体动力润滑滑动轴承的基本方程。它描述了两平板间油膜压力 $p$ 的变化与润滑油的黏度、表面滑动速度和油膜厚度之间的关系。利用这一公式，经积分后可求出油膜的承载能力。

### 11.4.2 油膜承载机理

图 11-16a 所示 A、B 两板，板间充满有一定黏度的润滑油，若板 B 静止不动，板 A 以速度 $v$ 沿 $x$ 方向运动。由于润滑油的黏性及它与平板间的吸附作用，与板 A 紧贴的流层的流速 $u$ 等于板速 $v$，其他各流层的流速 $u$ 则按直线规律分布。这种流动是由于油层受到剪切作用而产生的，所以称为剪切流。当两平板相互倾斜使其间形成楔形收敛间隙，且移动件的运动方向是从间隙较大的一方移向间隙较小的一方时，若各油层的分布规律如图 11-16a 中的虚线所示，那么进入间隙的油量必然大于流出间隙的油量。设液体是不可压缩的，则进入此楔形间隙的过剩油量，必将由进口 $a$ 及出口 $c$ 两处截面被挤出，即产生一种因压力而引起的流动称为压力流。这时，楔形收敛间隙中油层流动速度将由剪切流和压力流两者叠加，因而进口油的速度曲线呈内凹形，出口呈外凸形。只要连续充分地提供一定黏度的润滑油，并且 A、B 两板相对速度 $v$ 足够大，流入楔形收敛间隙流体产生的动压力是能够稳定存在的。这种具有一定黏性的流体流入楔形收敛间隙而产生的压力的效应称为流体动力润滑的楔效应。

由式（11-15）及图 11-16a 也可看出，在 $ab$（$h > h_0$）段，$\frac{\partial^2 u}{\partial y^2} > 0$（即速度分布曲线呈凹形），所以 $\frac{\partial p}{\partial x} > 0$，即压力沿 $x$ 方向逐渐增大；而在 $bc$（$h < h_0$）段，$\frac{\partial^2 u}{\partial y^2} < 0$，这表明压力沿 $x$ 方向逐渐降低。在 $a$ 和 $c$ 之间必有一处（$b$ 点）的油流速度变化规律不变，此处的 $\frac{\partial^2 u}{\partial y^2} = 0$，即 $\frac{\partial p}{\partial x} = 0$，因而压力 $p$ 达到最大值。由于油膜沿着 $x$ 方向各处的油压都大于入口和出口的油压，且压力形成图 11-16a 上部曲线所示的分布，因而能承受一定的外载荷。

如图 11-16b 所示，若 A、B 两板平行，则任何截面的油膜厚度 $h = h_0$，即 $\frac{\partial p}{\partial x} = 0$，这表示平行油膜各处油压总是等于入口与出口处的压力，此时，两平行平板间的任何垂直截面处的流量均相等，润滑油虽能维持连续流动，但不能产生高于外面压力的油压以支承外载（这里忽略了流体受到挤压作用而产生压力的效应）。

若两滑动表面呈扩散楔形，移动件带着润滑油从小口走向大口，油压必将低于出口及入口处的压力，不仅不能产生油压支承外载，而且会产生使两表面相吸的力。

综上所述，形成流体动力润滑（即形成动压油膜）的必要条件是：

1）润滑油有一定的黏度。

2）相对滑动的两表面间必须呈收敛的楔形间隙，润滑油从大口流进，小口流出。

3）被油膜分开的两表面必须有足够的相对滑动速度。

4）有足够充分的供油量。

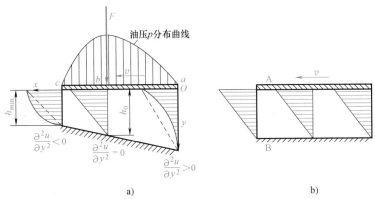

图 11-16 两相对运动平板间油层中的速度分布、压力分布

a) A、B 两板形成楔形间隙 b) A、B 两板平行

### 11.4.3 径向滑动轴承形成流体动力润滑的过程

如图 11-17a 所示，径向滑动轴承的轴颈与轴承孔间必须留有间隙，当轴颈静止时处于轴承孔最低位置，并与轴瓦接触。此时，轴承孔表面与轴颈表面构成了收敛的楔形空间。当轴颈开始转动时，由于速度较低，带入轴承间隙中的油量较少，这时轴瓦对轴颈摩擦力的方向与轴颈表面圆周速度方向相反，迫使轴颈在摩擦力作用下沿孔壁向右爬升（图 11-17b）。随着转速的增大，轴颈表面的圆周速度增大，带入楔形空间的油量也逐渐增多。这时，右侧楔形油膜产生了一定的动压力（图 11-17c），将轴颈向左浮起。当轴颈达到稳定运转

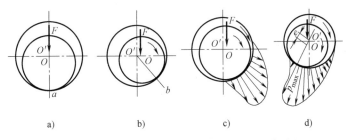

图 11-17 径向滑动轴承形成流体动力润滑的过程

a) 轴颈静止 b) 轴颈开始转动 c) 形成油膜 d) 轴颈达到工作转速

时，轴颈便稳定在一定的偏心位置上（图 11-17d）。这时，轴承处于流体动力润滑状态，油膜产生的动压力与外载荷 $F$ 相平衡。此时，由于轴承内的摩擦阻力仅为液体的内阻力，故摩擦因数达到最小值。

## 11.5 液体动力润滑径向滑动轴承设计计算

### 11.5.1 径向滑动轴承的主要几何关系

图 11-18 所示为轴承工作时轴颈的位置，轴承和轴颈中心的连心线 $OO_1$ 与外载荷 $F$（载荷作用在轴颈中心上）的方向形成一偏位角 $\varphi_a$。轴承孔和轴颈直径分别用 $D$ 和 $d$ 表示，则

轴承直径间隙为

$$\Delta = D-d \tag{11-16}$$

半径间隙 $\delta$ 为轴承孔半径 $R$ 与轴颈半径 $r$ 之差，则

$$\delta = R-r \tag{11-17}$$

直径间隙与轴颈公称直径之比称为相对间隙，以 $\psi$ 表示。则

$$\psi = \frac{\Delta}{d} = \frac{\delta}{r} \tag{11-18}$$

轴颈在稳定运转时，其中心 $O$ 与轴承中心 $O_1$ 的距离，称为偏心距，用 $e$ 表示。当轴承工作转速和承受的载荷发生变化时，偏心距也将随之改变。

偏心距与半径间隙的比值，称为偏心率，以 $\chi$ 表示，则

$$\chi = \frac{e}{\delta}$$

由图 11-18 可见，最小油膜厚度位于 $O_1O$ 连线的延长线上，最小油膜厚度的表达式为

$$h_{\min} = \delta-e = \delta(1-\chi) = r\psi(1-\chi) \tag{11-19}$$

对于径向滑动轴承，采用极坐标描述较方便。取轴颈中心 $O$ 为极点，连心线 $OO_1$ 为极轴，对应于任意角 $\varphi$（包括 $\varphi_0$、$\varphi_1$、$\varphi_2$ 均由 $OO_1$ 算起）的油膜厚度为 $h$，在 $\triangle AOO_1$ 中应用余弦定理可求得 $h$ 的大小，即

$$R^2 = e^2 + (r+h)^2 - 2e(r+h)\cos\varphi$$

解上式得

$$r+h = e\cos\varphi \pm R\sqrt{1-\left(\frac{e}{R}\right)^2\sin^2\varphi}$$

若略去微量 $\left(\frac{e}{R}\right)^2\sin^2\varphi$，并取根式的正号，则得任意位置的油膜厚度为

$$h = \delta(1+\chi\cos\varphi) = r\psi(1+\chi\cos\varphi) \tag{11-20}$$

在压力最大处的油膜厚度 $h_0$ 为

$$h_0 = \delta(1+\chi\cos\varphi_0) \tag{11-21}$$

式中，$\varphi_0$ 是相应于最大压力处的极角。

## 11.5.2 径向滑动轴承工作能力计算简介

径向滑动轴承的工作能力计算是在轴承结构参数和润滑油参数初步选定后进行的工作，目的是校核参数选择是否合理、正确。通过工作能力计算，若确定了参数选择是正确的，则轴承的设计工作基本完成，否则需要重新选择有关参数并重新进行相应的计算。

径向滑动轴承的工作能力计算主要包括轴承的承载量计算、最小油膜厚度的确定和热平衡计算等。

### 1. 轴承的承载量计算和承载量系数

为了分析问题方便，假设轴承为无限宽，则可以认为润滑油沿轴向没有流动。将一维雷诺方程（11-15）改写成

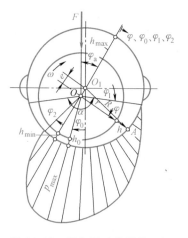

图 11-18 径向滑动轴承的几何
参数和油压分布

极坐标表达式，即将 $dx=rd\varphi$、$v=r\omega$ 及式（11-20）、式（11-21）代入式（11-15），得到极坐标形式的雷诺方程。

$$\frac{dp}{d\varphi}=6\eta\frac{\omega}{\psi^2}\frac{\chi(\cos\varphi-\cos\varphi_0)}{(1+\chi\cos\varphi)^3} \tag{11-22}$$

将上式从油膜起始角 $\varphi_1$ 到任意角 $\varphi$ 进行积分，得到任意位置的压力，即

$$p_\varphi=6\eta\frac{\omega}{\psi^2}\int_{\varphi_1}^{\varphi}\frac{\chi(\cos\phi-\cos\varphi_0)}{(1+\chi\cos\varphi)^3}d\varphi \tag{11-23}$$

压力 $p_\varphi$ 在外载荷方向上的分量为

$$p_{\varphi y}=p_\varphi\cos[180°-(\varphi_a+\varphi)]=-p_\varphi\cos(\varphi_a+\varphi) \tag{11-24}$$

把式（11-24）在 $\varphi_1$ 到 $\varphi_2$ 的区间内积分，就得出在轴承单位宽度上的油膜承载力，即

$$\begin{aligned}p_y&=\int_{\varphi_1}^{\varphi_2}p_{\varphi y}rd\varphi=-\int_{\varphi_1}^{\varphi_2}p_\varphi\cos(\varphi_a+\varphi)rd\varphi\\&=6\frac{\eta\omega r}{\psi^2}\int_{\varphi_1}^{\varphi_2}\left[\int_{\varphi_1}^{\varphi}\frac{\chi(\cos\varphi-\cos\varphi_0)}{(1+\chi\cos\varphi)^3}d\varphi\right][-\cos(\varphi_a+\varphi)]d\varphi\end{aligned} \tag{11-25}$$

由于式（11-25）是根据一维雷诺方程得出的，理论上只需将 $p_y$ 乘以轴承宽度 $B$ 即可得到油膜的承载能力。但在实际轴承中，由于油可能从轴承的两个端面流出，故必须考虑端泄的影响。这时，压力沿轴承宽度的变化呈抛物线分布，而且其油膜压力也比无限宽轴承的油膜压力低（图 11-19），所以乘以系数 $C'$，$C'$ 的值取决于宽径比 $B/d$ 和偏心率 $\chi$ 的大小。这样，距轴承中线为 $z$ 处的油膜压力的数学表达式为

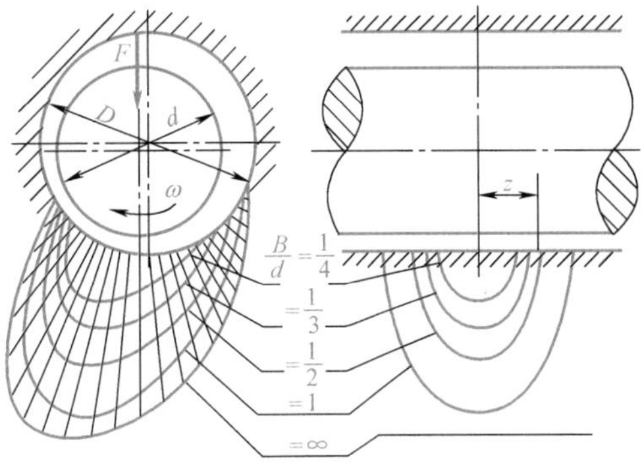

图 11-19　不同宽径比时沿轴承周向和轴向的压力分布

$$p'_y=p_yC'\left[1-\left(\frac{2z}{B}\right)^2\right] \tag{11-26}$$

因此，对有限宽轴承，油膜的总承载能力为

$$\begin{aligned}F&=\int_{-B/2}^{+B/2}p'_y dz\\&=\frac{6\eta\omega r}{\psi^2}\int_{-B/2}^{+B/2}\int_{\varphi_1}^{\varphi_2}\int_{\varphi_1}^{\varphi}\left[\frac{\chi(\cos\varphi-\cos\varphi_0)}{(1+\chi\cos\varphi)^3}d\varphi\right][-\cos(\varphi_a+\varphi)d\varphi]C'\left[1-\left(\frac{2z}{B}\right)^2\right]dz\end{aligned} \tag{11-27}$$

由上式得

$$F=\frac{\eta\omega dB}{\psi^2}C_p \tag{11-28}$$

其中

$$C_p=3\int_{-B/2}^{+B/2}\int_{\varphi_1}^{\varphi_2}\int_{\varphi_1}^{\varphi}\left[\frac{\chi(\cos\varphi-\cos\varphi_0)}{B(1+\chi\cos\varphi)^3}d\varphi\right][-\cos(\varphi_a+\varphi)d\varphi]C'\left[1-\left(\frac{2z}{B}\right)^2\right]dz \tag{11-29}$$

又由式（11-28）得

$$C_p = \frac{F \psi^2}{\eta \omega dB} = \frac{F \psi^2}{2 \eta v B} \qquad (11\text{-}30)$$

式中，$C_p$ 为承载量系数；$\eta$ 为润滑油在轴承平均工作温度下的动力黏度（Pa·s）；$B$ 为轴承宽度（m）；$F$ 为外载荷（N）；$v$ 为轴颈圆周速度（m/s）。

$C_p$ 的积分非常困难，因而采用数值积分的方法进行计算，并将计算结果做成相应的线图或表格供设计者使用。由式（11-29）可知，在给定边界条件时，$C_p$ 是轴颈在轴承中位置的函数，其值取决于轴承的包角 $\alpha$（指轴承表面上的连续光滑部分包围轴颈的角度，即入油口到出油口间所包轴颈的夹角），相对偏心率 $\chi$ 和宽径比 $B/d$。由于 $C_p$ 是一个量纲一的量，故称之为轴承的承载量系数。当轴承的包角 $\alpha$（$\alpha = 120°$、$180°$或$360°$）给定时，经过一系列换算，$C_p$ 可以表示为

$$C_p \propto \left( \chi, \frac{B}{d} \right) \qquad (11\text{-}31)$$

若轴承是在非承载区内进行无压力供油，且设液体动压力是在轴颈与轴承衬的 $180°$ 的弧内产生，则不同 $\chi$ 和 $B/d$ 的 $C_p$ 值见表 11-4。

表 11-4　有限宽轴承的承载量系数 $C_p$

| $B/d$ | $\chi$ | | | | | | | | | | | | | |
|---|---|---|---|---|---|---|---|---|---|---|---|---|---|---|
| | 0.3 | 0.4 | 0.5 | 0.6 | 0.65 | 0.7 | 0.75 | 0.80 | 0.85 | 0.90 | 0.925 | 0.95 | 0.975 | 0.99 |
| | 承载量系数 $C_p$ | | | | | | | | | | | | | |
| 0.3 | 0.0522 | 0.0826 | 0.128 | 0.203 | 0.259 | 0.347 | 0.475 | 0.699 | 1.122 | 2.074 | 3.352 | 5.73 | 15.15 | 50.52 |
| 0.4 | 0.0893 | 0.141 | 0.216 | 0.339 | 0.431 | 0.573 | 0.776 | 1.079 | 1.775 | 3.195 | 5.055 | 8.393 | 21.00 | 65.26 |
| 0.5 | 0.133 | 0.209 | 0.317 | 0.493 | 0.622 | 0.819 | 1.098 | 1.572 | 2.428 | 4.261 | 6.615 | 10.706 | 25.62 | 75.86 |
| 0.6 | 0.182 | 0.283 | 0.427 | 0.655 | 0.819 | 1.070 | 1.418 | 2.001 | 3.036 | 5.214 | 7.956 | 12.64 | 29.17 | 83.21 |
| 0.7 | 0.234 | 0.361 | 0.538 | 0.816 | 1.014 | 1.312 | 1.720 | 2.399 | 3.580 | 6.029 | 9.072 | 14.14 | 31.88 | 88.90 |
| 0.8 | 0.287 | 0.439 | 0.647 | 0.972 | 1.199 | 1.538 | 1.965 | 2.754 | 4.053 | 6.721 | 9.992 | 15.37 | 33.99 | 92.89 |
| 0.9 | 0.339 | 0.515 | 0.754 | 1.118 | 1.371 | 1.745 | 2.248 | 3.067 | 4.459 | 7.294 | 10.753 | 16.37 | 35.66 | 96.35 |
| 1.0 | 0.391 | 0.589 | 0.853 | 1.253 | 1.528 | 1.929 | 2.469 | 3.372 | 4.808 | 7.772 | 11.38 | 17.18 | 37.00 | 98.95 |
| 1.1 | 0.440 | 0.658 | 0.947 | 1.377 | 1.669 | 2.097 | 2.664 | 3.580 | 5.106 | 8.186 | 11.91 | 17.86 | 38.12 | 101.15 |
| 1.2 | 0.487 | 0.723 | 1.033 | 1.489 | 1.796 | 2.247 | 2.838 | 3.787 | 5.364 | 8.533 | 12.35 | 18.43 | 39.04 | 102.90 |
| 1.3 | 0.529 | 0.784 | 1.111 | 1.590 | 1.912 | 2.379 | 2.990 | 3.968 | 5.586 | 8.831 | 12.73 | 18.91 | 39.81 | 104.42 |
| 1.5 | 0.610 | 0.891 | 1.248 | 1.763 | 2.099 | 2.600 | 3.242 | 4.266 | 5.947 | 9.304 | 13.34 | 19.68 | 41.07 | 106.84 |
| 2.0 | 0.763 | 1.091 | 1.483 | 2.070 | 2.446 | 2.981 | 3.671 | 4.778 | 6.545 | 10.091 | 14.34 | 20.97 | 43.11 | 110.79 |

需要指出的是本章推导和使用的一维雷诺方程式是在如前所述的一系列假设条件下建立的。随着现代工业机器向高速度和大功率方向的不断发展，滑动轴承的工况条件越来越苛刻，对其性能的要求也越来越高，基于上述假设得出的一维雷诺方程显然不能完全客观地描述滑动轴承的实际工作特性。随着润滑力学研究的不断深入，研究者们已相继提出了考虑轴的弹性变形、表面形貌以及润滑膜的热效应和非牛顿效应等非线性因素的广义雷诺方程和相应的数值求解方法，从而使滑动轴承的计算模型和计算结果越来越接近实际情况。

　2. 最小油膜厚度 $h_{\min}$ 的确定

最小油膜厚度 $h_{\min}$ 是决定动压径向滑动轴承工作性能好坏的一个重要参数。

由式（11-19）及表11-4可知，在其他条件不变的情况下，最小油膜厚度 $h_{min}$ 越小则偏心率 $\chi$ 越大，轴承的承载能力就越大。然而，$h_{min}$ 是不能无限缩小的，因为它受到轴颈和轴承表面粗糙度、轴的刚性及轴承与轴颈的几何形状误差等的限制。为确保轴承能处于液体摩擦状态，$h_{min}$ 必须等于或大于许用油膜厚度 $[h]$，即

$$h_{min} = r\psi(1-\chi) \geqslant [h] \tag{11-32}$$

$$[h] = 4S(Ra_1 + Ra_2) \tag{11-33}$$

式中，$Ra_1$、$Ra_2$ 分别为轴颈和轴承孔的表面粗糙度，对于一般轴承，可分别取 $Ra_1$ 和 $Ra_2$ 的值为 $0.8\mu m$ 和 $1.6\mu m$，或 $0.4\mu m$ 和 $0.8\mu m$；对于重要轴承，可分别取为 $0.2\mu m$ 和 $0.4\mu m$ 或 $0.05\mu m$ 和 $0.1\mu m$；$S$ 为安全系数，考虑表面几何形状误差和轴颈挠曲变形等，常取 $S \geqslant 2$。

**3. 轴承的热平衡计算**

轴承工作时，由于润滑油的黏性及内摩擦作用产生的摩擦功耗将转变为热量，使润滑油温度升高。如果油的平均温度（平均油温）超过计算承载能力时所假定的数值，则轴承承载能力就要降低。因此，要计算油的温升 $\Delta t$，并将其限制在允许的范围内。

轴承运转中达到热平衡状态的条件是：单位时间内轴承由于摩擦所产生的热量 $Q$ 等于同时间内流动的油所带走的热量 $Q_1$ 与轴承散发的热量 $Q_2$ 之和，即

$$Q = Q_1 + Q_2 \tag{11-34}$$

轴承中的热量是由摩擦损失的功转变而来的。因此，每秒钟在轴承中产生的热量 $Q$（单位为 W）为

$$Q = fFv \tag{11-35}$$

由流出的油带走的热量 $Q_1$（单位为 W）为

$$Q_1 = q\rho c(t_o - t_i) \tag{11-36}$$

式中，$q$ 为润滑油流量（$m^3/s$），按润滑油流量系数求出；$\rho$ 为润滑油的密度（$kg/m^3$），对矿物油为 $850 \sim 900 kg/m^3$；$c$ 为润滑油的比热容 $[J/(kg \cdot ℃)]$，对矿物油为 $1675 \sim 2090 J/(kg \cdot ℃)$；$t_o$ 为油的出口温度（℃）；$t_i$ 为油的入口温度（℃），通常由于冷却设备的限制，取为 $35 \sim 40℃$。

除了润滑油带走的热量以外，轴承的金属表面通过传导和辐射也可以把一部分热量散发到周围介质中去。这部分热量与轴承散热表面的面积、空气流动速度等有关，很难精确计算。因此，通常采用近似计算。若以 $Q_2$（单位为 W）代表这部分热量，并以油的出口温度 $t_o$ 代表轴承温度，油的入口温度 $t_i$ 代表周围介质的温度，则

$$Q_2 = \alpha_s \pi dB(t_o - t_i) \tag{11-37}$$

式中，$\alpha_s$ 为轴承的表面传热系数，随轴承结构的散热条件而定。

对于轻型结构的轴承，或轴承工作在周围的介质温度高和难于散热的环境（如轧钢机轴承），取 $\alpha_s = 50 W/(m^2 \cdot ℃)$；对于中型结构的轴承或一般通风条件，取 $\alpha_s = 80 W/(m^2 \cdot ℃)$；在良好冷却条件下（如周围介质温度很低，轴承附近有其他特殊用途的水冷或气冷的冷却设备）工作的重型轴承，可取 $\alpha_s = 140 W/(m^2 \cdot ℃)$。

热平衡时，$Q = Q_1 + Q_2$，即

$$fFv = q\rho c(t_o - t_i) + \alpha_s \pi dB(t_o - t_i)$$

于是得出达到热平衡时润滑油的温升 $\Delta t$（单位为℃）为

$$\Delta t = t_o - t_i = \frac{\dfrac{f}{\psi}p}{c\rho\dfrac{q}{\psi v B d} + \dfrac{\pi\alpha_s}{\psi v}} \tag{11-38}$$

式中，$\dfrac{q}{\psi v B d}$ 为润滑油流量系数，是一个量纲一的数，可根据轴承的宽径比 $B/d$ 及偏心率 $\chi$ 由图 11-20 查出；$f$ 为摩擦因数，$f = \dfrac{\pi}{\psi}\dfrac{\eta\omega}{p} + 0.55\psi\xi$，其中 $\xi$ 为随轴承宽径比而变化的系数，对于 $B/d<1$ 的轴承，$\xi = \left(\dfrac{d}{B}\right)^{\frac{3}{2}}$，$B/d \geq 1$ 时，$\xi=1$；$\omega$ 为轴颈角速度（rad/s）；$B$、$d$ 的单位为 mm；$p$ 为轴承的平均压力（Pa）；$\eta$ 为润滑油的动力黏度（Pa·s）；$v$ 为轴颈圆周速度（m/s）。

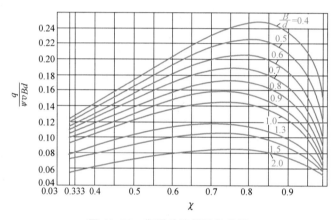

图 11-20　润滑油流量系数线图

用式（11-38）只是求出了平均温度差，实际上轴承上各点的温度是不相同的。润滑油从入口到流出轴承，温度逐渐升高，因而在轴承中不同位置的油的黏度也将不同。研究结果表明。在利用式（11-28）计算轴承的承载能力时，可以采用平均油温时的黏度。平均油温 $t_m = \dfrac{t_i + t_o}{2}$，而温升 $\Delta t = t_o - t_i$，所以平均油温 $t_m$ 的计算式为

$$t_m = t_i + \frac{\Delta t}{2} \tag{11-39}$$

为了保证轴承的承载能力，建议平均油温不超过 75℃。

设计时，通常是先给定平均油温 $t_m$，按式（11-38）求出的温升 $\Delta t$ 来校核油的入口温度 $t_i$，即

$$t_i = t_m - \frac{\Delta t}{2} \tag{11-40}$$

若 $t_i = 35 \sim 40℃$，则表示轴承满足热平衡条件，能保证轴承的承载能力。

若 $t_i > 40℃$，则表示轴承热平衡易于建立，轴承的承载能力尚未用尽。此时应降低给定

的平均油温，并允许适当地加大轴瓦及轴颈的表面粗糙度值，再行计算。

若 $t_i<35℃$ ，则表示轴承不易达到热平衡状态。此时需加大间隙，并适当地降低轴瓦及轴颈的表面粗糙度值，再行计算。

此外要说明的是，轴承热平衡计算中的润滑油流量仅考虑了速度供油量，即由旋转轴颈从油槽带入轴承间隙的油量，忽略了油泵供油时，油被输入轴承间隙时的压力供油量，这将影响轴承温升计算的精确性。因此，它适用于一般用途的液体动力润滑径向轴承的热平衡计算，对于重要的液体动压轴承计算可参考《机械设计手册》。

### 11.5.3 参数选择

在液体动力润滑径向滑动轴承设计中，轴承的宽径比 $B/d$ 、相对间隙 $\psi$ 、润滑油黏度（黏度）$\eta$ 等重要参数，对轴承的工作能力和工作性能有较大影响。下面就这几个重要轴承参数的选择做简单介绍。

#### 1. 宽径比 $B/d$

轴承的宽径比 $B/d$ 对承载能力和温升有直接影响。一般轴承的宽径比 $B/d$ 在 $0.3\sim1.5$ 范围内。宽径比小，有利于提高运转稳定性，增大端泄量以降低温升。但轴承宽度减小，轴承承载能力也随之降低。

高速重载轴承温升高，宽径比宜取较小值；低速重载轴承，为增强轴承整体刚性，宽径比宜取较大值；高速轻载轴承，如对轴承刚性无过高要求，可取较小值；需要对轴有较大支承刚性的机床轴承，宜取较大值。

一般机器常用的 $B/d$ 值为：汽轮机、鼓风机，$B/d=0.3\sim1$ ；电动机、发电机、离心泵、齿轮变速器，$B/d=0.6\sim1.5$ ；机床、拖拉机，$B/d=0.8\sim1.2$ ；轧钢机，$B/d=0.6\sim0.9$ 。

#### 2. 相对间隙 $\psi$

轴承的相对间隙 $\psi$ 对轴承能力、温升及回转精度等有重要影响。相对间隙主要根据载荷和速度选取。速度越高，$\psi$ 值应越大；载荷越大，$\psi$ 值应越小。此外，直径大、宽径比小，调心性能好，加工精度高时，$\psi$ 值取小值，反之取大值。

一般轴承，按转速取 $\psi$ 值的经验公式为

$$\psi\approx\frac{\left(\dfrac{n}{60}\right)^{\frac{4}{9}}}{10^{\frac{31}{9}}} \tag{11-41}$$

式中，$n$ 为轴颈转速（r/min）。

一般机器中常用的 $\psi$ 值为：汽轮机、电动机、齿轮减速器，$\psi=0.001\sim0.002$ ；轧钢机、铁路车辆，$\psi=0.0002\sim0.0015$ ；机床、内燃机，$\psi=0.0002\sim0.00125$ ；鼓风机、离心泵，$\psi=0.001\sim0.003$ 。

#### 3. 黏度 $\eta$

润滑油黏度 $\eta$ 是轴承设计中的一个重要参数，它对轴承的承载能力、功耗和轴承温升都有不可忽视的影响。轴承工作时，油膜各处温度是不同的，通常认为轴承温度等于油膜的平均油温。平均油温的计算是否准确，将直接影响到润滑油黏度的大小。平均油温过低，则油的黏度较大，算出的承载能力偏高；反之，则承载能力偏低。设计时，可先假定轴承平均

油温（一般取 $t_m = 50 \sim 75℃$），初选黏度，进行初步设计计算。最后通过热平衡计算来验算轴承入口油温 $t_i$ 是否在 $35 \sim 40℃$ 之间，否则应重新选择黏度再做计算。

对于一般轴承，也可按轴颈转速 $n$（r/min）先初步估算油的动力黏度 $\eta'$（Pa·s），即

$$\eta' = \frac{\left(\dfrac{n}{60}\right)^{\frac{1}{3}}}{10^{\frac{7}{6}}} \tag{11-42}$$

由式（4-4）计算相应的运动黏度 $\nu'$，选定油的平均温度 $t_m$，参照表 4-1 选定润滑油的黏度等级；然后查图 4-21，重新确定 $t_m$ 时的运动黏度 $\nu_{tm}$ 及动力黏度 $\eta_{tm}$；最后验算入口油温 $t_i$ 是否在 $35 \sim 40℃$ 之间。

## 11.6　典型例题

**例 11-1**　有一离心泵的径向滑动轴承。已知：轴颈直径 $d = 60\text{mm}$，轴的转速 $n = 1500\text{r/min}$，轴承径向载荷 $F = 3000\text{N}$，轴承材料为 ZCuSn5Pb5Zn5。试根据不完全液体润滑轴承计算方法校核该轴承是否可用？如不可用，应如何改进？（按轴的强度计算，轴颈直径不得小于 48mm）

**解**　（1）根据给定的材料为 ZCuSn5Pb5Zn5，可查得：$[p] = 8\text{MPa}$，$[v] = 3\text{m/s}$，$[pv] = 15\text{MPa·m/s}$。

（2）按已知数据，选定宽径比 $B/d = 1$，得

$$v = \frac{\pi dn}{60 \times 1000} = \frac{3.14 \times 60 \times 1500}{60 \times 1000}\text{m/s} = 4.71\text{m/s}$$

$$p = \frac{F}{dB} = \frac{3000}{60 \times 60}\text{MPa} = 0.833\text{MPa}$$

$$pv = 0.833\text{MPa} \times 4.71\text{m/s} = 3.92\text{MPa·m/s}$$

可见 $v$ 不满足要求，而 $p$、$pv$ 均满足。故考虑用以下两种方案进行改进：

1）不改变材料，仅减小轴颈直径以减小速度 $v$。取 $d$ 为允许的最小直径 48mm，则

$$v = \frac{\pi dn}{60 \times 1000} = \frac{3.14 \times 48 \times 1500}{60 \times 1000}\text{m/s} = 3.77\text{m/s}$$

仍不能满足要求，此方案不可用，所以必须改变材料。

2）改变材料，查表 11-2 选择铝青铜 ZCuAl10Fe3，查得 $[p] = 15\text{MPa}$，$[v] = 4\text{m/s}$，$[pv] = 12\text{MPa·m/s}$。经试算取 $d = 50\text{mm}$，$B = 50\text{mm}$，则

$$v = \frac{\pi dn}{60 \times 1000} = \frac{3.14 \times 50 \times 1500}{60 \times 1000}\text{m/s} = 3.93\text{m/s} \leqslant [v]$$

$$p = \frac{F}{dB} = \frac{3000}{50 \times 50}\text{MPa} = 1.2\text{MPa} \leqslant [p]$$

$$pv = 1.2 \times 3.93 = 4.7\text{MPa·m/s} \leqslant [pv]$$

结论：选择铝青铜 ZCuAl10Fe3 作为轴承材料，轴颈直径 $d = 50\text{mm}$，轴承宽度 $B = 50\text{mm}$。

例 11-2　设计一机床用的液体动力润滑径向滑动轴承，载荷垂直向下，工作情况稳定，采用对开式轴承。已知工作载荷 $F=80000\text{N}$，轴颈直径 $d=200\text{mm}$，转速 $n=600\text{r/min}$，在水平剖分面单侧供油。

解　1. 选择轴承宽径比

根据机床轴承常用的宽径比范围，取宽径比为 1，则轴承宽度 $B=200\text{mm}$。

2. 计算轴颈速度

$$v=\frac{\pi dn}{60\times 1000}=\frac{3.14\times 200\times 600}{60\times 1000}\text{m/s}=6.28\text{m/s}$$

3. 计算轴承工作压力

$$p=\frac{F}{dB}=\frac{80000}{200\times 200}\text{MPa}=2\text{MPa}$$

4. 计算轴承的 $pv$ 值

$$pv=6.28\times 2\text{MPa}\cdot\text{m/s}=12.56\text{MPa}\cdot\text{m/s}$$

5. 选择轴瓦材料

查表 11-2，在保证 $p\leqslant[p]$、$v\leqslant[v]$、$pv\leqslant[pv]$ 的条件下，选定轴承材料为 ZCuSn10P1。

6. 初估润滑油黏度

由式（11-42）得

$$\eta'=\frac{\left(\dfrac{n}{60}\right)^{-\frac{1}{3}}}{10^{\frac{7}{6}}}\text{Pa}\cdot\text{s}=\frac{\left(\dfrac{600}{60}\right)^{-\frac{1}{3}}}{10^{\frac{7}{6}}}\text{Pa}\cdot\text{s}=0.032\text{Pa}\cdot\text{s}$$

7. 计算相应的运动黏度

取润滑油密度 $\rho=900\text{kg/m}^3$，由式（4-4）得

$$\nu'=\frac{\eta'}{\rho}\times 10^6=\frac{0.032}{900}\times 10^6\text{mm}^2/\text{s}=35.6\text{mm}^2/\text{s}$$

8. 选定平均油温

现选平均油温 $t_m=50\text{℃}$。

9. 选定润滑油牌号

参照表 4-1 选定黏度等级为 68 的润滑油。

10. 按 $t_m=50\text{℃}$ 查出黏度等级为 68 的润滑油的运动黏度

由图 4-21 查得，$\nu_{50}=40\text{mm}^2/\text{s}$。

11. 换算出润滑油在 50℃ 时的黏度

$$\eta_{50}\approx\rho\nu_{50}\times 10^{-6}=900\times 40\times 10^{-6}\text{Pa}\cdot\text{s}\approx 0.036\text{Pa}\cdot\text{s}$$

12. 计算相对间隙

由式（11-41）得

$$\psi \approx \frac{\left(\dfrac{n}{60}\right)^{\frac{4}{9}}}{10^{\frac{31}{9}}} = \frac{\left(\dfrac{600}{60}\right)^{\frac{4}{9}}}{10^{\frac{31}{9}}} = 0.001，取为 0.00125$$

**13. 计算直径间隙**

$$\Delta = \psi d = 0.00125 \times 200\mathrm{mm} = 0.25\mathrm{mm}$$

**14. 计算承载量系数**

由式（11-30）得

$$C_\mathrm{p} = \frac{F\psi^2}{2\eta v B} = \frac{80000 \times (0.00125)^2}{2 \times 0.036 \times 6.28 \times 0.2} = 1.728$$

**15. 求出轴承偏心率**

根据 $C_\mathrm{p}$ 及 $B/d$ 的值查表 11-4，经过插算求出偏心率 $\chi = 0.675$。

**16. 计算最小油膜厚度**

由式（11-9）得

$$h_{\min} = \frac{d}{2}\psi(1-\chi) = \frac{200}{2} \times 0.00125 \times (1-0.675)\mathrm{mm} = 40.6\mu\mathrm{m}$$

**17. 确定轴颈、轴承孔表面粗糙度 $Ra$ 值**

按加工精度要求取轴颈表面粗糙度值 $Ra_1 = 0.8\mu\mathrm{m}$、轴承孔表面粗糙度 $Ra_2 = 1.6\mu\mathrm{m}$。

**18. 计算许用油膜厚度**

取安全系数 $S = 2$，由式（11-33）得

$$[h] = 4S(Ra_1 + Ra_2) = 4 \times 2 \times (0.8 + 1.6)\mu\mathrm{m} = 19.2\mu\mathrm{m}$$

因 $h_{\min} > [h]$，故满足工作可靠性要求。

**19. 计算轴承与轴颈的摩擦因数**

因轴承的宽径比 $B/d = 1$，取随宽径比变化的系数 $\xi = 1$，由摩擦因数计算式得

$$f = \frac{\pi}{\psi}\frac{\eta\omega}{p} + 0.55\psi\xi = \frac{\pi \times 0.036 \times 2\pi \times \dfrac{600}{60}}{0.00125 \times 2 \times 10^6} + 0.55 \times 0.00125 \times 1 = 0.00353$$

**20. 查出润滑油流量系数**

由宽径比 $B/d = 1$ 及偏心率 $\chi = 0.675$ 查图 11-20，得润滑油流量系数 $\dfrac{q}{\psi v B d} = 0.143$。

**21. 计算润滑油温升**

按润滑油密度 $\rho = 900\mathrm{kg/m^3}$，取比热容 $c = 1800\mathrm{J/(kg \cdot ℃)}$，表面传热系数 $\alpha = 80\mathrm{W/(m^2 \cdot C)}$，由式（11-38）得

$$\Delta t = \frac{\dfrac{f}{\psi}p}{c\rho\dfrac{q}{\psi v B d} + \dfrac{\pi k}{\psi v}} = \frac{\dfrac{0.00353}{0.00125} \times 2 \times 10^6}{1800 \times 900 \times 0.143 + \dfrac{\pi \times 80}{0.00125 \times 6.28}}℃ = 21.4℃$$

**22. 计算润滑油入口温度**

由式（11-40）得

$$t_i = t_m - \frac{\Delta t}{2} = 50℃ - \frac{21.4}{2}℃ = 39.3℃$$

因一般取 $t_i = 35 \sim 40℃$，故上述入口温度合适。

### 23. 选择配合

根据直径间隙 $\Delta = 0.25$mm，按 GB/T 1801—2009 选配合 $\frac{F6}{d7}$，查得轴承孔尺寸公差为 $\phi 200^{+0.079}_{+0.050}$，轴颈尺寸公差为 $\phi 200^{-0.170}_{-0.216}$。

### 24. 求最大、最小间隙

$$\Delta_{max} = 0.079\text{mm} - (-0.216)\text{mm} = 0.295\text{mm}$$

$$\Delta_{min} = 0.050\text{mm} - (-0.170)\text{mm} = 0.22\text{mm}$$

因为 $\Delta = 0.25$ mm 在 $\Delta_{max}$ 和 $\Delta_{min}$ 之间，故所选配合合用。

### 25. 校核轴承的承载能力，最小油膜厚度及润滑油温升

分别按 $\Delta_{max}$ 及 $\Delta_{min}$ 进行校核，如果在允许值范围内，则绘制轴承工作图；否则需要重新选择参数，再做设计及校核计算。

## 11.7 其他形式滑动轴承简介

### 11.7.1 自润滑轴承

自润滑轴承是在不加润滑剂的状态下运转的，一般常用各种工程塑料和碳石墨作为轴承材料，以降低磨损率。此外，为了减小磨损，轴颈材料也最好用不锈钢或碳钢镀硬铬，轴颈表面硬度应大于轴瓦表面硬度。自润滑轴承以其独特的性能及其经济性在国内外得到广泛应用。常用的自润滑轴承材料及其性能见表 11-5。各种轴承材料的适用环境见表 11-6。

表 11-5 常用自润滑轴承材料及其性能

| 轴 承 材 料 | | 最大静压力 $p_{max}$/MPa | 线胀系数 $\alpha$/ $(×10^{-6}/℃)$ | 传热系数 $K$/ $[W/(m \cdot ℃)]$ | 压缩弹性模量 $E$/GPa |
|---|---|---|---|---|---|
| 热塑性塑料 | 无填料热塑性塑料 | 10 | 99 | 0.24 | 2.8 |
| | 金属瓦无填料塑形塑料衬套 | 10 | 99 | 0.24 | 2.8 |
| | 有填料热塑性塑料 | 14 | 80 | 0.26 | |
| | 金属瓦有填料塑形塑料衬套 | 300 | 27 | 2.9 | 14.0 |
| 聚四氟乙烯 | 无填料聚四氟乙烯 | 2 | 86~218 | 0.26 | — |
| | 有填料聚四氟乙烯 | 7 | (<20℃)60 (>20℃)80 | 0.33 | 0.7 |
| | 金属瓦有填料聚四氟乙烯衬套 | 350 | 20 | 42.0 | 21.0 |
| | 金属瓦无填料聚四氟乙烯衬套 | 7 | (<20℃)140 (>20℃)96 | 0.33 | 0.8 |
| | 织物增强聚四氟乙烯 | 700 | 12 | 0.24 | 4.8 |

（续）

| 轴承材料 | | 最大静压力 $p_{max}$/MPa | 线胀系数 $\alpha$/ ($\times10^{-6}$/℃) | 传热系数 $K$/ [W/(m·℃)] | 压缩弹性模量 $E$/GPa |
|---|---|---|---|---|---|
| 热固性塑料 | 增强热固性塑料 | 35 | （<20℃）11～25 （>20℃）80 | 0.38 | 7.0 |
| | 碳石墨热固性塑料 | — | 20 | — | 4.8 |
| 碳石墨 | 碳石墨（高碳） | 2 | 1.4 | 11 | 9.6 |
| | 碳石墨（低碳） | 1.4 | 4.2 | 55 | 4.8 |
| | 加铜和铅的碳石墨 | 4 | 4.9 | 23 | 15.8 |
| | 加巴氏合金的碳石墨 | 3 | 4 | 15 | 7.0 |
| | 浸渍热固性塑料的碳石墨 | 2 | 2.7 | 40 | 11.7 |
| 石墨 | 浸渍金属的碳石墨 | 70 | 12～20 | 126 | 28.0 |

表 11-6　自润滑轴承材料的适用环境

| 轴承材料 | 高温 | 低温 | 辐射 | 真空 | 水 | 油 | 磨粒 | 耐酸、碱 |
|---|---|---|---|---|---|---|---|---|
| 有填料热塑性塑料 | 少数可用 | 通常好 | 通常差 | 大多数可用，避免用石墨作填充物 | 通常差,注意配合面的表面粗糙度 | 通常好 | 一般尚好 | 尚好或好 |
| 有填料聚四氟乙烯 | 尚好 | 很好 | 很差 | | | | | 极好 |
| 有填料热固性塑料 | 部分可用 | 好 | 部分尚好 | | | | | 部分好 |
| 碳石墨 | 很好 | 很好 | 很好,不要加塑料 | 极差 | 尚好或好 | 好 | 不好 | 好（除强酸外） |

自润滑轴承的使用寿命取决于其磨损率，而磨损率取决于材料的力学性能和摩擦特性，并随载荷和速度的增加而加大，同时也受到工作条件的影响。温升是限制轴承承载能力的重要因素之一。故应将其 $pv$ 值控制在允许的范围内。自润滑轴承的设计计算可参考《机械设计手册》。

### 11.7.2　液体静压轴承

液体静压轴承不依靠系统自身运动，而是利用一个外部液压系统供给液压油，液压油进入轴承间隙里，强制形成压力油膜以隔开摩擦表面，保证了轴颈在任何转速下（包括转速为零）和预定载荷下都与轴承处于液体摩擦状态。对于工作转速较低或很低，甚至只做缓慢摆动的机械设备，无法实现液体动压润滑，而液体静压轴承润滑则能很好地适应这些场合。

**1. 液体静压轴承的主要优缺点**

1）在液体静压轴承中轴颈和轴承相对转动时处于完全液体摩擦状态，摩擦因数很小，一般 $f=0.0001\sim0.0004$，因此，起动力矩小，效率高。

2）由于工作时轴颈与轴承不直接接触（包括起动、停车等），轴承不会磨损，使用寿命长。

3）静压轴承的油膜不像动压轴承的油膜那样受到速度的限制，因此，能在极低或极高的转速下正常工作。

4）对轴承材料要求不像液体动压轴承那样高，对间隙和表面粗糙度也不像液体动压轴承要求那么严，可以采用较大的间隙和较大的表面粗糙度值。

5）油膜刚性大，具有良好的吸振性，运转平稳，旋转精度高。

液体静压轴承的缺点是必须有一套复杂的供给液压油的系统，在重要场合还必须加一套备用设备。故设备费用高，维护管理也较麻烦，一般只在液体动压轴承难以完成任务时才采用静压轴承。

2. 液体静压轴承的工作原理

图 11-21 为一液体静压径向轴承示意图。轴承有四个完全相同的油腔，分别通过各自的节流器与供油管路相连接。压力为 $p_b$ 的高压油流经节流器降压后流入各油腔，然后一部分经过径向封油面流入回油槽，并沿槽流出轴承；一部分经轴向封油面流出轴承。当无外载荷（忽略轴的自重）时，四个油腔的油压均相等，使轴颈与轴承同心。此时，四个油腔的封油面与轴颈间的间隙相等，均为 $h_0$。因此，流经四个油腔的油流量相等，在四个节流器中产生的压降也相同。

当轴承承受径向载荷 $F$ 时，轴颈由于受力不平衡而要下沉，使下部油腔的封油面侧隙减小，油的流量也随之减小，下部油腔节流器中的压降也随之减小，下部油腔压力即跟着上升；同时，上部油腔封油面侧隙加大，流量加大，节流器中压降加大，油腔压力下降，上下两油腔间形成了一个压差。由这个压差所产生的向上的力即与所加在轴颈上的外载荷 $F$ 相平衡，使轴颈保持在图示位置上，即轴的轴线下移了 $e$。因为没有外加的侧向载荷，故左右两个油腔中并不产生压差，左右间隙就不改变。只要下油腔封油面侧隙 $(h_0-e)$ 大于两表面最大不平度之和，就能保证液体摩擦。

径向载荷 $F$ 减小时，轴承上下油腔中油压的变化与上述情况相反。

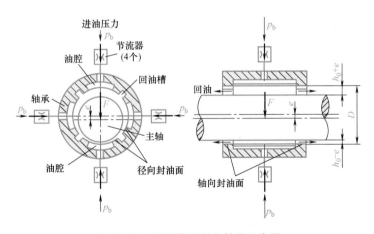

图 11-21 液体静压径向轴承示意图

关于静压轴承的设计可参阅有关专题资料。

 习 题

11-1 某不完全液体润滑径向滑动轴承，轴承直径 $d=60\text{mm}$，轴承宽度 $B=60\text{mm}$，轴瓦材料为 ZCuPb30。

（1）当径向载荷 $F = 36000N$，转速 $n = 150r/min$ 时，校核轴承是否满足不完全液体润滑轴承的使用条件。

（2）当径向载荷 $F = 36000N$ 时，求轴的允许转速 $n$。

（3）当轴的转速 $n = 900r/min$ 时，求轴的允许径向载荷。

11-2　有一不完全液体润滑向心滑动轴承，轴颈直径 $d = 100mm$，轴承宽度 $B = 100mm$，轴的转速 $n_1 = 1200r/min$，轴承材料为 ZCuSn10P1。问该轴承最大能承受多大的径向载荷？

11-3　某对开式径向滑动轴承，已知径向载荷 $F = 32500N$，轴颈直径 $d = 100mm$，轴承宽度 $B = 100mm$，轴颈转速 $n = 1000r/min$，选用黏度等级 32 的全损耗系统用油，设平均油温 $t_m = 50℃$，轴承的相对间隙 $\psi = 0.001$，轴颈、轴瓦表面粗糙度 $Ra$ 值分别为 $Ra_1 = 0.4\mu m$，$Ra_2 = 0.8\mu m$，试校验此轴承能否实现液体动压润滑。

11-4　设计一发电机转子的液体动压径向滑动轴承。已知：载荷 $F = 50000N$，轴颈直径 $d = 150mm$，转速 $n = 1000r/min$，工作情况稳定。

11-5　一液体动力润滑径向滑动轴承，承受径向载荷 $F = 70kN$，转速 $n = 1500r/min$，轴颈直径 $d = 200mm$，宽径比 $B/d = 0.8$，相对间隙 $\psi = 0.0015$，包角 $\alpha = 180°$，采用黏度等级 32 的全损耗系统用油（无压供油），假设轴承中平均油温 $t_m = 50℃$，油的黏度 $\eta = 0.018Pa \cdot s$，求最小油膜厚度 $h_{min}$。

# 第 12 章

# 滚动轴承

## 12.1 概述

滚动轴承是现代机器中广泛应用的部件之一，其主要功能是依靠主要元件间的滚动接触来支承转动的轴及轴上零件，并保持轴的正常工作位置和旋转精度。

如图 12-1 所示，滚动轴承主要由内圈、外圈、滚动体、保持架四部分构成。装在轴承座孔内的外圈一般不转动，装在轴颈上的内圈通常随轴转动。作为轴承核心元件的滚动体主要有球、圆柱滚子、圆锥滚子、球面滚子、非对称球面滚子、滚针等几种。保持架的主要作用是将滚动体均匀隔开，避免摩擦，轴承内、外圈上的滚道有限制滚动体沿轴向移动的作用。轴承添加的润滑剂主要起润滑、冷却、清洗等作用。套圈和滚动体通常采用强度高、耐磨性好的滚动轴承钢制造，淬火后表面硬度应达到 $60 \sim 65HRC$。保持架多用软钢冲压制成，也可以采用铜合金、夹布胶木或塑料等制造。

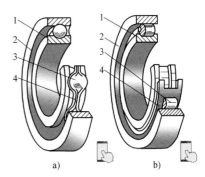

图 12-1　滚动轴承结构

a）深沟球轴承　b）圆柱滚子轴承

1—内圈　2—外圈　3—滚动体　4—保持架

滚动轴承的主要优点如下：

1）摩擦阻力小，功率消耗小，机械效率高，易起动。

2）尺寸标准化，具有互换性，便于安装拆卸，维修方便。

3）结构紧凑，重量轻，轴向尺寸更为缩小。

4）和非液体润滑滑动轴承相比精度高，负载大，磨损小，使用寿命长。

5）部分轴承具有自动调心的性能。

6）适用于大批量生产，质量稳定可靠，生产率高。

7）只需要少量的润滑剂便能正常运行。

8）轴向尺寸小于传统流体动力润滑滑动轴承。

9）可以同时承受径向载荷和轴向载荷的联合作用。

滚动轴承的主要缺点如下：

1）变速时有噪声。

2）轴承座的结构比较复杂。

3）径向尺寸较大。

4）即使轴承润滑良好，安装正确，防尘防潮严密，运转正常，它们最终也会因为滚动接触表面的疲劳而失效。

滚动轴承的重要性主要体现在以下几个方面：

1）在国民经济中滚动轴承被称为"工业的关节"。轴承工业作为机械工业的基础产业和骨干产业，其发展水平的高低，往往代表或制约着一个国家机械工业和其他相关产业的发展水平。

2）在国防事业上滚动轴承是必备的军备物资。没有轴承，导弹不能升空、飞机不能上天、军舰不能出海、坦克无法出击……轴承在许多军事装备中，都是重要或者核心零部件。至今，很多轴承产品和技术仍被许多军事大国列入技术封锁的范畴。

3）在技术地位上轴承钢是各种合金钢中要求技术指标最多而且最严的钢种之一。

滚动轴承工业是最早开展标准化活动、最早采用可靠性技术的工业领域之一。早在1949 年，就已建立了滚动轴承疲劳寿命与可靠性经典理论，1963 年，又将其纳入了 ISO 281：1963。

## 📌 12.2　常用滚动轴承的类型、代号及选择

### 12.2.1　常用滚动轴承的主要类型

滚动轴承的分类方法有很多，如按滚动体的不同分类，滚动轴承可分为球轴承、滚子轴承；按轴承承受的载荷方向或公称接触角的不同，滚动轴承可分为向心轴承（主要用于承受径向载荷）和推力轴承（主要用于承受轴向载荷）两大类，其中向心轴承又分为径向接触轴承（公称接触角为 0°的向心轴承）和角接触向心轴承（公称接触角大于 0°到 45°的向心轴承）；按轴承的结构形式不同分类，滚动轴承可分为深沟球轴承、圆柱滚子轴承、推力球轴承、角接触球轴承、圆锥滚子轴承、调心球轴承、调心滚子轴承、滚针轴承等常用主要类型。

径向接触轴承、推力轴承和角接触向心轴承的承载情况如图 12-2 所示。径向接触轴承主要承受径向载荷，其中，有些类型的径向接触轴承还可以承受不大的轴向载荷；推力轴承

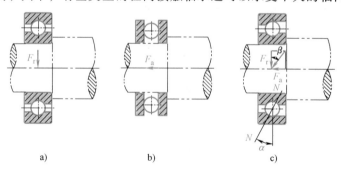

图 12-2　不同类型轴承的受载情况

a）径向接触轴承　b）推力轴承　c）角接触向心轴承

只能承受轴向载荷；角接触向心轴承能承受径向载荷和轴向载荷的联合作用。角接触向心轴承的滚动体与外圈滚道接触点（线）处的法线 $N—N$ 与半径方向的夹角 $\alpha$ 称为轴承的接触角，接触角 $\alpha$ 越大，角接触向心轴承承受轴向载荷的能力也越大。轴承实际所承受的径向载荷 $F_r$ 与轴向载荷 $F_a$ 的合力与半径方向的夹角 $\beta$ 称为载荷角。

常用滚动轴承的主要性能和特点见表 12-1。

表 12-1　常用滚动轴承的主要性能和特点

| 轴承类型 | 结构简图 | 类型代号 | 性能和特点 |
|---|---|---|---|
| 调心球轴承 | | 1 | 主要承受径向载荷，可承受较小的轴向载荷，内外圈的相对偏斜量≤2°～3° |
| 调心滚子轴承 | | 2 | 能承受较大的径向载荷和较小的轴向载荷，允许内外圈的轴线相对偏斜量≤1.5°～2.5° |
| 圆锥滚子轴承 | | 3 | 能承受径向载荷和轴向载荷的联合作用，不宜承受纯轴向载荷。外圈可分离，可调整径向和轴向游隙 |
| 双列深沟球轴承 | | 4 | 主要承受径向载荷，也可承受一定的轴向载荷 |
| 推力球轴承 | | 5 | 仅承受一个方向的轴向载荷，极限转速低 |
| 双向推力球轴承 | | 5 | 承受双向轴向载荷，极限转速低 |
| 深沟球轴承 | | 6 | 主要承受径向载荷，也可承受一定的轴向载荷，允许内外圈轴线偏斜量≤8′～16′ |
| 角接触球轴承 | | 7 | 可以承受径向载荷和轴向载荷的联合作用，也可以单独承受轴向载荷。能在较高转速下正常工作。承受轴向载荷的能力与接触角 $\alpha$ 有关，接触角 $\alpha$ 越大，承受轴向载荷的能力也越高 |
| 外圈无挡边圆柱滚子轴承 | | N | 仅承受径向载荷，允许内外圈轴线偏斜 2′～4′ |
| 内圈无挡边圆柱滚子轴承 | | NU | 仅承受径向载荷，允许内外圈轴线偏斜 2′～4′ |

（续）

| 轴承类型 | 结构简图 | 类型代号 | 性能和特点 |
| --- | --- | --- | --- |
| 内圈单挡边圆柱滚子轴承 | | NJ | 仅承受径向载荷，允许内、外圈轴线偏斜 2′～4′ |
| 滚针轴承 | | NA | 在同样内径条件下，与其他类型轴承相比，其外径最小，内圈或外圈可以分离。工作时允许内外圈有少量的轴向窜动。有较大的径向承载能力。一般不带保持架，摩擦因数较大 |

## 12.2.2  滚动轴承的代号

为了统一表征各类滚动轴承的特点，便于组织生产和选用，GB/T 272—1993 规定了滚动轴承代号的表示方法。

滚动轴承代号由基本代号、前置代号和后置代号组成，用以描述轴承结构、尺寸、公差等特征。滚动轴承代号组成见表 12-2。

表 12-2  滚动轴承代号组成

| 前置代号 | 基本代号 | | | | | 后置代号 | | | | | | | |
| --- | --- | --- | --- | --- | --- | --- | --- | --- | --- | --- | --- | --- | --- |
| | 五 | 四 | 三 | 二 | 一 | 1 | 2 | 3 | 4 | 5 | 6 | 7 | 8 |
| 轴承分部件代号 | 类型代号 | 尺寸系列代号 | | 内径代号 | | 内部结构 | 密封与防尘套圈变形 | 保持架及其材料 | 轴承材料 | 公差等级 | 游隙 | 配置 | 其他 |
| | | 宽度系类代号 | 直径系列代号 | | | | | | | | | | |

注：基本代号中数字位置自右数起。

1. 基本代号

基本代号表示轴承类型和主要尺寸，是轴承代号的主要部分。基本代号中右起第 1、2 位数字代表轴承内经，具体表示方法见表 12-3。

表 12-3  滚动轴承内径代号含义

| 轴承公称内径/mm | 内 径 代 号 | 示　　例 |
| --- | --- | --- |
| 10～17 | 10　　　　00 | 深沟球轴承 6202 |
| | 12　　　　01 | $d = 15mm$ |
| | 15　　　　02 | |
| | 17　　　　03 | |
| 20～480 | 公称内径除以 5 的商数，商数为个位时须在商数左边加"0"，如 07 | 圆柱滚子轴承 N307 |
| | | $d = 35mm$ |
| | | 角接触球轴承 7312C |
| | | $d = 60mm$ |

轴承尺寸系列是轴承宽度系列（向心轴承）或高度系列（推力轴承）与直径系列的组合，用两位数字表示。

基本代号中右起第 3 位数字代表轴承直径系列，它是结构、内径相同的轴承外径的递增系列，直径系列代号见表 12-4，由上至下依次递增。

基本代号中右起第 4 位数字代表向心轴承的宽度系列，它是结构、内径和直径系列都相同的向心轴承宽度的递增系列，向心轴承宽度系列代号见表 12-4，由左至右依次递增。对于推力轴承，基本代号中右起第 4 位数字代表推力轴承的高度系列，它是结构、内径和直径系列都相同的推力轴承高度的递增系列，推力轴承高度系列代号见表 12-4，由左至右依次递增。

表 12-4　滚动轴承尺寸系列代号

| 直径系列代号 | 向心轴承 | | | | | | | | 推力轴承 | | | |
| | 宽度系列代号 | | | | | | | | 高度系列代号 | | | |
| | 8 | 0 | 1 | 2 | 3 | 4 | 5 | 6 | 7 | 9 | 1 | 2 |
| | 尺寸系列代号 | | | | | | | | | | | |
| 7 | — | — | 17 | — | 37 | — | — | — | — | — | — | — |
| 8 | — | 08 | 18 | 28 | 38 | 48 | 58 | 68 | — | — | — | — |
| 9 | — | 09 | 19 | 29 | 39 | 49 | 59 | 69 | — | — | — | — |
| 0 | — | 00 | 10 | 20 | 30 | 40 | 50 | 60 | 70 | 90 | 10 | — |
| 1 | — | 01 | 11 | 21 | 31 | 41 | 51 | 61 | 71 | 91 | 11 | — |
| 2 | 82 | 02 | 12 | 22 | 32 | 42 | 52 | 62 | 72 | 92 | 12 | 22 |
| 3 | 83 | 03 | 13 | 23 | 33 | — | — | — | 73 | 93 | 13 | 23 |
| 4 | — | 04 | 24 | — | — | — | — | — | 74 | 94 | 14 | 24 |
| 5 | — | — | — | — | — | — | — | — | — | 95 | — | — |

部分直径系列之间的尺寸对比如图 12-3 所示。多数轴承在代号中不标出宽度系列代号 0（如深沟球轴承 6310），但对于调心滚子轴承和圆锥滚子轴承，宽度系列代号 0 应标出（如圆锥滚子轴承 30215）。

基本代号中右起第 5 位数字（或字母）是表示轴承类型结构的轴承类型代号，其表示方法见表 12-1。

**2. 前置代号**

前置代号用于表示轴承的分部件，用字母表示，如用 L 表示可分离轴承的分离套圈，K 表示轴承的滚动体和保持架组件等。

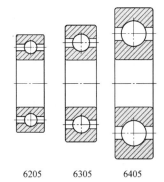

6205　　6305　　6405

图 12-3　直径系列的对比

**3. 后置代号**

后置代号表示轴承在结构形状、尺寸、公差、技术要求、材料等方面的变动。后置代号用大写字母和数字表示，下面介绍几个常用的后置代号。

（1）结构代号　内部结构代号表示同一类型轴承的不同内部结构，用字母紧跟着基本代号表示。例如：接触角为 15°、25° 和 40° 的角接触球轴承分别用 C、AC 和 B 表示其内部结构的不同。

（2）公差等级代号　轴承的公差等级分为 2 级、4 级、5 级、6 级（或 6x 级）和 0 级，共 5 个级别，依次由高级到低级，其代号分别为/P2、/P4、/P5、/P6（或/P6x）和/P0。公差等级中 6x 级仅适用于圆锥滚子轴承；0 级为普通级（在轴承代号中不标出），是最常用的轴承公差等级。

（3）轴承径向游隙系列　常用的轴承径向游隙系列分为 1 组、2 组、0 组、3 组、4 组、5 组，共 6 个组别，径向游隙依次由小到大。0 组游隙是常用的游隙组别，在轴承代号中不标出，其余的游隙组别在轴承代号中分别用/C1、/C2、C3、/C4、/C5 表示。

### 4. 代号举例

7310AC/P5 表示内径为 50mm 的角接触球轴承，尺寸系列为 03，接触角为 25°，5 级公差，0 组游隙。

6203 表示内径为 17mm 的深沟球轴承，尺寸系列为 02，0 级公差，0 组游隙。

## 12.2.3　滚动轴承类型的选择

滚动轴承类型选择的主要依据是：轴承工作载荷（大小、方向和性质）、转速、工作要求及轴承特性。

### 1. 轴承的载荷

轴承所受载荷的大小、方向和性质，是选择轴承类型的主要依据。

滚子轴承中主要元件间是线接触，宜用于承受较大的载荷，承载后的变形也较小。球轴承中主要元件间主要为点接触，宜用于承受较轻或中等载荷，故在载荷较小时，可优先选用球轴承。

对于纯轴向载荷，一般选用推力轴承。较小的纯轴向载荷可选用推力球轴承；较大的纯轴向载荷可选用推力滚子轴承。对于纯径向载荷，一般选用深沟球轴承、圆柱滚子轴承或滚针轴承。当轴承在承受径向载荷的同时，还有不大的轴向载荷时，可选用深沟球轴承或接触角不大的角接触球轴承或圆锥滚子轴承；当轴向载荷较大时，可选用接触角较大的角接触球轴承或圆锥滚子轴承，或者选用向心轴承和推力轴承组合在一起的结构，分别承担径向载荷和轴向载荷。

### 2. 轴承转速

极限转速 $n_{lim}$ 是指载荷不太大，冷却条件正常，且为 0 级公差时轴承的最大允许转速。但是，由于极限转速主要受工作时温升的限制，因此，极限转速并不是一个绝对不可超越的界限。

通常球轴承的极限转速高于滚子轴承。各种推力轴承的极限转速均低于向心轴承。在内径相同的条件下，外径越小，则滚动体就越小，运转时滚动体加在外圈滚道上的离心力也就越小，因而也就更适于在更高的转速下工作。故在高速时，宜选用相同内径而外径较小的轴承。当用一个外径较小的轴承而承载能力达不到要求时，可再并装一个相同的轴承，或者考虑采用宽系列的轴承。内径相同而外径较大的轴承，宜用于低速重载的场合。

### 3. 工作要求

对于支承刚度较差或采用多支点支承时，宜选用调心轴承；安装、拆卸较频繁时，宜选用内外圈可分离的轴承，如圆柱滚子轴承、圆锥滚子轴承等。

## 12.3　滚动轴承工作情况分析及失效形式

### 12.3.1　滚动轴承工作情况分析

#### 1. 轴承内部载荷分布

以深沟球轴承为例，假设向心轴承受载后，内外圈除了与滚动体接触处共同产生局部接触变形外，它们的几何形状并不改变。当向心轴承工作的某一瞬间，滚动体处于图 12-4 所示的位置时，径向载荷 $F_r$ 通过轴颈作用于内圈，位于上半圈的滚动体不受此载荷作用，而由下半圈的滚动体将此载荷传到外圈上。这时在载荷 $F_r$ 的作用下，内圈的下沉量就是在 $F_r$ 作用线上的接触变形量，变形量的分布是中间最大，向两边逐渐减小，如图 12-4 所示。接触载荷也是处于 $F_r$ 作用线上的接触点处最大，向两边逐渐减小。各滚动体从开始受载到受载终止所对应的区域称为承载区。由于轴承内部存在游隙，因此，由径向载荷 $F_r$ 产生的承载区的范围将小于 $180°$。

#### 2. 轴承元件上的载荷及应力分析

轴承工作时，滚动体进入承载区后受到变载荷的作用，就滚动体上某一点而言，它的载荷及应力是周期性地不稳定变化的（图 12-5a）。

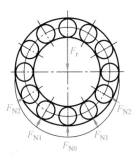

图 12-4　向心轴承中径向载荷的分布

滚动轴承工作时，对于固定不动的套圈，处在承载区内的各接触点，按其所在位置的不同，将受到不同的载荷。处于 $F_r$ 作用线上的点将受到最大的接触载荷。对于每一个具体的点，每当一个滚动体滚过时，便承受一次载荷，其大小是不变的，也就是承受稳定的脉动循环载荷的作用，因此，其所受到的接触应力也是稳定脉动循环变化的，如图 12-5b 所示。

转动套圈上各点的受载情况与滚动体的受载情况类似。转动套圈滚道上某一点处于非承载区时，所受载荷 $F$ 和接触应力 $\sigma_H$ 为零。进入承载区后，与滚动体每接触一次就受载一次，接触位置不同，所受载荷 $F$ 和接触应力 $\sigma_H$ 也不同，如图 12-5a 所示。

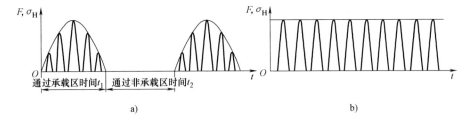

a)　　　　　　　　　　　　　　　　　b)

图 12-5　轴承元件上载荷及应力变化

a）滚动体和转动套圈上的载荷及应力　b）固定套圈上的载荷及应力

#### 3. 轴向载荷对载荷分布的影响

角接触向心轴承中，由于滚动体与滚道的接触线与轴承轴线之间夹一个接触角 $\alpha$，因而各滚动体的反力 $F_i$ 并不指向半径方向，它可以分解为一个径向分力和一个轴向分力。以圆锥滚子轴承为例，用 $F_{Ni}$ 代表某一个滚动体反力的径向分力，则相应的轴向分力 $F_{di}$ 应等于 $F_{Ni}\tan\alpha$（图 12-6a）。所有径向分力 $F_{Ni}$ 的向量和与轴承所受的径向载荷 $F_r$ 相平衡（图 12-6b）；所有的轴向分力 $F_{di}$ 之和组成轴承的派生轴向力 $F_d$，它迫使轴颈（连同轴承内圈和滚动体）有向右移动的趋势，这应由轴承所受到的外部轴向载荷 $F_a$ 来与之平衡。

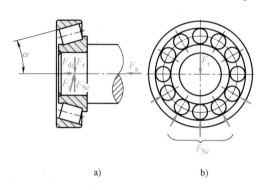

图 12-6 圆锥滚子轴承受力分析

a）圆锥滚子轴承受力分解 b）圆锥滚子轴承径向力平衡分析

当只有最下面一个滚动体受载时：

$$F_a = F_d = F_r\tan\alpha \tag{12-1}$$

当受载的滚动体数目增多时，在同样的径向载荷 $F_r$ 作用下，每个受载的滚动体均产生各自的轴向分力 $F_{di}$，轴承的派生轴向力 $F_d$ 必将增大，即

$$F_d = \sum_{i=1}^{n} F_{di} = \sum_{i=1}^{n} F_{Ni}\tan\alpha > F_r\tan\alpha \tag{12-2}$$

式中，$n$ 为受载的滚动体数目。

由式（12-1）可得出多个滚动体同时受载时，平衡派生轴向力 $F_d$ 所需施加的轴向载荷 $F_a$ 为

$$F_a = F_d > F_r\tan\alpha \tag{12-3}$$

通过上面的分析可以得出以下结论：

1）角接触球轴承及圆锥滚子轴承总是在径向载荷 $F_r$ 和轴向载荷 $F_a$ 的联合作用下工作。为了使较多的滚动体同时受载，应使 $F_a$ 比 $F_r\tan\alpha$ 大一些。

2）对于同一个角接触球轴承或圆锥滚子轴承，在同样的径向载荷 $F_r$ 作用下，当轴向载荷 $F_a$ 由最小值（$F_r\tan\alpha$，即只有一个滚动体受载）逐步增大时，同时受载的滚动体数目逐渐增多，与轴向载荷 $F_a$ 平衡的派生轴向力 $F_d$ 也随之增大。根据研究知：$F_a \approx 1.25F_r\tan\alpha$ 时，会有约半数的滚动体同时受载；$F_a \approx 1.7F_r\tan\alpha$ 时，开始使全部滚动体同时受载。

在角接触球轴承或圆锥滚子轴承实际使用过程中，为了保证它能可靠地工作，应使其至少达到下半圈的滚动体全部受载。在安装这类轴承时应成对使用，且不能有较大的轴向窜动量。

### 12.3.2 滚动轴承的失效形式及设计准则

#### 1. 失效形式

（1）疲劳点蚀 由于受到变化的接触应力作用，在正常安装和良好维护的情况下，绝大多数的滚动轴承都是由于疲劳点蚀而失效的。滚动轴承疲劳点蚀破坏后，工作时产生强烈的振动、噪声和发热现象，轴承的旋转精度会逐渐下降，最终导致机器丧失正常的工作能力。套圈和滚动体表面的疲劳点蚀是滚动轴承最基本和最常见的失效形式，是滚动轴承寿命计算的依据。

（2）塑性变形 当轴承承受的载荷很大时，在滚动体和内外圈滚道接触处将产生过大的塑性变形，从而影响轴承的平稳运转并产生振动和噪声。塑性变形多发生在低速重载和缓慢摆动以及转速极低的轴承中。

（3）磨损 当密封不良或润滑剂不洁净时，将引起滚动体和滚道过度磨损，导致轴承内外圈与滚动体之间的间隙加大、振动加剧及旋转精度降低。

（4）胶合 轴承转速过高，将导致轴承温度升高，润滑性能下降，轴承元件可能出现胶合失效。

此外，转速较高而润滑油不足时可能引起轴承烧伤；装配不当可能会使轴承卡死、胀破内圈、挤碎内外圈和保持架等，这些失效形式可以通过加强装配过程管理等措施来消除。

2. 计算准则

1）对一般转速（$n > 10\text{r/min}$）的轴承，疲劳点蚀是其主要的失效形式，对该类轴承应进行轴承寿命校核计算。

2）对缓慢摆动或转速极低（$n \leqslant 10\text{r/min}$）的轴承，轴承的承载能力取决于所允许的塑性变形，对该类轴承应进行静强度计算。

3）对于工作转速过高的轴承，为防止因发热而引起胶合，除了应进行寿命计算外还应进行极限转速校核计算，以控制轴承转速。

# 12.4 滚动轴承的寿命计算

## 12.4.1 滚动轴承的基本额定寿命

### 1. 滚动轴承的寿命

在变化的接触应力作用下，单个轴承中一个套圈或滚动体首次出现疲劳扩展之前，一个套圈相对于另一套圈的转数（或一定转速下的工作小时数）称为轴承的寿命。由于制造精度、轴承材料的均质程度等差异，即使是同样材料、同样尺寸以及同一批次生产出来的轴承，在完全相同的条件下工作，它们的寿命也会极不相同，轴承的最长工作寿命与最早破坏的轴承的寿命可相差几倍，甚至几十倍。

### 2. 滚动轴承的基本额定寿命

基本额定寿命是指一组相同的轴承，在相同条件下运转，可靠度为90%时的疲劳寿命，即按一组轴承中10%的轴承发生点蚀破坏，而90%的轴承不发生点蚀破坏前的转数（以 $10^6\text{r}$ 为单位）或一定转速下的工作小时数作为轴承的寿命，并把这个寿命称为基本额定寿命，以 $L_{10}$ 或 $L_{\text{h}}$ 表示。

基本额定寿命为 $L_{10}$ 的一组轴承中，可能有10%轴承提前发生破坏，有90%的轴承超过基本额定寿命 $L_{10}$ 后还能继续工作，甚至相当多的轴承还能再工作一个、两个或更多个基本额定寿命期。对其中的每一个轴承而言，它能顺利地在基本额定寿命期内正常工作的概率为

90%，而在基本额定寿命期末达到之前即发生点蚀破坏的概率仅为10%。

### 12.4.2 滚动轴承的基本额定动载荷

滚动轴承在工作过程中寿命的长短与所受载荷的大小有关，工作载荷越大，滚动体与内外圈滚道间的接触应力也就越大，因而在发生点蚀破坏前所能经受的应力变化次数也就越少，亦即轴承的寿命越短。

轴承的基本额定动载荷就是使轴承的基本额定寿命恰好为$10^6$r时，轴承所能承受的最大载荷，用字母$C$代表。对向心轴承而言，这个基本额定动载荷指的是纯径向载荷，并称为径向基本额定动载荷，用$C_r$表示；对推力轴承而言，指的是纯轴向载荷，并称为轴向基本额定动载荷，用$C_a$表示；对角接触球轴承或圆锥滚子轴承而言，指的是使套圈间产生纯径向位移的载荷的径向分量。

不同型号的轴承有不同的基本额定动载荷值，它表征了不同型号轴承承载能力的大小。各类轴承的基本额定动载荷值可从轴承样本中查取。

### 12.4.3 滚动轴承的寿命计算

很多轴承在工作时承受径向载荷和轴向载荷的联合作用，为便于计算不同载荷下滚动轴承的额定寿命，需要将轴承实际承受的径向载荷和轴向载荷转化成与额定动载荷条件相一致的当量动载荷$P$，转换条件是在当量动载荷$P$作用下，滚动轴承的寿命与实际载荷作用下的轴承寿命相同。

大量的实验研究结果表明，滚动轴承的基本额定寿命$L_{10}$、基本额定动载荷$C$和当量动载荷$P$之间的关系为

$$L_{10} = \left(\frac{C}{P}\right)^{\varepsilon} \tag{12-4}$$

式中，$L_{10}$的单位为$10^6$r；$C$和$P$的单位为N；$\varepsilon$为寿命指数，对于球轴承$\varepsilon=3$，对于滚子轴承$\varepsilon=10/3$。

实际计算轴承寿命时，用一定转速下的小时数表示寿命比较方便，式（12-4）改变为

$$L_{\mathrm{h}} = \frac{10^6}{60n}\left(\frac{C}{P}\right)^{\varepsilon} \tag{12-5}$$

式中，$n$为轴承工作转速（r/min）。

在轴承样本中列出的基本额定动载荷值是对一般轴承而言的，对于在较高温度下工作的轴承（如工作温度高于120℃），应该采用经过较高温度回火处理或特殊材料制造的轴承，因此，如果要将该数值用于高温轴承，需乘以温度系数$f_t$（表12-5），此时轴承寿命公式变为

$$L_{10} = \left(\frac{f_t C}{P}\right)^{\varepsilon} \tag{12-6}$$

$$L_{\mathrm{h}} = \frac{10^6}{60n}\left(\frac{f_t C}{P}\right)^{\varepsilon} \tag{12-7}$$

表 12-5  温度系数 $f_t$

| 工作温度/℃ | ≤120 | 125 | 150 | 175 | 200 | 225 | 250 | 300 | 350 |
|---|---|---|---|---|---|---|---|---|---|
| 温度系数 $f_t$ | 1.00 | 0.95 | 0.90 | 0.85 | 0.80 | 0.75 | 0.70 | 0.60 | 0.50 |

若已知轴承所承受的当量动载荷 $P$、转速 $n$ 以及轴承的预期使用寿命 $L'_h$，则可根据式（12-7）求出轴承所应具有的基本额定动载荷 $C$，并根据求出的 $C$ 确定轴承的型号。表 12-6 中给出了根据机器的使用经验推荐的预期寿命 $L'_h$。

表 12-6  推荐的预期寿命 $L'_h$

| 机 器 类 型 | 预期计算寿命 $L'_h$/h |
|---|---|
| 不经常使用的仪器或设备 | 300～3000 |
| 短期或间断使用的机械，中断使用不致引起严重后果，如手动机械等 | 3000～8000 |
| 间断使用的机械，中断使用后果严重，如发动机辅助设备、流水作业线自动传送装置、升降机、车间吊车、不常使用的机床等 | 8000～12000 |
| 每日工作 8h 的机械（使用率不高），如一般的齿轮传动等 | 12000～20000 |
| 每日工作 8h 的机械（使用率较高），如金属切削机床、连续使用的起重机、木材加工机械、印刷机械等 | 20000～30000 |
| 24h 连续工作的机械，如矿山升降机、纺织机械、泵、电动机等 | 40000～60000 |
| 24h 连续工作的机械，中断使用后果严重，如纤维生产或造纸设备、发电站主发电机、矿井水泵、船舶螺旋桨轴等 | 100000～200000 |

### 12.4.4  滚动轴承的当量动载荷计算

若轴承工作时承受径向载荷和轴向载荷的联合作用，在进行寿命计算时，需将径向载荷和轴向载荷换算成当量动载荷 $P$。对于以承受径向载荷为主的轴承，称为径向当量动载荷，用 $P_r$ 表示；对于以承受轴向载荷为主的轴承，称为轴向当量动载荷，用 $P_a$ 表示。考虑到轴承工作时受到的如冲击力、不平衡作用力以及惯性力等附加载荷的影响，引入载荷系数 $f_d$（表 12-7），则当量动载荷的一般计算式为

$$P = f_d(XF_r + YF_a) \tag{12-8}$$

式中，$X$、$Y$ 分别为径向动载荷系数和轴向动载荷系数。

表 12-8 给出了几种常用轴承的 $X$、$Y$ 的取值，根据轴承所受到的轴向载荷与径向载荷之比 $F_a/F_r > e$ 和 $F_a/F_r \leq e$ 来确定，参数 $e$ 是轴承判断系数。

对于只能承受纯径向载荷 $F_r$ 的轴承（如圆柱滚子轴承），当量动载荷的计算公式为

$$P = f_d F_r \tag{12-9}$$

对于只能承受纯轴向载荷 $F_a$ 的轴承（如推力球轴承），当量动载荷的计算公式为

$$P = f_d F_a \tag{12-10}$$

表 12-7  载荷系数 $f_d$

| 载荷性质 | $f_d$ | 举　　例 |
|---|---|---|
| 无冲击或轻微冲击 | 1.0～1.2 | 电动机、汽轮机、通风机、水泵等 |
| 中等冲击或中等惯性冲击 | 1.2～1.8 | 车辆、动力机械、起重机、造纸机、冶金机械、选矿机、卷扬机、机床等 |
| 严重冲击 | 1.8～3.0 | 破碎机、轧钢机、钻探机、振动筛等 |

表 12-8　径向动载荷系数 $X$ 和轴向动载荷系数 $Y$

| 轴承类型 | | 相对轴向载荷 $F_a/C_{0r}$ | 判断系数 $e$ | $F_a/F_r \leqslant e$ | | $F_a/F_r > e$ | |
|---|---|---|---|---|---|---|---|
| | | | | $X$ | $Y$ | $X$ | $Y$ |
| 深沟球轴承 (60000型) | | 0.014 | 0.19 | 1 | 0 | 0.56 | 2.30 |
| | | 0.028 | 0.22 | | | | 1.99 |
| | | 0.056 | 0.26 | | | | 1.71 |
| | | 0.084 | 0.28 | | | | 1.55 |
| | | 0.11 | 0.30 | | | | 1.45 |
| | | 0.17 | 0.34 | | | | 1.31 |
| | | 0.28 | 0.38 | | | | 1.15 |
| | | 0.42 | 0.42 | | | | 1.04 |
| | | 0.56 | 0.44 | | | | 1.00 |
| 角接触球轴承 | 70000C $\alpha = 15°$ | 0.015 | 0.38 | 1 | 0 | 0.44 | 1.47 |
| | | 0.029 | 0.40 | | | | 1.40 |
| | | 0.058 | 0.43 | | | | 1.30 |
| | | 0.087 | 0.46 | | | | 1.23 |
| | | 0.12 | 0.47 | | | | 1.19 |
| | | 0.17 | 0.50 | | | | 1.12 |
| | | 0.29 | 0.55 | | | | 1.02 |
| | | 0.44 | 0.56 | | | | 1.00 |
| | | 0.58 | 0.56 | | | | 1.00 |
| | 70000AC $\alpha = 25°$ | — | 0.68 | 1 | 0 | 0.41 | 0.87 |
| | 70000B $\alpha = 40°$ | — | 1.14 | 1 | 0 | 0.35 | 0.57 |
| 圆锥滚子轴承 (30000型) | | — | $(e)$ | 1 | 0 | 0.40 | $(Y)$ |
| 调心球轴承 (10000型) | | — | $(e)$ | 1 | $(Y_1)$ | 0.65 | $(Y_2)$ |
| 调心滚子轴承 (20000型) | | — | $(e)$ | 1 | $(Y_1)$ | 0.67 | $(Y_2)$ |

注：1. $C_{0r}$ 是轴承径向基本额定静载荷。

　　2. 表中括号内的系数 $Y$、$Y_1$、$Y_2$ 和 $e$ 的详值应查轴承手册，对不同型号的轴承，有不同的值。

　　3. 深沟球轴承的 $X$、$Y$ 值仅适用于 0 组游隙的轴承，对应其他游隙组轴承的 $X$、$Y$ 值可查轴承手册。

### 12.4.5　角接触球轴承和圆锥滚子轴承的径向载荷 $F_r$ 和轴向载荷 $F_a$ 的计算

角接触球轴承和圆锥滚子轴承通常是成对使用的，图 12-7 给出了正装和反装两种不同的安装方式，其中外圈窄边相对的称为正装，外圈宽边相对的称为反装。

每个轴承所受的径向载荷 $F_r$ 可根据轴上零件作用到轴上的径向力 $F_{re}$ 通过力和力矩平衡

方程求得；每个轴承所受的轴向载荷 $F_a$ 可根据轴上零件作用到轴上的外部轴向力 $F_{ae}$ 和因径向载荷 $F_r$ 产生的派生轴向力 $F_d$ 之间的平衡条件求得。派生轴向力 $F_d$ 的大小可按照表 12-9 中的公式计算，派生轴向力 $F_d$ 的方向为由外圈的宽边指向窄边。

表 12-9　约半数滚动体接触时派生轴向力 $F_d$ 的计算公式

| 角接触球轴承 | | | 圆锥滚子轴承 |
|:---:|:---:|:---:|:---:|
| 70000C($\alpha=15°$) | 70000AC($\alpha=25°$) | 70000B($\alpha=40°$) | |
| $F_d = eF_r$ | $F_d = 0.68F_r$ | $F_d = 1.14F_r$ | $F_d = \dfrac{F_r}{2Y}$ |

注：1. $Y$ 是对应表 12-8 中 $F_a/F_r > e$ 时的 $Y$ 值。

　　2. 判断系数 $e$ 的值由表 12-8 查取。

如图 12-7 所示，把派生轴向力的方向与外部轴向力 $F_{ae}$ 的方向一致的轴承编号为 2，另一端轴承编号为 1。取轴和与其相配合的轴承内圈为分离体，对其进行受力分析，如达到轴向力平衡，则应满足

$$F_{ae} + F_{d2} = F_{d1}$$

如果按表 12-9 中的公式求得的 $F_{d1}$ 和 $F_{d2}$ 不满足上面的关系式，就会出现下面两种情况：

1）当 $F_{ae} + F_{d2} > F_{d1}$ 时，图 12-7 中的轴和与其相配合的轴承内圈有向左移动的趋势，轴承 1 被"压紧"，轴承 2 被"放松"。轴承 1 受到的轴向力将增加，轴承 1 给轴提供的反作用力也同样增加，以便与 $F_{ae} + F_{d2}$ 相平衡，因此，轴承 1 的轴向载荷为

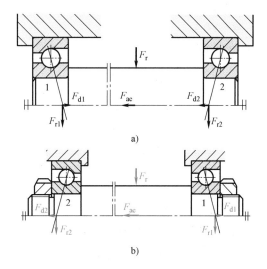

图 12-7　角接触球轴承轴向力分析
a）正装　b）反装

$$F_{a1} = F_{ae} + F_{d2} \tag{12-11a}$$

被"放松"的轴承 2 只受其本身派生的轴向力作用，轴承 2 的轴向载荷为

$$F_{a2} = F_{d2} \tag{12-11b}$$

2）当 $F_{ae} + F_{d2} < F_{d1}$ 时，图 12-7 中的轴和与其相配合的轴承内圈有向右移动的趋势，此时，轴承 1 被"放松"，轴承 2 被"压紧"。轴承 2 受到的轴向载荷将增加，轴承 2 给轴提供的反作用力也同样增加，以便与 $F_{d1} - F_{ae}$ 相平衡，因此，轴承 2 的轴向载荷为

$$F_{a2} = F_{d1} - F_{ae} \tag{12-12a}$$

被"放松"的轴承 1 只受其本身派生的轴向力作用，轴承 1 的轴向载荷为

$$F_{a1} = F_{d1} \tag{12-12b}$$

角接触球轴承和圆锥滚子轴承所受轴向载荷 $F_a$ 的计算方法可以归纳为：

根据派生轴向力及外部轴向力的大小和方向，判断被"放松"和被"压紧"的轴承，确定被"放松"轴承的轴向载荷仅为其本身派生的轴向力；被"压紧"轴承的轴向载荷则为除去本身派生的轴向力后其余各轴向力的合力。

### 12.4.6 不同可靠度时滚动轴承寿命的计算

一般情况下，由式（12-6）计算疲劳寿命已满足实际要求。对特殊工作条件下运转、可靠度不等于90%的轴承，应采用修正的寿命计算公式计算轴承寿命，而

$$L_n = \alpha_1 L_{10} \tag{12-13}$$

式中，$L_n$ 为可靠度为（$1-n$）（$n$ 为失效概率）时轴承的寿命（$10^6$）；$\alpha_1$ 为可靠度不为90%时的寿命修正系数，其值见表12-10。

表 12-10　可靠度不为 90% 时的寿命修正系数 $\alpha_1$

| 可靠度(%) | 90 | 95 | 96 | 97 | 98 | 99 |
|---|---|---|---|---|---|---|
| 失效概率 $n$(%) | 10 | 5 | 4 | 3 | 2 | 1 |
| 轴承寿命 $L_n$ | $L_{10}$ | $L_5$ | $L_4$ | $L_3$ | $L_2$ | $L_1$ |
| 寿命修正系数 $\alpha_1$ | 1 | 0.62 | 0.53 | 0.44 | 0.33 | 0.21 |

将式（12-6）代入式（12-13），得

$$L_n = \alpha_1 \left( \frac{f_t C}{P} \right)^{\varepsilon} \tag{12-14}$$

## 12.5　滚动轴承的静强度计算

对于那些在工作载荷下基本上不旋转的轴承（如起重机吊钩上用的推力轴承），或者慢慢地摆动以及转速极低的轴承，在静载荷和冲击载荷作用下滚动体和内外圈滚道上会产生塑性变形，为限制塑性变形过大，需进行静载荷计算。

### 12.5.1 基本额定静载荷

GB/T 4662—2012 规定，使受载最大的滚动体与滚道接触中心处引起的接触应力达到表12-11所列值时，轴承所受载荷称为基本额定静载荷，用 $C_0$（$C_{0a}$ 或 $C_{0r}$）表示。轴承样本中列有各型号轴承的基本额定静载荷值，以供选择轴承时查用。

表 12-11　基本额定静载荷对应的滚动体与滚道间的接触应力

| 轴承类型 | 接触应力/MPa | 基本额定静载荷 | 说　　明 |
|---|---|---|---|
| 调心球轴承 | 4600 | $C_{0r}$ | 对向心轴承,基本额定静载荷 $C_0$ 为径向基本额定静载荷 $C_{0r}$;对推力轴承,为轴向基本额定静载荷 $C_{0a}$ |
| 滚子轴承 | 4000 | $C_{0r}$ 或 $C_{0a}$ | |
| 其他类型球轴承 | 4200 | | |

### 12.5.2 当量静载荷

对于同时承受径向和轴向载荷的轴承，应将轴承上作用的径向载荷 $F_r$ 和轴向载荷 $F_a$ 折合成一个当量静载荷 $P_0$，即

$$P_0 = X_0 F_r + Y_0 F_a \tag{12-15}$$

式中，$X_0$、$Y_0$分别为当量静载荷的径向载荷系数和轴向载荷系数，其值可查表 12-12。

表 12-12　当量静载荷的径向载荷系数 $X_0$ 和轴向载荷系数 $Y_0$

| 轴 承 类 型 | | $X_0$ | $Y_0$ |
|---|---|---|---|
| 深沟球轴承（60000 型） | | 0.6 | 0.5 |
| 角接触球轴承 | $\alpha=15°$（70000C 型） | 0.5 | 0.46 |
| | $\alpha=25°$（70000AC 型） | 0.5 | 0.38 |
| | $\alpha=40°$（70000B 型） | 0.5 | 0.26 |
| 圆锥滚子轴承（30000 型） | | 0.5 | $(Y_0)$ |
| 调心球轴承（10000 型） | | 1.0 | $(Y_0)$ |
| 调心滚子轴承 | | 1.0 | $(Y_0)$ |

注：表中括号内的系数 $Y_0$ 详值应查轴承手册，对不同型号的轴承，有不同的值。

### 12.5.3　静强度计算

静强度校核计算式为

$$\frac{C_0}{P_0} \geq S_0 \qquad (12\text{-}16)$$

式中，$S_0$ 称为轴承静强度安全系数，$S_0$ 的选择可参考表 12-13。

表 12-13　静强度安全系数 $S_0$

| 工 作 条 件 | $S_0$ |
|---|---|
| 旋转精度和平稳性要求高或受较大冲击载荷的轴承 | 1.2~2.5 |
| 一般情况轴承 | 0.8~1.2 |
| 旋转精度要求低，允许摩擦力矩较大，无冲击的轴承 | 0.5~0.8 |

##  12.6　滚动轴承的组合设计

要想保证轴承顺利工作，除了正确选择轴承类型和尺寸外，还应进行轴承的组合设计。轴承组合设计主要是正确解决轴承的配置、紧固、装拆、调整、润滑和密封等问题。

### 12.6.1　轴承的配置

轴系通常情况下采用两支点支承的结构形式，在每个支点处安装一个（或多个）轴承。表 12-14 以角接触球轴承为例给出了角接触向心轴承的配置方式。

表 12-14　角接触向心轴承的配置方式

| 载荷位置 | 配置简图 | 特　点 |
|---|---|---|
| 悬臂端受载 | $F_{\text{re}}$　$F_{\text{ae}}$　$L_1$　$L_2$ | 结构简单、装拆方便。悬臂大、刚度小。受热后轴承游隙减小，易造成轴承卡死。两轴承受载较均匀 |

（续）

| 载荷位置 | 配 置 简 图 | 特　　点 |
|---|---|---|
| 悬臂端受载 | $F_{re}$ $F_{ae}$ $L_1$ $L_2$ | 跨距大，悬臂小、刚度大。装拆、调整不便。支承距离大时，受热后轴承游隙增大，两轴承受载不均匀 |
| 载荷作用在两支点之间 | $F_{re}$ $F_{ae}$ $L$ | 结构简单、装拆方便。跨距较小、刚度大。受热轴伸长，轴承游隙减小 |
| | $F_{re}$ $F_{ae}$ $L$ | 支点跨距大，轴系刚度小。装拆、调整不便。支承距离大时，受热后轴承游隙增大 |
| | $F_{re}$ $F_{ae}$ $L$ $F_{re}$ $F_{ae}$ $L$ | 轴向承载能力大，适用于轴向载荷较大的轴系 |

### 12.6.2　轴系固定的基本形式

为了保证轴系在轴向载荷作用下不发生轴向窜动，需根据轴系的工作情况、结构等合理设计轴向固定，常用的轴系固定基本形式有以下三种。

#### 1. 两端单向固定支承

用两个反向安装的角接触球轴承或圆锥滚子轴承配置在轴系的两端，两个轴承各限制轴在一个方向的轴向移动，如图 12-8 所示。安装时，通过调整轴承内圈的轴向位置，可使

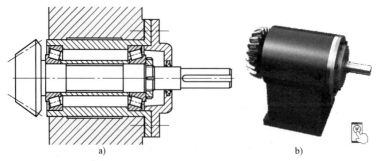

a)　　　　　　　　　　　　b)

图 12-8　锥齿轮轴两端单向固定

a）结构简图　b）3D 模型

轴承达到理想的游隙或所要求的预紧程度。

深沟球轴承也可用于两端单向固定的支承,如图 12-9 所示。这种轴承在安装时,通过调整端盖端面与外壳之间垫片的厚度,使轴承外圈与端盖之间留有 0.25~0.4mm 的轴向间隙,以适当补偿轴受热伸长。由于轴向间隙的存在,这种支承不能做精确的轴向定位。由于轴向间隙不能过大(避免在交变的轴向力作用下轴来回窜动),因此这种支承不能用于工作温度较高的场合。

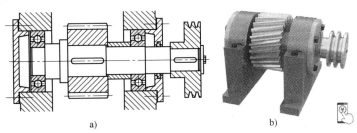

a)  b)

图 12-9  采用深沟球轴承的两端单向固定

a) 结构简图  b) 3D 模型

**2. 一端双向固定、一端游动支承**

对于跨距较大且工作温度较高的轴,其热伸长量大,应采用一端双向固定、一端游动的支承结构。作为固定支承的轴承,应能承受双向轴向载荷,故内外圈在轴向都要固定,作为补偿轴的热膨胀的游动支承,若使用深沟球轴承,只需固定内圈,其外圈在座孔内应可以轴向游动,如图 12-10 所示;若使用的是可分离型的圆柱滚子轴承或滚针轴承,则内外圈都要固定,如图 12-11 所示。当轴向载荷较大时,作为固定的支点可以采用两个圆锥滚子轴承(或角接触球轴承)"背对背"或"面对面"组合的结构,如图 12-12 所示(右端两轴承"面对面"安装)。

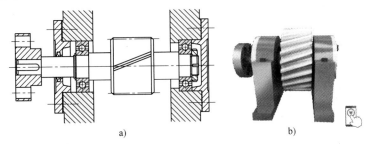

a)  b)

图 12-10  一端双向固定、一端游动方案一

a) 结构简图  b) 3D 模型

**3. 两端游动支承**

两端游动支承不限制轴系的轴向移动,主要用于轴向位置由轴上传动零件等限位的轴系(如人字齿轮轴)。轴承可选用深沟球轴承、内圈或外圈无挡边的圆柱滚子轴承,不能选用角接触向心轴承。

### 12.6.3 滚动轴承的轴向定位与固定

滚动轴承的轴向定位和固定是指内圈在轴上的定位与固定以及外圈在座孔内的定位与

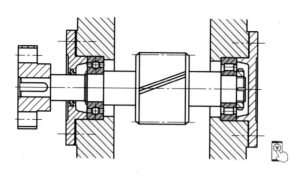

图 12-11　一端双向固定、一端游动方案二

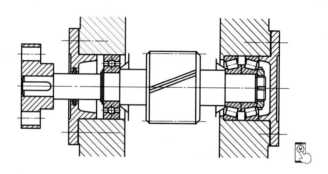

图 12-12　一端双向固定、一端游动方案三

固定。轴承内外圈的常用定位和固定方式见表 12-15 和表 12-16。

表 12-15　轴承内圈的定位与固定

| 序号 | 简　图 | 定位与固定方式 | 特　点 |
|---|---|---|---|
| 1 |  | 内圈靠轴肩定位,靠与轴颈的过盈配合固定 | 结构简单、装拆方便,可用于两端单向固定支承中 |
| 2 |  | 内圈靠轴肩定位,靠轴用弹性挡圈固定 | 结构简单、装拆方便,可用于轴向载荷小、转速低的径向轴承 |
| 3 |  | 内圈靠轴肩定位,螺母与止动垫圈固定 | 装拆方便,固定可靠,可用于轴向载荷大的场合 |

（续）

| 序号 | 简　图 | 定位与固定方式 | 特　点 |
|---|---|---|---|
| 4 | 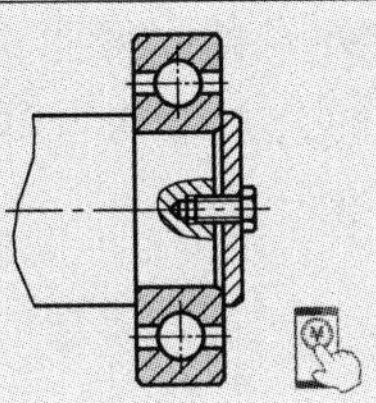 | 内圈靠轴肩定位,轴端挡圈和螺钉固定 | 多用于轴径较大( $d>70\text{mm}$ )的场合,允许转速较高,能承受较大的轴向力 |

表 12-16　轴承外圈的定位与固定

| 序号 | 简　图 | 固定方式 | 特　点 |
|---|---|---|---|
| 1 | 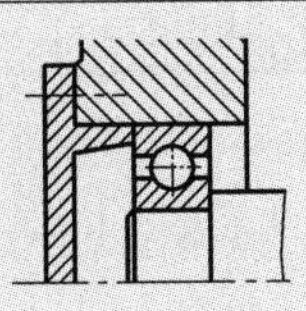 | 轴承端盖固定 | 结构简单、调整方便,紧固可靠 |
| 2 | 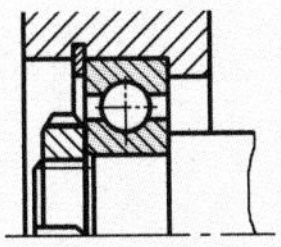 | 孔用弹性挡圈固定 | 结构简单、紧凑,用于轴向力不大且需要减小轴承装置尺寸的场合 |
| 3 | 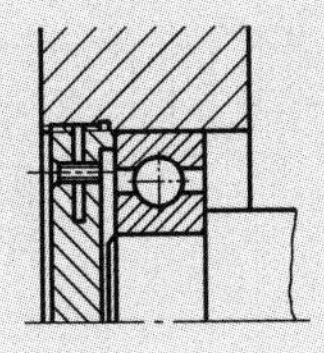 | 带螺纹的端盖固定,开口槽螺母防松 | 用于轴承转速高、轴向力大,而不适于使用轴承盖紧固的情况 |

### 12.6.4　滚动轴承的游隙及轴上零件位置的调整

如将一个套圈（内圈或外圈）固定,另一个套圈沿径向或轴向的最大活动量的算术平均值称为径向游隙或轴向游隙。

对于图 12-12 中的右支承结构,轴承的游隙和预紧是靠端盖下的垫片来调整的,这样比较方便。而对于图 12-8 中的右支承结构,轴承的游隙是靠轴上的圆螺母来调整的,操作不太方便;更为不利的是必须在轴上制出应力集中严重的螺纹,削弱了轴的强度。

如图 12-8 所示,锥齿轮在装配时,通常需要进行轴向位置的调整。为了便于调整,可将确定其轴向位置的轴承装在一个套杯中,套杯则装在外壳孔中。通过增减套杯端面与外壳之间垫片的厚度,即可调整锥齿轮的轴向位置。

### 12.6.5　滚动轴承套圈与轴和座孔的配合

滚动轴承是标准件,为使轴承便于互换和大量生产,轴承内孔与轴的配合采用基孔制,即以轴承内孔的尺寸为基准;轴承外径与外壳孔的配合采用基轴制,即以轴承的外径尺寸为基准。

轴承的内外圈按其尺寸比例一般可认为是薄壁零件,容易变形。当轴承装入外壳孔或装到轴上后，其内外圈的圆度将受到轴颈及外壳孔形状的影响。因此，除了对轴承的内外径规定了直径公差外，还规定了平均内径和平均外径（分别用 $d_m$ 或 $D_m$ 表示）的公差，后者相当于轴承在正确制造的轴上或外壳孔中装配后，它的内径或外径的尺寸公差。标准规定：0、6、5、4、2 各公差等级轴承的平均内径 $d_m$ 和平均外径 $D_m$ 的公差带均为单向制，而且统一采用上偏差为零、下偏差为负值的分布，详细内容见有关标准。

如图 12-13a 所示，由于 $d_m$ 的公差带在零线之下，而圆柱公差标准中基准孔的公差带在零线之上，所以轴承内圈与轴的配合比 GB/T 1801—2009 公差带和配合的选择中规定的基孔制同类配合要紧得多。对轴承内孔与轴的配合而言，圆柱公差标准中的许多过渡配合在这里实际成为过盈配合，而有的间隙配合，在这里实际变为过渡配合。

如图 12-13b 所示，轴承外圈与外壳孔的配合与圆柱公差标准中规定的基轴制同类配合相比较，配合性质的类别基本一致。但由于轴承外径的公差值较小，因而配合也较紧。

选择配合的主要依据是载荷性质、轴承类型、工作温度、轴承尺寸和旋转精度，其基本原则为：

1）为了防止内圈与轴、外圈与外壳孔在工作时发生相对转动，一般地说，当工作载荷的方向不变时，转动套圈应比不动套圈有更紧一些的配合。因为转动套圈承受旋转的载荷，而不动套圈承受局部的载荷。当转

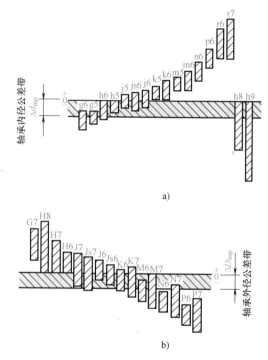

图 12-13 滚动轴承与轴及外壳孔的配合

a）轴承内圈与轴的配合　b）轴承外圈与外壳孔的配合

速越高、载荷越大和振动越强烈时，则应选用越紧的配合。当轴承安装在薄壁外壳或空心轴上时，也应采用较紧的配合。但是过紧的配合是不利的，这时可能因内圈的弹性膨胀和外圈的收缩而使轴承内部的游隙减小甚至完全消失，也可能由于相配合的轴和座孔表面的不规则形状或不均匀的刚性而导致轴承内外圈不规则的变形，这些都将破坏轴承的正常工作。

2）对开式的外壳与轴承外圈的配合，宜采用较松的配合。当要求轴承的外圈在运转中能沿轴向游动时，该外圈与外壳孔的配合也应较松，但不应让外圈在外壳孔内可以转动。对于需要经常拆卸的配合面，宜选用较松的配合。

3）重载荷作用下的轴承比中、低载荷作用下的轴承选用较紧的配合，且载荷越大，配合过盈量也应选得越大。

4）轴承的旋转精度和运行平稳性要求高时，不宜选用间隙配合。

5）对于一般工作机械来说，套圈的温度常高于其相邻零件的温度。这时，轴承内圈可能因热膨胀而与轴松动，外圈可能因热膨胀而与外壳孔胀紧，从而可能使原来需要外圈有轴向游动性能的支承丧失游动性。所以，在选择配合时必须仔细考虑轴承装置各部分的温差和其热传导的方向，合理选择轴承的配合。

### 12.6.6　滚动轴承的预紧

轴承的预紧是指在安装时用某种方法在轴承中产生并保持一轴向力，以消除轴承中的轴向游隙，并在滚动体和内外圈接触处产生初变形。预紧后的轴承受到工作载荷时，其内外圈的径向及轴向相对移动量要比未预紧的轴承大大地减小。

轴承预紧的目的是提高轴承的旋转精度，增加轴承装置的刚性，减小机器工作时轴的振动。

预紧力的大小与各种机械设备的工作性能要求、工作载荷及轴的转速有关。如果预紧主要是为了较小振动和提高旋转精度，则采用较轻预紧；如果是为了提高支承刚度，若轴承转速较高，则应采用轻预紧，当轴承转速为中、低速时，则应采用重或较重预紧。

滚动轴承常用的预紧方法如图 12-14 所示。

### 12.6.7　滚动轴承的润滑

润滑对于滚动轴承具有重要意义，轴承中的润滑剂不仅可以降低摩擦阻力，还可以降低轴承的工作温度、减小接触应力、吸收振动、防止锈蚀等。

滚动轴承常用的润滑剂主要有润滑脂、润滑油和固体润滑剂。约 90% 的滚动轴承采用润滑脂润滑。整机设计中，当其他零件（如齿轮、蜗轮蜗杆等）已要求润滑油润滑或为了某些零件的散热需求时，轴承才使用油润滑。固体润滑剂一般很少使用，只在特殊工况下，如高温或不宜加脂、加油的场合才选用。

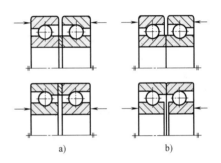

图 12-14　滚动轴承常用的预紧方法
a）加金属垫片　b）磨窄套圈

根据采用的润滑剂不同，滚动轴承常用的润滑方式有油润滑和脂润滑，选用哪一类润滑方式，与轴承的速度有关，一般用滚动轴承的 $dn$ 值 [$d$ 为滚动轴承内径（mm），$n$ 为轴承转速（r/min）] 表示轴承的速度大小。适用于脂润滑和油润滑的 $dn$ 值界限列于表 12-17 中，可作为选择润滑方式时的参考。

表 12-17　适用于脂润滑和油润滑的 $dn$ 值界限

（单位：$\times 10^4$ mm·r/min）

| 轴承类型 | 脂润滑 | 油润滑 | | | |
|---|---|---|---|---|---|
| | | 油浴 | 滴油 | 循环油（喷油） | 油雾 |
| 深沟球轴承 | ≤16 | 25 | 40 | 60 | >60 |
| 调心球轴承 | ≤16 | 25 | 40 | 50 | |
| 角接触球轴承 | ≤16 | 25 | 40 | 60 | >60 |
| 圆柱滚子轴承 | ≤16 | 25 | 40 | 60 | >60 |
| 圆锥滚子轴承 | ≤10 | 16 | 23 | 30 | |
| 调心滚子轴承 | ≤8 | 12 | 20 | 25 | |
| 推力球轴承 | ≤4 | 6 | 12 | 15 | |

**1. 脂润滑**

润滑脂形成的润滑膜强度高，能承受较大的载荷，不易流失，容易密封，一次添加润滑脂可以维持相当长的一段时间。对于那些不便经常添加润滑剂的地方，或那些不允许润滑油流失而致污染产品的工业机械来说，这种润滑方式十分适宜。滚动轴承的装脂量一般以轴承内部空间容积的 $1/3 \sim 2/3$ 为宜。

　　润滑脂的主要性能指标为锥入度和滴点（参看 4.5 节）。当轴承的 $dn$ 值大、载荷小时，应选锥入度较大的润滑脂；反之，应选用锥入度较小的润滑脂。此外，轴承的工作温度应低于润滑脂的滴点，对于矿物油润滑脂，应低 $10 \sim 20℃$；对于合成润滑脂，应低 $20 \sim 30℃$。

### 2. 油润滑

　　在高速高温的条件下，通常采用油润滑。润滑油的主要性能指标是黏度，转速越高，应选用黏度越低的润滑油；载荷越大，应选用高黏度的润滑油。根据工作温度及 $dn$ 值，参考图 12-15 可选出润滑油应具有的黏度值，然后按黏度值从润滑油产品目录中选出相应的润滑油黏度等级。

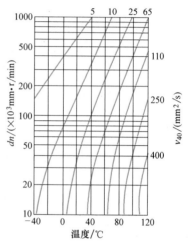

图 12-15　润滑油选择用线图

### 12.6.8　滚动轴承的密封

　　轴承的密封装置是为了阻止灰尘、水、酸气和其他杂物进入轴承，并阻止润滑剂流失而设置的。密封装置可分为接触式密封和非接触式密封两大类。

### 1. 接触式密封

　　接触式密封通过在轴承盖内放置软材料与转动轴直接接触而起密封作用。常用的软材料有毛毡、橡胶、皮革、软木等。或者放置减摩性好的硬质材料（如加强石墨、青铜、耐磨铸铁等）与转动轴直接接触以进行密封。下面是几种常用的结构形式。

　　（1）毡圈密封　在轴承盖上开出梯形槽，将毛毡按标准制成环形（尺寸不大时）或带形（尺寸较大时），放置在梯形槽中以便与轴密合接触（图 12-16a）；或者在轴承盖上开缺口放置毡圈，然后用压板压在毡圈上，以调整毛毡与轴的密合程度（图 12-16b），从而提高密封效果。这种密封主要用于使用脂润滑的场合，它的结构简单，但摩擦阻力较大，只用于轴颈线速度小于 $4 \sim 5m/s$ 的地方。当与毡圈相接触的轴表面经过抛光且毛毡质量高时，可用到轴颈线速度达 $7 \sim 8m/s$ 之处。

　　毡圈沟槽和毡圈的尺寸可根据放置毡圈处的轴径查设计手册确定。

　　（2）唇形密封圈密封　用耐油橡胶制作的唇形密封圈放置在轴承盖中，靠唇形密封圈弯折了的橡胶的弹力和附加的环形螺旋弹簧的扣紧作用而紧套在轴上，阻断泄漏间隙，起到密封作用。唇形密封圈密封唇的方向要朝向密封的部位。即如果主要是为了封油，密封唇应对着轴承（朝内）；如果主要是为了防止外物浸

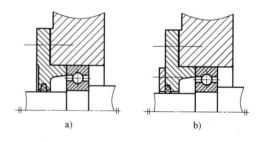

图 12-16　用毡圈油封密封
a）毡圈放置在 T 形槽中　b）压板压紧毡圈

入，则密封唇应背着轴承（朝外，图 12-17a）；如果两个作用都要有，最好使用密封唇反向放置的两个唇形密封圈（图 12-17b）。唇形密封圈可用在接触面滑动速度小于 $10m/s$（轴颈

是精车的）或小于15m/s（轴颈是磨光的）之处。轴颈与唇形密封圈接触处最好经过表面硬化处理，以增强耐磨性。

唇形密封圈种类很多，大多已标准化，按照工作条件和安装部位的轴径尺寸选取即可。

（3）密封环密封 密封环是一种带有缺口的环状密封件，把它放置在套筒的环槽内，套筒与轴一起转动，密封环

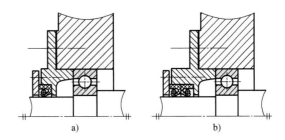

图12-17 用唇形密封圈密封

a）密封唇背对着轴承放置 b）两个唇形密封圈反向放置

靠缺口被压拢后所具有的弹性而紧抵在静止件的内孔壁上，即可起到密封的作用，如图12-18所示。各个接触表面均需经硬化处理并磨光。密封环用含铬的耐磨铸铁制造。可用于滑动速度小于100m/s之处。若轴颈线速度为60~80m/s，也可以用锡青铜制造密封环。

2. 非接触式密封

常用的非接触式密封有以下几种：

（1）间隙密封 如图12-19a所示，间隙密封是靠相对运动件配合面之间的微小间隙防止泄漏的一种密封方式。它的工作原理基于流体黏性摩擦理论，即当油液通过缝隙时，由于存在一定的黏性阻力而起密封作用。

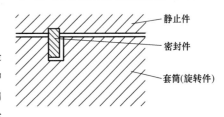

图12-18 密封环密封

间隙密封的半径间隙一般为0.1~0.3mm，配合表面上往往开几条等距离的均压槽（图12-19b）。均压槽除了有均衡径向力的作用外，还可以在槽中填以润滑脂，提高密封效果。

（2）甩油密封 甩油密封主要是利用轴在旋转时产生的离心力，将泄漏出来的润滑油再甩回到油腔并经与轴承腔相通的油孔流回，如图12-20所示。

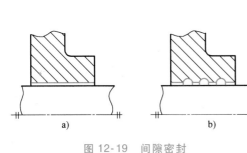

图12-19 间隙密封

a）不带均压槽 b）带均压槽

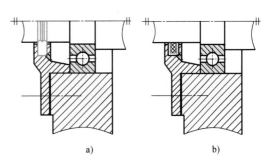

图12-20 甩油密封

a）油沟甩油密封 b）甩油环甩油密封

（3）曲路密封 曲路密封是在需要密封的表面上加工出几个拐弯的沟槽，形成像迷宫一样的"曲路"，使泄漏的润滑油在沟槽里产生压降，使其不能顺畅地通过，从而实现密封的一种非接触式密封。

当环境比较脏和比较潮湿时，采用曲路密封是相当可靠的。"曲路"隙缝中填入润滑脂，可增强密封效果。根据部件的结构，"曲路"的布置可以是轴向的（图12-21a）或径向的（图12-21b）。

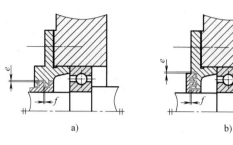

图 12-21 曲路密封

a）轴向布置 b）径向布置

采用轴向曲路时，端盖应为剖分式。当轴因温度变化而伸缩或采用调心轴承作为支承时，都有使旋转片与固定片相接触的可能，一般情况下以径向布置为宜。曲路的径向密封间隙 $e$，根据轴径大小的不同取值从 $0.2mm$ 到 $0.5mm$ 不等；曲路的轴向密封间隙 $f$，根据轴径大小的不同取值从 $1.0mm$ 到 $2.5mm$ 不等。工作时沟槽内涂满润滑脂，以增强密封效果。曲路密封与毡圈油封等其他密封联合使用时，密封效果更为可靠。

## 🔩 12.7　典型例题

例 12-1　某转轴采用一对 7206AC 轴承支承，已知轴上所受的径向力 $F_{re}=5000N$，轴向力 $F_{ae}=960N$，轴承的冲击载荷系数 $f_d=1.2$，常温下运转，轴转速 $n=960r/min$。径向基本额定动载荷 $C_r=22000N$。试分析判断哪个轴承为寿命较短的轴承并计算其寿命。

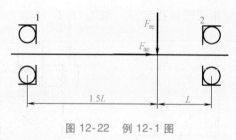

图 12-22　例 12-1 图

解　1. 计算轴承受到的径向力 $F_{r1}$ 和 $F_{r2}$

由力分析可知

轴承 1 所受的径向力　　$F_{r1}=\dfrac{F_{re}L}{1.5L+L}=\dfrac{5000}{2.5}N=2000N$

轴承 2 所受的径向力　　$F_{r2}=\dfrac{F_{re}\times1.5L}{1.5L+L}=\dfrac{1.5\times5000}{2.5}N=3000N$

2. 计算两轴承的轴向力 $F_{a1}$ 和 $F_{a2}$

对于 7206AC 轴承，按表 12-9 可得

轴承 1 所受的派生轴向力

$$F_{d1} = 0.68F_{r1} = 0.68 \times 2000\text{N} = 1360\text{N}（方向向左）$$

轴承2所受的派生轴向力

$$F_{d2} = 0.68F_{r2} = 0.68 \times 3000\text{N} = 2040\text{N}（方向向右）$$

由于 $$F_{d2} + F_{ae} = (2040+960)\text{N} = 3000\text{N} > F_{d1} = 1360\text{N}$$

所以，轴有向右移动的趋势，轴承1被压紧，轴承2被放松。

轴承1所受的轴向力 $$F_{a1} = 3000\text{N}$$

轴承2所受的轴向力 $$F_{a2} = 2040\text{N}$$

### 3. 计算当量动载荷

按表12-8确定径向动载荷系数 $X$ 和轴向动载荷系数 $Y$。

对于轴承1，因为 $\dfrac{F_{a1}}{F_{r1}} = \dfrac{3000}{2000} = 1.5 > e = 0.68$，所以 $X_1 = 0.41$，$Y_1 = 0.87$，故

$$P_1 = f_d(X_1 F_{r1} + Y_1 F_{a1}) = 1.2 \times (0.41 \times 2000 + 0.87 \times 3000)\text{N} = 4116\text{N}$$

对于轴承2，因为 $\dfrac{F_{a2}}{F_{r2}} = \dfrac{2040}{3000} = 0.68 = e = 0.68$，所以 $X_2 = 1$，$Y_2 = 0$，故

$$P_2 = f_d(X_2 F_{r2} + Y_2 F_{a2}) = 1.2 \times (1 \times 3000 + 0 \times 2040)\text{N} = 3600\text{N}$$

### 4. 确定轴承寿命

由于 $P_1 > P_2$，所以轴承1为寿命较短的轴承。

$$L_{h1} = \frac{10^6}{60n}\left(\frac{C}{P}\right)^\varepsilon = \frac{10^6}{60 \times 960}\left(\frac{22000}{4116}\right)^3 \text{h} = 2651\text{h}$$

**例 12-2** 图12-23所示的轴系由一对深沟球轴承支承，其上斜齿轮受到的圆周力 $F_{te} = 3000\text{N}$，径向力 $F_{re} = 1200\text{N}$，轴向力 $F_{ae} = 800\text{N}$，齿轮分度圆直径 $d_2 = 300\text{mm}$，装轴承处的轴颈直径 $d = 40\text{mm}$，转速 $n = 750\text{r/min}$，预期使用寿命 $L_h' = 20000\text{h}$，运转时有轻微冲击。试选择轴承型号。

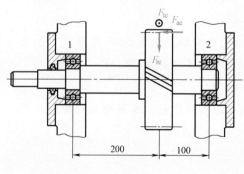

图12-23 例12-2图

**解** 1. 计算轴承受到的径向力 $F_{r1}$ 和 $F_{r2}$

将轴系部件受到的空间力系分解为铅垂面（图12-14a）和水平面（图12-24b）两个平面力系。其中，图12-24b中的 $F_{te}$ 为通过另加转矩而平移到指向轴线的。由力分析可知

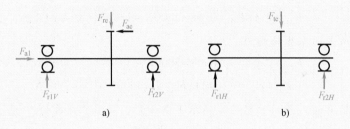

a)

b)

图 12-24  例 12-2 图

a) 铅垂面受力分析  b) 水平面受力分析

$$F_{r1V} = \frac{F_{re} \times 100 + F_{ae} \times \dfrac{d}{2}}{200 + 100} = \frac{1200 \times 100 + 800 \times \dfrac{300}{2}}{300} N = 800N$$

$$F_{r2V} = \frac{F_{re} \times 200 - F_{ae} \times \dfrac{d}{2}}{200 + 100} = \frac{1200 \times 200 - 800 \times \dfrac{300}{2}}{300} N = 400N$$

$$F_{r1H} = \frac{F_{te} \times 100}{200 + 100} = \frac{3000 \times 100}{300} N = 1000N$$

$$F_{r2H} = \frac{F_{te} \times 200}{200 + 100} = \frac{3000 \times 200}{300} N = 2000N$$

轴承 1 所受的径向载荷    $F_{r1} = \sqrt{F_{r1V}^2 + F_{r1H}^2} = \sqrt{800^2 + 1000^2} N = 1280.6N$

轴承 2 所受的径向载荷    $F_{r2} = \sqrt{F_{r2V}^2 + F_{r2H}^2} = \sqrt{400^2 + 2000^2} N = 2039.6N$

**2. 计算两轴承的轴向载荷 $F_{a1}$ 和 $F_{a2}$**

由图 12-23 可知，该轴系部件采用深沟球轴承两端单向固定，外部轴向力 $F_{ae}$ 由轴承 1 独自承受。

轴承 1 所受的轴向载荷    $F_{a1} = F_{ae} = 800N$

轴承 2 所受的轴向载荷    $F_{a2} = 0$

**3. 计算当量动载荷**

根据计算出的载荷大小和轴径试选 6208 轴承，查手册得轴承径向基本额定动载荷 $C_r = 29500N$，基本额定静载荷 $C_0 = 18000N$。

查表 12-7，取 $f_d = 1.2$。

按表 12-8 确定径向动载荷系数 $X$ 和轴向动载荷系数 $Y$。

对于轴承 1，因为 $\dfrac{F_{a1}}{C_{0r}} = \dfrac{800}{18000} = 0.044$，插值得 $e = 0.243$。

又因为 $\dfrac{F_{a1}}{F_{r1}} = \dfrac{800}{1280.6} = 0.624 > e = 0.243$，所以 $X_1 = 0.56$，$Y_1 = 1.85$，故

$$P_1 = f_d(X_1 F_{r1} + Y_1 F_{a1}) = 1.2 \times (0.56 \times 1280.6 + 1.85 \times 800) N = 2636.6N$$

对于轴承 2，因为 $F_{a2} = 0$，所以 $X_2 = 1$，$Y_2 = 0$，故

$$P_2 = f_d(X_2 F_{r2} + Y_2 F_{a2}) = 1.2 \times (1 \times 2039.6)\text{N} = 2447.5\text{N}$$

**4. 计算轴承应有的基本额定动载荷**

由于 $P_1 > P_2$，所以按轴承 1 的当量动载荷 $P_1$ 计算应有的径向基本额定动载荷，有

$$C_r' = P_1 \sqrt[\varepsilon]{\frac{60 n L_h'}{10^6}} = 2636.6 \sqrt[3]{\frac{60 \times 750 \times 20000}{10^6}}\text{N} = 25456.1\text{N} < C_r = 29500\text{N}$$

轴承型号选择 6208 合适。

# 习　　题

12-1　说明以下代号表示的滚动轴承的类型、尺寸系列、轴承内径、内部结构、公差等级、游隙及配置方式：N318/P6、30210/P5、51411、6212、7309C。

12-2　如图 12-25 所示，轴上装有一斜齿轮，轴支承在一对 7209AC 轴承上。已知轴承所受径向载荷分别为：$F_{r1} = 1500\text{N}$，$F_{r2} = 5000\text{N}$，外部轴向载荷 $F_{ae} = 2000\text{N}$，轴的转速 $n = 750\text{r/min}$。试计算两个轴承的基本额定寿命（以小时计）。

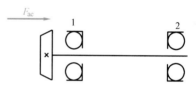

图 12-25　题 12-2 图

12-3　一农用水泵，决定选用深沟球轴承，轴颈直径 $d = 35\text{mm}$，转速 $n = 2900\text{r/min}$，已知径向载荷 $F_{r1} = 1810\text{N}$，轴向载荷 $F_a = 740\text{N}$，预期使用寿命 $L_h' = 6000\text{h}$，试选择轴承的型号。

12-4　如图 12-26 所示，某减速器高速轴用两个圆锥滚子轴承支承，两轴承宽度的中点与齿宽中点的距离分别为 $L$ 和 $1.5L$，齿轮轴齿轮分度圆直径 $d = 1.8L$。齿轮所受载荷：径向力 $F_{re} = 433\text{N}$，圆周力 $F_{te} = 1160\text{N}$，轴向力 $F_{ae} = 267.8\text{N}$，方向如图所示；转速 $n = 960\text{r/min}$；工作时有轻微冲击；轴承工作温度允许达到 $120^\circ\text{C}$；要求寿命 $L_h \geqslant 15000\text{h}$。

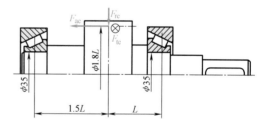

图 12-26　题 12-4 图

试选择轴承型号（可认为轴承宽度的中点即为轴承载荷作用点）。

12-5　图 12-27 所示锥齿轮轴支承方案中，两支点均选用轻系列的圆锥滚子轴承（30206 轴承）。已知：轴转速 $n = 500\text{r/min}$，右轴承 1 径向载荷 $F_{r1} = 1205\text{N}$，左轴承 2 径向载荷 $F_{r2} = 1295\text{N}$，锥齿轮上受轴向载荷 $F_{ae} = 860\text{N}$，载荷平稳，试计算轴承的预期使用寿命。

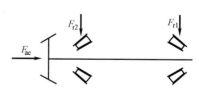

图 12-27　题 12-5 图

# 第 13 章

# 联轴器和离合器

联轴器和离合器主要用于轴与轴之间的连接，使两轴一起回转并传递转矩。

如图 13-1 所示，用联轴器连接的两根轴，只有在机器停止运转后，经过拆卸才能把他们分离。用离合器连接的两根轴，在机器运转过程中，可以随时接合或分离。

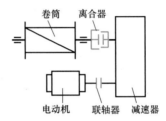

图 13-1　运输机传动装置

## 🖈 13.1　联轴器

由于制造及安装误差、承载后的变形以及温度变化的影响等，联轴器所连接的两轴存在着某种程度的相对位移，有轴向位移 $x$（图 13-2a）、径向位移 $y$（图 13-2b）和角位移 $\alpha$（图 13-2c），以及由这些位移形成的综合位移（图 13-2d）。这就要求设计联轴器时，要从结构上采取各种不同的措施，使之具有适应一定范围的相对位移的性能，否则在联轴器、轴

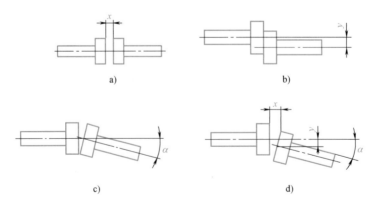

图 13-2　联轴器所连两轴的相对位移

a）轴向位移　b）径向位移　c）角位移　d）综合位移

和轴承中会产生附加载荷，甚至引起强烈振动。

根据有无补偿相对位移的能力，联轴器分为刚性联轴器（无补偿能力）和挠性联轴器（有补偿能力）两大类。挠性联轴器根据是否具有弹性元件分为无弹性元件的挠性联轴器和有弹性元件的挠性联轴器两种。

### 13.1.1 刚性联轴器

刚性联轴器不能补偿两轴的相对位移，因此，要求被连接两轴的轴线严格对中。其常用的类型有凸缘式、套筒式和夹壳式等。

**1. 凸缘联轴器**

凸缘联轴器由两个带凸缘的半联轴器组成，半联轴器用键分别和两轴连接在一起，再用螺栓把两个半联轴器连成一体，以传递运动和转矩，如图 13-3 所示。这种联轴器有两种主要的结构形式，图 13-3a 所示的凸缘联轴器，靠铰制孔用螺栓来实现两轴对中，通过螺栓杆与孔壁承受挤压传递转矩；图 13-2b 所示的凸缘联轴器采用普通螺栓连接，靠一个半联轴器上的凸肩与另一个半联轴器上的凹槽相配合而对中，通过半联轴器接合面的摩擦力矩来传递转矩。

凸缘联轴器对连接两轴间的相对位移缺乏补偿能力，当两轴有相对位移存在时，就会在机件内引起附加载荷，故对两轴对中性的要求很高。但由于构造简单、成本低、可传递较大转矩，因此，常用于转速低、载荷较平稳、对中性较好的两轴连接。

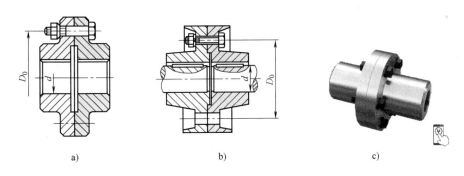

a) b) c)

图 13-3  凸缘联轴器

a）铰制孔用螺栓连接   b）普通螺栓连接   c）3D 模型

**2. 套筒联轴器**

套筒联轴器由套筒、键、紧定螺钉等组成，如图 13-4 所示。通过套筒将两轴连接成一体，套筒与轴之间可以通过键连接传递转矩，紧定螺钉被用作套筒与轴的轴向固定。套筒联

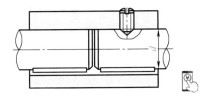

图 13-4  套筒联轴器

轴器结构简单，制造方便，径向尺寸小。适用于低速、轻载、工作平稳的场合。

### 3. 夹壳联轴器

夹壳联轴器由两个半筒形夹壳和连接螺栓组成，如图13-5所示。中小型尺寸的夹壳联轴器主要依靠夹壳与轴之间的摩擦力来传递转矩，而大尺寸的夹壳联轴器主要由键传递转矩。由于夹壳联轴器外形复杂，故常用铸铁铸造成形。夹壳联轴器主要用于低速传动，外缘速度 $v \leqslant 5 \text{m/s}$。

## 13.1.2 挠性联轴器

图 13-5  夹壳联轴器

### 1. 无弹性元件挠性联轴器

无弹性元件挠性联轴器通过两个半联轴器间的相对运动来补偿两轴的相对位移，但因无弹性元件，故不能缓冲减振。其常用的类型有滑块联轴器、齿式联轴器和万向联轴器。

（1）滑块联轴器  如图13-6a所示，滑块联轴器由两个在端面上开有较宽沟槽的半联轴器1、3和一个方形滑块2所组成。滑块2通常用夹布胶木制成。由于滑块2质量较轻，且具有一定的弹性，所以滑块联轴器具有较高的许用转速。滑块2也可用尼龙制成，并在配制时加入少量的石墨或二硫化钼，以便在使用时可以自行润滑。当两轴存在不对中和偏斜时，滑块2将在沟槽内滑动，故可补偿安装及运转时两轴间的相对位移。

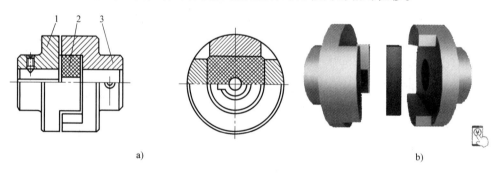

a)                                                                    b)

图 13-6  滑块联轴器

a）结构  b）3D 模型

1、3—半联轴器  2—中间盘

滑块联轴器结构简单，尺寸紧凑，适用于小功率、高转速而无剧烈冲击之处。

（2）万向联轴器  图13-7所示的十字轴式万向联轴器以十字轴为中间件，十字轴的四端用铰链分别与轴1、2上的叉形接头相连。因此，当一轴的位置固定时，另一轴可以在任意方向偏斜 $\alpha$ 角，角位移 $\alpha$ 可达45°。

当十字轴式万向联轴器的主动轴以角速度 $\omega_1$ 旋转时，从动轴的角速度 $\omega_2$ 并不是常数，而是在一定范围内（$\omega_1 \cos\alpha \leqslant \omega_2 \leqslant \omega_1/\cos\alpha$）变化，从而引起动载荷。为了消除从动轴的速度波动，通常将十字轴式万向联轴器成对使用，如图13-8所示。这种由两个万向联轴器组成的装置称为双

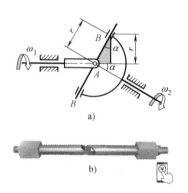

a)

b)

图 13-7  十字轴式万向联轴器

a）原理简图  b）3D 模型

万向联轴器。对于连接相交或平行两轴的双万向联轴器，欲使主动轴1和从动轴2的角速度相等，安装时必须保证主动轴、从动轴与中间件C的夹角相等，并且中间轴两端的叉形接头应在同一平面内。这类联轴器结构紧凑、维护方便，广泛应用于汽车、多头钻床等机器的传动系统中。小型十字轴式万向联轴器已标准化，设计时可按标准选用。

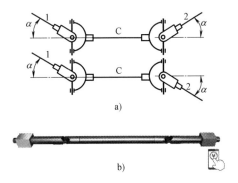

图 13-8 双万向联轴器
a) 原理简图 b) 3D 模型

（3）齿式联轴器 齿式联轴器是由两个带有内齿的外套筒1和两个带有外齿的内套筒2组成的，两个内套筒分别用键与轴连接，两个外套筒用螺栓5连成一体，内套筒与外套筒依靠齿轮间的啮合传递转矩，如图 13-9a 所示。由于外齿的齿顶制成椭球面，且保证与内齿啮合后具有适当的顶隙和侧隙，故在传动时，套筒可以有轴向位移、径向位移以及角位移（图 13-9b）。为了减小轮齿间相对滑动时的摩擦力和磨损，在外套筒与内套筒之间的间隙处蓄有润滑油，可由油孔3注入润滑油，并在外套筒1和内套筒2之间装有密封圈4，以防止润滑油泄漏。

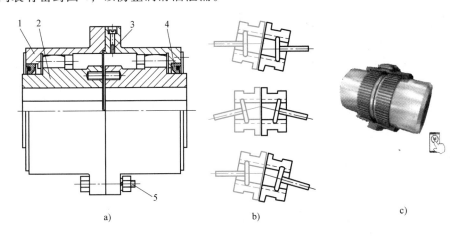

图 13-9 齿式联轴器

a) 结构简图 b) 齿式联轴器两轴的相对位移 c) 3D 模型
1—外套筒 2—内套筒 3—油孔 4—密封圈 5—螺栓

齿式联轴器能传递很大的转矩，并允许有较大的偏移量。安装精度要求不高，但结构复杂，成本较高，常用于重型机械中。

（4）链条联轴器 如图 13-10 所示，链条联轴器是利用一条公用的双排链条2同时与两个齿数相同的并列链轮啮合来实现两个半联轴器1与4的连接的。为了改善润滑条件并防止污染，一般都将联轴器密封在罩壳3内。

链条联轴器的特点是结构简单、尺寸紧凑、质量小、装拆方便，并具有一定的补偿性能和缓冲性能，但因链条的套筒与其相配件间存在间隙，不宜用于逆向传动、起动频繁或立轴传动。同时由于受离心力影响也不宜用于高速传动。

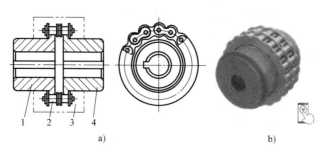

图 13-10　链条联轴器

a）链条联轴器结构简图　b）3D 模型

1、4—半联轴器　2—双排链条　3—罩壳

### 2. 有弹性元件的挠性联轴器

有弹性元件的挠性联轴器由于其联轴器装有弹性元件，不仅可以补偿两轴间的相对位移，而且具有缓冲减振的能力。

制造弹性元件的材料有非金属和金属两种。非金属有橡胶、塑料等，其特点为质量小、价格便宜、有良好的弹性滞后性能，因而减振能力强。由金属材料制成的弹性元件（主要为各种弹簧）则强度高、尺寸小而寿命较长。

非金属弹性元件挠性联轴器常用的类型主要有弹性套柱销联轴器、弹性柱销联轴器、梅花形弹性联轴器和轮胎式联轴器等。

（1）弹性套柱销联轴器　弹性套柱销联轴器的构造与凸缘联轴器相似，如图 13-11 所示，只是两个半联轴器的连接不用螺栓，而用带橡胶弹性套的柱销，故可缓冲减振。弹性套的材料常用耐油橡胶，并做成截面形状如图中网状剖面线部分所示，以提高其弹性。半联轴器与轴的配合孔可做成圆柱形或圆锥形。为了补偿轴向位移，安装时应注意留出相应大小的间隙 $c$。

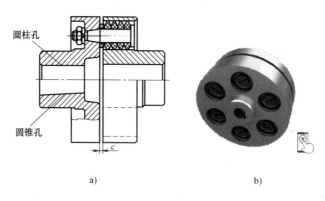

图 13-11　弹性套柱销联轴器

a）弹性套柱销联轴器结构简图　b）3D 模型

弹性套柱销联轴器制造容易，装拆方便，成本较低，在高速轴上应用十分广泛，但弹性套易磨损，寿命较短。它适用于连接载荷平稳、需正反转或起动频繁的传递中小转矩的轴。

（2）弹性柱销联轴器　弹性柱销联轴器与弹性套柱销联轴器很相似，它用柱销代替弹性套柱销，将柱销置于两个半联轴器凸缘的孔中，以实现两轴的连接，如图 13-12 所示。柱销通常用尼龙制成，而尼龙具有一定的弹性。为了防止柱销滑出，在柱销两端配置环形挡板，装配挡板时应注意留出间隙 $c$。

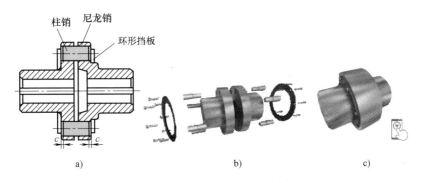

图 13-12 弹性柱销联轴器

a）结构简图　b）爆炸图　c）3D 模型

弹性柱销联轴器的结构简单，更换柱销方便，传递转矩的能力很大，也有一定的缓冲和吸振能力，允许被连接的两轴有一定的轴向位移以及少量的径向位移和角位移。适用于轴向窜动较大、正反转变化较多和起动频繁的场合。由于尼龙柱销对温度较敏感，故使用温度限制在 $-20 \sim 70℃$。

（3）梅花形弹性联轴器　梅花形弹性联轴器是在两个半联轴器间放置梅花形非金属弹性元件，如图 13-13 所示，其半联轴器与轴的配合孔可做成圆柱形或圆锥形。装配联轴器时将梅花形弹性元件的花瓣部分夹紧在两个半联轴器端面凸齿交错插进所形成的齿侧空间，以便在联轴器工作时起到缓冲减振的作用。弹性元件可根据使用要求选用不同硬度的聚氨酯橡胶、铸型尼龙等材料制造。工作温度范围为 $-35 \sim 80℃$，短时工作温度可达 $100℃$，传递的公称转矩范围为 $16 \sim 25000N \cdot m$。

图 13-13 梅花形弹性联轴器

（4）轮胎式联轴器　轮胎式联轴器用橡胶或橡胶织物制成轮胎状的弹性元件 1、两端用压板 2 及螺钉 3 分别压在两个半联轴器 4 上，如图 13-14 所示。这种联轴器富有弹性，具有良好的消振能力，能有效地降低动载荷和补偿较大的轴向位移，而且绝缘性能好，运转时无噪声。但是径向尺寸较大；当转矩较大时，会因过大的扭转变形而产生附加轴向载荷。轮胎式联轴器适用于起动频繁、正反向运转、有冲击振动、两轴间有较大的相对位移量以及潮湿多尘之处。

金属弹性元件挠性联轴器常用的

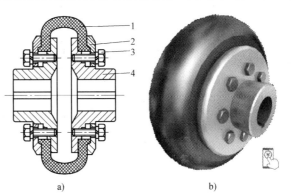

图 13-14 轮胎联轴器

a）结构简图　b）3D 模型

1—弹性元件　2—压板　3—螺钉　4—半联轴器

类型有膜片联轴器（图 13-15）、螺旋弹簧联轴器图（图 13-16）、变刚度的蛇形弹簧联轴器图（图 13-17）、波纹管联轴器（图 13-18）。下面主要介绍最常用的膜片联轴器。

图 13-15　膜片联轴器

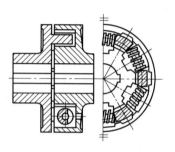

图 13-16　螺旋弹簧联轴器图

图 13-17　蛇形弹簧联轴器

图 13-18　波纹管联轴器

　　膜片联轴器的弹性元件为一定数量的很薄的多边环形（或圆环形）金属膜片叠合而成的膜片组，膜片上有沿圆周均布的若干个螺栓孔，用铰制孔用螺栓交错间隔与半联轴器相连接。这样将弹性元件上的弧段分为交错受压缩和受拉伸的两个部分，拉伸部分传递转矩，压缩部分趋向皱折。当所连接的两轴存在轴向位移、径向位移和角位移时，金属膜片便产生波状变形。

　　膜片联轴器结构比较简单、弹性元件的连接没有间隙，可补偿轴向、径向、角度偏差，免维护，无磨损，安全性高；但扭转弹性较低，缓冲减振性能差，适用于高温、高速场合。

### 13.1.3　安全联轴器

　　安全联轴器的作用是：当工作转矩超过机器允许的极限转矩时，连接件将发生折断，从而使联轴器自动停止传动，以保护机器中的重要零件不致损坏。下面介绍最常用的棒销剪切式安全联轴器。

　　棒销剪切式安全联轴器有单剪式（图 13-19a、c）和双剪式（图 13-19b、d）两种。这种联轴器的结构类似于凸缘联轴器，但不用螺栓，而用钢制销钉连接。销钉装入经过淬火的两段钢制套管中，过载时即被剪断。

　　棒销剪切式安全联轴器工作精度不高，而且销剪断后不能自动恢复工作能力，因而必须停车更换销钉。但由于构造简单，对很少过载的机器还常采用。

### 13.1.4　联轴器的选择

　　联轴器的类型很多，而且大部分已经标准化，一般可依据机器的工作条件选定合适的类

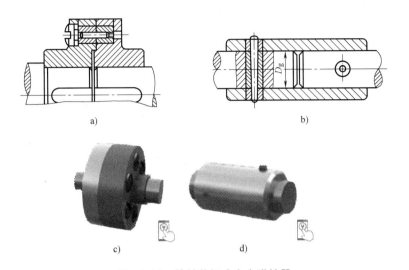

图 13-19　棒销剪切式安全联轴器

a）单剪式结构简图　b）双剪式结构简图　c）单剪式 3D 模型　d）双剪式 3D 模型

型，然后按照计算转矩、轴的转速和轴端直径从标准中选择所需的型号和尺寸。必要时还应对其中某些零件进行验算，下面介绍选用联轴器的基本步骤。

1. 选择联轴器的类型

根据传递载荷的大小、轴转速的高低、被连接两部件的安装精度等，参考各类联轴器的特性，选择一种适用的联轴器类型。具体选择时可考虑以下几点。

1）所需传递的转矩大小和性质以及对缓冲减振功能的要求。例如：对大功率的重载传动，可选用齿式联轴器；对严重冲击载荷或要求消除轴系扭转振动的传动，可选用轮胎式联轴器等具有高弹性的联轴器。对载荷平稳的可选刚性联轴器，否则应选用挠性联轴器。

2）联轴器的工作转速高低和引起的离心力大小。对于高速传动轴，应选用平衡精度高的联轴器，如膜片联轴器等，而不宜选用存在偏心的滑块联轴器等，以消除离心力产生的振动和噪声，避免相关元件因磨损和发热而降低传动质量和使用寿命。

3）两轴相对位移的大小和方向。当安装调整后，难以保持两轴严格精确对中，或工作过程中两轴将产生较大的附加相对位移时，应选用挠性联轴器。例如：当径向位移较大时，可选用滑块联轴器，角位移较大或相交两轴的连接可选用万向联轴器等。

4）联轴器的可靠性和工作环境。通常由金属元件制成的不需润滑的联轴器比较可靠；需要润滑的联轴器，其性能易受润滑完善程度的影响，且可能污染环境。含有橡胶等非金属元件的联轴器对温度、腐蚀性介质及强光等比较敏感，而且容易老化。有灰尘、潮湿的环境应使用有罩壳的联轴器。

5）联轴器的制造、安装、维护和成本。在满足使用性能的前提下，应选用装拆方便、维护简单、成本低的联轴器。例如：刚性联轴器不但结构简单，而且装拆方便，可用于低速、刚性大的传动轴。而弹性套柱销联轴器、梅花形弹性联轴器等，由于具有良好的综合性能，广泛适用于一般的中小功率传动。

2. 确定联轴器的型号

（1）计算转矩 $T_{ca}$　可按下式确定，即

$$T_{ca} = K_A T \leq [T] \tag{13-1}$$

式中，$T$ 为理论转矩（N·m）；$K_A$ 为工况系数，见表 13-1；$[T]$ 为所选联轴器型号的公称转矩（N·m）。

表 13-1　工作情况系数 $K_A$

| 工作机 | | $K_A$ | | | |
|---|---|---|---|---|---|
| | | 原动机 | | | |
| 分类 | 工作情况及举例 | 电动机汽轮机 | 四缸和四缸以上内燃机 | 双缸内燃机 | 单缸内燃机 |
| I | 转矩变化很小,如发电机、小型通风机、小型离心泵 | 1.3 | 1.5 | 1.8 | 2.2 |
| II | 转矩变化小,如透平压缩机、木工机床、运输机 | 1.5 | 1.7 | 2.0 | 2.4 |
| III | 转矩变化中等,如搅拌机、增压泵、有飞轮的压缩机、压力机 | 1.7 | 1.9 | 2.2 | 2.6 |
| IV | 转矩变化和冲击载荷中等,如织布机、水泥搅拌机、拖拉机 | 1.9 | 2.1 | 2.4 | 2.8 |
| V | 转矩变化和冲击载荷大,如造纸机、挖掘机、起重机 | 2.3 | 2.5 | 2.8 | 3.2 |
| VI | 转矩变化大并具有强烈的冲击载荷,如压延机、无飞轮的活塞泵、重型初轧机 | 3.1 | 3.3 | 3.6 | 4.0 |

（2）校核最大转速　被连接轴的转速 $n$ 不应超过所选联轴器允许的最高转速 $n_{max}$，即 $n \leq n_{max}$。

（3）协调轴孔直径　多数情况下，每一型号联轴器适用的轴的直径均有一个范围。标准中或者给出轴直径的最大和最小值，或者给出适用直径的尺寸系列，被连接两轴的直径应当在此范围之内。一般情况下，被连接两轴的直径是不同的，两个轴端的形状也可能是不同的，如主动轴轴端为圆柱形，所连接的从动轴轴端为圆锥形。

（4）进行必要的校核　根据使用条件，如有必要，应对联轴器的主要传动零件进行强度校核。使用有非金属弹性元件弹性联轴器时，还应注意联轴器所在部位的工作温度不要超过该弹性元件材料允许的最高温度。

## 13.2　离合器

离合器的作用是在机器运转时将连接的两轴随时分离或接合。离合器一般由主动部分、从动部分、接合部分和操纵部分组成。离合器的类型很多，按其离合方式，可分为操纵式离合器和自控离合器两种；按离合器的操纵方式可分为机械式、气压式、液压式及电磁式；根据接合部分传递动力的方式分为嵌合式和摩擦式两类，其中常用的有牙嵌离合器与摩擦式离合器两大类。

对离合器的基本要求是：

1）接合平稳、分离彻底，动作准确可靠。

2）结构简单、重量轻、外形尺寸小、从动部分转动惯量小。

3）散热好，接合元件耐磨损，使用寿命长。

4）操纵省力，调整、维修方便。

### 13.2.1　操纵式离合器

#### 1. 牙嵌离合器

牙嵌离合器由两个端面上有牙的半离合器组成，如图 13-20 所示。其中半离合器固定在主动轴上；另一个半离合器用导向平键与从动轴连接，利用操纵杆移动滑环使其做轴向移动，以实现离合器的分离与接合。牙嵌离合器是借牙的相互嵌合来传递运动和转矩的，另外在主动轴端的半离合器上固定一个对中环，从动轴可在对中环内自由转动，以保持两个半离合器能够对中。

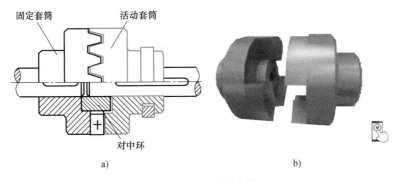

图 13-20　牙嵌离合器

a）结构简图　b）3D 模型

牙嵌离合器的牙形有三角形、梯形、锯齿形和矩形等，如图 13-21 所示。三角形牙（图 13-21 a）接合容易，嵌入快，但牙的强度较弱，适用于传递小转矩的低速离合器；梯形牙（图 13-21b）的强度高，能传递较大的转矩，能自动补偿牙的磨损与间隙，从而减小冲击，故应用较广；锯齿形牙（图 13-21c）强度高，只能传递单向转矩，反转时由于有较大的轴向分力，会迫使离合器自行分离；矩形牙（图 13-21d）可正反转传动，无轴向分力，但不便于接合与分离，磨损后无法补偿，故使用较少。

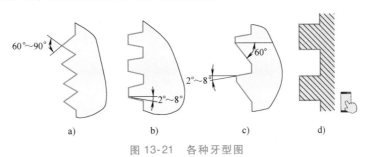

图 13-21　各种牙型图

a）三角形牙　b）梯形牙　c）锯齿形牙　d）矩形牙

牙嵌离合器的主要尺寸可从有关手册中选取，必要时应验算牙面上的压力 $p$ 及牙根弯曲应力 $\sigma$。

牙嵌离合器结构简单，外廓尺寸小，广泛用于转矩不大、低速接合处，但牙嵌离合器只宜在两轴不回转或转速差很小时进行接合，否则牙齿可能会因受撞击而折断。

牙嵌离合器的常用材料为低碳合金钢，渗碳淬火，硬度为 56~62HRC；或采用中碳合金钢，表面淬火，硬度为 48~58HRC，不重要的和静止状态接合的离合器，也允许用 HT200 制造。

2. 摩擦式离合器

摩擦式离合器是由主、从动盘的接触面间产生的摩擦力矩来传递转矩的。摩擦式离合器的类型很多，常用的有单盘式（图 13-22）和多盘式两种。

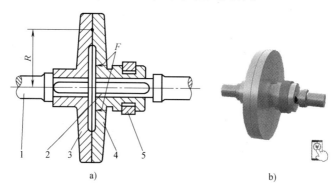

图 13-22　单盘式摩擦离合器

a）结构简图　b）3D 模型

1—主动轴　2—从动轴　3—摩擦盘　4—圆盘　5—滑环

在图 13-22 所示的单盘式摩擦离合器中，摩擦盘 3 固定在主动轴 1 上，操纵滑环 5 可使圆盘 4 沿从动轴 2 移动，从而实现两盘的接合或分离。工作时轴向压力 $F$ 使两盘的接合面产生足够的摩擦力以传递转矩。设摩擦力的合力作用在平均半径 $R$ 的圆周上，则可传递的最大转矩 $T_{max}$ 为

$$T_{max} = FfR \tag{13-2}$$

式中，$f$ 为摩擦因数，摩擦副常用材料及其摩擦因数见表 13-2。

表 13-2　摩擦副常用材料及其摩擦因数

| 摩擦副的常用材料 | | 摩擦因数 |
|---|---|---|
| 在油中工作 | 淬火钢—淬火钢 | 0.06 |
| | 淬火钢—青铜 | 0.08 |
| | 铸铁—铸铁或淬火钢 | 0.08 |
| | 钢—夹布胶木 | 0.12 |
| | 淬火钢—陶质金属 | 0.1 |
| 不在油中工作 | 压制石棉—钢或铸铁 | 0.3 |
| | 淬火钢—陶质金属 | 0.4 |
| | 铸铁—铸铁或淬火钢 | 0.15 |

与牙嵌离合器相比，摩擦式离合器接合较平稳，冲击和振动较小，可以在不停车或主、从动轴转速差较大的情况下进行接合与分离。但摩擦式离合器在正常接合过程中，从动轴转

速从零逐渐加速到主动轴的转速, 因而两摩擦面间不可避免地会发生相对滑动, 从而引起摩擦片的磨损和发热。单盘摩擦式离合器多用于转矩在 2000N·m 以下的轻型机械中。当必须传递大转矩时, 可采用多盘摩擦式离合器。

多盘摩擦式离合器如图 13-23 所示。这种联轴器有内外两组摩擦盘: 外摩擦盘 5 (图 13-24a) 以其外齿插入主动轴 1 上的外鼓轮 2 内缘的纵向槽中, 盘的孔壁则不与任何零件接触, 故外摩擦盘 5 可与主动轴 1 一起转动, 并可在轴向力推动下沿轴向移动; 内摩擦盘 6 (图 13-24b) 以其孔壁凹槽与从动轴 3 上的套筒 4 的凸齿相配合, 而盘的外缘不与任何零件接触, 故内摩擦盘 6 可与从动轴 3 一起转动, 也可在轴向力推动下作轴向移动。另外在套筒 4 上开有三个纵向槽, 其中安置可绕销轴转动的曲臂压杆 8; 当滑环 7 向左移动时, 曲臂压杆 8 通过压杆 9 将所有内、外摩擦盘紧压在调节螺母 10 上, 离合器即进入结合状态。通过调节螺母 10 可调节摩擦盘之间的压力。内摩擦盘也可做成碟形 (图 13-24c), 当承压时, 可被压平而与外盘贴紧; 松脱时, 由于内摩擦盘的弹力作用可以迅速与外摩擦盘分离。

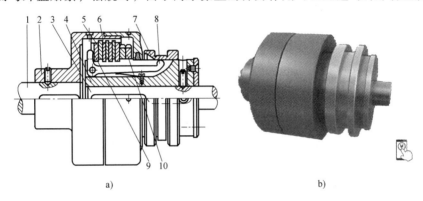

a)                                                     b)

图 13-23　多盘式摩擦离合器

a) 结构简图　b) 3D 模型

1—主动轴　2—外鼓轮　3—从动轴　4—套筒　5—外摩擦盘　6—内摩擦盘
7—滑环　8—曲臂压杆　9—压杆　10—调节螺母

摩擦式离合器也可用电磁力来操纵。如图 13-25 所示, 在电磁力操纵的摩擦离合器中, 当直流电经接触环 1 导入电磁线圈 2 后, 产生磁力线吸引衔铁 5, 于是衔铁将外摩擦片 3 和内摩擦片 4 压紧, 摩擦式离合器处于接合状态。当电流切断时, 磁力消失, 依靠复位弹簧 6 将衔铁推开, 使两组摩擦片松开, 离合器处于分离状态。用电磁力摩擦式离合器可实现远距离操纵, 动作迅速, 没有不平衡的轴向力, 因而在数控机床等机械中获得了广泛的应用。

## 13.2.2　自控离合器

### 1. 安全离合器

安全离合器的作用是: 当工作转矩超过机器允许的极限转矩时, 连接件将发生脱开或打滑, 从而使离合器自动停止传动, 以保护机器中的重要零件不致损坏。

图 13-26a 所示为常用的滚珠安全离合器, 其由主动齿轮 1、从动盘 2、外套筒 3、弹簧 4、调节螺母 5 组成。主动齿轮活套在轴上, 外套筒用花键与从动盘连接, 同时又用键与轴相连。在主动齿轮和从动盘的端面内, 各沿直径为 $D_m$ 的圆周上制有数量相等的滚珠承窝

（一般为 4~8 个），承窝中装入滚珠大半后进行敛口，以免滚珠脱出。正常工作时，由于弹簧的推力使两盘的滚珠互相交错压紧，主动齿轮传来的转矩通过滚珠、从动盘、外套筒而传给从动轴。当转矩超过许用值时，弹簧被过大的轴向分力压缩，使从动盘向右移动，原来交错压紧的滚珠因被放松而相互滑过，此时主动齿轮空转，从动轴即停止转动；当载荷恢复正常时，又可重新传递转矩。弹簧压力的大小可用调节螺母来调节。

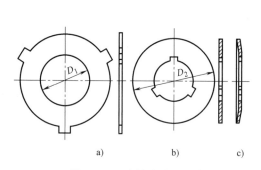

图 13-24　摩擦盘结构图

a）外摩擦盘　b）内摩擦盘　c）碟形摩擦盘

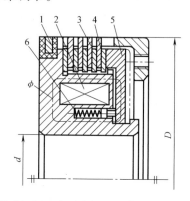

图 13-25　电磁力操纵的摩擦式离合器

1—接触环　2—电磁线圈　3—外摩擦片
4—内摩擦片　5—衔铁　6—复位弹簧

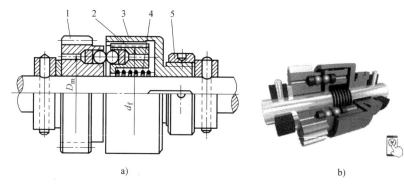

图 13-26　滚珠安全离合器

a）结构简图　b）3D 模型

1—主动齿轮　2—从动盘　3—外套筒　4—弹簧　5—调节螺母

　　这种离合器由于滚珠表面会受到较严重的冲击与磨损，故一般只用于传递较小转矩的装置中。

　　2. 单向离合器

　　单向离合器只能传递单向转矩，其结构可以是摩擦滚动元件式，也可以是棘轮棘爪式。图 13-27 所示为一种滚柱式单向离合器，该单向离合器由爪轮 1、套筒 2、滚柱 3、弹簧顶杆 4 等组成。当爪轮为主动轮并顺时针方向转动时、滚柱将在摩擦力驱动下滚向空隙的收缩部分，并楔紧在爪轮和套筒之间，使套筒随爪轮一同顺时针方向转动，离合器进入接合状态。但当爪轮反向转动时、滚柱滚到空隙的宽敞部分，这时离合器处于分离状态。因而单向离合器只能传递单向转矩，可在机械中用来防止逆转及完成单向传动。如果在套筒随爪轮旋转的同时，套筒又从另一运动系统获得旋向相同但转速更高的运动，离合器也将处于分离状态，即从动件的角速度超过主动件时，不能带动主动件回转。这种从动件转速可以超越主动件转速的特性可以应用于内燃机等的起动装置中。

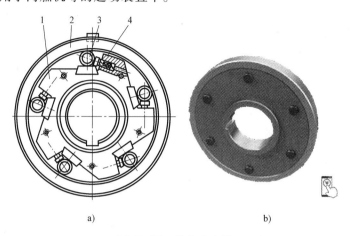

a)                                          b)

图 13-27　单向离合器

a）结构简图　b）3D 模型

1—爪轮　2—套筒　3—滚柱　4—弹簧顶杆

### 3. 离心离合器

离心离合器按其在静止状态时的离合情况可分为开式和闭式两种。开式离心离合器静止时主、从动部分处于分离状态，只有当达到一定工作转速时，主、从动部分才进入接合；闭式离心离合器静止时主、从动部分处于接合状态，在到达一定工作转速时，主、从动部分才分离。

图 13-28a 所示为开式离心离合器的工作原理图，离合器静止或转速较低时，在两个弹簧 3 的弹力作用下，主动部分的一对闸块 2 与从动部分的鼓轮 1 脱开，离合器处于分离状态；当转速达到某一数值，离心力对支点 4 的力矩增加到超过弹簧拉力对支点的力矩时，闸块便绕支点向外摆动从而与从动鼓轮压紧，离合器进入接合状态。当接合面上产生的摩擦力矩足够大时，主、从动轴随即一起转动。图 13-28b 为闭式离心离合器的工作原理图，在正常运转条件下，弹簧的弹

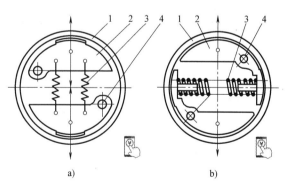

a)                          b)

图 13-28　离心离合器的工作原理图

a）开式工作原理图　b）闭式工作原理图

1—鼓轮　2—闸块　3—弹簧　4—支点

力使一对闸块与鼓轮表面压紧、保持接合状态而一起转动；当转速超过某一数值，离心力矩大于弹簧压力产生的力矩时，闸块即绕支点摆动而与鼓轮脱离接触，离合器处于分离状态。

在起动频繁的机器中采用开式离心离合器，可使电动机在运转稳定后才接入负载，从而避免电动机过热或防止传动机构受动载过大。采用闭式离心离合器可在机器转速过高时起保护作用。由于离心离合器是靠摩擦力传递转矩的，故转矩过大时也可通过打滑而起保护

作用。

## 13.3 典型例题

**例** 试选择电动机与减速器之间的联轴器，电动机经减速器驱动水泥搅拌机工作。已知电动机的功率 $P=11\mathrm{kW}$，转速 $n=970\mathrm{r/min}$，电动机轴的直径和减速器输入轴的直径均为 $42\mathrm{mm}$。

**解** 1. 选择类型

为了缓和冲击和减轻振动，宜选用弹性套柱销联轴器。

2. 确定联轴器的型号

1）计算转矩。

$$T=9550\frac{P}{n}=9550\times\frac{11}{970}\mathrm{N\cdot m}\approx108\mathrm{N\cdot m}$$

由表 13-1 查得，工作机为水泥搅拌机时的工况系数 $K=1.9$，故计算转矩

$$T_{\mathrm{ca}}=KT=1.9\times108\mathrm{N\cdot m}\approx205\mathrm{N\cdot m}$$

2）根据《机械设计手册》选取弹性套柱销联轴器 LT6。公称转矩 $[T]=250\mathrm{N\cdot m}$，符合 $T_{\mathrm{ca}}\leqslant[T]$ 的要求，半联轴器材料为钢时，许用转速为 $3800\mathrm{r/min}$，允许的轴孔直径为 $32\sim42\mathrm{mm}$。以上数据均能满足本题的要求，故合适。

## 习 题

**13-1** 由交流电动机直接带动直流发电机供应直流电。已知所需功率为 $18\sim20\mathrm{kW}$，转速为 $3000\mathrm{r/min}$，外伸轴轴径 $d=45\mathrm{mm}$。

（1）试为电动机与发电机之间选择一只恰当类型的联轴器，并陈述理由。

（2）根据已知条件，定出联轴器的型号。

**13-2** 某离心式水泵采用弹性柱销联轴器连接，原动机为电动机，传递功率为 $38\mathrm{kW}$，转速为 $300\mathrm{r/min}$，联轴器两端连接的轴径均为 $50\mathrm{mm}$，试选择该联轴器的型号。

**13-3** 在发电厂中，由高温高压蒸汽驱动汽轮机旋转，并带动发电机供电。在汽轮机与发电机之间用什么类型的联轴器为宜？理由何在？试为 $3000\mathrm{kW}$ 的汽轮发电机机组选择联轴器的具体型号，设轴径 $d=120\mathrm{mm}$，转速为 $3000\mathrm{r/min}$。

**13-4** 自行车飞轮是一种单向离合器，试画出其简图并说明为何要采用单向离合器。

# 第14章

# 轴

## 14.1 概述

轴是组成机器的主要零件之一。一切做回转运动的转动零件（如齿轮、带轮等），都必须安装在轴上才能进行运动及动力的传递。因此，轴的主要作用是支承回转零件及传递运动和动力。

### 14.1.1 轴的分类

1）按轴的受载情况不同，轴可分为心轴、传动轴和转轴。

① 心轴：心轴是只承受弯矩而不传递转矩的轴。它又有转动心轴（工作时的弯曲应力是交变应力）和固定心轴（工作时的弯曲应力是静应力）两种，如图 14-1a 所示。

② 传动轴：传动轴是只传递转矩不承受弯矩（或弯矩很小）的轴。图 14-1b 所示为汽车发动机至后桥的传动轴，在汽车行驶过程中主要传递转矩。

③ 转轴：既承受弯矩又传递转矩的轴称为转轴，它是机械中最常见的轴。图 14-1c 所示为减速器中做单向转动的转轴，其工作时的弯曲应力为对称循环。

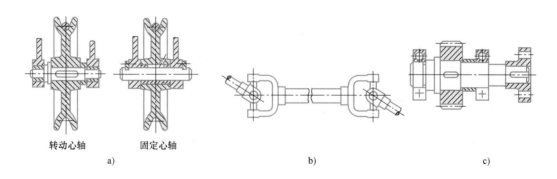

转动心轴　　固定心轴

a)　　　　　　　　　　b)　　　　　　　　c)

图 14-1　按受力情况对轴分类

a）心轴　b）传动轴　c）转轴

2）按轴线的几何形状不同，轴可分为直轴（图 14-2a，如光轴、阶梯轴和空心轴等）、曲轴（图 14-2b）和挠性轴（图 14-2c）等几种。

光轴在农业机械和纺织机械中比较常用。阶梯轴由于结构上方便轴上零件的装拆、定位和固定，而且符合等强度梁的概念，在机械中应用最广泛。空心轴是为了减轻重量和满足使用上的要求，如车床主轴中空位置需要放置加工的圆杆，一些航空发动机主轴中空位置需要放置输油管路等。曲轴常用于往复式机械中，如曲柄压力机和内燃机等。挠性轴是多层钢丝密集缠绕而成的钢丝软轴，可将转矩和回转运动灵活地传递到不同位置，且具有缓冲作用，常用于受连续振动的场合，如牙钻设备和混凝土振捣器中。

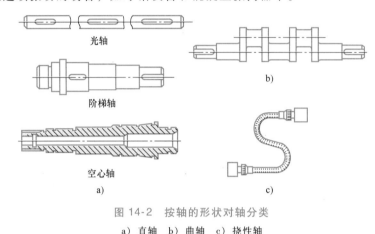

图 14-2　按轴的形状对轴分类

a）直轴　b）曲轴　c）挠性轴

### 14.1.2　轴设计的主要内容

轴的设计也和其他零件的设计相似，包括结构设计和工作能力计算两方面的内容。

轴的结构设计是通过合理地确定轴的结构形式和尺寸，以满足轴上零件的安装、定位以及轴的制造工艺等方面的要求。轴的结构取决于受力情况、轴上零件的布置及其与轴的连接方式、轴承的类型和尺寸、轴的制造和装配工艺以及运输安装等条件。轴的结构设计不合理，会影响轴的工作能力和轴上零件的工作可靠性，还会增加轴的制造成本和轴上零件装配的困难等。因此，轴的结构设计是轴设计中的重要内容。

轴的工作能力计算指的是轴的强度、刚度和振动稳定性等方面的计算。多数情况下，为了保证所设计的轴在规定的使用寿命内正常工作，必须根据轴的工作要求对轴进行强度计算，以防止断裂或塑性变形。而对刚度要求高的轴和受力大的细长轴，应进行刚度计算，以防止工作时产生过大的弹性变形。对高速运转的轴，还应进行振动稳定性计算，以防止发生共振而破坏。

## 14.2　轴的材料

合理地选材是轴设计的一个重要内容。由于轴大多受交变应力作用，主要的破坏形式为疲劳断裂，故轴的材料也就首先要有足够的疲劳强度，同时还应满足工艺性和经济性。一般主要为碳钢、合金钢，毛坯形式为轧制圆钢和锻件。

1. 碳钢

常用的碳钢有 35、45 等优质中碳钢，进行正火或调质处理。轻载或不重要的轴，也可用 Q235、Q275 等。与合金钢相比，碳钢经济性好，综合力学性能较好，应用广泛。

　　2. 合金钢

　　合金钢比碳钢有更好的力学性能，淬火性能好。通常用于重载、高速的重要轴或有特殊要求的轴，如耐高温、低温，耐腐蚀、磨损，要求尺寸小、强度高等。常用的材料有：40Cr、20Cr、20CrMnTi 等，经调质、表面淬火、渗碳淬火等处理。由于合金钢和碳素钢的弹性模量相差很小，故合金钢在提高轴刚度方面并没有优势。

　　3. 球墨铸铁

　　对于形状复杂、尺寸大的轴，球墨铸铁有成形容易、价格低、吸振、耐磨、应力敏感性小等优点，但可靠性差一些。

　　应当注意载荷条件、轴的形状与热处理的关系。一般来说，硬度高时抗拉强度、屈服强度和疲劳强度都随之提高，但塑性降低，脆性破坏倾向和应力集中敏感性增加。因此，光滑简单的轴，受载均匀时，可选较高的硬度；轴上有应力集中源（如键槽、截面变化大）或受载不均匀时，则硬度不宜过高。

　　由于轴受载时表面应力受到应力集中、表面粗糙度、硬度等因素的影响，尤其是一些重载和表面受到摩擦的轴，都应进行局部或全部的表面处理，如表面淬火和化学热处理、喷丸滚压等，以提高表面硬度和抗疲劳性能。

　　轴的常用材料及其热处理后的主要力学性能见表 14-1。

表 14-1　轴的常用材料及其热处理后的主要力学性能

| 材料牌号 | 热处理 | 毛坯直径/mm | 硬度HBW | 抗拉强度$R_m$/MPa | 屈服强度$R_{eL}$/MPa | 弯曲疲劳极限$\sigma_{-1}$/MPa | 剪切疲劳极限$\tau_{-1}$/MPa | 许用弯曲应力$[\sigma_{-1}]$/MPa | 备注 |
|---|---|---|---|---|---|---|---|---|---|
| Q235 | 热锻或锻后空冷 | ≤100 | | 400~420 | 225 | 170 | 105 | 40 | 用于不重要及受载荷不大的轴 |
| | | >100~250 | | 375~390 | 215 | | | | |
| 45 | 正火回火 | ≤100 | 170~217 | 590 | 295 | 255 | 140 | 55 | 应用最广泛 |
| | | >100~300 | 162~217 | 570 | 285 | 245 | 135 | | |
| | 调质 | ≤200 | 217~255 | 640 | 355 | 275 | 155 | 60 | |
| 40Cr | 调质 | ≤100 | 241~286 | 735 | 540 | 355 | 200 | 70 | 用于载荷较大，而无很大冲击的重要轴 |
| | | >100~300 | | 685 | 490 | 335 | 185 | | |
| 40CrNi | 调质 | ≤100 | 270~300 | 900 | 735 | 430 | 260 | 75 | 用于很重要的轴 |
| | | >100~300 | 240~270 | 785 | 570 | 370 | 210 | | |
| 38SiMnMo | 调质 | ≤100 | 229~286 | 735 | 590 | 365 | 210 | 70 | 用于重要的轴、性能近似于40CrNi |
| | | >100~300 | 217~269 | 685 | 540 | 345 | 195 | | |
| 38CrMoAlA | 调质 | ≤60 | 293~321 | 930 | 785 | 440 | 280 | 75 | 用于要求高耐磨性、高强度且热处理变形小的轴 |
| | | >60~100 | 277~302 | 835 | 685 | 410 | 270 | | |
| | | >100~160 | 241~277 | 785 | 590 | 375 | 220 | | |
| 20Cr | 渗碳淬火回火 | ≤60 | 渗碳56~62HRC | 640 | 390 | 305 | 160 | 60 | 用于要求强度及韧性均较高的轴 |

（续）

| 材料牌号 | 热处理 | 毛坯直径/mm | 硬度 HBW | 抗拉强度 $R_m$/MPa | 屈服强度 $R_{eL}$/MPa | 弯曲疲劳极限 $\sigma_{-1}$/MPa | 剪切疲劳极限 $\tau_{-1}$/MPa | 许用弯曲应力 $[\sigma_{-1}]$/MPa | 备注 |
|---|---|---|---|---|---|---|---|---|---|
| 30Cr3 | 调质 | ≤100 | ≥241 | 835 | 635 | 395 | 230 | | 用于腐蚀条件下的轴 |
| QT600-3 | | | 190~270 | 600 | 370 | 215 | 185 | 75 | 用于制造复杂外形的轴 |
| QT800-2 | | | 245~335 | 800 | 480 | 290 | 250 | | |

注：表中所列 $\sigma_{-1}$ 值是按下列关系式计算的，供设计时参考。碳钢：$\sigma_{-1} \approx 0.43R_m$；合金钢 $\sigma_{-1} \approx 0.2(R_m + R_{eL}) + 100$；不锈钢：$\sigma_{-1} \approx 0.27(R_m + R_{eL})$；$\tau_{-1} \approx 0.156(R_m + R_{eL})$；球墨铸铁：$\sigma_{-1} = 0.36R_m$，$\tau_{-1} \approx 0.31R_m$。

## 14.3　轴的结构设计

轴的结构设计包括定出轴的合理外形和全部结构尺寸。

由于影响轴结构的因素比较多，且其结构形式又要随着具体情况的不同而异，所以轴没有标准的结构形式。设计时，必须针对不同情况进行具体的分析。但是，不论何种情况，轴的结构都应满足：轴和装在轴上的零件要有准确的工作位置；轴上的零件应便于装拆和调整；轴应具有良好的制造工艺性等。

### 14.3.1　轴上零件的布置方案

拟订轴上零件的布置方案是进行轴的结构设计的前提，布置方案不同，得到的轴的结构形式也不同。所谓布置方案，就是预定出轴上主要零件的装配方向、顺序和相互关系。图14-3所示为单级圆柱齿轮减速器输出轴上的两种布置方案。图14-3a所示的布置方案是：齿轮、套筒、左端轴承、轴承端盖、联轴器依次从轴的左端向右安装，右端轴承、端盖依次从轴的右端向左端安装。这样就对各轴端的粗细顺序做了初步安排。而图14-3b所示的方案，轴上各零件的装配方向和装配顺序不同于图14-3a所示的方案，所以轴的基本形状发生了变化。

考虑轴上零件的布置方案时，应尽量减少零件数，缩短零件装配路线的长度，改善轴上的受力情况。通常应多做几种方案对比分析，选择最佳方案。图14-3所示为轴的两种布置方案中，方案二

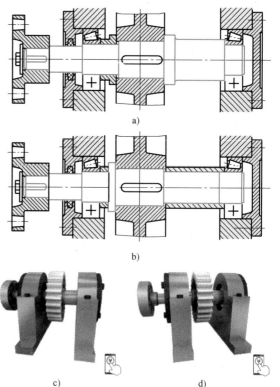

图14-3　轴上零件布置方案分析

a) 方案一简图　b) 方案二简图

c) 方案一3D模型　d) 方案二3D模型

（图 14-3b）中轴向定位套筒长，质量大，故方案一（图 14-3a）较为合理。

## 14.3.2 轴上零件的定位和固定

为使轴上零件正常工作，必须同时满足两个基本要求：一是定位要求，即保证零件在轴上有确定的工作位置；二是固定要求，即零件受力时不与轴发生相对运动。轴上零件的固定可分为轴向固定和周向固定。

### 1. 零件的轴向定位和固定

零件的轴向定位是以轴肩和轴环、套筒、轴端挡圈、轴承端盖、圆锥面和圆螺母等来保证的，具体方法及应用特点见表 14-2。

表 14-2 轴上零件常用的轴向定位和固定方法

| 轴向定位和固定方法 | | 应用特点 |
|---|---|---|
| 轴肩与轴环 | 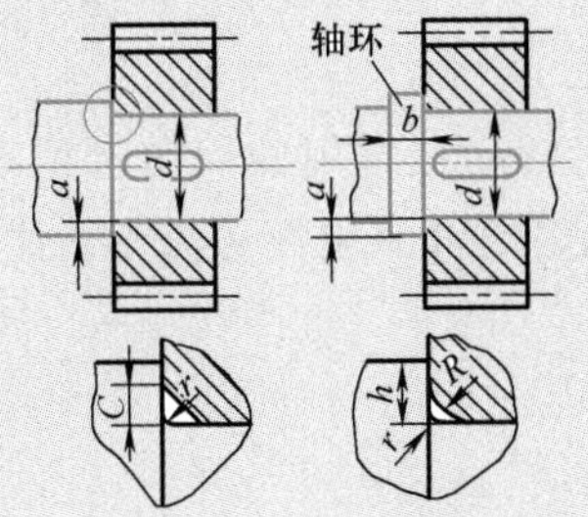  | 由定位面和过渡圆角组成,结构简单可靠,能承受较大的轴向力,应用广泛。为使零件端面与轴肩贴合,轴的圆角半径 $r$、毂孔圆角半径 $R$(或倒角的高度 $c$)和定位轴肩高度 $h$ 应满足如下关系:<br>$r < R < h$<br>或 $r < c < h$<br>一般取轴肩高度 $h = (0.07 \sim 0.1)d$,与滚动轴承配合处的 $h$ 值见轴承标准;轴环宽度 $b \geqslant 1.4h$ |
| 套筒 | 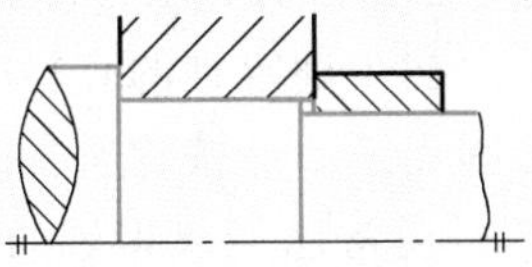 | 工作可靠,可承受较大的轴向力;用于轴上两零件之间的相对固定和定位;应避免套筒轴向尺寸过大。套筒与轴常采用间隙配合 |
| 圆锥面 | 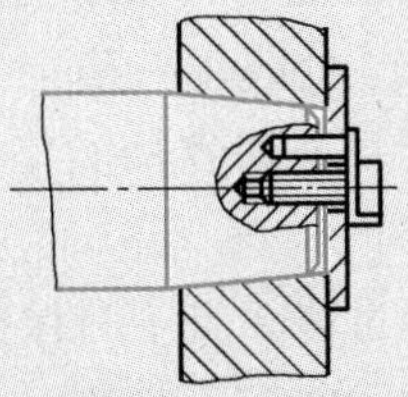 | 多用于轴端零件固定,能承受冲击载荷,装拆方便,对中精度高;锥面加工困难,轴向定位准确性较差 |
| 锁紧挡圈 | 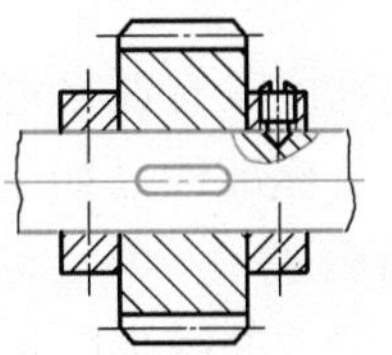 | 结构简单,不能承受大的轴向力,也不适合转速较高的轴。结构尺寸见 GB/T 884—1986 |
| 轴端挡圈 | 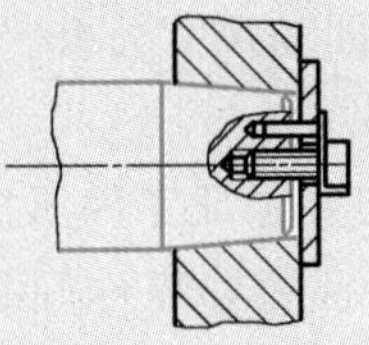 | 用于轴端零件的固定,可承受较大的轴向力。必要时需配合采用止动垫圈等防松措施,结构尺寸见 GB/T 891—1986 |

（续）

| 轴向定位和固定方法 | | 应用特点 |
|---|---|---|
| 圆螺母 | | 固定可靠，能承受较大的轴向力，螺纹会削弱轴的疲劳强度，常用细牙；为防松，需加止动垫圈或双螺母。圆螺母和止动垫圈的规格及结构尺寸见 GB/T 812—1988 和 GB/T 858—1988 |
| 弹性挡圈 | | 结构简单、紧凑；只能承受较小的轴向力，可靠性差；轴上切槽将引起应力集中。弹性挡圈及轴槽的结构尺寸见 GB/T 894.1—1986 |

**2. 轴上零件的周向定位**

周向定位的目的是限制轴上零件与轴发生相对转动。常用的周向定位零件有键、花键、销、紧定螺钉等，还可通过过盈配合实现，其中紧定螺钉只用在传力不大之处。

## 14.3.3 各段轴直径和长度的确定

**1. 各段轴的直径**

根据轴上零件的布置方案和零件装拆的要求合理地确定轴的结构形状，即轴的阶梯位置和数量，各段轴所需的直径与轴上的载荷大小有关。初步确定轴的直径时，通常还不知道支反力的作用点，不能决定弯矩的大小与分布情况，因而还不能按轴所受的具体载荷及其引起的应力来确定轴的直径。但在进行轴的结构设计前，通常已能求得轴所受的扭矩。因此，可按轴所受的扭矩初步估算轴所需的直径。将初步求出的直径作为承受扭矩的轴段的最小直径 $d_{min}$，然后按轴上零件的装配方案和定位要求，从 $d_{min}$ 处起逐一确定各段轴的直径。在实际设计中，轴的直径也可凭设计者的经验确定，或参考同类机器用类比的方法确定。

确定各段轴的直径时应注意以下问题：

1）定位轴肩的高度要合理，过高则轴段直径增加过多，且不易保证轴肩端面与轴中心线的垂直度，导致零件的偏斜；过低则固定不可靠。定位轴肩高度 $h$ 一般取为（0.07~0.1）$d$，$d$ 为与零件相配处的轴的直径。

2）非定位轴肩是为了加工和装配方便设置的，其高度没有严格规定，一般取 1~2mm。

3）有配合要求的轴段，应尽量采用标准直径。安装标准件（如滚动轴承、联轴器、密封圈等）部位的轴径，应取为相应的标准值及所选配合公差。

4）为了使齿轮、轴承等有配合要求的零件装拆方便，并减少配合表面的擦伤，在配合轴段前应采用较小的直径。为了使与轴做过盈配合的零件易于装配，相配轴段的压入端应制出锥度（图 14-4），或在同一轴段的两个部位上采用不同的尺寸公差（图 14-5）。

**2. 各段轴的长度**

确定各轴段长度时，应尽可能使结构紧凑，同时还要保证零件所需的装配或调整空间。轴的各段长度主要是由各零件与轴配合部分的轴向尺寸和相邻零件间必要的空隙来确定的。例如：在图 14-3a 中，安装半联轴器、齿轮和轴承的轴段的长度分别取决于半联轴器与轴配合的毂孔长度、齿轮轮毂的宽度和轴承的宽度。同时，为使半联轴器、齿轮轴向固定可靠，与之配合的轴段长度应比轮毂短 2~3mm；确定安装左侧轴承盖轴段的长度时，应注意半联轴器和端盖保持足够的距离，以免发生碰撞。

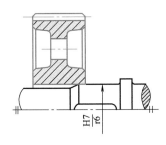

图 14-4 轴的装配锥度

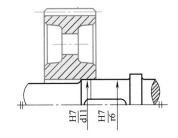

图 14-5 采用不同的尺寸公差

### 14.3.4 轴的结构工艺性

所谓轴具有良好的结构工艺性，是指轴要便于加工和便于轴上零件的装拆。一般有以下需要考虑的因素和处理方式：

1）在保证定位的前提下，阶梯尽可能少以减少加工量。

2）磨削段要有砂轮越程槽（图 14-6），螺纹轴段要有螺纹退刀槽（图 14-7），并均应符合有关规范。

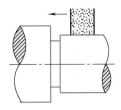

图 14-6 砂轮越程槽

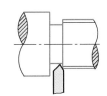

图 14-7 螺纹退刀槽

3）轴两端应设工艺孔以保证各轴段的同轴度；若不同轴段均有键槽，则应布置在同一素线上，便于装夹和铣削。

4）轴上的键槽、圆角、倒角、退刀槽、越程槽等，应尽可能分别采用同一尺寸以便加工和检验。轴端要有倒角以便装配，轴径变化处应有圆角以减小应力集中。

### 14.3.5 提高轴的强度的常用措施

轴和轴上零件的结构、工艺以及轴上零件的安装布置等对轴的强度有很大影响。采用合理的措施，可提高轴的承载能力，减小轴的尺寸和减小机器的质量，降低制造成本。

1. 改进轴上零件的布置方案，减小轴的载荷

当转矩由一个传动件输入，而由几个传动件输出时，为了减小轴上的扭矩，应将输入件放在中间，而不要置于一端。如图 14-8b 所示的轴，轴上作用的最大输入转矩为 $T_1+T_2$，如把输入轮布置在两输出轮之间，如图 14-8a 所示，则轴上所受的最大扭矩将由 $T_1+T_2$ 降低为 $T_1$。

为了减小轴所承受的弯矩，传动件应尽量靠近轴承，并尽可能不采用悬臂的支承形式，力求缩短支承跨距及悬臂长度等。

**2. 改进轴上零件的结构，减小轴上的载荷**

通过改进轴上零件的结构也可减小轴上的载荷。图 14-9 所示起重卷筒的两种安装方案中，图 14-9a 所示的方案一是大齿轮和卷筒固连在一

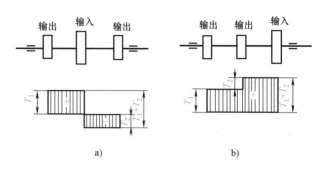

图 14-8　轴上零件的布置

a）合理的布置　b）不合理的布置

起，转矩经大齿轮直接传给卷筒，卷筒轴是心轴，只受弯矩而不受扭矩；而图 14-9b 所示的方案二是大齿轮将转矩通过轴传到卷筒，因而卷筒轴是转轴，既受弯矩又受扭矩。在同样的载荷 Q 作用下，图 14-9a 中轴的直径显然可比图 14-9b 中的直径小。

**3. 改进轴的结构，减小应力集中的影响**

在零件截面变化处会产生应力集中现象，从而削弱零件的强度。因此，进行结构设计时，应尽量减小应力集中。特别是合金钢材料对应力集中比较敏感，应当特别注意。在阶梯轴的截面尺寸变化处应采用圆角过渡，且圆角半径不宜过小。另外，设计时尽量不要在轴上开横孔、切口或凹槽，必须开横孔时，须将边倒圆。在重要的轴的结构

图 14-9　起重卷筒的两种安装方案

a）方案一　b）方案二

中，可采用卸荷槽 B（图 14-10a）、过渡肩环（图 14-10b）或凹切圆角（图 14-10c）增大轴肩圆角半径，以减小局部应力。在轮毂上做出卸荷槽 B（图 14-10d），也能减小过盈配合处的局部应力。

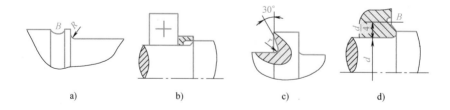

图 14-10　较少应力集中的措施

a）卸荷槽　b）过渡肩环　c）凹切圆角　d）轮毂上加工出卸荷槽

当轴上零件与轴为过盈配合时，可采用图 14-11 所示的各种结构，以减轻轴在零件配合处的应力集中。

用盘铣刀加工的键槽比用键槽铣刀加工的键槽在过渡处对轴的截面削弱较为平缓，因而应力集中较小。渐开线花键比矩形花键在齿根处的应力集中小，在做轴的结构设计时应根

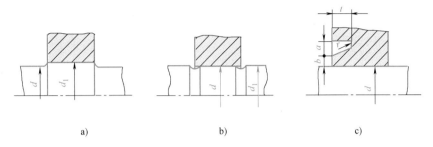

图 14-11　几种轴与轮毂的过盈配合方法

a）增大配合处直径　b）在配合边缘开卸荷槽　c）在轮毂上开卸荷槽

据实际情况合理选择。此外，由于切制螺纹处的应力集中较大，故应尽可能避免在轴上受载较大的区段切制螺纹。

#### 4. 改进轴的表面质量以提高轴的疲劳强度

轴的表面质量对轴的疲劳强度有较大影响。轴的表面越粗糙，疲劳强度也越低。因此，应合理减小轴的表面及圆角处的表面粗糙度值。当采用对应力集中甚为敏感的高强度材料如合金钢制作轴时，表面质量尤应予以注意。

对轴的表面进行强度处理时，可使轴的表层产生预压应力，从而提高轴的抗疲劳能力。常用的表面强化处理的方法有：表面高频感应淬火等热处理，表面渗碳、碳氮共渗、氮化等化学热处理，碾压、喷丸等强度处理。

## 14.4　轴的强度计算

强度计算是设计轴的重要内容之一，其目的在于根据轴上的受载情况及相应的强度条件来确定轴的直径。

常用的轴的强度计算方法有三种：①按扭转强度计算；②按弯扭强度计算；③安全系数校核计算。

### 14.4.1　按扭转强度计算

这种方法是只按轴所受的扭矩来计算轴的强度；如果还受不大的弯矩，则用降低许用扭转切应力的办法予以考虑。在做轴的结构设计时，通常用这种方法初步估计轴的直径。对于不太重要的轴，也可作为最后的计算结果。轴的扭转强度条件为

$$\tau = \frac{T}{W_T} = \frac{9.55 \times 10^6 P}{0.2 d^3 n} \leqslant [\tau] \tag{14-1}$$

由上式可得轴的直径为

$$d \geqslant \sqrt[3]{\frac{9.55 \times 10^6 P}{0.2[\tau]n}} = \sqrt[3]{\frac{9.55 \times 10^6}{0.2[\tau]}} \sqrt[3]{\frac{P}{n}} = A_0 \sqrt[3]{\frac{P}{n}} \tag{14-2}$$

式中，$\tau$ 为轴的扭转切应力（MPa）；$P$ 为轴所传递的功率（kW）；$T$ 为作用在轴上的扭矩（N·mm）；$W_T$ 为轴危险截面的抗扭截面系数（mm³）；$n$ 为轴的转速（r/min）；$d$ 为轴的直

径（mm）；$[\tau]$ 为材料的许用扭转切应力（MPa），见表 14-3；$A_0 = \sqrt[3]{\dfrac{9.55 \times 10^6}{0.2\,[\tau]}}$，查表 14-3。

表 14-3　轴常用几种材料的 $[\tau]$ 和 $A_0$ 值

| 轴的材料 | Q235、20 | Q275、35 | 45 | 40Cr、35SiMn、38SiMnMo、3Cr13 |
|---|---|---|---|---|
| $[\tau]$/MPa | 15~25 | 20~35 | 25~45 | 35~55 |
| $A_0$ | 149~126 | 135~112 | 126~103 | 112~97 |

注：1. 表中的 $[\tau]$ 值是考虑了弯矩影响而降低了的许用扭转切应力。

2. 弯矩较小或只受扭矩作用、载荷较平稳、无轴向载荷或只有较小的轴向载荷、减速器的低速轴、轴只做单向旋转时 $[\tau]$ 取较大值，$A_0$ 取较小值；反之，$[\tau]$ 取较小值，$A_0$ 取较大值。

按式（14-2）算出的轴径 $d$，如果上面开有键槽，还要考虑键槽对轴强度的削弱影响（开一个键槽时将 $d$ 增大 3%~5%，开两个键槽时将 $d$ 增大 7%~10%）。

### 14.4.2　按弯扭强度计算

当轴的支承位置和轴所受的载荷的大小、方向及作用点等均已确定，支反力及弯矩可以求得时，可按弯扭合成强度条件进行计算。一般的轴用这种方法计算即可。其计算步骤如下。

**1. 绘制轴的计算简图（力学模型）并求支反力**

轴所受的载荷是从轴上的零件传来的。计算时，常将轴所受的分布载荷简化为集中力，其作用点取为载荷分布段的中点。作用在轴上的扭矩，一般从传动件轮毂宽度的中点算起。通常把轴当作置于铰链支座上的梁，支反力的作用点与轴承的类型和布置方式有关，如果采用角接触向心轴承，支座反力作用点到轴承外圈外侧端面的距离可查滚动轴承样本或手册。在近似计算中也可以取轴承宽度的中点作为支座反力作用点。

绘出轴的空间力系图，将轴上作用力分解为水平面上的分力和垂直面上的分力，并求出水平面和垂直面上的支点反力。

**2. 绘制弯矩图**

计算水平面弯矩 $M_\mathrm{H}$ 和垂直面弯矩 $M_\mathrm{V}$，并画出两平面对应的弯矩图。进行弯矩合成：$M = \sqrt{M_\mathrm{H}^2 + M_\mathrm{V}^2}$，并画出合成弯矩图。

**3. 计算扭矩 $T$ 并绘扭矩图**

根据 $T = \dfrac{9.55 \times 10^6 P}{n}$ 计算轴所受的扭矩，并绘制扭矩图。

**4. 按照弯扭合成强度校核轴危险截面强度**

按第三强度理论，计算应力为

$$\sigma_{\mathrm{ca}} = \sqrt{\sigma^2 + 4(\alpha\tau)^2} \tag{14-3}$$

式中，$\alpha$ 是将扭矩折合成当量弯矩的折合系数。

$\alpha$ 取决于扭转剪应力的循环特性。通常转轴中弯矩产生的弯曲应力是对称循环性质。当扭矩稳定不变（静应力）时，取 $\alpha \approx 0.3$；当扭矩脉动循环变化时（考虑到起动和停车等因素，或者载荷变化规律不太清楚，轴单向转动时扭矩产生的扭转剪应力一般按照脉动循环应力处理），取 $\alpha \approx 0.6$；当扭矩对称循环变化时（频繁正反转的轴上是对称循环扭转切应力），取 $\alpha \approx 1$。

对于直径为 $d$ 的圆轴，弯曲应力 $\sigma = \dfrac{M}{W}$，扭转切应力 $\tau = \dfrac{T}{W_\mathrm{T}} = \dfrac{T}{2W}$，将 $\sigma$ 和 $\tau$ 带入式 (14-3)，则轴的弯扭合成强度条件为

$$\sigma_{ca} = \sqrt{\left(\frac{M}{W}\right)^2 + 4\left(\frac{\alpha T}{2W}\right)^2} = \frac{\sqrt{M^2 + (\alpha T)^2}}{W} \leqslant [\sigma_{-1}] \tag{14-4}$$

式中，$\sigma_{ca}$ 为轴的计算应力（MPa）；$M$ 为轴所受的弯矩（N·mm）；$T$ 为作用在轴上的扭矩（N·mm）；$W$ 为轴的抗弯截面系数（$\mathrm{mm}^3$），对于直径为 $d$ 的圆轴，$W \approx 0.1d^3$；$[\sigma_{-1}]$ 为对称循环变应力时轴的许用弯曲应力，其值见表 14-1。

### 14.4.3 安全系数校核计算（轴的精确强度计算）

#### 1. 疲劳强度安全系数校核

疲劳强度的校核是计入应力集中、表面状态和尺寸影响以后的精确校核。同上面所述方法，绘出轴的弯矩图 $M$ 和扭矩图 $T$ 以后，选择轴上的危险截面进行校核。根据截面上受到的弯矩和扭矩可求出弯曲应力和切应力，这两项循环应力可分解成平均应力 $\sigma_m$ 及 $\tau_{me}$ 和应力幅 $\sigma_a$ 及 $\tau_a$。然后可以分别求出弯矩作用下的安全系数 $S_\sigma$ 和扭矩作用下的安全系数 $S_\tau$。

$$S_\sigma = \frac{\sigma_{-1}}{K_\sigma \sigma_a + \varphi_\sigma \sigma_m} \tag{14-5}$$

$$S_\tau = \frac{\tau_{-1}}{K_\tau \tau_a + \varphi_\tau \tau_{me}} \tag{14-6}$$

式中，$\varphi_\sigma$ 为试件受循环弯曲应力时的材料常数，$\varphi_\tau$ 为试件受循环切应力时的材料常数，对于碳钢，$\varphi_\sigma \approx 0.1 \sim 0.2$，$\varphi_\tau \approx 0.05 \sim 0.1$，对于合金钢，$\varphi_\sigma \approx 0.2 \sim 0.3$，$\varphi_\tau \approx 0.1 \sim 0.15$。

最后求出复合安全系数并满足下列条件，即

$$S_{ca} = \frac{S_\sigma S_\tau}{\sqrt{S_\sigma^2 + S_\tau^2}} \geqslant S \tag{14-7}$$

以上诸式中的符号及有关数据在第 3 章内已有说明，此处不再重复。设计安全系数值可按下述情况选取：

1）当材料质地均匀、载荷与应力计算较精确时，可取 $S = 1.3 \sim 1.5$。

2）当材料不够均匀、计算不够精确时，可取 $S = 1.5 \sim 1.8$。

3）当材料均匀性和计算精度都很低时，或对于尺寸很大的转轴（$d > 200\mathrm{mm}$），取 $S = 1.8 \sim 2.5$。

#### 2. 静强度安全系数校核

静强度校核的目的在于校核轴对塑性变形的抵抗能力。轴上的尖峰载荷即使作用时间很短，出现次数很少，不足以引起疲劳破坏，但却能使轴产生塑性变形。所以设计时应当按尖峰载荷进行静强度校核。静强度校核时的强度条件为

$$S_{S_{ca}} = \frac{S_{S_\sigma} S_{S_\tau}}{\sqrt{S_{S_\sigma}^2 + S_{S_\tau}^2}} \geqslant S_S \tag{14-8}$$

式中，$S_{S_{ca}}$ 为危险截面静强度的计算安全系数；$S_S$ 为按屈服强度的设计安全系数。

$S_S = 1.2 \sim 1.4$，用于高塑性材料（$R_{eL}/R_m \leqslant 0.6$）制成的钢轴；$S_S = 1.4 \sim 1.8$，用于中等塑性材料（$R_{eL}/R_m = 0.6 \sim 0.8$）制成的钢轴；$S_S = 1.8 \sim 2$，用于低塑性材料的钢轴；$S_S = 2 \sim 3$，用于铸造轴。$S_{S_\sigma}$ 为只考虑弯矩和轴向力时的安全系数，见式（14-9）；$S_{S_\tau}$ 为只考虑扭矩时的安全系数，见式（14-10）。

$$S_{S_\sigma} = \frac{R_{eL}}{\dfrac{M_{max}}{W} + \dfrac{F_{amax}}{A}} \tag{14-9}$$

$$S_{S_\tau} = \frac{\tau_m}{\dfrac{T_{max}}{W_T}} \tag{14-10}$$

式中，$R_{eL}$、$\tau_m$ 分别为材料的屈服强度和抗扭强度（MPa），其中 $\tau_m = (0.55 \sim 0.62) R_{eL}$；$M_{max}$、$T_{max}$ 为轴的危险截面上所受的最大弯矩和最大扭矩（N·mm）；$F_{amax}$ 为轴的危险截面上所受的最大轴向力（N）；$A$ 为轴的危险截面的面积（mm²）；$W$、$W_T$ 分别为危险截面的抗弯和抗扭截面系数（mm³），对于直径为 $d$ 的圆轴，$W \approx 0.1 d^3$，$W_T \approx 0.2 d^3$。

## 🔩 14.5　轴的刚度校核计算

轴受载荷以后要发生弯曲和扭转变形，如果变形过大，会影响轴上零件正常工作。例如，在电动机中如果由于弯矩使轴所产生的挠度 $y$ 过大，就会改变电动机转子和定子间的间隙而影响电动机的性能。又如，内燃机凸轮轴受扭矩所产生的扭角如果过大就会影响气门启闭时间。对于一般的轴颈，如果由于弯矩所产生的转角 $\theta$ 过大，就会引起轴承上的载荷集中，造成不均匀磨损和过度发热。轴上装齿轮的地方如有过大的转角，也会使轮齿啮合发生偏载。所以在设计机器时，常要提出刚度要求。轴的刚度有弯曲刚度和扭转刚度两种，下面分别讨论这两种刚度的计算方法。

### 14.5.1　轴的弯曲刚度校核计算

弯曲刚度可用在一定载荷作用下的挠度 $y$ 和偏转角 $\theta$ 来度量。可用材料力学中计算梁弯曲变形的公式计算。计算时，当轴上有几个载荷同时作用时，可用叠加法求出轴的挠度和偏转角。如果载荷不是平面力系，则需预先分解为两相互垂直的坐标面的平面力系，分别求出各平面的变形分量，然后几何叠加。

计算出的变形量满足下式，则弯曲刚度校核合格。

$$y \leqslant [y] \tag{14-11}$$

$$\theta \leqslant [\theta] \tag{14-12}$$

式中，[$y$]、[$\theta$] 分别为许用挠度和许用偏转角，其值见表 14-4。

表 14-4 轴的许用变形量

| 名称 | 允许挠度[$y$]/mm | 名称 | 允许偏转角[$\theta$]/rad |
|---|---|---|---|
| 一般用途的轴 | $(0.0003 \sim 0.0005)l$ | 滑动轴承 | 0.001 |
| 刚度要求较严的轴 | $0.0002l$ | 深沟球轴承 | 0.005 |
| 感应电动机轴 | $0.1\Delta$ | 调心球轴承 | 0.05 |
| 安装齿轮的轴 | $(0.01 \sim 0.03)m_n$ | 圆柱滚子轴承 | 0.0025 |
| 安装蜗轮的轴 | $(0.02 \sim 0.05)m_a$ | 圆锥滚子轴承 | 0.0016 |

注：$l$ 为轴的跨距（mm）；$\Delta$ 为电动机定子与转子间的气隙（mm）；$m_n$ 为齿轮的法向模数（mm）；$m_a$ 为蜗轮的端面模数（mm）。

### 14.5.2　轴的扭转刚度校核计算

扭转刚度可用其扭转角 $\varphi$ 来度量。轴受扭矩作用时，对于钢制实心阶梯轴，其扭转角 $\varphi$ [(°)/m] 的计算公式为

$$\varphi = \frac{584}{G} \sum_{i=1}^{n} \frac{T_i l_i}{d_i^4} \qquad (14-13)$$

式中，$T_i$ 为轴第 $i$ 段所传递的转矩（N·mm）；$l_i$ 为阶梯轴第 $i$ 段的长度（mm）；$d_i$ 为阶梯轴第 $i$ 段的直径（mm）；$G$ 为材料的切变模量（MPa），对于钢 $G = 8.1 \times 10^4$ MPa。

计算得出的变形量应满足下式，才算扭转刚度校核合格：

$$\varphi \leqslant [\varphi] \qquad (14-14)$$

式中，[$\varphi$] 为轴每米长的许用扭转角，与轴的使用场合有关，对于一般的轴，可取 [$\varphi$] = $0.5° \sim 1°$/m；对于精密传动轴，可取 [$\varphi$] = $0.25° \sim 0.5°$/m；对于精度要求不高的轴，[$\varphi$] 可大于 $1°$/m。

经验证明，在一般情况下，轴的刚度是足够的，因此，通常不必进行刚度计算。如需进行刚度计算，也一般只进行弯曲刚度计算。

## 14.6　轴的共振和临界转速的概念

轴的转速达到一定值时，运转便不稳定而发生显著的反复变形，这一现象称为轴的振动。如果继续提高转速，振动就会衰减，运转又趋于平稳，但是当转速达到另一较高的定值时，振动又复出现。发生显著变形的转速，称为轴的临界转速。同型振动的临界转速可以有好多个，最低的一个称为第一阶临界转速。轴的工作转速不能和其临界转速重合或接近，否则将发生共振而使轴遭到破坏。计算临界转速的目的就在于使工作转速 $n$ 避开轴的临界转速 $n_c$。

轴的振动可分为横向振动、扭转振动和纵向振动三类。纵向振动的自振频率很高，在轴的工作转速范围内一般不会发生纵向振动。

工作转速 $n$ 低于第一阶临界转速 $n_{c1}$ 的轴，称为刚性轴；超过第一阶临界转速的轴，称为挠性轴。对于刚性轴，通常使 $n \leqslant (0.75 \sim 0.8)n_{c1}$；对于挠性轴，使 $1.4n_{c1} \leqslant n \leqslant 0.7n_{c2}$；$n_{c1}$ 和 $n_{c2}$ 分别为轴的第一阶和第二阶临界转速。

## 🔖 14.7　典型例题

例 14-1　一带式输送机传动装置运转平稳，工作时转矩变化小，以单级斜齿轮减速器作为减速装置，试设计该减速器的输出轴（图 14-12）。已知输出轴传递功率 $P_2 = 22\text{kW}$，输出轴转速 $n_2 = 277\text{r/min}$，斜齿轮分度圆直径 $d_2 = 299.116\text{mm}$，螺旋角 $\beta = 8.277°$，齿宽 $b_2 = 94\text{mm}$。轴端装弹性柱销联轴器。

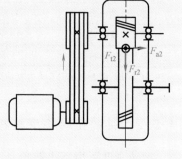

图 14-12　例 14-1 图

**解　1. 求作用在齿轮上的力**

计算输出轴上的斜齿轮传递的转矩，有

$$T_2 = 9.55 \times 10^6 \frac{P_2}{n_2} = 9.55 \times 10^6 \times \frac{22}{277}\text{N} \cdot \text{mm} = 758484\text{N} \cdot \text{mm}$$

而

$$F_{t2} = \frac{2T_2}{d_2} = \frac{2 \times 758484}{299.116}\text{N} = 5072\text{N}$$

$$F_{r2} = F_{t2}\frac{\tan\alpha_n}{\cos\beta} = 5072 \times \frac{\tan20°}{\cos8.277°}\text{N} = 1865\text{N}$$

$$F_{a2} = F_{t2}\tan\beta = 5072 \times \tan8.277°\text{N} = 738\text{N}$$

**2. 初步确定轴的最小直径**

先按式（14-2）初步估算轴的最小直径。选取轴的材料为 45 钢，调质处理（240HBW）。根据表 14-3，取 $A_0 = 112$，于是得

$$d \geqslant A_0 \sqrt[3]{\frac{P_2}{n_2}} = 112 \times \sqrt[3]{\frac{22}{277}}\text{mm} = 48.1\text{mm}$$

输出轴的最小直径是安装联轴器处的轴的直径。为了使所选的轴的直径和联轴器的孔径相适应，故同时选取联轴器的型号。

联轴器的计算转矩 $T_{ca} = K_A T_2$，查表 13-1，考虑到转矩变化很小，故取 $K_A = 1.3$，则

$$T_{ca} = K_A T_2 = 1.3 \times 758484\text{N} \cdot \text{mm} = 986029.2\text{N} \cdot \text{mm}$$

按照计算转矩 $T_{ca}$ 应小于联轴器的公称转矩的条件，查 GB/T 5014—2003，选用 LX4 型弹性柱销联轴器，其公称转矩为 2500000N·mm。考虑到轴的外伸段上开有键槽（安装联轴器），将计算轴径加大 3%～5%，取 $d = 50\text{mm}$（符合弹性柱销联轴器要求的轴径规范）。半联轴器的长度 $L = 112\text{mm}$，半联轴器与轴配合的毂孔长度 $L_1 = 84\text{mm}$。

**3. 轴的结构设计**

（1）拟订轴上零件的装配方案　按照工作要求，输出轴系的主要零部件包括一对圆锥滚子轴承、斜齿轮（对称布置在两支承中间）和联轴器（安装在外伸段）等。为了便于轴上零件的装拆，采用阶梯轴结构。选用图 14-13 所示的装配方案。

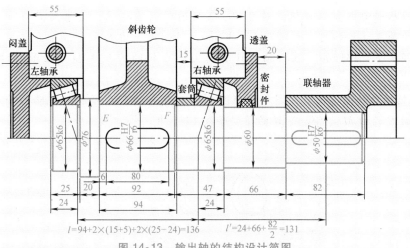

图 14-13　输出轴的结构设计简图

（2）根据轴向定位的要求确定轴的各段直径和长度

1）为了满足半联轴器的定位要求，在半联轴器的左端制出一轴肩，考虑到此轴端上有密封件，密封段直径为 60mm，符合密封件采用毡圈要求的轴径规范。装半联轴器的轴的长度为 82mm，考虑轴承透盖的轴向尺寸和透盖右端面与联轴器左端面有一定的间隔，取装有密封件轴段长度为 66mm。

2）初步选择滚动轴承。因轴承同时受有径向力和轴向力的作用，故选用单列圆锥滚子轴承。参照工作要求并根据密封段的轴径为 60mm，由轴承产品目录中初步选取 0 基本游隙组、标准精度级的单列圆锥滚子轴承 30213，其尺寸 $d×D×T = 65mm×120mm×24.75mm$，故装轴承的轴端直径为 65mm；左端装轴承的轴端长为 25mm。取轴承端面距箱体内壁的距离为 5mm，右端装轴承的轴段长度为 47mm。

左端轴承的右端面采用轴肩定位，查手册得 30213 型圆锥滚子轴承的定位轴肩高度 $h=5.5mm$，因此，取该段轴的直径为 76mm，根据轴承与箱体内壁之间间隔 5mm，斜齿轮端面与箱体内壁之间间隔 15mm，取该段轴的长度为 20mm。

3）安装斜齿轮的轴段直径为 66mm；齿轮的右端与右轴承之间采用套筒定位。已知齿轮轮毂宽度为 94mm，为了使套筒端面可靠地压紧齿轮，此轴段应略短于轮毂宽度，故取此轴段长为 92mm。

（3）轴上零件的轴向定位　齿轮、半联轴器与轴的周向定位均采用 A 型普通平键连接。根据装齿轮的轴段直径查得其键的截面尺寸 $b×h = 20mm×12mm$，键长为 80mm，选择齿轮轮毂与轴的配合为 $\dfrac{H7}{r6}$；同样，半联轴器与轴的连接，选用 14mm×9mm×70mm 的平键，半联轴器与轴的配合为 $\dfrac{H7}{k6}$。滚动轴承内孔与轴的配合采用基孔制，此处选轴的直径尺寸公差为 k6。

（4）确定轴上的圆角和倒角尺寸　取轴端倒角为 C2，各轴肩处的圆角半径均为 1mm。

**4. 求轴上的载荷**

首先根据轴的结构（图 14-13）绘出轴的计算简图（14-14a）。在确定轴承的支点位置时，应从手册中查取 $a$ 值，对于 30213 型圆锥滚子轴承，由手册查得 $a=24\text{mm}$。因此，作为简支梁的轴的支承跨距 $l=136\text{mm}$，同理求出右轴承支座受力作用点到外伸段中点的距离 $l'=131\text{mm}$。根据轴的计算简图绘出轴的弯矩图和扭矩图（14-14f 和 14-14g）。

从轴的结构图以及弯矩图和扭矩图中可以看出截面 $C$ 是轴的危险截面。现将计算出的截面 $C$ 处的 $M_H$、$M_V$ 及 $M$ 的值列于表 14-5 中。

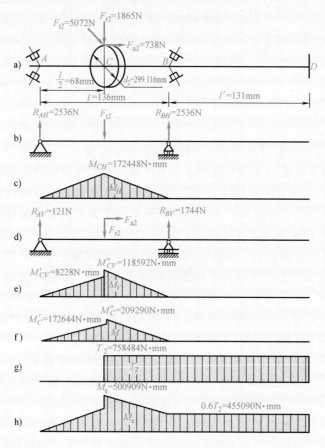

图 14-14　轴的强度计算

表 14-5　计算出的截面 $C$ 处的 $M_H$、$M_V$ 及 $M$ 的值

| 载荷 | 水平面 $H$ | 垂直面 $V$ |
|---|---|---|
| 支反力 $R$ | $R_{AH}=R_{BH}=2536\text{N}$ | $R_{AV}=121\text{N}$，$R_{BV}=1744\text{N}$ |
| 弯矩 $M$ | $M_{CH}=172448\text{N}\cdot\text{mm}$ | $M''_{CV}=118592\text{N}\cdot\text{mm}$，$M'_{CV}=8228\text{N}\cdot\text{mm}$ |
| 总弯矩 | $M'_C=\sqrt{M_{CH}^2+M'^2_{CV}}=\sqrt{172448^2+8228^2}\,\text{N}\cdot\text{mm}=172644\text{N}\cdot\text{mm}$ <br> $M''_C=\sqrt{M_{CH}^2+M''^2_{CV}}=\sqrt{172448^2+118592^2}\,\text{N}\cdot\text{mm}=209290\text{N}\cdot\text{mm}$ | |
| 扭矩 $T$ | $T_2=758484\text{N}\cdot\text{mm}$ | |

### 5. 按弯扭合成应力校核轴的强度

进行校核时，通常只校核轴上承受最大弯矩和扭矩的截面（即危险截面 $C$）的强度。根据式（14-4）及表14-5中的数据，以及轴单向旋转，扭转切应力为脉动循环变应力，取 $\alpha = 0.6$，轴的计算应力为

$$\sigma_{ca} = \frac{\sqrt{M''^2_C + (\alpha T_2)^2}}{0.1d^3} = \frac{\sqrt{209290^2 + (0.6 \times 758484)^2}}{0.1 \times 66^3} \text{MPa} = 17.42 \text{MPa}$$

前已选定轴的材料为45钢，调质处理，由表14-1查得 $[\sigma_{-1}] = 60 \text{MPa}$，因此 $\sigma_{ca} < [\sigma_{-1}]$，故安全。

### 6. 精确校核轴的疲劳强度

（1）判断危险截面　截面 $B$ 右侧的所有截面上只受扭矩，由于轴的最小直径是按扭转强度较为宽裕确定的，所以截面 $B$ 右侧的所有截面均无须校核。

从应力集中对轴的疲劳强度的影响来看，装齿轮处的轴的两端截面因过盈配合引起的应力集中最严重；从受载的情况来看，截面 $C$ 上的应力最大。如图 14-13 所示，装齿轮处的轴的左侧截面 $E$ 和右侧截面 $F$ 的应力集中影响相近，但截面 $E$ 不受扭矩作用，同时轴径也较大，故不必做强度校核。截面 $C$ 上虽然应力大，但应力集中不大（过盈配合及键槽引起的应力集中均在两端），而且这里轴的直径较大，故截面 $C$ 也不必校核。截面 $C$ 左侧截面不受扭矩，也无须校核。因为键槽的应力集中系数比过盈配合的小，因而只需校核截面 $F$ 两侧即可。

（2）截面 $F$ 右侧

抗弯截面系数　　　　　$W = 0.1d^3 = 0.1 \times 65^3 \text{mm}^3 = 27463 \text{mm}^3$

抗扭截面系数　　　　　$W_T = 0.2d^3 = 0.2 \times 65^3 \text{mm}^3 = 54925 \text{mm}^3$

弯矩　　　　　　　$M = 209290 \times \dfrac{68-45}{68} \text{N} \cdot \text{mm} = 70789 \text{N} \cdot \text{mm}$

扭矩　　　　　　　　　　　$T_2 = 758484 \text{N} \cdot \text{mm}$

截面上的弯曲应力　　$\sigma = \dfrac{M}{W} = \dfrac{70789}{27463} \text{MPa} = 2.58 \text{MPa}$

截面上的扭转切应力　$\tau = \dfrac{T_2}{W_T} = \dfrac{758484}{54925} \text{MPa} = 13.81 \text{MPa}$

轴的材料为45钢，调质处理。由表 14-1 查得 $R_m = 640 \text{MPa}$，$\sigma_{-1} = 275 \text{MPa}$，$\tau_{-1} = 155 \text{MPa}$。

截面上由于轴肩而形成的理论应力集中系数 $\alpha_\sigma$ 及 $\alpha_\tau$ 按表3-3查取。因 $\dfrac{r}{d} = \dfrac{1.0}{65} = 0.015$，$\dfrac{D}{d} = \dfrac{66}{65} = 1.02$，经插值后可查得

$$\alpha_\sigma = 1.84, \quad \alpha_\tau = 1.13$$

又由图3-4可得轴的材料敏感系数为

$$q_\sigma = 0.73, \quad q_\tau = 0.76$$

故有效应力集中系数按式（3-9）为

$$k_\sigma = 1 + q_\sigma(\alpha_\sigma - 1) = 1 + 0.73 \times (1.84 - 1) = 1.61$$

$$k_\tau = 1 + q_\tau(\alpha_\tau - 1) = 1 + 0.76 \times (1.13 - 1) = 1.10$$

由图 3-5a 查得尺寸系数 $\varepsilon_\sigma = 0.67$，由图 3-5b 查得扭转尺寸系数 $\varepsilon_\tau = 0.82$。

轴按磨削加工，由图 3-6 得表面状态系数为 $\beta_\sigma = \beta_\tau = 0.92$。

轴未经表面强化处理，即 $\beta_q = 1$，则按式（3-10）及式（3-11）得综合影响系数为

$$K_\sigma = \frac{k_\sigma}{\varepsilon_\sigma \beta_\sigma} = \frac{1.61}{0.67 \times 0.92} = 2.61$$

$$K_\tau = \frac{k_\tau}{\varepsilon_\tau \beta_\tau} = \frac{1.10}{0.82 \times 0.92} = 1.46$$

取碳钢的特性系数 $\varphi_\sigma = 0.1$，$\varphi_\tau = 0.05$。于是，计算安全系数 $S_{ca}$，按式（14-5）~式（14-7）得

$$S_\sigma = \frac{\sigma_{-1}}{K_\sigma \sigma_a + \varphi_\sigma \sigma_m} = \frac{275}{2.61 \times 2.58 + 0.1 \times 0} = 40.8$$

$$S_\tau = \frac{\tau_{-1}}{K_\tau \tau_a + \varphi_\tau \tau_{me}} = \frac{155}{1.46 \times \dfrac{13.8}{2} + 0.05 \times \dfrac{13.8}{2}} = 14.9$$

$$S_{ca} = \frac{S_\sigma S_\tau}{\sqrt{S_\sigma^2 + S_\tau^2}} = \frac{40.8 \times 14.9}{\sqrt{40.8^2 + 14.9^2}} = 14.0 >> S = 1.5$$

故可知其安全。

（3）截面 $F$ 左侧

抗弯截面系数　　　$W = 0.1d^3 = 0.1 \times 66^3 \text{mm}^3 = 28750 \text{mm}^3$

抗扭截面系数　　　$W_T = 0.2d^3 = 0.2 \times 66^3 \text{mm}^3 = 57500 \text{mm}^3$

弯矩及弯曲应力　　$M = 209290 \times \dfrac{68 - 45}{68} \text{N} \cdot \text{mm} = 70789 \text{N} \cdot \text{mm}$

$$\sigma = \frac{M}{W} = \frac{70789}{28750} \text{MPa} = 2.46 \text{MPa}$$

扭矩及扭转切应力　　　$T_2 = 758484 \text{N} \cdot \text{mm}$

$$\tau = \frac{T_2}{W_T} = \frac{758484}{57500} \text{MPa} = 13.19 \text{MPa}$$

过盈配合处的 $\dfrac{k_\sigma}{\varepsilon_\sigma}$，由表 3-6 用插值法求出，并取 $\dfrac{k_\tau}{\varepsilon_\tau} = 0.8 \dfrac{k_\sigma}{\varepsilon_\sigma}$，于是得

$$\frac{k_\sigma}{\varepsilon_\sigma} = 3.58, \quad \frac{k_\tau}{\varepsilon_\tau} = 0.8 \times 3.58 = 2.86$$

轴按磨削加工，由图3-6得表面状态系数为 $\beta_\sigma = \beta_\tau = 0.92$。故得综合系数为

$$K_\sigma = \frac{k_\sigma}{\varepsilon_\sigma \beta_\sigma} = \frac{3.58}{0.92} = 3.89$$

$$K_\tau = \frac{k_\tau}{\varepsilon_\tau \beta_\tau} = \frac{2.86}{0.92} = 3.11$$

于是，计算安全系数 $S_{ca}$，按式（14-5）~式（14-7）得

$$S_\sigma = \frac{\sigma_{-1}}{K_\sigma \sigma_a + \varphi_\sigma \sigma_m} = \frac{275}{3.89 \times 2.46 + 0.1 \times 0} = 28.7$$

$$S_\tau = \frac{\tau_{-1}}{K_\tau \tau_a + \varphi_\tau \tau_{me}} = \frac{155}{3.11 \times \dfrac{13.19}{2} + 0.05 \times \dfrac{13.19}{2}} = 7.44$$

$$S_{ca} = \frac{S_\sigma S_\tau}{\sqrt{S_\sigma^2 + S_\tau^2}} = \frac{28.7 \times 7.44}{\sqrt{28.7^2 + 7.44^2}} = 7.2 >> S = 1.5$$

故可知其安全。

**7. 绘制轴的工作图**

轴的工作图如图14-15所示。

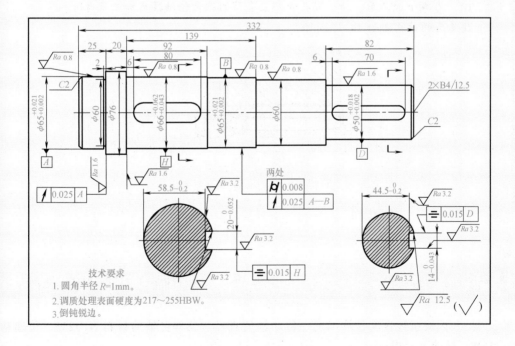

图 14-15　轴的工作图

例14-2　图14-16所示为小锥齿轮轴系部件结构图（小锥齿轮与轴一体，成为齿轮轴）。改正图中不合理或错误的部分结构，并简述原因（不得改成锥齿轮与轴分离的结构）。

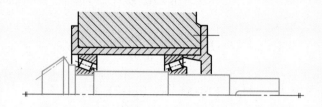

图14-16　例14-2图

解　图示轴系结构部件主要错误如下：

1）用于安装轴承的套筒装反，右侧为加工面。

2）套筒与箱体间应加调整垫片，以便调整锥齿轮锥顶的位置。

3）轴承盖中的孔与轴之间应保留间隙。

4）左侧轴承无法装拆，应加轴套固定。

5）锥齿轮轴用于定位左端轴承的轴肩高度过高，无法拆卸轴承。

6）套筒应加工有用于定位轴承外圈的台阶。

7）右端轴承应加圆螺母和止动垫圈进行固定，以便承受向左的轴向力。

8）轴承盖上应有密封装置。

9）轴承盖中的孔与轴之间应保留间隙。

10）为减小加工面，轴承座孔和安装套筒的锥齿轮轴段应加工有台阶。

改正后的结构图如14-17所示。

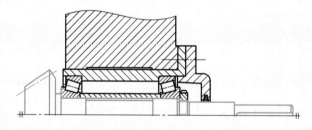

图14-17　修改后的小锥齿轮轴系部件图

## 习　　题

14-1　试按扭转强度计算确定一传动轴的直径。已知：轴的材料为Q255，传递功率 $P=15\text{kW}$，转速 $n=80\text{r/min}$。

14-2　如图14-18所示，试设计一单级直齿轮减速器的主动轴，轴的材料为45钢，调质处理。已知：轴单向转动，工作时有振动，传递转矩 $T_1 = 1.75 \times 10^5 \text{N} \cdot \text{mm}$，齿轮模数 $m = 4\text{mm}$，齿数 $z = 20$，啮合角 $\alpha = 20°$，齿宽 $b = 80\text{mm}$，轴输入端与联轴器相连，轴承间距为 160mm。

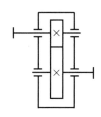

图 14-18 题 14-2 图

14-3 指出图 14-19a、b 所示轴系中的错误结构并简述原因。

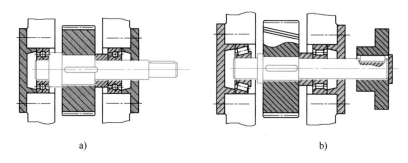

a)                                                    b)

图 14-19 题 14-3 图

14-4 设计图 14-20 所示斜齿轮减速器的输入轴。已知该轴输入功率 $P = 37.5\text{kW}$，转速 $n = 960\text{r/min}$，小齿轮节圆直径 $d = 150\text{mm}$，模数 $m = 4\text{mm}$，齿宽 $b = 150\text{mm}$，螺旋角 $\beta = 15°20'$，法向压力角 $\alpha_n = 20°$，轴的材料为 45 钢，正火。电动机轴径为 65mm，输入轴初选两个圆锥滚子轴承作为支承。

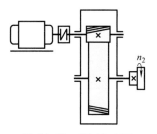

图 14-20 题 14-4 图

# 第 15 章

# 弹　簧

## 15.1　概述

弹簧是一种弹性元件，由于它可以在载荷作用下产生较大的弹性变形，因此，广泛应用于各类机械中。弹簧的主要功用有：

1）控制机械运动，如内燃机中的阀门弹簧、离合器中的控制弹簧等。

2）缓冲和吸振，如汽车减振弹簧和各种缓冲器中的吸振弹簧等。

3）储蓄及输出能量，如钟表弹簧、枪栓弹簧等。

4）测量力的大小，如弹簧秤和测力器中的弹簧等。

弹簧有很多类型。按照承受载荷的性质，主要分为拉伸弹簧、压缩弹簧、扭转弹簧和弯曲弹簧等；按照形状又可分为螺旋弹簧、碟形弹簧、环形弹簧、板弹簧和盘簧等。弹簧的基本类型及应用见表 15-1。

表 15-1　弹簧的基本类型及应用

| 名　称 | 简　图 | 说　明 |
| --- | --- | --- |
| 圆柱螺旋弹簧 | 圆截面压缩弹簧 | 由弹簧丝卷绕制成，承受压力。结构简单，制造方便，应用最广 |
| | 矩形截面压缩弹簧 | 承受压力。当空间尺寸相同时，矩形截面弹簧比圆形截面弹簧吸收能量大，刚度更接近常数 |
| | 圆截面拉伸弹簧 | 承受拉力。结构简单，制造方便，应用广泛 |

（续）

| 名　称 | 简　图 | 说　明 |
|---|---|---|
| 圆柱螺旋弹簧 | 圆截面扭转弹簧 | 承受扭矩,主要用于压紧和蓄力以及传动系统中的弹簧环节 |
| 截锥螺旋弹簧 | | 承受压力。弹簧圈从大端开始接触后特性线为非线性的。可防止共振,稳定性好,结构紧凑。多用于承受较大载荷和减振 |
| 碟形弹簧 | 对置式 | 能承受很大的冲击载荷,并具有良好的吸振能力,常用作缓冲弹簧。应用于载荷相当大和弹簧轴向尺寸受限制的地方 |
| 环形弹簧 | | 最强力的缓冲弹簧,近代重型列车、锻压设备和飞机着陆装置中用它作为缓冲零件 |
| 平面涡卷弹簧 | | 应用于受载不很大而轴向尺寸又很小时。在各种仪器中广泛地用作储能装置 |
| 板弹簧 | 多板弹簧 | 主要受弯曲作用,常用于受载方向尺寸有限制而变形量又较大的地方。由于有较好的消振能力,所以在汽车、铁路客货车等车辆中应用很普遍 |

　　在一般机械中,最常用的是圆柱螺旋弹簧。本章主要讨论圆柱螺旋压缩和拉伸弹簧的结构形式和设计方法。

## 15.2　弹簧的材料和制造

### 15.2.1　弹簧的材料

　　弹簧材料应具有高的弹性极限、疲劳极限、冲击韧性和良好的热处理性能。在选择弹簧材料时,应考虑到弹簧的使用条件(包括载荷性质、大小及其循环特性,工作温度和周围介质情况等）、功用以及重要程度等。常用的弹簧材料有优质碳素弹簧钢、合金钢、不锈钢和铜合金等。

常用弹簧钢主要有下列几种：

**1. 优质碳素弹簧钢**

这种弹簧钢（如 65、70 钢）的优点是价格便宜，供应方便，原材料来源方便；缺点是弹性极限低，多次重复变形后易失去弹性，不宜受冲击载荷，且不能在高于 130℃ 的温度下正常工作。多用于制造小尺寸的弹簧。

**2. 低锰弹簧钢**

低锰弹簧钢（如 65Mn）与优质碳素弹簧钢相比，优点是淬透性较好、强度较高，能承受冲击载荷或变载荷；缺点是淬火后容易产生裂纹及热脆性。但由于价格便宜，所以常用于制造尺寸不大的弹簧，如离合器中的弹簧等。

**3. 硅锰弹簧钢**

硅锰弹簧钢（如 60Si2MnA）中因加入了硅，故可显著地提高弹性极限，并提高了耐回火性，因而可在更高的温度下回火，从而得到良好的力学性能。硅锰弹簧钢在工业中得到了广泛的应用。一般用于制造汽车、拖拉机的螺旋弹簧。

**4. 铬钒钢**

铬钒钢（如 50CrVA）中加入钒的目的是细化组织，提高钢的强度和韧性。这种材料的耐疲劳和抗冲击性能良好，并能在 -40~210℃ 的温度下可靠工作，但价格较贵。多用于要求较高的场合，如用于制造航空发动机调节系统中的弹簧。

工作在潮湿、酸性或其他腐蚀性介质中的弹簧宜采用不锈钢或铜合金制造，其中青铜还具有防磁性和导电性，故常用于制造化工设备中或工作于腐蚀性介质中的弹簧。其缺点是不容易热处理，力学性能较差，所以在一般机械中很少采用。非金属弹簧材料主要是橡胶。此外，纤维增强塑料、软木、空气也可用作弹簧材料。

弹簧钢丝按照抗拉强度分为三类：L 代表低抗拉强度、M 代表中等抗拉强度、H 代表高抗拉强度；按照弹簧载荷特点分为两类：S 代表静载荷、D 代表动载荷；按受变载荷次数分为三类：Ⅰ 类为受变载荷次数在 $10^6$ 以上、Ⅱ 类为受变载荷次数在 $10^3$~$10^5$ 及冲击载荷，Ⅲ 类为受变载荷次数在 $10^3$ 以下。几种常用弹簧材料及其性能见表 15-2。碳素弹簧钢丝的抗拉强度 $R_m$ 按表 15-3 选取。

表 15-2　几种常用弹簧材料及其性能

| 材料及代号 | 许用切应力 $[\tau]$/MPa | | | 许用弯曲应力 $[\sigma]$/MPa | | 弹性模量 $E$/MPa | 切变模量 $G$/MPa | 推荐温度 /℃ | 推荐硬度 HRC | 特性及用途 |
|---|---|---|---|---|---|---|---|---|---|---|
| | Ⅰ类弹簧 | Ⅱ类弹簧 | Ⅲ类弹簧 | Ⅱ类弹簧 | Ⅲ类弹簧 | | | | | |
| 碳素弹簧钢丝 SL、SM、DM、SH、DH 型 65Mn | $0.3R_m$ | $0.4R_m$ | $0.5R_m$ | $0.5R_m$ | $0.625R_m$ | $0.5 \leqslant d \leqslant 4$: 07500~205000 $d>4$: 200000 | $0.5 \leqslant d \leqslant 4$: 83000~80000 $d>4$: 80000 | -40~130 | | 强度高,加工性能好,适用于小尺寸弹簧 65Mn 弹簧钢丝用于重要弹簧 |

（续）

| 材料及代号 | 许用切应力 $[\tau]$/MPa | | | 许用弯曲应力 $[\sigma]$/MPa | | 弹性模量 $E$/MPa | 切变模量 $G$/MPa | 推荐温度 /℃ | 推荐硬度 HRC | 特性及用途 |
|---|---|---|---|---|---|---|---|---|---|---|
| | Ⅰ类弹簧 | Ⅱ类弹簧 | Ⅲ类弹簧 | Ⅱ类弹簧 | Ⅲ类弹簧 | | | | | |
| 60Si2Mn 60Si2MnA | 480 | 640 | 800 | 800 | 1000 | 200000 | 80000 | −40 ~ 200 | 45 ~ 50 | 弹性好，回火稳定性好，易脱碳，用于承受大载荷的弹簧 |
| 50CrVA | 450 | 600 | 750 | 750 | 940 | | | −40 ~ 210 | | 疲劳性能好，淬硬性、回火稳定性好 |

注：1. 弹簧材料的许用扭转应力 $[\tau]$ 和许用弯曲应力 $[\sigma]$ 的大小和载荷性质有关，静载荷时的 $[\tau]$ 或 $[\sigma]$ 较变载荷时的大。

2. 各类拉伸、压缩弹簧的极限工作应力 $\tau_{\lim}$：对于 Ⅰ、Ⅱ类弹簧 $\tau_{\lim} \leqslant 0.5R_{\mathrm{m}}$，对于Ⅲ类弹簧 $\tau_{\lim} \leqslant 0.56R_{\mathrm{m}}$。

3. 表中许用切应力为压缩弹簧的许用值，拉伸弹簧的许用切应力为压缩弹簧的80%。

4. 经强压处理的弹簧，其许用应力可增大 25%。

表 15-3 碳素弹簧钢丝及 65Mn 弹簧钢丝的抗拉强度 $R_{\mathrm{m}}$（摘自 GB/T 4357—2009）

（单位：MPa）

| 钢丝公称直径 $d$/mm | 碳素弹簧钢丝抗拉强度 $R_{\mathrm{m}}$ | | | | |
|---|---|---|---|---|---|
| | SL 型 | SM 型 | DM 型 | SH 型 | DH 型 |
| 1.20 | 1670 ~ 1910 | 1920 ~ 2160 | 1920 ~ 2160 | 2170 ~ 2400 | 2170 ~ 2400 |
| 1.60 | 1590 ~ 1820 | 1830 ~ 2050 | 1830 ~ 20500 | 2060 ~ 2290 | 2060 ~ 2290 |
| 1.80 | 1550 ~ 1780 | 1790 ~ 2010 | 1790 ~ 2010 | 2020 ~ 2240 | 2020 ~ 2240 |
| 2.00 | 1520 ~ 1750 | 1760 ~ 1970 | 1760 ~ 1970 | 1980 ~ 2200 | 1980 ~ 2200 |
| 2.50 | 1460 ~ 1680 | 1690 ~ 1890 | 1690 ~ 1890 | 1900 ~ 2110 | 1900 ~ 2110 |
| 2.80 | 1420 ~ 1640 | 1650 ~ 1850 | 1650 ~ 1850 | 1860 ~ 2070 | 1860 ~ 2070 |
| 3.00 | 1410 ~ 1620 | 1630 ~ 1830 | 1630 ~ 1830 | 1840 ~ 2040 | 1840 ~ 2040 |
| 3.60 | 1350 ~ 1560 | 1570 ~ 1760 | 1570 ~ 1760 | 1770 ~ 1970 | 1770 ~ 1970 |
| 4.00 | 1320 ~ 1520 | 1530 ~ 1730 | 1530 ~ 1730 | 1740 ~ 1930 | 1740 ~ 1930 |
| 5.00 | 1260 ~ 1450 | 1460 ~ 1650 | 1460 ~ 1650 | 1660 ~ 1830 | 1660 ~ 1830 |
| 65Mn | | | | | |
| 钢丝直径 $d$/mm | 1 ~ 1.2 | 1.4 ~ 1.6 | 1.8 ~ 2 | 2.2 ~ 2.5 | 2.8 ~ 3.4 |
| $R_{\mathrm{m}}$/MPa | 1800 | 1750 | 1700 | 1650 | 1600 |

注：碳素弹簧钢丝按力学性及载荷特点分为：SL、SM、DM、SH、DH 型。

## 15.2.2 弹簧的制造

螺旋弹簧的制造工艺包括弹簧钢丝的卷制、挂钩的制作或端面圈的精加工、热处理、工艺试验和强压处理。

弹簧的卷制方法有冷卷法和热卷法两种。弹簧线径在 8~10mm 以下的用冷卷法，用经过热处理的优质碳素弹簧钢丝或合金钢丝（如 65Mn、60Si2Mn 等），在冷态下卷制成形，后经低温回火处理以消除内应力。制造直径较大的强力弹簧时常用热卷法，热卷时的温度随弹簧钢丝的粗细在 800~1000℃ 的范围内选择，热卷后须经淬火、回火处理。

为了提高压缩弹簧的承载能力，可对弹簧进行强压处理。强压处理是使弹簧在超过极限载荷下受载 6~48h，从而在弹簧丝内产生塑性变形和有益的残余应力，由于残余应力的符号与工作应力相反，因而弹簧在工作时的最大应力比未经强压处理的弹簧小，从而提高了弹簧的承载能力。但用于长期振动、高温或腐蚀性介质中的弹簧不宜进行强压处理，且强压处理后的弹簧不允许再进行热处理。对拉伸弹簧可进行强拉处理。对受变载荷的弹簧，可采用喷丸处理以提高其疲劳寿命。强压、强拉、喷丸处理都是使得弹簧钢丝产生有益的残余应力，以抵消部分工作应力，从而提高弹簧的承载能力。强压处理的弹簧，其许用应力可增大25%；喷丸处理的弹簧，其许用应力可增大 20%。

弹簧的疲劳强度和冲击性能在很大程度上取决于弹簧的表面状况。所以，弹簧材料的表面必须光洁，没有裂缝和伤痕等缺陷。表面脱碳会严重影响材料的疲劳强度和冲击性能，因此，脱碳层深度和其他表面缺陷都应在验收弹簧的技术条件中详细规定。

## 🔖 15.3　普通圆柱螺旋压缩和拉伸弹簧的设计计算

### 15.3.1　普通圆柱螺旋弹簧的结构形式

#### 1. 圆柱螺旋压缩弹簧

如图 15-1 所示，弹簧的节距为 $t$，在自由状态下，弹簧各圈之间应有适当的间距 $\delta$，以便弹簧受压时，有产生相应变形的空间。为了使弹簧在压缩后仍能保持一定的弹性，设计时还应考虑在最大载荷作用下，各圈之间仍需保留一定的间距 $\delta_1$。$\delta_1$ 的计算式为

$$\delta_1 = 0.1d \geqslant 0.2mm$$

式中，$d$ 为弹簧线径（mm）。

弹簧节距 $t$ 的计算式为

$$t = d + \frac{f_j}{n} + \delta_1$$

式中，$f_j$ 为弹簧承受最大工作载荷时的变形量（mm）；$n$ 为弹簧有效圈数。

弹簧端部有多种结构形式（图 15-2），GB/T 1239.2—2009 中规定了冷卷圆柱螺旋压缩弹簧的端部的三种结构形式，两端圈并紧磨平的 YⅠ 型（图 15-2a）两端圈并紧不磨平的 YⅡ 型（图 15-2b），以及两端圈不并紧的 YⅢ 型（图 15-2c）三种。端面圈并紧且磨平时，端面圈与弹簧轴线的垂直性好，且与支承座的接触面大，因而工作稳定性较高。端部磨平部分的长度不少于 3/4 圈，弹簧丝末端厚度一般为 $d/4$。不并紧也不磨平的结构简单，用于弹簧丝直径很小的情况。若弹簧丝较粗，需设置与端面圈相吻合的支承座。

#### 2. 圆柱螺旋拉伸弹簧

拉伸弹簧分为无预应力和有预应力两种。拉伸弹簧空载时，各圈应相互压紧（图15-3）。若压紧的弹簧各圈之间具有一定的压紧力，使弹簧钢丝中也产生了一定的预应力，这就是有预应力的拉伸弹簧。这种弹簧一定要在外加的拉力大于初拉力 $F_0$ 后，各圈才开始分离，因此，比无预应力的拉伸弹簧节省轴向的工作空间。

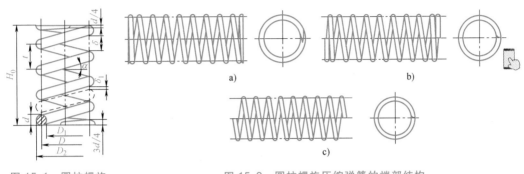

图 15-1　圆柱螺旋
压缩弹簧

图 15-2　圆柱螺旋压缩弹簧的端部结构
a）Y I 型　b）Y II 型　c）Y III 型

拉伸弹簧的端部制有挂钩，以便安装和加载。几种挂钩的端部形式如图15-4所示。其中 L I 型和 L II 型制造方便，应用很广。但因在挂钩过渡处产生很大的弯曲应力，故只宜用于弹簧线径 $d \leqslant 10\text{mm}$ 的弹簧中。L VII 型、L VIII 型挂钩不与弹簧丝连成一体，适用于受力较大的场合。

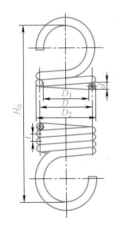

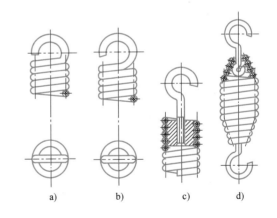

图 15-3　圆柱螺旋拉伸弹簧

图 15-4　圆柱螺旋拉伸弹簧挂钩的形式
a）L I 型　b）L II 型　c）L VII 型　d）L VIII 型

### 15.3.2　普通圆柱螺旋弹簧的几何尺寸

普通圆柱螺旋弹簧的主要几何尺寸有：弹簧线径 $d$、弹簧外径 $D_2$、内径 $D_1$、中径 $D$、节距 $t$、螺旋角 $\alpha$、弹簧有效圈数 $n$ 和弹簧自由高度或长度 $H_0$。此外还应考虑弹簧旋向，弹簧旋向可以是右旋或左旋，但通常用右旋。

圆柱螺旋弹簧尺寸系列，如弹簧线径 $d$、弹簧中径 $D$、弹簧有效圈数 $n$ 和弹簧自由高度

$H_0$ 按表 15-4 选取。普通圆柱螺旋压缩及拉伸弹簧的基本几何参数计算公式见表 15-5。

表 15-4　圆柱螺旋弹簧尺寸系列（摘自 GB/T 1358—2009）

| 弹簧线径 $d$/mm | 第一系列 | 0.10　0.12　0.14　0.16　0.20　0.25　0.30　0.35　0.40　0.45　0.50　0.60<br>0.70　0.80　0.90　1.00　1.20　1.60　2.00　2.50　3.00　3.50　4.00　4.50<br>5.00　6.00　8.00　10.0　12.0　15.0　16.0　20.0　25.0　30.0　35.0　40.0<br>45.0　50.0　60.0 |
| | 第二系列 | 0.05　0.06　0.07　0.08　0.09　0.18　0.22　0.28　0.32　0.55　0.65　1.40<br>1.80　2.20　2.80　3.20　5.50　6.50　7.00　9.00　11.0　14.0　18.0　22.0<br>28.0　32.0　38.0　42.0　55.0 |
| 弹簧中径 $D$/mm | | 0.3　0.4　0.5　0.6　0.7　0.8　0.9　1　1.2　1.4　1.6　1.8<br>2　2.2　2.5　2.8　3　3.2　3.5　3.8　4　4.2　4.5　4.8<br>5　5.5　6　6.5　7　7.5　8　8.5　9　10　12　14<br>16　18　20　22　25　28　30　32　38　42　45　48<br>50　52　55　58　60　65　70　75　80　85　90　95<br>100　105　110　115　120　125　130　135　140　145　150　160<br>170　180　190　200　210　220　230　240　250　260　270　280<br>290　300　320　340　360　380　400　450　500　550　600 |
| 有效圈数 $n$ | 压缩弹簧 | 2　2.25　2.5　2.75　3　3.25　3.5　3.75　4　4.25　4.5　4.75<br>5　5.5　6　6.5　7　7.5　8　8.5　9　9.5　10　10.5<br>11.5　12.5　13.5　14.5　15　16　18　20　22　25　28　30 |
| | 拉伸弹簧 | 2　3　4　5　6　7　8　9　10　11　12　13<br>14　15　16　17　18　19　20　22　25　28　30　35<br>40　45　50　55　60　65　70　80　90　100 |
| 自由高度 $H_0$/mm | 压缩弹簧 | 2　3　4　5　6　7　8　9　10　11　12　13<br>14　15　16　17　18　19　20　22　24　26　28　30<br>32　35　38　40　42　45　48　50　52　55　58　60<br>65　70　75　80　85　90　95　100　105　110　115　120<br>130　140　150　160　170　180　190　200　220　240　260　280<br>300　320　340　380　400　420　450　480　500　520　550　580<br>600　620　650　680　700　720　750　780　800　850　900　950<br>1000 |

表 15-5　普通圆柱螺旋压缩及拉伸弹簧的基本几何参数计算公式

| 参数名称及代号 | 计算公式 | |
| --- | --- | --- |
| | 压缩弹簧 | 拉伸弹簧 |
| 中径 $D$ | $D = Cd$，按表 15-4 取标准值 | |
| 内径 $D_1$ | $D_1 = D - d$ | |
| 外径 $D_2$ | $D_2 = D + d$ | |
| 旋绕比 $C$ | $C = D/d$ | |
| 自由高度或长度 $H_0$ | 两端面圈并紧，磨平：<br>$H_0 \approx tn + (1.5 \sim 2)d$<br>两端面圈并紧，不磨平：<br>$H_0 \approx tn + (3 \sim 3.5)d$ | $H_0 = nd + H_h$<br>$H_h$ 为钩环轴向长度 |
| 工作高度或长度 $H_1, H_2, \cdots, H_n$ | $H_n = H_0 - f_n$<br>$f_n$ 为工作变形量 | $H_n = H_0 + f_n$<br>$f_n$ 为工作变形量 |

（续）

| 参数名称及代号 | 计算公式 | |
| --- | --- | --- |
| | 压缩弹簧 | 拉伸弹簧 |
| 压缩弹簧细长比 $b$ | $b=\dfrac{H_0}{D}$<br><br>$b$ 在 $1\sim5.3$ 选取 | |
| 有效圈数 $n$ | 根据要求变形量确定，$n\geqslant2$ | |
| 总圈数 $n_1$ | 冷卷：$n_1=n+(2\sim2.5)$<br>YⅡ型热卷：$n_1=n+(1.5\sim2)$ | $n_1=n$<br>$n_1$ 尾数应为 $1/4$、$1/2$、$3/4$ 或整圈，推荐用 $1/2$ 圈 |
| 节距 $t$ | $t=(0.28\sim0.5)D$ | $t=d$ |
| 轴向间距 $\delta$ | $\delta=t-d$ | |
| 展开长度 $L$ | $L=\dfrac{\pi Dn_1}{\cos\alpha}$ | $L\approx\pi Dn+L_h$<br>$L_h$ 为钩环展开长度 |
| 螺旋角 $\alpha$ | $\alpha=\arctan\dfrac{t}{\pi D}$<br><br>推荐 $\alpha=5°\sim9°$ | $\alpha=\arctan\dfrac{t}{\pi D}$ |
| 质量 $m_s$ | $m_s=\dfrac{\pi d^2}{4}L\rho$ | |
| | $\rho$ 为材料的密度，对各种钢，$\rho=7700\text{kg/m}^3$；对铍青铜，$\rho=8100\text{kg/m}^3$ | |

### 15.3.3　普通圆柱螺旋弹簧的工作情况分析

#### 1. 特性曲线

设计弹簧时应确保弹簧的工作应力在弹性极限范围内。图 15-5a 所示为压缩弹簧变形，取纵坐标表示弹簧承受的载荷，横坐标表示弹簧的变形，这种表示载荷与变形关系的曲线称为弹簧的特性曲线（图 15-5b）。对拉伸弹簧（图 15-6a）而言，图 15-6b 所示为无预应力的拉伸弹簧的特性曲线，图 15-6c 所示为有预应力的拉伸弹簧的特性曲线。

图 15-5a 中的 $H_0$ 是压缩弹簧在没有承受外力时的自由长度。弹簧在安装时，通常先预加一个压力 $F_1$，称为安装载荷使它可靠地稳定在安装位置或支承座上。$F_1$ 可看作弹簧的最小载荷 $F_{\min}$。在 $F_1$ 的作用下，弹簧的长度被压缩到 $H_1$（安装长度或初始工作长度），其压缩变形量为 $f_1$。$F_{\max}$ 为弹簧承受的最大工作载荷。在 $F_{\max}$ 的作用下，弹簧长度减到 $H_2$（极限工作长度），其压缩变形量增大到 $f_{\max}$。$f_{\max}$ 与 $f_1$ 的差即为弹簧的工作行程 $h$，$h=f_{\max}-f_1$。$F_j$ 为弹簧的极限载荷。在 $F_j$ 的作用下，弹簧丝中的应力刚好达到了材料的弹性极限。与 $F_j$ 对应的弹簧长度为 $H_j$（极限长度），压缩变形量为 $f_j$。

等节距的圆柱螺旋压缩弹簧，其特性曲线为一直线，亦即

$$\frac{F_1}{f_1}=\frac{F_{\max}}{f_{\max}}=\cdots=常数$$

设计时通常取为 $F_1\geqslant0.2F_j$；但对有预应力的拉伸弹簧（图 15-6c），$F_1>F_0$，$F_0$ 为使具有预应力的拉伸弹簧开始变形时所需的初拉力。弹簧的最大工作载荷 $F_{\max}$ 由弹簧的工作条件决定，为保证弹簧的载荷与变形的线性关系，通常要求 $F_{\max}\leqslant0.8F_j$。

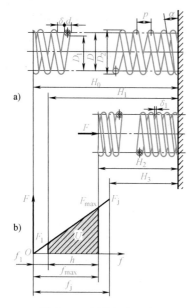

图 15-5　圆柱螺旋压缩
弹簧的特性曲线

a）压缩弹簧变形　b）特性曲线

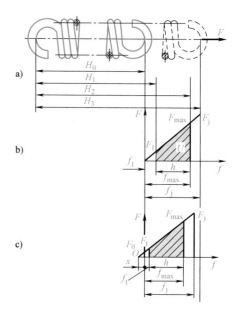

图 15-6　圆柱螺旋拉伸弹簧的特性曲线

a）拉伸弹簧变形　b）无预应力拉伸弹簧特性曲线

c）有预应力拉伸弹簧特性曲线

### 2. 受力及应力分析

圆柱螺旋弹簧受压或受拉时，弹簧丝的受力情况完全一样。现以圆柱螺旋压缩弹簧为例进行分析。

如图 15-7a 所示，由于弹簧具有螺旋升角 $\alpha$，在轴向载荷 $F$ 的作用下，通过弹簧轴线的截面上作用着载荷 $F$ 及扭矩 $T = F\dfrac{D}{2}$。如图 15-7b 所示，在弹簧钢丝的法向截面 $B$—$B$ 上作用有剪切力 $F\cos\alpha$、轴向力 $F\sin\alpha$、弯矩 $M = T\sin\alpha$ 及轴向扭矩 $T' = T\cos\alpha$。

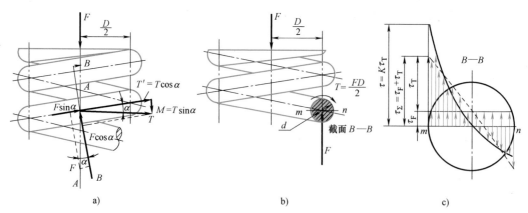

图 15-7　圆柱螺旋压缩弹簧的受力分析及应力分析

a）受力分析　b）法向截面受力分析　c）应力分析

由于压缩弹簧螺旋升角 $\alpha$ 很小（一般取为 $5° \sim 9°$），故 $\sin\alpha \approx 0$，$\cos\alpha \approx 1$，因此，在截面 $B$—$B$ 上的应力仅考虑切力 $F$（$F\cos\alpha \approx F$，$F\sin\alpha \approx 0$）和轴向扭矩 $T$（$T' = T\cos\alpha \approx T$）产生

的切应力，应力值可近似取为

$$\tau_{\Sigma} = \tau_F + \tau_T = \frac{F}{\frac{\pi d^2}{4}} + \frac{F\frac{D}{2}}{\frac{\pi d^3}{16}} = \frac{4F}{\pi d^2}\left(1 + \frac{2D}{d}\right) = \frac{4F}{\pi d^2}(1 + 2C) \tag{15-1}$$

式中，$C = \dfrac{D}{d}$ 称为旋绕比。$C$ 值不能太大，以免弹簧过软或发生颤动；但 $C$ 值又不应太小，以避免卷绕时弹簧钢丝受到强烈弯曲。常用旋绕比取值见表 15-6。

表 15-6 常用旋绕比 $C$ 值

| $d/\text{mm}$ | 0.2~0.4 | 0.45~1 | 2.5~6 | 7~16 | 18~42 |
|---|---|---|---|---|---|
| $C = \dfrac{D}{d}$ | 7~14 | 5~12 | 4~9 | 4~8 | 4~6 |

考虑到通常 $2C \gg 1$，为了简化计算，式（15-1）中通常取 $1 + 2C \approx 2C$，也就是忽略了 $\tau_F$。

实际上弹簧钢丝是一个曲杆，考虑到弹簧钢丝的曲率和螺旋角的影响，弹簧丝截面的应力分布如图 15-7c 所示，最大切应力 $\tau_{max}$ 发生在 $m$ 点。实践证明，弹簧的破坏也大多由点 $m$ 开始。因此，引入曲度系数 $K$ 对式（15-1）进行修正，故弹簧钢丝截面上的最大切应力计算式为

$$\tau_{max} = K\tau_T = K\frac{8FC}{\pi d^2} \tag{15-2}$$

式中，$K$ 为曲度系数，其计算式为

$$K = \frac{4C-1}{4C-4} + \frac{0.615}{C} \tag{15-3}$$

圆柱螺旋压缩或拉伸弹簧受载后的轴向变形量 $\lambda$，可根据材料力学关于圆柱螺旋弹簧变形量的公式求得，即

$$f = \frac{8FD^3 n}{Gd^4} = \frac{8FC^3 n}{Gd} \tag{15-4}$$

式中，$n$ 是弹簧的有效圈数；$G$ 是弹簧材料的切变模量（MPa），见表 15-2。

使弹簧产生单位变形所需的载荷称为弹簧刚度，即

$$F' = \frac{\Delta F}{\Delta f} = \frac{Gd}{8C^3 n} = \frac{Gd^4}{8D^3 n} \tag{15-5}$$

式中，$F'$ 为弹簧刚度（N/mm）；$\Delta F$ 为载荷变量（N）；$\Delta f$ 为弹簧变形变量（mm）。

弹簧刚度是表征弹簧性能的主要参数之一。它表示使弹簧产生单位变形时所需的力，在同样变形条件下刚度越大，需要的力越大，则弹簧的弹力就越大。影响弹簧刚度的因素很多，从式（15-5）可知，$F'$ 与 $C$ 的三次方成反比，即 $C$ 值对 $F'$ 的影响很大。$C$ 值小则弹簧刚度 $F$，弹簧硬，卷制成形困难。另外，$F'$ 还和 $G$、$d$、$n$ 有关。在调整弹簧刚度 $F'$ 时，应综合考虑这些因素的影响。

**3. 失效形式及设计准则**

（1）失效形式 弹簧失效是指弹簧失去原有功能，起不到弹簧的作用。弹簧失效形式

可分为断裂失效和过量变形失效。过载是引起弹簧失效的一个普遍原因。松弛和其他形式的损坏一般都是弹簧在高于许用应力下工作引起的。另外，设计缺陷、材料缺陷、工艺不当和非正常工作条件，也是弹簧失效的普遍原因。但是在许多条件下，这些因素是通过弹簧的疲劳失效起作用的。所以疲劳也是失效的一个普遍原因。

（2）设计准则 对于一般弹簧，在设计时需要进行强度计算和刚度计算；对于细长比较大的压缩弹簧，还要进行稳定性校核；对于承受变载荷的重要弹簧，还应校核其疲劳强度。

### 15.3.4 普通圆柱螺旋压缩和拉伸弹簧的设计

普通圆柱螺旋压缩和拉伸弹簧的设计内容是：根据弹簧的最大载荷、最大变形量等确定弹簧线径、弹簧中径、有效圈数、螺旋升角和长度等。其中弹簧强度主要用于计算弹簧线径和弹簧中径，刚度主要用于计算弹簧的有效圈数。弹簧的其他几何尺寸参数由表 15-4 计算得到。

**1. 强度计算**

根据式（15-2），弹簧钢丝的最大应力及强度条件为

$$\tau_{\max} = K\frac{8FC}{\pi d^2} \leqslant [\tau]$$

弹簧线径的设计公式为

$$d \geqslant \sqrt{\frac{8KFC}{\pi[\tau]}} = 1.6\sqrt{\frac{KFC}{[\tau]}} \tag{15-6}$$

式中，$F$ 为轴向载荷（N）。

当弹簧材料选用碳素弹簧钢丝或 65Mn 弹簧钢丝时，因为钢丝的许用应力取决于钢丝抗拉强度 $R_m$，而 $R_m$ 是随着弹簧线径 $d$ 变化的，所以计算时需先假设一个 $d$ 值，然后进行试算。最后的 $d$ 和 $D$ 值应符合表 15-3 所给的弹簧标准尺寸系列。

**2. 刚度计算**

弹簧刚度的计算是为了求出满足变形量要求的弹簧有效圈数 $n$。

由圆柱螺旋压缩或拉伸弹簧刚度公式（15-4），可求出所需的弹簧有效圈数 $n$ 为

$$n = \frac{Gd^4}{8F'D^3} = \frac{Gd}{8F'C^3} \tag{15-7}$$

为制造方便，当求出的 $n<15$ 时，取 $n$ 为 0.5 的倍数；当 $n>15$ 时，则取 $n$ 为整数。弹簧的有效圈数最少不得少于 2。

确定弹簧有效圈数 $n$ 后，应重新计算弹簧的实际刚度。

**3. 稳定性计算**

对于圈数较多的压缩弹簧，当细长比 $b = \dfrac{H_0}{D}$ 较大，且载荷 $F$ 又达到一定值时，弹簧就会发生侧向弯曲而丧失稳定性，如图 15-8a 所示，为此应检验其稳定性指标。

为保证压缩弹簧能正常工作，建议一般压缩弹簧的细长比 $b$ 按下列情况选取：当两端固定时，取 $b \leqslant 5.3$；当一端固定，一端自由转动时，取 $b \leqslant 3.7$；当两端自由转动时，取 $b \leqslant 2.6$。如果 $b$ 超过规定范围，又不能修改有关设计参数，则应设置导杆（图 15-8b）或导套

（图 15-8c）以保持弹簧的稳定性。

### 4. 设计步骤及实例

1）根据工作条件选定材料，并由表 15-2 确定许用应力 $[\tau]$ 和切变模量 $G$。

2）选定旋绕比 $C$，并算出曲度系数 $K$。

3）根据旋绕比 $C$，估取弹簧线径 $d_0$，并由表 15-2 查出弹簧丝的许用应力。

4）试算弹簧线径 $d$。

必须注意：由于碳素弹簧钢丝的许用切应力 $[\tau]$ 与弹簧线径 $d$ 有关，试算所得的 $d$ 值必须与原来估取的 $d_0$ 值相比较，如果两者相等或很相近，即可圆整为邻近的标准弹簧线径 $d$，并按 $D = Cd$ 求出 $D$；如果两者相差较大，则应参考计算结果重估 $d$ 值，再进行试算，直至满意。

5）根据变形条件求出弹簧的有效圈数 $n$ 和总圈数 $n_1$。

6）计算弹簧的其他几何尺寸。

7）验算压缩弹簧的稳定性。

8）绘制弹簧的工作图。

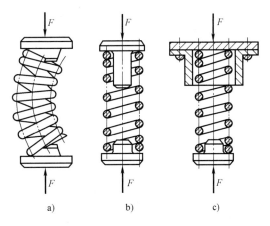

图 15-8 压缩弹簧的稳定性

a）失效 b）加装导杆 c）加装导套

## 15.4 圆柱螺旋扭转弹簧

### 15.4.1 圆柱螺旋扭转弹簧的结构

圆柱螺旋扭转弹簧常用于压紧、储能和传递扭矩等。扭转弹簧的结构类型如图 15-9 所示，N I 型为外臂扭转弹簧，N II 型为内臂扭转弹簧，N III 型为中心距扭转弹簧，N IV 型为平列双扭弹簧。圆柱螺旋扭转弹簧在自由状态下，相邻各弹簧圈间一般留有少量间隙，以免扭转变形时相互摩擦并产生磨损。

扭转弹簧的自由长度 $H_0$ 计算公式为

$$H_0 = n(d + \delta_0)$$

式中，$\delta_0$ 为弹簧相邻两圈间的轴向间距（mm），一般取 $\delta_0 = 0.1 \sim 0.5$mm。

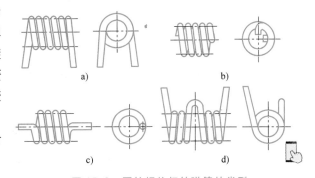

图 15-9 圆柱螺旋扭转弹簧的类型

a）N I 型 b）N II 型 c）N III 型 d）N IV 型

### 15.4.2 圆柱螺旋扭转弹簧受载时的应力及变形

图 15-10 所示为一承受扭矩 $T$ 作用的圆柱螺旋扭转弹簧。在弹簧钢丝的任意圆形截面 $B—B$ 上作用着弯矩 $M = T\cos\alpha$ 及扭矩 $T' = T\sin\alpha$。

由于 $\alpha$ 很小，故 $T'$ 可以忽略不计。而 $M \approx T$，因此弹簧钢丝截面上的应力可近似地按受弯矩的梁来计算，其最大弯曲应力和强度条件为

$$\sigma_{\max} = \frac{K_1 M}{W} \approx \frac{K_1 T}{0.1 d^3} \leqslant [\sigma] \quad (15\text{-}8)$$

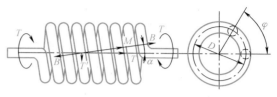

图 15-10　扭转弹簧的载荷分析

式中，$W$ 为圆形截面弹簧丝的抗弯截面系数（$\mathrm{mm}^3$）；$K_1$ 为扭转弹簧的曲度系数（意义与前述拉压弹簧的曲度系数 $K$ 相似），对圆形截面弹簧钢丝的扭转弹簧，曲度系数 $K_1 = \frac{4C-1}{4C-4}$，常取 $C = 4 \sim 16$；$[\sigma]$ 为弹簧钢丝的许用弯曲应力（MPa），由表 15-2 选取。

扭转弹簧受扭矩 $T$ 作用后，因扭转变形而产生的扭转角 $\varphi$［单位为（°）］为

$$\varphi \approx \frac{180TDn}{EI} \quad (15\text{-}9)$$

扭转弹簧的刚度为

$$T' = \frac{T}{\varphi} = \frac{EI}{180Dn} \quad (15\text{-}10)$$

式中，$T'$ 为扭转弹簧的刚度［$\mathrm{N \cdot mm/(°)}$］；$I$ 为弹簧钢丝截面的轴惯性矩（$\mathrm{mm}^4$），对于圆截面弹簧钢丝，$I = \frac{\pi d^4}{64}$；$E$ 为弹簧材料的弹性模量（MPa），由表 15-2 选取。

### 15.4.3　圆柱螺旋扭转弹簧的设计

圆柱螺旋扭转弹簧设计步骤：

首先，选定材料及许用弯曲应力，并初选旋绕比 $C$，根据工作条件估取弹簧线径 $d_0$，计算出曲度系数 $K_1$（或暂取 $K_1 = 1$）；根据式（15-8），试算出弹簧线径

$$d' \geqslant \sqrt[3]{\frac{K_1 T_{\max}}{0.1 [\sigma]}} \quad (15\text{-}11)$$

与前面弹簧计算方法类似，检查 $d'$ 与原估计值 $d_0$ 是否接近。如果两者很相近，即可圆整为邻近的标准弹簧线径 $d$，并按 $d$ 求出弹簧的其他尺寸，并检查各尺寸是否合适。

然后，根据式（15-9），可得扭转弹簧有效圈数的计算公式，即

$$n = \frac{EI\varphi}{180TD} \quad (15\text{-}12)$$

最后绘制弹簧的工作图。

## 🔧 15.5　典型例题

例　设计一液压阀中的圆柱螺旋压缩弹簧。已知弹簧的最大工作载荷 $F_{\max} = 300\mathrm{N}$，最小工作载荷 $F_{\min} = 200\mathrm{N}$，工作行程为 12mm 左右，要求弹簧外径不大于 25mm，载荷性质为 II 类，一般用途，弹簧两端固定支承。

解　1. 选择材料并确定其许用应力

根据题意，弹簧载荷性质是 II 类，材料选用碳素弹簧钢丝 SL 型。初定弹簧线径 $d_0 = 3mm$，查表 15-2 与表 15-3 得弹簧钢丝的抗拉强度 $R_m = 1520MPa$，其许用切应力 $[\tau] = 0.4R_m = 0.4 \times 1520 = 608MPa$，切变模量 $G = 80500MPa$。

2. 初选弹簧旋绕比 $C$，计算弹簧线径 $d$

现选取旋绕比 $C = 6$，由式（15-3）得曲度系数为

$$K = \frac{4C-1}{4C-4} + \frac{0.615}{C} = \frac{4 \times 6-1}{4 \times 6-4} + \frac{0.615}{6} = 1.25$$

根据式（15-6）初步计算弹簧线径，有

$$d' \geq 1.6\sqrt{\frac{KF_{max}C}{[\tau]}} = 1.6\sqrt{\frac{1.25 \times 300 \times 6}{608}}mm \approx 3.08mm$$

上值与原估取值相近，取弹簧线径标准值 $d = 3mm$，弹簧中径标准值 $D = 20mm$，则弹簧外径为

$$D_2 = D + d = 20mm + 3mm = 23mm < 25mm$$

弹簧内径为 $D_1 = D - d = 20mm - 3mm = 17mm$

3. 计算弹簧的有效圈数 $n$ 和总圈数 $n_1$

由式（15-5）得弹簧刚度为

$$F' = \frac{\Delta F}{\Delta f} = \frac{F_{max} - F_{min}}{\Delta f} = \frac{300-200}{12}N/mm = 8.33N/mm$$

由式（15-7）得弹簧的有效圈数为

$$n = \frac{Gd^4}{8D^3F'} = \frac{80500 \times 3^4}{8 \times 20^3 \times 8.33} = 12.2$$

取 $n = 13$，此时弹簧的实际刚度为

$$F' = \frac{12.2}{13} \times 8.33N/mm = 7.82N/mm$$

总圈数为

$$n_1 = n + 2 = 13 + 2 = 15$$

4. 确定弹簧的其余几何尺寸

弹簧的压缩变形量为

$$f_{max} = \frac{F_{max}}{F'} = \frac{300N}{7.82N/mm} = 38.36mm$$

在 $F_{max}$ 作用下相邻两圈的间距 $\delta_1 \geq 0.1d = 0.3mm$，则无载荷作用下弹簧的节距为

$$t = d + \frac{f_{max}}{n} + \delta_1 = 3mm + \frac{38.36mm}{13} + 0.3mm = 6.3mm$$

节距符合表 15-5 推荐的 $(0.28 \sim 0.5)D$ 的规定。

由表 15-5 得弹簧两端并紧、磨平的自由高度为

$$H_0 \approx tn + (1.5 \sim 2)d = 6.3mm \times 13 + (1.5 \sim 2) \times 3mm = 86.4 \sim 87.9mm$$

取 $H_0 = 87mm$。

作用最小载荷时弹簧的高度为

$$H_1 = H_0 - F_{min}/F' = (87-200/7.82)mm = 61.42mm$$

作用最大载荷时弹簧的高度为

$$H_2 = H_0 - F_{max}/F' = (87-300/7.82)mm = 48.64mm$$

螺旋角为

$$\alpha = \arctan\frac{t}{\pi D} = \arctan\frac{6.3}{3.14\times20} = 5.73°$$

在 $\alpha = 5°\sim9°$ 的范围内。

**5. 稳定性验算**

弹簧细长比为

$$b = H_0/D = 87mm/20mm = 4.35$$

采用两端固定支承，$b = 4.35 < 5.3$，故不会失稳。

**6. 其余几何尺寸参数及特性曲线**

从略。

## 15.6　其他类型弹簧简介

### 15.6.1　碟形弹簧

碟形弹簧是具有截圆锥外形的垫圈式弹簧，通常用金属板料或锻压坯料制成（图 15-11）。

碟形弹簧的主要特点：

1）刚度大，缓冲吸振能力强，能以很小的变形承受很大的载荷，适用于轴向空间要求紧凑的场合。

2）具有变刚度特性，可通过适当选用不同片数和组合方式得到不同的承载能力和特性曲线，具有很广泛的非线性特性。

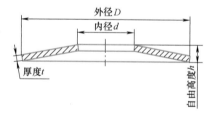

图 15-11　碟形弹簧

碟形弹簧在机械产品中的应用很广，常用于重型机械设备（如压力机）和飞机、大炮上等，作为强力缓冲和减振弹簧。

碟形弹簧的常用材料为 60Si2MnA、50CrVA 或力学性能与此接近的弹簧钢。经回火淬硬后，综合力学性能好，强度高，冲击性能好，塑性变形性能强，高温性能稳定，能在 250～300℃以下工作。

### 15.6.2　环形弹簧

环形弹簧是由多个具有内锥面的外圆环和具有外锥面的内圆环相互叠合而成的一种压缩弹簧（图 15-12）。图中，$D_1$ 为内圆环内截面直径；$D$ 为外圆环外截面直径；$\beta$ 为圆锥面斜角，设计时 $\beta = 12° \sim 20°$，圆锥面加工精度越高，$\beta$ 值可取小些，润滑条件较差或摩擦因数较大时，$\beta$ 应取得大些，以免发生自锁。

当弹簧受轴向力 $F$ 时，各圆环沿圆锥面相对运动产生轴向变形，内、外圆环接触面间产生很大的法向力，从而使内圆环受到外压力，直径减小；外圆环受到内压力，直径增大。

环形弹簧常用 60Si2MnA 和 50CrMn 等弹簧钢制造。为防止圆锥面的磨损擦伤，一般用石墨或二硫化钼润滑脂进行润滑，以免干摩擦时发生擦伤或黏着磨损。

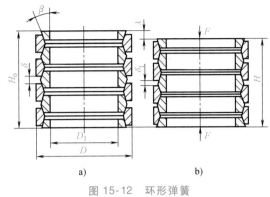

图 15-12　环形弹簧

a) 受力前　b) 受力后

## 习　题

15-1　弹簧有哪些分类？各有何特点？

15-2　在设计承受变载荷的圆柱螺旋压缩（拉伸）弹簧时，按什么载荷进行设计计算？并需要做哪几方面的验算？

15-3　试设计一圆柱螺旋扭转弹簧。已知该弹簧用于受力平稳的一般机构中，安装时的预加扭矩 $T_1 = 2\text{N} \cdot \text{mm}$，工作扭矩 $T_2 = 6\text{N} \cdot \text{mm}$，工作时的扭转角 $\varphi = \varphi_{max} - \varphi_{min} = 40°$。

15-4　有一圆柱螺旋压缩弹簧的外径 $D_2 = 42\text{mm}$，弹簧线径 $d = 5\text{mm}$，有效圈数 $n = 12$，材料为 SL 型碳素弹簧钢丝，进行喷丸处理，求：

（1）当承受的静载荷 $F = 500\text{N}$ 时，弹簧的压缩变形量。

（2）当弹簧受 II 类载荷时，其允许的最大工作载荷及变形量。

[1] 濮良贵，纪名刚. 机械设计 [M]. 北京：高等教育出版社，2006.

[2] 濮良贵，陈定国，吴立言. 机械设计 [M]. 北京：高等教育出版社，2013.

[3] 邱宣怀. 机械设计 [M]. 北京：高等教育出版社，1997.

[4] 吴宗泽. 机械设计 [M]. 北京：高等教育出版社，2008.

[5] 张策. 机械原理与机械设计 [M]. 北京：机械工业出版社，2004.

[6] 陈铁鸣，王连明，王黎钦. 机械设计 [M]. 哈尔滨：哈尔滨工业大学出版社，2003.

[7] 张翠华，等. 机械设计 [M]. 西安：西北工业大学出版社，2015.

[8] 申永胜. 机械原理 [M]. 北京：清华大学出版社，2005.

[9] 卜炎. 机械传动装置设计手册 [M]. 北京：机械工业出版社，1999.

[10] 成大先. 机械设计图册 [M]. 北京：化学工业出版社，2000.

[11] 李柱国. 机械设计与理论 [M]. 北京：科学出版社，2003.

[12] 王黎钦，陈铁鸣. 机械设计 [M]. 哈尔滨：哈尔滨工业大学出版社，2015.

[13] 杨可桢. 机械设计基础 [M]. 北京：高等教育出版社，2013.

[14] 王军，田同海. 机械设计 [M]. 北京：化学工业出版社，2015.

[15] 王德伦，雅丽. 机械设计 [M]. 北京：化学工业出版社，2015.

[16] 温诗铸，黄平. 摩擦学原理 [M]. 北京：清华大学出版社，2008.

[17] 张鹏顺，陆思聪. 弹性流体动力润滑及其应用 [M]. 北京：高等教育出版社，1995.

[18] 吴宗泽. 机械结构设计准则与实例 [M]. 北京：机械工业出版社，2006.

[19] 黄靖远，高志，陈祝林. 机械设计学 [M]. 北京：机械工业出版社，2009.

[20] 濮良贵，纪名刚. 机械设计学习指南 [M]. 北京：高等教育出版社，2001.

[21] 吴宗泽. 机械设计师手册：上、下册 [M]. 北京：机械工业出版社，2006.

[22] 机械设计手册编委会. 机械设计手册：第2卷 [M]. 北京：机械工业出版社，2004.

[23] 孙靖民. 现代机械设计方法 [M]. 哈尔滨：哈尔滨工业大学出版社，2003.

[24] 汝元功，唐照民. 机城设计手册 [M]. 北京：高等教育出版社. 1995.

[25] 徐灏. 机械设计手册 [M]. 北京：机械工业出版社，2001.

[26] 周开勤. 机械零件手册 [M]. 北京：高等教育出版社，1994.

[27] 张春林. 机械创新设计 [M]. 北京：机械工业出版社，2007.

[28] 杨汝清. 现代机械设计——系统与结构 [M]. 上海：上海科学技术文献出版社，2000.

[29] 郭仁生. 机械设计基础 [M]. 北京：清华大学出版社，2005.

[30] 马保吉. 机械设计基础 [M]. 西安：西北工业大学出版社，2005.

[31] 陈立德. 机械设计基础 [M]. 北京：高等教育工业出版社，2008.

[32] 周明衡. 联轴器选用手册 [M]. 北京：机械工业出版社，2007.

[33] 齿轮手册编委会. 齿轮手册 [M]. 2版. 北京：机械工业出版社，2001.